空间数据库

吴信才 编著

科学出版社

北京

内 容 简 介

　　空间数据库是近年来热点研究领域，是一门前沿交叉学科。本书系统阐述空间数据库基本概念、原理、方法及技术的新发展，重点介绍空间现象抽象表达、空间数据模型、空间数据组织与管理、空间数据索引技术、空间数据查询与访问、时态空间数据库、空间数据元数据与空间数据共享、空间数据库设计、空间数据库新技术等内容。

　　本书内容全面、条理清晰、叙述严谨、实例丰富、针对性强，可作为地理信息系统、遥感、软件工程、测绘工程、通信工程等专业本科生和研究生教材，也可供地质矿产、地理信息、测绘遥感、城市规划、国土管理、环境科学及相关专业研究和开发人员参考和使用。

图书在版编目（CIP）数据

空间数据库/吴信才编著. —北京：科学出版社，2009
ISBN 978 - 7 - 03 - 024587 - 8

Ⅰ. 空… Ⅱ. 吴… Ⅲ. 地理信息系统 Ⅳ. P208

中国版本图书馆 CIP 数据核字（2009）第 075188 号

责任编辑：韩　鹏　刘希胜/责任校对：张怡君
责任印制：吴兆东/封面设计：王　浩

科 学 出 版 社 出版
北京东黄城根北街 16 号
邮政编码：100717
http://www.sciencep.com

北京中石油彩色印刷有限责任公司 印刷
科学出版社发行　各地新华书店经销

*

2009 年 5 月第　一　版　　开本：787×1092 1/16
2023 年 1 月第十四次印刷　　印张：23 3/4
字数：547 000

定价：98.00 元
（如有印装质量问题，我社负责调换）

前　言

　　地理信息系统以数字形式表达现实世界。空间数据库是地理信息系统的一个重要组成部分和核心技术。空间数据模型可支持现实世界中空间实体的表达及其相互之间的关系，是 GIS 系统进行空间数据组织和空间数据库设计的理论基础。国内外 GIS 研究和发展的实践表明，对空间数据模型的认识和研究在很大程度上决定着 GIS 系统和应用的成败。因此，国际 GIS 学术界和产业界对空间数据库的研究一直十分关注和重视。空间数据库愈来愈受到我国广大地学工作者、信息技术从业者及其他相关学科研究人员高度关注及积极投入。

　　空间数据库的发展可谓突飞猛进。空间数据组织管理方式从早期文件管理发展到今天的面向对象关系数据库管理，数据模型从传统的三大经典模型发展到今天面向对象模型及面向实体数据模型，空间数据共享和互操作变得越来越容易。作者凭借 20 多年来对地理信息系统的技术研究和实践，对空间数据模型、空间数据库技术悉心研究，取得一些为实践所认可的成果和经验，丰富了空间数据库的理论和实践。作者希望通过本书对前期空间数据库的研究成果进行比较全面的回顾和详细的总结，为初学者提供系统、全面的空间数据库知识，使他们能在尽量短的时间内理解空间数据库原理、方法，为从事 GIS 领域的工作人员和其他涉及空间数据处理的技术人员提供相关方法、技术。

　　本书在内容和结构上作了精心设计与安排，结构严谨，内容新颖，理论和实践结合紧密。书中大多数实例来自于教育部地理信息系统软件及其应用工程研究中心。本书按照理论部分、实践部分以及新发展部分展开系统论述。在理论部分，本书系统地阐述空间数据库基本概念、基本原理和基本方法，空间现象抽象表达，空间数据模型，空间数据索引技术，空间数据组织与管理，空间数据查询与访问，时态空间数据库，空间数据库设计。在实践部分，本书系统阐述空间数据库建设思路、方法及体系，以武汉市江夏区为例论述了 MapGIS7.0 空间数据库在土地利用规划中的应用。在新发展部分，介绍了分布式空间数据库技术、空间数据仓库技术。

　　本书相关内容是"十五"国家 863 项目"面向网络海量空间信息的大型GIS"、"基于大型 GIS 的基础地质空间数据库信息管理系统开发"，国家科技攻关计划项目"城市数字化系统集成关键技术研究"，国家发展和改革委员会项目"面向网络分布式空间信息应用服务支撑平台"等研究成果的凝练。书中重点阐述了空间数据中心概念、特点、体系结构、开发模式及实际应用，这也是本书的一大亮点。

全书主要参考了美国 Shashi Shekhar、Shanjay Chawla 编写，谢昆青、马修军、杨冬青等译的《空间数据库》，第 5 章主要参考了郭薇、郭菁、胡志勇编写的《空间数据库索引技术》等。此外还参阅和吸收了国内外有关论著的理论和技术成果，书中列出了主要参考文献，在此一并表示衷心的感谢。

本书由长江学者吴信才教授策划、组织编写及统稿。参加本书编著的人员还有：谢忠教授、周顺平教授、刘修国教授、郑贵洲教授、吕建军教授、张发勇副教授、刘福江博士。

由于时间紧，水平有限，难免出现错误和不足，敬请读者提出宝贵意见。

作 者

2008 年 6 月

目　　录

第1章 绪 论

1.1 空间数据库概述

1.1.1 空间数据库基本概念

1. 数据

数据是指客观事物的属性、数量、位置及其相互关系等的符号描述。

在空间数据库中，数据可以是一个数，如某一点的高程值、一个多边形的面积等，也可以是一组符号组成的字符串，如一个地名、一个河流注记、一幅图像。空间数据库中的数据大多与地理位置有关，一般称为空间数据（Spatial Data）。空间数据不同于普通的数据，它具有空间性、时间性、多维性和大数据量等特点，而且数据之间不仅有传统的关联关系，更多的还有空间关系，这就给数据的处理和利用带来了更多的难度。

2. 空间

空间（Space）是一个应用很广泛的名词。空间是客观存在的物质空间，是一个复杂的概念，具有多义性，既有与时间对应的含义，也有"宇宙空间"的含义。空间可以定义为一系列结构化物体及其相互间联系的集合。日常语义上的"空间"是指事物之间的距离或间隔。从感观角度将空间看作是目标或物体所存在的容器或框架，因此空间更倾向于被理解为物理空间。空间知识的本质问题是一个古老的研究领域，关于空间的概念，不同的学科有不同的解释。哲学家、天文学家、物理学家对空间的论述众说纷纭。从物理学角度看，空间为宇宙在三个相互垂直的方向上所具有的广延性；天文学中的空间指宇宙空间，是时空连续体系的一部分；行星物理和相关地球物理中的空间常指地球高层空间和行星际空间；在数学中空间概念的范围很广，一般指某种对象（现象、状况、图形、函数等）的任意集合，其中要求说明"距离"或"邻域"的概念；从地理学的意义上讲，空间是人类赖以生存的地球表层具有一定厚度的连续空间域，是一个定义在地球表层空间实体集上的关系。GIS 领域的空间是指地理环境或地球表层空间，是地理信息系统表达和研究的对象。为了在 GIS 中对地理空间（Geospace）进行描述，常常需要借助于抽象的数学空间表达方法。

3. 地理空间

地球表面上的一切地理现象、地理事件、地理效应、地理过程统统都发生在以地理空间为背景的基础之上。地理学的空间是一个定义地球表层空间实体集上的关系，在空间实体之间有无数种关系，定义一种关系就自然定义了一种空间，而这个空间又是和几何关系联系在一起的，并且，几何关系是所有这些关系中的基础关系。地理空间是一个相对空间，是一个空间实体组合排列集（这些空间实体具有精确的空间位置），强调宏观的空间分布和空间实体间的相关关系（关系以各单个地理空间实体为联结的结点或载体）。地理空间是指空间参考信息的地理实体或地理现象发生的时空位置集。依附地理空间存在着各种事物或现象，它们可能是物质的，也可能是非物质的，与一定的地理空间位置有关，都具有一定的几何形态。在地理空间中，物体不仅反映事物和现象的地理本质内涵，而且反映它们在地理空间中的位置、分布状况以及它们之间的相互关系。地理空间十分复杂，其各组成部分之间存在内在联系，形成一个不可分割的统一整体，而且地理空间具有等级差别，同等级地理空间之间亦存在差异。

地理空间若想精确定位于地球上，还必须承认它有欧氏空间基础，有相对于地球坐标系的绝对位置。GIS中的地理空间是指经过投影变换后，在笛卡儿坐标系中的地球表层特征空间。它是地理空间的抽象表达，是信息世界层面的地理空间。地理空间由地理空间定位框架及其所连接的地理空间特征实体组成。通过地图投影，地理现象的宏观特性和空间位置的精确特征紧密有机地联系在一起。其中地理空间定位框架即大地测量控制，为建立所有地理数据的坐标位置提供通用参考系统，将所有地理要素同平面及高程坐标系连接。地理空间特征实体则为具有形状、属性和时序性的空间对象。地理空间的数学描述可以表达为 $S = (O, R)$，其中设 E_1、E_2、$\cdots$、E_n 为 n 个不同类的地理空间实体，R 表示地理空间实体间的相互联系、相互制约关系，$O = \{E_1, E_2, \cdots, E_n\}$ 表示地理空间中各个组成部分（实体）的集合。也就是说，可以简单地将地理空间理解为一个空间目标组合排列集，其每个目标都有具体位置、属性和时间信息以及与其他对象的拓扑关系和语义关系。

4. 空间数据

空间数据是对空间事物的描述，空间数据实质上就是指以地球表面空间位置为参照，用来描述空间实体的位置、形状、大小及其分布特征诸多方面信息的数据。空间数据是一种带有空间坐标的数据，包括文字、数字、图形、影像、声音等多种方式。空间数据是对现实世界中空间特征和过程的抽象表达，用来描述现实世界的目标，记录地理空间对象的位置、拓扑关系、几何特征和时间特征。位置特征和拓扑特征是空间数据特有的特征。此外，空间数据还具有定位、定性、时间、空间关系等特性。郭仁忠（1997）认为空间数据由关于空间对象形态和位域的几何数据、关于空间对象主题的属性数据、关于空间位域上的空间变量的统计数据或模型参数三个部分组成。

由于现实世界的复杂性、模糊性和不确定性，以及人类认识世界和描述世界的能力的局限性，用空间数据来描述和表达地理空间实体时会产生误差，空间数据只能从有限的方面去描述事物，反映事物的某些特性，在一定程度上接近真实值，不可能也没必要全面、详尽、逼真地复制事物本身。另外，空间数据是以如人工统计、仪器测量、社会调查等多种方式获得的，就必然产生各种误差，如人为差错、仪器的系统误差等。空间数据在GIS中是采用笛卡儿坐标系表达的，在计算机中只能用离散的方式来表示空间物体，与自然界真实的地物是不一样的，不能达到百分之百的精确。

空间数据是数字地球的基础信息，数字地球功能的绝大部分都以空间数据为基础。当前空间数据已广泛应用于社会各行业、各部门，如矿产勘查、资源清查、土地利用、城市规划、环境管理、航空航天、交通、旅游、军事等。随着科学和社会的发展，人们已经越来越认识到空间数据对于社会经济发展、人们生活水平提高的重要性，这也加快了人们获取和应用空间数据的步伐。

5. 数据库

数据库技术是 20 世纪 60 年代中期开始发展起来的一门数据管理自动化的综合性新技术，是计算机科学的重要分支。数据库的英文是 Database，其意义为数据基地，即统一存储和集中管理数据的基地。有些类似资料库，实际上资料库的许多特征都可以从数据库中找到。在资料库中，各类资料都有严格的分类系统和编码表，并存放在规定的资料架上，为管理和查找资料提供了极大的方便。当资料的数据形式存放于计算机时，它已经失去直观性，更需要建立严密的分类和编码系统，实现数据的标准化和规范化。数据库是长期储存在计算机内的、有组织的、可共享的数据集合。数据库中的数据按一定的数据模型组织、描述和储存，具有较小的冗余度、较高的数据独立性和易扩展性，并可为各种用户所共享（萨师煊等，2000）。数据库是数据管理的高级阶段。作为文件之上的更高层次的数据组织，数据库并不是众多文件的简单集合，数据库中的文件及其内的数据是有内在联系的；数据库系统透过文件，全面有效地实施数据管理。

数据库的基本结构如图 1-1 所示。最中央为存储的数据体（亦称库存数据），其外为数据管理程序，实施对数据的管理、维护和操作。然后，通过各种应用程序来实现它们与外部的联系，各种输入和输出介质便是实现这种联系的工具。

数据库的应用领域相当广泛，从一般事务处理，到各种专门化数据的存储与管理，都可以建立不同类型的数据库。

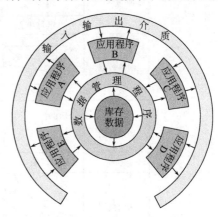

图 1-1　数据库的基本结构

6. 空间数据库

空间数据库是描述与特定空间位置有关的真实世界对象的数据集合，在此，我们把这些对象称为空间参考对象。任何真实世界的对象可能表示成数据库中的对象，但并不是任何对象都和地理位置有关，这取决于我们所要表达的信息模型及应用。只有当对象在数据库中需要考虑其空间位置时，它们才成为空间参考对象，才和空间位置相关。空间数据库既要能处理空间参考对象类型，也要能处理非空间参考对象类型。而如何表示空间或地理现象即空间参考对象的关键是其数据模型。数据模型的设计除与应用有关外，还与提供支持模型的基本概念、方法等有密切联系。空间数据的表示则与计算机表示数据的精度和计算机的存储空间有关。

1.1.2 空间数据类型

空间数据是 GIS 的核心，也有人称它是 GIS 的血液，因为 GIS 的操作对象是空间数据，因此设计和使用 GIS 的第一步工作就是根据系统的功能，获取所需要的空间数据，并创建空间数据库。

GIS 中的数据来源和数据类型繁多，概括起来主要有以下几种类型，如图 1-2 所示。

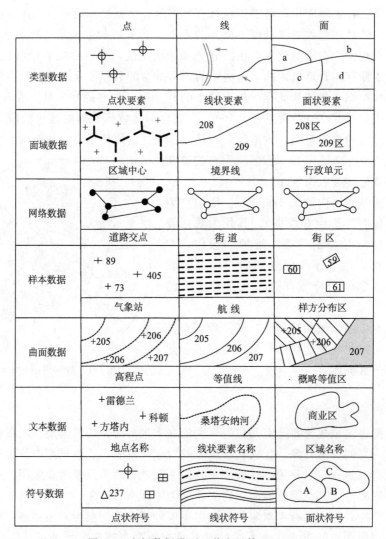

图 1-2 空间数据类型（黄杏元等，2001）

（1）地图数据。来源于各种类型的普通地图和专题地图，这些地图的内容丰富，图上实体间的空间关系直观，实体的类别或属性清晰，实测地形图还具有很高的精度。

（2）影像数据。主要来源于卫星遥感和航空遥感，包括多平台、多层面、多种传感器、多时相、多光谱、多角度和多种分辨率的遥感影像数据，构成多源海量数据，也是

GIS 的最有效的数据源之一。

（3）地形数据。来源于地形等高线图的数字化，包括已建立的数字高程模型（DEM）和其他实测的地形数据等。

（4）属性数据。来源于各类调查报告、实测数据、文献资料、解译信息等。空间数据根据表示对象的不同，又具体分为七种类型，它们各表示的具体内容如下：①类型数据，如考古地点、道路线、土壤类型的分布等。②面域数据，如随机多边形的中心点、行政区域界线、行政单元等。③网络数据，如道路交点、街道、街区等。④样本数据，如气象站、航线、野外样方分布区等。⑤曲面数据，如高程点、等高线、等值区域等。⑥文本数据，如地名、河流名称、区域名称等。⑦符号数据，如点状符号、线状符号和面状符号（晕线）。

1.1.3 空间数据特征

1. 时空特征

通过大量研究，认为地学信息具有多维结构，如图 1-3 所示，一般由空间、属性和时间三部分构成，那么对其进行建模就是要对空间、属性和时间三者的提问域和答案域都要作出回答。

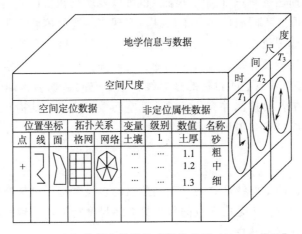

图 1-3 空间数据多维结构［据黄杏元（2001）修改］

空间数据的空间特性是指空间实体的空间位置及其与其他空间实体的空间关系，指明地物在地理空间中的位置，用于回答"Where"提问。空间位置可以用绝对空间位置和相对空间位置来表示。绝对空间位置用来表示地物本身的地理位置，通常用笛卡儿坐标、地理经纬坐标、空间直角坐标 (x, y, z)、平面直角坐标和极坐标等表示地理空间实体在一定的坐标参考系中的空间位置。相对空间位置用来表示多个地物之间的位置相互关系，通过距离和方向描述相对于其他参照系或地物的空间位置，如某观测站位于某高地 135°方向 500m 处。空间关系则是地理空间实体之间存在的一些具有空间特性的关系，如拓扑关系、顺序关系和度量关系等。空间特征是空间数据最基本的特征，空间数据记录了地理空间实体对象的空间分布位置和几何形状等空间信息，所以在使用空间数据时首先需要考虑的就是空间特征。

属性特性是指地学现象的数量、质量和分类等属性信息，包括用来描述地物的自然或人文属性的定性或定量指标的成分。用于回答"What"和"How"提问。可以用名义量、顺序量、间隔或比率来表示。例如，表述一个城镇居民点，若仅有位置坐标 (x, y)，那只是一个几何点，要构成居民点的地理空间数据，还需要经济（人口、产值等）、社会（就业率等）、资源和环境（污染指数等）等属性数据。

时态特性指地理数据采集或地理现象发生的时刻或时段，这部分数据称为时态特征数据或时态数据。同一地物的多时段数据，可以动态地表现该地物的发展变化。时态特征数据可以按时间尺度划分为短期（如地震、洪水、霜冻）、中期（如土地利用、作物估产）、长期（如城市化、水土流失）和超长期（如地壳变动、气候变化）等类型。

2. 多维特征

地理空间数据具有多维结构的特征。地理空间实体或地理现象本身具有各种性质，空间目标的属性特征也称为主题、专题，是与地理空间实体相联系的、具有地理意义的数据和变量，用于表达实体本质特征和对实体的语义定义，一般分为定性（如类型、名称、特征值）和定量（如数量、等级）两种。属性之间的相关关系则反映实体间的分类分级语义关系，主要体现为属性多级分类体系中的从属关系、聚类关系和相关关系。地理空间数据不仅能描述空间三维和时间维，也可以表现空间目标的属性以及数据不同的测量方法、不同来源、不同载体等多维信息，实现多专题的信息记录。例如，在一个坐标位置上，既包括地理位置、海拔高度、气候、地貌和土壤等自然地理特征，也具有相应的社会经济信息如行政界线、人口、产量、交通等。此外，一些空间对象或地理目标（如河流）同时又作为其他空间目标的分界线，也是空间数据多重属性的表现。在进行空间数据分析过程中，要重视并充分考虑地理空间数据的多维结构及其对空间关系的影响，为地理系统的综合研究提供技术支持。

3. 多尺度性

尺度是空间数据的重要特征之一。空间数据的多尺度特征可从空间多尺度和时间多尺度两个方面进行理解。正是由于空间数据具有多尺度特征，导致空间数据的综合难度加大，不利于数据管理和共享。

地球系统是由各种不同级别子系统组成的复杂巨系统，各个级别的子系统在空间规模和时间长短方面存在很大差异，而且由于空间认知水平、精度和比例尺等的不同，地理实体的表现形式也不相同，因此多尺度性成为地理空间数据的重要特征。在空间数据中多尺度特征包括空间多尺度和时间多尺度两个方面。空间多尺度是指空间范围大小或地球系统中各部分规模的大小，可分为不同的层次，时间多尺度指的是地学过程或地理特征有一定的自然节律性，其时间周期长短不一。空间多尺度特征表现在数据综合上，数据综合类似于数据抽象或制图概括，是指数据根据其表达内容的规律性、相关性和数据自身规则，可以由相同的数据源形成再现不同尺度规律的数据，它包括空间特征和属性的相应变化。多尺度的地理空间数据反映了地球空间现象及实体在不同时间和空间尺度下具有的不同形态、结构和细节层次，应用于宏观、中观和微观各层次的空间建模和分析应用。

4. 海量数据特征

GIS 地理空间数据的数据量极大。它既有空间特征（地学过程或现象的位置与相互关系），又有属性特征（地学过程或现象的特征）。空间数据不仅数据源丰富多样（如航天航空遥感、基础与专业地图和各种经济社会统计数据），而且更新快，空间分辨率不断提高。随着对地观测计划的不断发展，每天可以获得上万亿兆字节的关于地球资源、环境特征的数据，使对海量空间数据组织、处理和分析成为目前 GIS 亟待解决的问题之一。

空间数据量是巨大的，通常称海量数据。之所以称为海量数据，是指它的数据量比一般的通用数据库要大得多。一个城市地理信息系统的数据量可能达几十吉字节，如果考虑影像数据的存储，可能达几百吉字节。这样的数据量在其他数据库中是很少见的。地理信息系统的海量数据，带来了系统运转、数据组织与储存、网络传输等一系列技术困难，自然也给数据管理增加了难度。正因为空间数据量大，所以需要在二维空间上划分块或者图幅，在垂直方向上划分层来进行组织。

1.1.4 空间数据库作用

随着遥感、GIS、计算机技术、通信技术等的发展，空间数据库技术不断走向成熟，目前已经在不同行业中得到广泛的应用。空间数据库技术的发展带动了我国空间信息产业化发展。根据统计，我国信息领域的投资有 30% 左右为地理信息获取、加工处理及应用方面的投资。一批国家级的地理数据库已经建立，包括国家基础地理信息系统 1:100 万和 1:25 万数据库，海洋信息相关的资源、环境、灾害等的数据库，气候气象数据库，环境信息监测数据库，矿产资源数据库，1:50 万土地利用数据库，1:10 万土地资源数据库等。空间数据库是地理信息系统中空间数据的存储场所。在一个项目的工作过程中，空间数据库发挥着核心的作用。

1. 空间数据处理与更新

地理信息数据一般时效性非常强，因此就要求人们不断更新数据库。空间数据更新是通过空间信息服务平台用现势性强的现状数据或变更数据更新数据中非现势性的数据，达到保持现状数据库中空间信息的现势性和准确性或提高数据精度；同时将被更新的数据存入历史数据库供查询检索、时间分析、历史状态恢复等（张新长，2005）。因此空间数据的更新并不是简单的删除替换。这其中又涉及数据的整体更新、局部更新、采集途径、时效性、保持原有数据的不变、更新数据与原有数据正确连接等多方面问题，这些都是空间数据库发展中亟待解决的问题之一。

2. 海量数据存储与管理

地理数据涉及地球表面信息、地质信息、大气信息等多种极其复杂的信息，描述信息的数据量十分巨大，容量通常达到吉字节级。空间数据库的数据量远远大于一般数据库的数据量。空间数据库的布局和存取能力对地理信息系统功能的实现和工作的效率影响极大。如果在组织的所有工作地点都能很容易地存取各种数据，则能使地理信息系统快速响应组织内决策人员的要求；反之，就往往会妨碍地理信息系统的快速响应。空间数据库为空间数据的管理提供了便利，解决了数据冗余问题，大大加快了访问速度，防止了由于数据量过大而引起的系统"瘫痪"等。它可以充分利用 RDBMS 安全用户管理、数据备份等功能，实现空间数据和属性数据真正的无缝连接，提高数据管理和应用效率，便于数据共享，也为 GIS 采用完全的 C/S 模式提供了基础。

3. 空间分析与决策

空间数据库技术不仅实现了在 DBMS 中存储空间数据的目的，而且能够支持空间数据的结构化查询和分析，可以高效地把这些空间信息在 GIS 软件的工作空间中复原出来。空间数据库，作为源数据库，可通过对原始数据进行日常操作性的应用，提供简单的空间查询和分析。用户在决策过程中，通过访问空间数据库获得空间数据，在决策过程完成后再将决策结果存储到空间数据库中。如果获取空间数据很困难，就不可能进行及时的决策，或者只能根据不完全的空间数据进行决策，其结果都可能导致地理信息系统不能得出正确的决策结果。可见，空间数据库在地理信息系统中的重要性是不言而喻的。空间数据仓库则根据主题内容通过专业模型对不同的空间数据库中的原始业务数据进行抽取和聚集，给用户提供集成的面向主题分析的决策支持环境。空间数据仓库根据用户的需求来组织源信息和提供数据，侧重于综合分析，而一般数据库的用户只能根据数据库中现存的数据来选择所需数据，侧重于一般性的数据处理。

4. 空间信息交换与共享

空间数据库的应用范围非常广，对于不同的用户群，其要求和使用方式以及所需数据也非常不同。虽然根据不同用户要求，空间数据库系统选用不同的专题地理信息数据库和不同的数据模型，但是随着网络技术的发展，空间数据库系统能够支持网络功能，使得信息的交流与共享变得更加便捷，较好地解决了海量地理信息存储的不便，大大扩展了空间信息的共享范围。相对于各行各业对空间信息技术的需求，空间信息产业的开发与应用突飞猛进，空间数据库技术作为一种综合的新技术、新方法已延伸到国民经济建设的各个领域。借助空间数据库系统，空间信息的应用范围更加广泛，实效性更能得到保障，准确性得以提高，信息的共享程度能得到加强。

1.2　空间数据库的发展

1.2.1　空间数据库的发展历史

空间数据库系统是一个存储空间和非空间数据的数据库系统，在它的数据模型和查询语言中能提供空间数据类型，可以进行空间动态索引，并提供空间查询和空间分析的能力。空间数据库技术经历了多年发展和演变，大体经历了以下几个发展阶段。

1. 20 世纪 50 年代后期到 60 年代中期

20 世纪 50 年代后期到 60 年代中期，由于应用领域拓宽，计算机不仅用于科学计算还大量用于数据管理。这一阶段的数据管理采用文件管理系统。计算机软件的操作系统中已经有了专门的管理数据软件，即所谓的文件系统。文件系统的处理方式不仅有文件批处理，而且还能够联机实时处理，在这种背景下，数据管理的系统规模、管理技术和水平都有了较大幅度的发展。在这种管理方式中，文件管理系统是操作系统的一部分，是通用的文件管理，而不是专门的数据管理软件，空间数据依然保留自身的文件格式，GIS 平台负责响应不同文件格式的空间数据请求，对于流行的空间数据格式，GIS 平台都能支持。因此基于文件方式的空间数据库的建立就是空间数据目录下空间数据文件的组织。

2. 20 世纪 70 年代

对于空间数据库的研究，在 20 世纪 70 年代随着计算机辅助制图和遥感图像处理的研究就已经开始，但在空间数据管理的发展历史中，空间数据的数据库管理也有很多实验。最初 GIS 数据管理是以文件管理的方式，所有的数据都存储在自行定义的数据结构与操纵工具的文件中，人们尝试将空间数据进行数据库管理的方法是将空间数据中的点、线、面分别存储和管理，点可以进行结构化管理，线和面用相邻两点进行结构化管理。这样能够完成对空间数据的数据库管理，但效率十分低下。这种方式不利于空间数据管理和共享，空间数据库技术处于初期阶段，技术上不成熟。虽然数据库技术在 20世纪 80 年代已经广泛使用，对文本数值型数据管理方面已经比较成熟，但是对于结构复杂、数据量庞大、具有拓扑关系的空间数据还是无能为力的。

3. 20 世纪 80 年代

20 世纪 80 年代，随着数据库管理系统和 GIS 技术的发展，在关系数据库技术走向成熟、应用迅速扩展的形势下，以 ESRI 公司的 Arc/Info 为代表的矢量 GIS 技术，基于关系数据库技术理念，并部分直接地采用关系数据库技术，提出地理空间数据管理的数据模型——地学关系模型（Geo-relational Model），成功地开发出基于这种模型的矢量 GIS 数据库系统。关系数据库与图形文件采用混合管理方式。图形数据一般采用文件（如 Arc/Info Coverage）或者专门图库（如 Arc/Info ArcStorm）的形式进行管理，图形文件存储点、线、面图形要素，主要采用拓扑结构编码存储。属性数据利用关系数据库管理系统（RDBMS）的关系表来存储，并通过唯一的标识符（ID 号）建立空间数据和属性数据间的关联。这种文件-数据库混合管理方式在已有的应用系统中取得了巨大成功，并取得应用上的成功。这是地理空间数据库系统技术发展史上第一次革命性飞跃，矢量 GIS 数据库技术由此开始自成体系，从那时起，不同的（矢量）GIS 厂家开发了多种具体的 GIS 数据库系统，也取得一定的进步，如 MapInfo 公司的 MapInfo、Intergraph 公司的 MGE 等基本上都支持工业标准的关系数据库。基于地学关系模型的地理空间数据库系统至今仍然应用于大多数 GIS 系统中。但这种混合管理方式弊端是明显的，一方面，它增加了数据维护和管理的难度，特别是对以文件形式存在的空间数据，其安全性维护、数据更新、共享等难度大；另一方面，空间数据和属性数据分割管理，它们之间是"有缝"的，使软件数据结构复杂，整体性能下降（毕硕本等，2003）。

4. 20 世纪 80 年代后期到 90 年代初期

传统意义上的数据库无论是 FoxPro，还是 Oracle、SQL Server，它们管理的信息类型主要是文字和数字，对图形的管理功能则十分薄弱。针对空间数据以文件方式管理的不足，人们开始考虑把空间数据同属性数据一起存入关系数据库中，空间数据管理都在朝着集成结构的空间数据库方向发展，实现数据库一体化存储和管理。

主要难题是空间数据是变长的，而传统的关系数据库的记录都是定长结构，用它来存储变长数据是很困难的。但随着一些关系数据库的发展，提供了大二进制字段（变长的）存储方法，可以存储图像、录像、声音等信息。在目前采用这种集成结构的商用空间数据库软件中，应用最为广泛的是用关系型数据库（如 SQL Server 或 Oracle 等）作为建立空间数据库的基本软件来存储空间数据，包括矢量数据和栅格数据。此外，在不改变原有的关系数据库系统的情况下管理空间数据，可以通过"二次开发"，用程序来定义和处理不同"空间对象"的不同操作，把需要解决的问题交给应用程序去完成。为了克服关系型数据库管理空间数据的局限性，提出了面向对象数据模型。

将空间数据和属性数据全部存储在关系型的数据库中，从 20 世纪 80 年代后期到目前为止，出现了面向对象数据库系统，如 GemStone、ORION、Iris 等。但真正的新一代数据库系统还没有出现。

5. 20 世纪 90 年代中后期

20 世纪 90 年代中后期，GIS 数据库技术又有了一次飞跃。1996 年，美国 ESRI 公司与主流数据库技术的领头公司 Oracle 合作，开发出空间数据库引擎（Spatial Database Engine，SDE）。该技术仍然基于关系数据库系统，但是突破了传统的地学关系模型，采用基于大型关系数据库的客户机/服务器的网络模式，实现了图形数据和属性数据在大型商业关系数据库的后台统一管理，空间数据可以存储在关系型数据库或一系列文件中。同时 SDE 作为中间应用服务器通过有效的空间查询向用户提供各种应用，包括地理数据查询、地图投影和在异构硬件/网络中向用户提供一致的服务。对于像 Oracle、SQL Server 等数据库系统，SDE 提供空间操作函数使 DBMS 可以像处理其他表结构数据一样对复杂的空间数据进行存储和处理，从而能享用大型关系数据库技术飞速进步所带来的利益。这一阶段空间数据仓库、空间数据联机分析和空间数据挖掘等技术的研究更加深入，目前空间数据仓库已成为空间数据库研究的热点之一，并已经被应用到多个项目，如美国的 EOSDIS、澳大利亚的土地管理系统、苏格兰的资源环境信息系统等。虚拟现实（Virtual Reality，VR）技术的发展促进了空间数据库的可视化。VR 技术将空间数据转换成一种虚拟环境，人们可以进入该数据环境中，寻找不同数据集之间的关系，感受数据所描述的环境。此外，在现代 Internet/Intranet 分布式环境下，空间数据库具有实现分布式事务处理、透明存取、跨平台应用、异构网互联、多协议自动转换等功能。总之，未来的空间数据库系统将是一个可表示复杂和可变对象的、面向对象的、主动的、模糊的、多媒体的、虚拟的集成数据库系统。

1.2.2 空间数据库的发展现状

1. 空间数据管理模式现状

空间数据管理有五种方式：基于文件管理方式、文件与关系数据库混合型空间数据库、全关系型空间数据库、对象-关系型空间数据库和面向对象空间数据库。基于文件管理方式已基本不再使用；混合型空间数据库是目前应用最多的，在今后一段时间内还将继续存在并被使用，但因为其存在的诸多缺陷，所以最终将退出 GIS 历史舞台；面向对象空间数据库最适合于空间数据的管理和表达，不仅支持变长记录，而且支持对象的嵌套、信息的集成与聚集。此外，它还允许用户定义对象和对象的数据结构及其操作。但面向对象空间数据库系统还不很成熟，目前在 GIS 领域还不太通用；对象-关系型空间数据库是由数据库软件开发商直接对数据库系统功能进行扩展，使其能直接管理和存储空间数据。这种扩展主要解决了空间数据的变长记录问题，但仍然未能解决对象的嵌套问题，此外其存储的空间对象不带拓扑关系，数据结构是预先定义好的，用户必须满足其要求才能使用，无法根据自己的需要来扩展，但由于其是数据库开发商所做的扩展，所以一般都有较高的数据访问效率；全关系型空间数据库，即是将空间图形数据和属性数据都存储在商用关系数据库中，以期达到对空间信息的一体化管理和存储。对于当前通用的关系数据库，数据记录一般是结构化的，即它满足关系数据模型的第一范式要求，记录定长，数据项表达只能是原子数据，不允许嵌套记录，而空间数据项可能是变长的，并且存在嵌套记录的要求。所以，未做特定规划的空间数据是不能直接存储在关系数据库中的。

2. 空间数据模型现状

空间数据库经过这些年的发展，二维空间数据技术已相当成熟，而且由于实际应用中大多数情况下用二维甚至一维坐标来进行描述就可以满足需求，但人们是生活在三维空间的，从目前的研究现状来看，三维数据结构总体上分为基于体描述的和基于面表示的数据模型及三维矢量、栅格、混合与面向对象的数据结构。二维的数据结构和三维的数据结构对于不同的应用目的，具有不同的优点，基于不同的应用目的往往需要这两种方式交替运作，这样就需要有一种三维数据结构能够与二维的数据结构相兼容；基于体素的不规则三棱柱数据模型结合地学结构的特点，在建立地学 GIS 上有其独特的优点，同时，还可以很容易在基于矢量结构的二维数据结构上进行扩展得到三维数据结构，并实现与二维数据结构兼容。现在的空间数据库大都采用面向对象的技术进行设计和实现，因此，不规则三棱柱网络模型的数据结构按面向对象程序设计的风格进行描述，对每一个基本元素定义成一个类，拓扑关系包含在类的成员变量和成员函数中，这样程序设计中只对每个元素运用其成员变量编写其成员函数，程序通过调用其成员函数即可实现拓扑关系的自动建立。

如果把时间也算上，人们则是生活在四维空间中，随着应用的不断深入，涉及四维的自然和人为现象的处理越来越多，对数据的处理提出更高的要求，要能够保存并有效地管理历史变化数据，以方便将来重建历史状态、跟踪变化、预测未来，这样的地理信息系统应支持信息的时态性，对时空数据进行统一的模拟和管理，由于当前的地理信息系统软件难以处理时态现象，时空数据模型已成为空间数据库技术领域一个新的研究方向。

3. 空间数据库存在问题

当然现阶段空间数据库也存在一些问题，其主要表现在以下几个方面（张新长等，2005）。

1）数据共享问题

（1）数据文件格式统一性。不同的空间数据库系统，其数据文件格式自然不同。如何确定空间数据库系统应包括的数据文件及其数据类型，以保证不同系统的数据可以共享，使已建立的基础数据库的数据可以得以利用。这就需要一个统一的标准作为基础，且基本保证各种系统的数据在转换中不受损失。

（2）地理信息的标准化。地理信息标准是通过约定或统一规定来表述客观世界的。地理信息标准是对地理客体的模拟、抽象和简化过程，最后离它所反映的地理实体就越来越远。为统一人们对事物和概念的认识及利用，就必须通过约定或规定，才能使地理信息真正共享。当前的地理信息标准存在着推荐性标准与强制性标准之分。

（3）数据共享的政策。地理信息共享政策是一种人们必须遵守的行为准则或行为规范，其调整内容涉及社会经济的各个领域，在不同的社会环境中有着不同的政策。由于数据的采集与整理需要投入大量的人力、物力和财力，在数据共享方面存在着服务性与商业性的矛盾。在欧美地区国家数据共享政策是服务性与商业性相结合的，一般都含有有偿使用，按照商业活动方式运作，由商业部门自主决定数据价格及使用限制条款的部分。我国对地理信息共享政策的制定是从全国最大多数用户利益出发，但其中仍存在着多数用户利益与少数用户利益、长远利益与眼前利益的冲突。

2）数据"瓶颈"问题

随着空间数据库的范围越来越广，数据量越来越大，尽管数据的压缩、存储与管理等技术在不断地进步，海量空间数据输入的高额费用仍然是空间数据库应用及发展中的一大障碍。这其中包括数据格式不统一的问题，但根本问题是两种数据模型本身的限制。采用矢量数据结构能准确地表示其位置及空间拓扑关系，便于查询，但数字化工作非常繁琐；栅格数据结构的空间数据输入方便，并能方便、快速地与获取空间信息的遥感技术相连接，但提高准确性的同时带来巨大的存储量，且不能实现空间拓扑关系。栅格向矢量的转换功能的不完善大大增加了处理的工作量，影响精确度与可靠性。此外，随着 WebGIS 的发展，网络"瓶颈"问题也越来越受到人们的关注。由于所需传输的数据量很大，对于网络带宽、速度等要求非常高。这个问题严重影响了 WebGIS 在实际生活中的应用与发展，是当前急需解决的问题之一。

3）数据安全问题

在 WebGIS 逐渐成为空间数据库的主要发展方面的同时，数据的安全性也随之成为一个不可忽视的问题。早期的 GIS 应用中，客户端一般采用文件共享的方式访问服务器上的空间数据文件。从客户端极易盗取和修改数据文件，带来了重大的安全隐患。这样数据库系统管理员必须设定不同用户群的访问权限，避免用户直接访问服务器上的共享文件，使用户只能按照规定方式访问空间数据库。此外，还需要采用适合的网关、防火墙等系统安全技术，最大限度地防止外部的攻击。

空间数据库是 GIS 最基本且重要的组成部分之一。在一个项目的工作过程中，它往往发挥着核心的作用。数据库的布局和存取能力对 GIS 的功能实现和工作效率影响极大，数据库技术的发展也推动着 GIS 的不断前进。在空间数据库技术不断完善的今天，仍存在着很多不利因素制约着 GIS 的发展，还有很多问题有待人们去思考和解决。

1.3　空间数据库与传统数据库比较

1.3.1　空间数据库特征

空间数据库与一般数据库相比，除了具有一般数据库的主要特征外，还具有以下特点。

1. 综合抽象特征

空间数据描述的是现实世界中的地物和地貌特征，非常复杂，必须经过抽象处理。不同主题的空间数据库，人们所关心的内容也有差别。因此，空间数据的抽象性还包括人为地取舍数据。抽象性还使数据产生多语义问题。在不同的抽象中，同一自然地物表示可能会有不同的语义。例如，河流既可以被抽象为水系要素，也可以被抽象为行政边界，如省界、县界等。

2. 非结构化特性

在当前通用的关系数据库管理系统中，数据记录一般是结构化的，即它满足关系数据模型的第一范式要求，也就是说每一条记录是定长的，数据项表达的只能是原始数据，不允许嵌套记录，而空间数据则不能满足这种结构化要求。若将一条记录表达成一个空间对象，它的数据项可能是变长的。例如，1 条弧段的坐标，其长度是不可限定的，它可能是 2 对坐标，也可能是 10 万对坐标；此外，1 个对象可能包含另外的 1 个或多个对象。例如，1 个多边形，它可能含有多条弧段。若 1 条记录表示 1 条弧段，在这种情况下，1 条多边形的记录就可能嵌套多条弧段的记录，因此，它不满足关系数据模型的范式要求，这也就是为什么空间图形数据难以直接采用通用的关系数据管理系统的主要原因之一。

3. 分类编码特征

一般而言，每一个空间对象都有一个分类编码，而这种分类编码往往属于国家标准或行业标准或地区标准，每一种地物的类型在某个 GIS 中的属性项个数是相同的。因而在许多情况下，一种地物类型对应一个属性数据表文件。当然，如果几种地物类型的属性项相同，也可以有多种地物类型共用一个属性数据表文件。

4. 复杂性与多样性

空间数据源广、量大，时有类型不一致、数据噪声大的问题。进行数据挖掘的原数据可能包含了噪声、空缺、未知数据，而聚类算法对于这样的数据较为敏感，将会导致质量较低的聚类结果，因此，处理噪声数据的能力需要提高。选取挖掘的样本数据时，合理而准确的抽样是至关重要的，样本大不但降低了抽样效率，而且增加了后续工作的复杂性；样本小又存在样本不具有代表性，准确性不高的问题。因此，需要有效的抽样技术解决大型数据库中的抽样问题。由于进行挖掘所需要的数据可能来自于不同的数据源中，这些数据源中的数据可能具有不同的数据格式和意义，为有效地传输和处理这些数据，需要对结构化或非结构化数据的集成进行深入的研究。

1.3.2　空间数据库与传统数据库差异

1. 信息描述差异

（1）在空间数据库中，数据比较复杂，不仅有与一般数据库性质相似的地理要素的属性数据，还有大量的空间数据，即描述地理要素空间分布位置的数据，并且这两种数据之间具有不可分割的联系。

（2）空间数据库是一个复杂的系统，要用数据来描述各种地理要素，尤其是要素的空间位置，其数据量往往很大。空间数据库中的数据具有丰富的隐含信息。例如，数字高程模型（DEM 或 TIN）除了载荷高度信息外，还隐含了地质岩性与构造方面的信息；植物的种类是显式信息，但植物的类型还隐含了气候的水平地带性和垂直地带性的信息等。

2. 数据管理差异

（1）传统数据库管理的是不连续的、相关性较小的数字和字符；而空间数据是连续的，具有很强的空间相关性。

（2）传统数据库管理的实体类型少，并且实体类型之间通常只有简单固定的空间关系；而空间数据库的实体类型繁多，实体类型之间存在着复杂的空间关系，并且能产生新的关系（如拓扑关系）。

（3）地理空间数据存储操作的对象可能是一维、二维、三维甚至更高维。一方面，我们可以把空间数据库看成是传统数据库的扩充；另一方面，空间数据库突破了传统的数据库理论，如将规范关系推向非规范关系。而传统数据库系统只针对简单对象，无法有效地支持复杂对象（如图形、图像）。传统数据库存储的数据通常为等长记录的原子数据，而空间数据通常由于不同空间目标的坐标串长度不定，具有变长记录，并且数据项也可能很大、很复杂。

（4）地理空间数据的实体类型繁多，不少对象相当复杂，地理空间数据管理技术还必须具有对地理对象（大多为具有复杂结构和内涵的复杂对象）进行模拟和推理的功能。但是，传统数据库系统的数据模拟主要针对简单对象，管理的实体类型较少，因而，无法有效地支持以复杂对象为主体的 GIS 领域。随着 GIS 技术向三维甚至更高维方向发展，GIS 系统需要描述表达的对象愈来愈复杂，这个问题将愈来愈突出。

（5）空间数据库有许多与关系数据库不同的显著特征。空间数据库包含了拓扑信息、距离信息、时空信息，通常按复杂的、多维的空间索引结构组织数据，能被特有的空间数据访问方式所访问，经常需要空间推理、几何计算和空间知识表达等技术。

3. 数据操作差异

从数据操作的角度，地理空间数据管理中需要进行大量的空间数据操作和查询，如矢量地图的剪切、叠加和缓冲区等空间操作、裁剪、合并、影像特征提取、影像分割、影像代数运算、拓扑以及相似性查询等，而传统数据库系统只操纵和查询文字和数字信息，难以适应空间操作。

4. 数据更新差异

（1）数据更新周期不同。传统数据库的更新频度较高，而空间数据库的更新频度一般是以年度为限。

（2）数据更新的角色不同。空间数据库更新一般由专人负责，一是因为要保证空间数据的准确性，二是空间数据的更新需要专门的技术。而传统数据库的更新可能是任何使用数据库的人员。

（3）访问的数据量不同。传统数据库每次访问的数据量较少，而空间数据库访问的数据量大，因而空间数据库要求有很高的网络带宽。

（4）数据更新的策略不同。传统数据库一般由事务控制，而空间数据库一般允许访问时间相对滞后的数据，一方面因为空间对象的变化较缓慢；另一方面因为人为因素未能及时更新，但这不影响对先前更新的数据的访问；另外，GIS 系统一般是作为决策支持系统出现的，而决策支持系统基本上使用的是历史数据。

5. 服务应用差异

（1）一个空间数据库的服务和应用范围相当广泛，如地理研究、环境保护、土地利用和规划、资源开发、生态环境、市政管理、交通运输、税收、商业、公安等许多领域。

（2）空间数据库是一个共享或分享式的数据库。

（3）传统的关系数据库中存储和处理的大都是关系数据。

1.4　新型数据库系统

从 20 世纪 60 年代末开始，数据库系统已走过了 40 年的历史，经历了两代的演变，即层次与网状数据库系统时代和关系数据库系统时代，取得了辉煌成就。事实上，这两代数据库系统只是较为成功地适应了信息处理中最简单的一些应用环境和对象。而对于更复杂的环境和对象，传统的数据库技术还远未完善。因为信息社会的发展，人们对信息处理的要求，使得数据库的功能、对象都随着发生变化，更加实际、更为广泛的是关于文字、图像、图形、声音等复杂对象的处理。对这些对象，传统的数据库技术是无法解决的。另外传统数据库是集中式的，而现实世界中，人们希望获得的信息有时分布在不同的地区。传统数据库只能提供静态的、在计算机里有的信息。对这些情况，传统数据库也是无能为力的。所有这些社会需求推动了数据库技术向着更高级、更广泛、更深入的方向发展，出现了许多以数据库为核心，以人工智能、网络、汉字等技术为工具的新的研究领域。这些领域包括以下几方面。

1.4.1　分布式数据库

分布式数据库在最近几年变成了信息处理的一个重要方面，可以看出它的重要性越来越明显，社会的需求越来越迫切。这种趋势是由于两方面的原因引起的：组织方面，分布式数据库更加自然地适合分散的组织机构；技术方面，它避免了集中式数据库的很多弊病和弱点。

1. 分布式数据库的特色

（1）地方自治性。在集中式数据库中非常强调对全局的集中控制，而在分布式数据库中不强调全局的集中控制，而强调各结点的地方自治。这给每一结点相当的独立性。

（2）相互协作性。地方自治是分布式数据库特色的一个方面，光有这一方面是远远不够的，更重要的是当某结点的事务需要存取其他结点的数据时，更需要各结点间相互协作、相互配合。这种协作是平等关系的协作。

（3）位置透明性。位置透明性意味着用户使用数据时，无须了解所存取的数据所在位置。这一位置信息是由系统通过全局目录而获得，并由系统决定是在本结点自治处理，还是通过网络存取其他结点的数据。这种透明性简化了应用程序，大大方便了用户。它是分布式数据库的主要目标之一。

（4）副本的透明性。在集中式数据库中减少冗余是它的主要目标之一，但在分布式数据库中出于性能和效率方面的考虑，有时需要在不同结点存放同一数据库的几个副本。这主要考虑到下述两个因素和背景：一是应用的局部性，在分布环境下，为了减少网上的传输，提高效率，确定了一个处理原则，即能在本地区处理的事务不申请网上的传输，因而重复存放副本就是自然的策略；二是系统的可行性，在分布环境下，一个结点出现了故障，不影响整个系统的运行，需要在某地区获得的数据，可在其他结点获得，在这种情况下，副本提高了系统的可靠性、可用性。

当然副本存放是需付出代价的。除空间开销外，更新操作要对所有副本进行，这代价是不小的，所以需衡量一下检索获得的好处与更新付出的代价，权衡后作出最佳选择，决定存放几个副本及副本存放的位置。这是分布式数据库设计的任务之一。

2. 使用分布式数据库的原因

（1）组织和经济上的需要。很多部门的组织结构是分散的，分布式数据库更加符合这种状态的自然结构。随着计算机技术的发展，经济方面的因素使得人们怀疑集中式计算机中心是否合适，而分布式数据库可以灵活地根据经济条件逐步投资。这是发展分布式数据库最重要的原因。

（2）如何充分利用已有的数据资源。在很多情况下，一些部门已有一些分散的、独立的集中式数据库，而应用要求有一个全局的信息系统，统一各分散的独立的数据库，分布式数据库正好符合这种需要。

（3）新的功能和结构增长。如果一个部门需增加新的结构和应用，如银行开设新的支行、新的仓库的增加，分布式数据库可适应这种增长，能平稳地增加现有的数据和程序，而对系统影响最小。集中式数据库在设计开始就确定了应用的目标和规模，以后的扩展是很困难的，扩展的代价和复杂度都难令人接受。这里指的是整体而非局部的模型的改变。

（4）通信开销。没有全局设计和优化的一般网络数据库，其通信开销是很大的。因为次环境下没有全局字典，也没有从整体出发的分布式数据库的存储布局、物理分片、查询优化，因而效率很低，而网上开销又大。

（5）小型计算机的发展。它提供与大型机相当的功能。这是发展分布式数据库的硬件条件之一。

（6）网络技术的商品化。近些年，网络技术发展很快，各种商品化的性能较优的网络产品不断进入市场。这是发展分布式数据库的硬件条件之二。

3. 分布式数据库的体系结构所包含的基本部件

（1）数据库管理 DB 系统，即集中式数据库管理系统 DBMS。

（2）数据通信子 DC 系统。

（3）全局数据字典 DD（有关网上的数据分布）。

（4）分布式数据库管理 DDB 系统，即负责分布处理的数据管理。

上述四部分合起来称为分布式数据库管理系统（Distributed Database Management Systems，DDBMS）。DDBMS 提供的典型功能：存取其他结点的数据、分布透明性、支持数据库管理和控制、对分布事物的并发控制和恢复等。

DDBMS 一个重要的问题是系统是均质的还是异质的，即硬件、操作系统和 DBMS 是否相同，对我们来说最重要的是 DBMS 是否相同。每个结点都采用相同的 DBMS，这种系统称为均质系统，否则称为异质系统。

1.4.2 专家数据库

人工智能是研究计算机模拟人的大脑和模拟人的活动的一门科学，因此逻辑推理和判断是其最主要的特长，但对于信息检索则效率很低。数据库技术是数据处理的最先进的技术，对于信息检索有其独特的优势，但对于逻辑推理却无能为力。专家数据库是人工智能与数据库技术相结合的产物。它具有两种技术的优点，而避免了它们的缺点。它是一种新型的数据库系统，它所涉及的技术除了人工智能和数据库以外，还有逻辑、信息检索等多种技术和知识。

1. 人工智能的弱点

（1）人工智能系统中的知识库只含有少量的规则和事实。这是不能进入实用的原因之一。

（2）人工智能系统的效率极低。这是不能进入实用的原因之二。

2. 传统数据库系统的弱点

（1）传统数据库不能进行逻辑推理和知识处理。

（2）传统数据库不能管理复杂的类型对象，如 CAD、CAM、RLSI、CASE 等。

3. 专家数据库的研究目标

（1）专家数据库中不仅包含大量的事实，而且应包含大量的规则。

（2）专家数据库系统应具有较高的检索和推理效率，满足实时要求。

（3）专家数据库不仅能检索，而且能推理。

（4）专家数据库应能管理复杂的类型对象，如 CAD、CAM、CASE 等。

（5）专家数据库应能进行模糊检索。

4. 专家系统的研究成果

（1）智能数据库接口。这是比较模糊的说法，并没有准确的定义，主要的几点有：自然语言输入理解；多媒体声图文一体化用户接口；不确定推理。

（2）知识数据模型的发展。传统的数据模型中没有关于知识的描述。专家数据库既要处理数据，又要处理知识。在数据模型中当然要反映出专家数据库的功能，因此提出知识数据模型。知识数据模型要扩展数据模型，使新系统能处理复杂的对象，如时态、特殊坐标、事件、活动等。知识数据库系统要求存取动态数据库，以辅助问题求解。知识数据模型还有研究工具和方法论。

（3）存储模型。传统人工智能系统在存储上是非常落后的、原始的，未采用现代数据存储和存取技术，因此不仅只能处理少量规则和事实，而且效率极低，近些年吸取了数据处理的先进技术，取得了如下进展：将内存模式（全部事实和规则都进内存）改为内外存交互模式，即采用缓冲区技术；将规则、模式、数据、黑板等存在磁盘上；可有效存取大型数据库和知识库；不用其他逻辑方法，紧紧抓住带有递归的 Horn 子句逻辑作设计语言的基础；捕捉规则寻找规则/目标树；提出了对数据库进行查询/子查询的优化方法——DATA-LOG 的评价。

1.4.3　演绎数据库

演绎数据库将逻辑程序设计思想和关系数据库思想结合起来。

1. 演绎数据库的基本概念

演绎的含义是根据已知的事实和规则进行推理，回答用户提出的各种问题。演绎数据库也被称为逻辑数据库、演绎关系数据库或虚关系数据库。换言之，它们具有很强的推理能力，这种推理能力起源于人工智能的研究。

演绎数据库理论包含了更标准的关系数据库理论。在传统数据库中，用户能检索的数据只能是实际存在于关系数据库中的数据。但客观世界中的事物之间存在着多种逻辑关系，反映这些事物的数据之间同样存在着这些逻辑关系。根据已知的数据和这些逻辑关系可推出另一些在数据库中并不存在而客观又是正确的数据。

演绎数据库可包含三方面内容：实数据（事实）、规则及虚数据。虚数据是根据已知的实数据经使用规则推理而得到的，不必存放在数据库中。

演绎数据库可获得远远多于传统数据库中的数据，但其占有的实际物理空间与传统数据库差不多，而且还具有易维护、易扩充、冗余度小和数据录入量少等优点。

2. 演绎数据库的基本结构

演绎数据库由三部分组成：

（1）传统数据库管理。由于演绎数据库建立在传统数据库之上，因此传统数据库是演绎数据库的基础。

（2）具有对一阶谓词逻辑进行推理的演绎结构。这是演绎数据库全部功能特色所在，推理功能由此结构完成。

（3）数据库与推理机构的接口。由于演绎结构是逻辑的，而数据库是非逻辑的，因此必须有一个接口实现物理上的连接。

3. 演绎数据库的研究现状

对演绎数据库的研究始于 20 世纪 70 年代后期，对它的研究分两个方面：数学模型和实现方法。

1）数学模型

在演绎数据库中往往用证明论作为其实现的数学模型。在证明论中，演绎数据库可视为一个一阶谓词演算的公理系统。一个公理系统包括：公理，一阶谓词演算公式；定理，有公理通过证明而获得的一阶谓词演算公式；证明，有公理经推理而得到定理的证明过程。

2）实现方法

目前演绎数据库的实现方法有两种：一种是用 PROLOG 语言实现，另一种是用现有的 DBMS＋RULE 实现。

用 PROLOG 语言实现。由于 PROLOG 语言是一种基于证明论的语言，因此用它来实现从理论上是完全可行的。用 PROLOG 语言表示演绎数据库不需编制专门的系统软件，从而使实现工作变得极为简单。将传统数据库与演绎结构均用证明论方法表示，这样，整个演绎数据库也变得极为简单。但由于 PROLOG 语言本身的弱点（效率低），因此用它来有效地、完整地表示一个演绎数据库还需进一步改造。这方面的工作主要集中在两点：一是功能上改进，在 PROLOG 中增加数据库的功能，以适应对数据的处理要求；二是效率上的提高，改进 PROLOG 的搜索速度，以大大提高它的效率。

用现有的 DBMS＋RULE 实现。目前著名的 SQL 和 INGRESE 都已实现了演绎功能。其中 RULE 部分需要完成推理与接口两部分功能。推理部分由演绎结构完成，接口部分的功能是将推理中的逻辑表示转换成给定 DBMS 中的数据描述与数据操纵语言中的语句。

当用户查询演绎数据库时，如果涉及实关系，则如同通常的数据库查询一样处理；如果涉及虚关系，则由规则处理部分的演绎结构将其转换成对实关系的查询，最后通过 DBMS 的查询结构完成，将最终结果提交给用户。

4. 演绎数据库、知识库与智能数据库

这三者既有联系又有区别。其共同之处是三者都是人工智能与数据库的结合，都是以数据库为基础，吸取了人工智能的成功技术的成果。

数据库与知识库是不同的概念，前者管理数据，后者管理知识。知识与数据是不同的两个概念。知识包含的内容远比数据丰富得多。知识至少包括了规则与数据两大部分。

演绎数据库与智能数据库均属于数据库范围，它们均以数据库为基础，吸取了人工智能的技术。因此，它们与知识库是不同的。演绎数据库虽然也含有规则，但它含有的规则较少，而含有的数据却是大量的，这是与知识数据库不同的。至于智能数据库不仅应用人工智能中的逻辑推理思想，而且还将人工智能中自然语言理解、语言识别、图像、文字处理等多种方法与技术应用于数据库，以求得更多的功能、性能的改善与提高。因此，从某种意义讲，演绎数据库是智能数据库的一部分。

1.4.4　多媒体数据库

随着信息技术的发展，数据库应用从传统的企业信息管理扩展到计算机辅助设计、办公信息系统、人工智能等多种应用领域。这些领域要求处理的数据不仅包括一般格式化的数据，还包括大量多种媒体形式的非格式化数据，如图形、图像、正文、声音等。我们把这种能存储和管理多种媒体的数据库称为多媒体数据库。

多媒体数据库的结构及其操作与传统格式化数据库有很大差别。现有 DBMS 无论从模型的语义描述能力、系统功能、数据操作，还是存储管理、存储方法上都不能适应这些复杂对象的处理要求。综合程序设计语言、人工智能和数据库领域的研究成果，设计支持多媒体数据管理的 DBMS 已成为数据库领域中一个新的重要研究方向。

1. 多媒体数据库管理系统的功能要求

在多媒体信息管理环境中，不仅数据本身的结构和存储形式各不相同，而且不同领域对数据处理的要求也比一般事务管理复杂的多，因而，对 DBMS 提出了更高的功能要求。这些要求可概括为以下几个方面：

（1）要求 DBMS 能方便地描述和处理具有内部层次结构的数据。在多媒体信息管理中，实体的属性可能又是一个实体。应用环境要求在高一级抽象层次上将这样的实体当做一个整体，施加某些操作；而在低一级抽象层次上作为属性的实体也应作为一个整体。多媒体 DBMS 应能提供对这种实体间联系的描述和处理结构。

（2）要求 DBMS 提供由用户定义的新的数据类型和相应操作的功能。在多媒体信息管理中，应用随时可能增加多媒体处理设备和新的处理要求。这要求不断增加新的数据类型和新的操作。传统 DBMS 无此功能。

（3）要求 DBMS 能够提供更灵活的定义和修改模式的能力。

（4）要求 DBMS 提供版本控制能力。

（5）要求 DBMS 提供对多媒体信息管理中特殊的事务管理。

（6）要求 DBMS 对长寿事务的并发控制和故障恢复。

2. 多媒体 DBMS 的体系结构

多媒体 DBMS 的体系结构大致有四种实现方案。

1）在传统 DBMS 基础上实现

在传统 DBMS 基础上实现一个多媒体 DBMS 的应用前端机。它提供数据、文字、图形、图像等应用接口。图 1-4 是此方案的结构图。这种体系对于已有的 DBMS 的用户是可行的，但经过多层映射，系统的操作效率会大大降低。

图 1-4 传统 DBMS＋多媒体的信息处理

2）多个 DBMS 协调方案

此方案是分别为每种媒体的信息建立特殊的、专门处理该种媒体数据的 DBMS，然后在上层设计一个协调管理的 DBMS，以便一体化各专门 DBMS。用户在此协调 DBMS 上使用多媒体数据库。图 1-5 表示了这种体系。在这种方案下，协调工作复杂，基础功能冗余，效率也不会高。

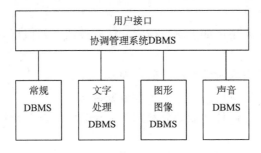

图 1-5 多个 DBMS 的协调体系

3）多媒体 DBMS 方案

此方案重新设计或改造传统 DBMS，使它能统一管理记录类、文字型、工程型、图形图像型、声音型的多媒体数据库，如图 1-6 所示。这种方案当然较为理想，因为设计的目标明确，系统效率、性能可以达到预想的结果，但代价是较大的。

用户接口			
多媒体DBMS			
记录型 数据	文字型 信息	图形 图像	声音

图 1-6   多媒体 DBMS 体系

4）存储核心层＋应用层多媒体 DBMS 体系

此方案是德国凯撒劳滕大学的 Haerder 和斯图加特大学的 Reuter 提出的，以数据库核心系统为基础，将一个多媒体 DBMS 分为两层：上层为应用层，实现多媒体数据描述和操作；下层为公共存储服务层，物理存储各种语义表示的数据。这一方案如图 1-7 所示。这种体系有许多优点，如可扩充性、效率较高。

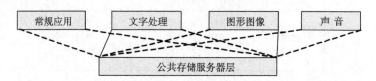

图 1-7   存储核心层＋应用层多媒体 DBMS 体系

3. 多媒体数据库与传统数据库的比较

（1）在用户接口方面，多媒体 DBMS 与传统 DBMS 相比，前者是语义更充实、结构能力更强、完整性约束更丰富的数据模型。

（2）多媒体数据库的逻辑数据模型与内部存储和表示技术更严格地隔离。

（3）多媒体数据库表示中性客体的存储结构更加多样化，利用诸如分片、划组、多重聚集等更精细的技术。

（4）多媒体数据库采用诸如多属性搜索、区间搜索、相似搜索、启发式搜索等更强有力的搜索方法。

（5）多媒体数据库引入时间并施行版本控制。

（6）多媒体数据库适应应用，支持中性事务概念。

（7）多媒体数据库从硬件功能划分和配置上充分利用复杂操作的并行性。

1.4.5   工程数据库

工程数据库是数据库领域内另一有着广泛应用前景和巨大经济效益的分支。近些年在国际上对它的研究十分活跃，而且在某些国家已经产生了相当的经济效益。

工程数据库是指在工程设计中，主要是 CAD/CAM 中所用到的数据库。由于在工程中的环境、要求不同，工程数据库与传统的信息管理中用到的数据库有着很大的区别。

1. 工程数据库的应用环境

在工程设计中有着大量的数据和信息要保存和处理。例如，零件的设计模型、图纸上的各种数据、材料、工差、精度、版本等各种信息需要保存、管理和检索。管理这些信息最好的技术自然是数据库。

一个 CAD 系统主要包括四大软件模块：DBMS、图形系统、方法库及应用程序。图 1-8 是工程数据库的应用环境，可以看出，在 CAD 系统中任一运行都离不开数据库。无论是交互设计、分析、绘图或数据控制信息的输出，所有这些工作都建立在这个公共数据库上。数据库是 CAD 系统的核心，是 CAD 系统的信息源，是连接 CAD 应用程序、方法库及图形处理系统的桥梁。在工程数据库中，存放着各用户的设计资料、原始资料、规程、规范、典型设计、标准图纸及各种手册数据。

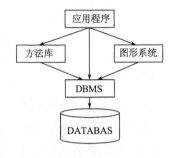

图 1-8　工程数据库的应用环境

2. 工程数据库的特色

（1）设计者是一个临时用户。

（2）主要数据库是图形和图像数据。

（3）数据库规模庞大。

（4）设计处理的状态是直观的和暂时的。

（5）设计的多次版本信息都要予以保存。

（6）事务是长寿的，从设计到生产周期较长。

（7）数据要求有序性。

（8）数据项可多达几百项。

这些特色决定了工程数据库与传统数据库的应用要求有着许多不同之处。

思　考　题

1. 解释空间、地理空间、数据库、空间数据库的概念？

2. 什么是空间数据，空间数据有哪些主要类型？

3. 空间数据和空间数据库有哪些主要特征？空间数据库有什么作用？

4. 空间数据库与传统数据库有何差异？

5. 空间数据库有哪些主要作用？目前空间数据库还存在哪些主要问题？

6. 空间数据库发展历史和现状是什么？

第2章 空间现象抽象表达

2.1 现实世界的认知

2.1.1 空间认知理论

1. 认知科学

美国认知科学的创始人之一诺贝尔奖金获得者 H. A. Simon 认为，认知科学就是探索智能系统和智能性质的科学。他所谓的智能系统并不限于人，也包括表现出智能行为的机器。美国著名认知心理学家 D. A. Norman 认为，认知科学是心灵的科学、智能的科学，并且是关于知识及其应用的科学。

认知科学是研究人类感知和思维信息处理的科学。认知心理学为认知科学的产生奠定了基础，认知心理学的理论目标就是要说明和解释人在完成认知活动时是如何进行信息加工的。例如，我们怎样从世界中获得信息，这些外界信息又怎样存储在头脑中，它们如何作为知识得以再现和转换，在解决问题时如何被利用，以及如何指导我们的注意和行为等。认知科学把认知心理学研究大脑的信息加工扩展到了机器的信息加工，即计算机智能的领域，因此它是现代心理学、信息科学、神经科学、数学、语言学、人类学乃至自然哲学等学科交叉发展的结果。

认知科学的兴起和发展标志着对以人类为中心的认知和智能活动的研究已进入新的阶段。认知科学的研究将使人类自我了解和自我控制，把人的知识和智能提高到空前未有的高度。

认知科学涉及的问题非常广泛，从神经生理基础到计算机科学，从哲学到社会文化因素，都有认知的问题。归纳起来，认知科学研究的内容大致包括下面 11 项：①复杂行为的神经生理基础、遗传因素；②符号系统；③知觉；④语言；⑤学习；⑥记忆；⑦思维；⑧问题求解；⑨创造；⑩目的、情绪、动机对认知的影响；⑪社会文化背景对认知的影响。

2. 空间认知

人类对周围环境的认知是通过感觉器官接受刺激，经由中枢神经系统将大量的信息综合、分类、加工，从而形成各种知觉、思维、意识和情感。空间认知是认知科学的重要组成部分，也是心理学、地理学、地图学、计算机科学、人工智能等科学都在研究的重要问题。空间认知是对现实世界的空间属性包括位置、大小、距离、方向、形状、模式、运动和物体内部关系的认知，是通过获取、处理、存储、传递和解译空间信息，来获取空间知识的过程。

现实生活中存在不同的空间概念，空间概念可以看作是一种"多维"概念。空间场景形成了用于构造更抽象的概念域的许多隐喻的基础域或源域。认知科学为地理信息科学提供有助于建立空间信息和空间认知基础理论的研究方法和哲学态度。反过来，地理信息科学也可以为认知科学提供新的或许是更复杂的表示空间实体和关系的形式化方法。

空间认知研究始于地图认知过程。早期其他重要的研究问题包括：信息的组织、地图符号的感知响应、地图的视觉比较。

3. 空间类型表现形式

以 Couclelis 和 Gale（1986）模型对于空间的理解最具代表性。该模型基于阿贝尔群（Abelian Groups）代数结构的运算规则，认为空间类型具有五种形式（鲁学军，2004）：①物理空间；②感觉运动空间；③感知空间；④认知空间；⑤符号空间。其中，物理空间实质上就是指现实世界的物质空间，它包括了所有规模大小的空间，而感觉运动空间则是指在人类身体尺度上发生物理作用的空间，由于它很小，因此在有关空间（尤其是地理空间）的研究与应用中一般不予考虑。

1）感知空间

感知空间是指人的感觉器官以不同方式与环境的突出刺激发生物理作用后，形成典型特征感知图像的空间，它由与感知方式有关的人的位移（或移动）组成，感知空间分布范围从大于人体尺度的较大对象空间（Larger Objects）到小于房子尺度（Houses）的房间空间（Rooms）。对属于感知空间的空间类型，我们对它们的感知行为仅从某一个视点（或角度）就能够完成。

2）认知空间

认知空间将典型特征感知图像与信念（Beliefs）、知识（Knowledge）和记忆（Memory）这些认知要素相连，以进一步形成有关典型对象认知图像的空间。认知空间是基于认知三要素（信念、知识和记忆）而形成的，其中，"知识"是有关空间实体的部分-整体（Part-Whole）关系的知识（或经验），而"记忆"则具有特殊功能，它使得发生在认知空间中的认知行为不再受物理空间约束的影响，而这点正是认知空间和感知空间的重要区别。认知空间的分布范围从房子尺度空间（Houses）开始到城市尺度空间（Cities）。对属于认知空间的空间类型，我们对它们的认知行为已经不能单从某一个视点（或角度）来完成，而必须通过多视点（或多角度）认知方式才能够实现。

3）符号空间

符号空间是对空间的符号化表达。在符号空间内，人们基于对空间要素的简化、关联与综合，对空间的组织、结构、关系进行符号化表达。符号包括有形和无形两种，有形符号如地图，无形符号如影像，因此，符号空间根据其表达符号的不同，又分为地图空间与影像空间。符号空间所表现的空间范围可以从小区尺度空间（Neighborhoods）直到世界尺度空间（The World），但符号空间本身却属于符号表达的、具有比例意义的"小尺度空间"。与感知空间相类似，我们同样只需要从某一个视点（或角度），就能够实现对于符号空间所包含的空间类型的认识。

4. 空间认知模式

空间实际上有三种表现形式（鲁学军等，2005）：感知空间、认知空间、符号空间，并且不同的空间表现形式具有不同的认知方式。根据认知方式的差异，空间认知模式包括空间特征感知、空间对象认知和空间格局认知三个层次。"空间格局"是基于"空间对象"的分类和推理，而"空间特征"又是有关"空间对象"识别与分类的基础，因此，"空间对象"是"空间格局"认知的基本单位，"空间特征"则是"空间对象"认知的基本单位。所以，"空间对象"与"空间特征"是空间认知的两个基本单位，正是基于它们，人类实现了对于空间的理解和分析。

1）空间特征感知

空间特征感知发生于感知空间。在感知空间，人们应用各种有关特征产生的感知手段和方法，从某一视点（或角度）来观察空间实体的各个组成部分，以获得有关空间实体各组成部分的属性特征。由于通过感知手段和方法（如曲率最小原则、感知突现等）所产生的特征具有空间表现性，因此，在感知空间中所产生的属性特征是一种空间特征。由于感知是针对"特征"的感知，因此，感知空间也被称为特征感知空间。

2）空间对象认知

空间对象认知发生于认知空间。在认知空间内，人们在有关空间实体各组成部分的属性特征感知基础上，基于有关空间实体的部分-整体关系知识（或经验），通过将空间实体各组成部分之间的属性特征相集成，来实现对于某个空间实体的对象化认识。由于认知是"对象化"的认知，因此，认知空间也被称为对象认知空间。

3）空间格局认知

空间格局认知发生于符号空间。在符号空间内，人们在对空间要素属性特征的简化、关联与综合基础上，以有关空间实体的部分-整体关系知识（或经验）为指导，对空间实体进行对象化符号表达。由此，人们将能够基于实体的对象化符号进一步实现有关空间组织、结构与关系的逻辑判断、归纳与演绎推理分析，以形成有关空间的格局认识。

5. 地理空间认知

地理空间认知研究作为地理信息科学的核心问题之一，已经得到普遍的认同。地理空间认知是指在日常生活中，人类如何逐步理解地理空间，进行地理分析和决策，包括地理信息的知觉、编码、存储、记忆和解码等一系列心理过程。地理空间认知的研究内容包括地理事物在地理空间中的位置和地理事物本身性质。地理空间认知作为认知科学与地理科学的交叉学科，需对认知科学研究成果进行基于地理空间相关问题的特化研究。因此，与认知科学研究相对应，地理认知研究主要包括地理知觉、地理表象、地理概念化、地理知识的心理表征和地理空间推理，涉及地理知识的获取、存储和使用。

2.1.2　现实世界认知过程

空间认知是一个信息加工过程。地理世界是非常复杂的，地理系统表现出来的各种各样的地理现象代表了现实世界。要正确认识和掌握现实世界这些复杂、海量的信息，需要进行去粗取精、去伪存真的加工，对复杂对象的认识是一个从感性认识到理性认识的一个抽象过程。通过对各种地理现象的观察、抽象、综合取舍，得到实体目标（有时也称为空间对象），然后对实体目标进行定义、编码结构化和模型化，以数据形式存入计算机。空间数据表示的基本任务就是将以图形模拟的空间物体表示成计算机能够接受的数字形式。这同时也是一个将客观世界的地理现象转化为抽象表达的数字世界相关信息的过程，这个过程涉及三个层面：现实世界、概念世界和数字世界，如图 2-1 所示。

（1）现实世界是存在于人们头脑之外的客观世界，事物及其相互联系就处在这个世界之中。事物可分成"对象"与"性质"两大类，又分为"特殊事物"与"共同事物"两个重要级别。

（2）概念世界是现实世界在人们头脑中的反映。客观事物在概念世界中称为实体，反映事物联系的是实体模型。

（3）数字世界是概念世界中信息的数据化。现实世界中的事物及联系在这里用数据模型描述。

图 2-1　现实世界认知过程（龚健雅，2001）

2.1.3　GIS 与空间认知

1. GIS 与空间认知关系

发生在地理空间上的认知称为地理空间认知，它是对地理空间信息的表征，包括感知过程、表象过程、记忆过程和思维过程，实质是对地理现象或地理空间实体的编码、内部表达和解码的过程。地理空间认知是地理学的一个重要研究领域，是地理认知理论之一和 GIS 数据表达与组织的桥梁和纽带，研究地理空间认知对 GIS 的建立具有重要作用。认知、空间认知、地理空间认知以及 GIS 之间有着紧密的关系（马荣华等，2005），如图 2-2 所示。

地理知识的描述需要地理思维，它们与 GIS 相结合会产生基于知识的 GIS 和基于GIS 的专家系统两种结果。这两种系统都是以地理认知为基础的。地理认知、地理思维

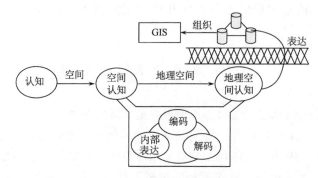

图 2-2　GIS 与空间认知关系

图 2-3　地理认知、地理思维和 GIS 的关系

和 GIS 的关系可用图 2-3 来描述。

GIS 空间数据组织的对象来源于现实世界的地理现象（客观实体），因此，必须对现实世界进行抽象和表达，以建立现实世界的 GIS 数据模型，抽象的过程是人们对现实世界进行认知的过程，表达的过程是人们对现实世界进行计算机再现的过程。

2. 空间认知对 GIS 的意义

关于空间和场所的空间认知表达了人与环境及人与地球之间的关系，地理学家希望空间认知能够有助于理解他们感兴趣的传统现象，如人们选择在哪里购物取决于他们对于距离和道路连接的认识。

目前对 GIS 中认知问题的关注程度不够、理解不够是地理信息技术有效性的一个主要障碍。认知研究将直接导致 GIS 系统的改进，改进后的系统将充分体现人类的地理感知，空间认知有助于提高 GIS 使用和设计以及其他地理信息产品，它们部分依赖于人们对于空间关系表述的理解。因此，认知问题的研究对设计更有效的 GIS 是有帮助的。

2.2　从现实世界到模型世界

2.2.1　空间模型

客观世界丰富多彩、无穷无尽，要研究、认识、利用和改造它们，必须将所有关注的局部世界加以简化和抽象，才能揭示出控制客观事物演变的基本规律，科学研究中一种普遍采用的方法是模型方法。模型的定义有多种，但其核心含义都是一致的，模型是对现实世界中的实体或现象的抽象或简化，是对实体或现象中的最重要的构成及其相互关系的表达，能反映事物的固有特征及其相互联系或运动变化规律。模型反映的对象是一种或一类特定事物，它可以是自然界任何有生命的或无生命的实体、事物和现象。一个模型是现实世界的表达或描述，用我们能理解的东西去表示我们希望了解的东西。

因此，模型不等于被描述的对象。根据不同的研究目的，抽象或简化可以通过多种方法，如文字、图形、实物以及数学等来实现，抽象方法不同，就构成不同的模型，如文字或语言模型、图像模型、实物模型以及数学模型等。地图就是一个借助于符号和注记，形象表现所关心区域内容的模型。但地图并不完全等同于它所表示的地理区域。利用模型，人们可以了解、观察和分析研究事物的特性，预测和控制事物的发展变化。建立模型的过程称为建模。模型本身和对象间存在某种相似性。这种相似性可以是外表的，也可以是内部结构的相似，或者对象与模型在形状和结构上毫无共同之处，建立模型就是要用模型有效地表示对象的相似性，对象又称为模型的原型。

2.2.2 空间认知三层模型

地理信息系统是以数字形式表达的现实世界，是对特定地理环境的抽象和综合性表达。在现实世界与数字世界转换过程中，数据模型起着极其重要的作用。对现实世界进行抽象和综合后，首先必须选择一数据模型来对其进行数据组织，然后选择相应的数据结构和相应的存储结构，将现实世界对应的信息映射为实际存储的比特数据。一般而言，GIS空间数据模型由概念数据模型、逻辑数据模型和物理数据模型三个不同的层次组成。其中概念数据模型是关于实体和实体间联系的抽象概念集，逻辑数据模型表达概念模型中数据实体（或记录）及其间关系，而物理数据模型则描述数据在计算机中的物理组织、存储路径和数据库结构，三者间的相互关系如图2-4所示。

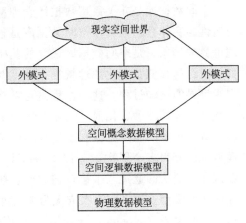

图 2-4 空间认知三层模型

1. 空间概念数据模型

概念数据模型是人们对客观事实或现象的一种认识，有时也称为语义数据模型。不同的人，由于在所关心的问题、研究对象、期望的结果等方面存在着差异，对同一客观现象的抽象和描述会形成不同的用户视图，称为外模式。GIS概念数据模型是考虑用户需求的共性，用统一的语言描述、综合、集成的用户视图。目前存在的空间概念数据模型主要有矢量数据模型、栅格数据模型和矢量-栅格一体化数据模型，其中矢量数据模型和栅格数据模型应用最为广泛。

2. 空间逻辑数据模型

空间逻辑数据模型将前面的空间概念数据模型确定的空间数据库信息内容（空间实体和空间关系），具体地表达为数据项、记录等之间的关系，这种表达有多种不同的实现方式。常用的数据模型包括层次模型、网络模型和关系模型。

层次模型和网络模型都能显示表达数据实体间的关系，层次模型能反映出实体间的隶属或层次关系，网络模型能反映出实体复杂的多对多关系，但这两种模型都存在结构复杂的缺点。关系数据模型使用二维表格来表达数据实体间的关系，通过关系操作来查询和提取数据实体间的关系，其优点是操作灵活，以关系代数和关系操作为基础，具有较好的描述一致性，缺点是难以表达复杂对象关系，在效率、数据语义和模型扩展等方面还存在一些问题。

3. 物理数据模型

逻辑数据模型并不涉及最底层的物理实现细节，而计算机处理的只能是二进制数据，所以必须将逻辑数据模型转换为物理数据模型，即要求完成空间数据的物理组织、空间存取方法和数据库总体存储结构等的设计工作。

2.2.3 空间认知九层抽象模型

空间数据库是在关系型数据库管理系统之上的基础构架，描述现实世界对象的空间与属性的实体数据集合。空间数据库是整个地理信息系统的核心。空间数据模型是对地理世界的抽象，是空间数据库设计的基础。空间数据库将现实世界抽象到数字化世界。如何组织与存储数字化地理特征十分重要。从现实世界到数字世界的过程，也是人们对客观世界的认知过程，这一过程是对客观现象的抽象、概括和模型化的过程，涉及对空间地理实体的取舍、化简、数量及质量概括、空间关系的协调和夸大等许多方面，需要参与者用科学的思维方式和创造性的劳动去完成。从地理世界到计算机世界，空间数据模型可以分为多个层次，按照 OpenGIS 观点，地理对象的抽象过程可分为九个层次，在这九个层次间通过八个接口与它们连接，完整地定义了从现实世界到地理要素集合世界的转换模型。这九个层次依次为现实世界（real world）、概念世界（conceptual world）、地理空间世界（geospatial world）、尺度世界（dimensional world）、项目世界（project world）、OpenGIS（简称 OGIS）点世界（OpenGIS points world）、OpenGIS 几何体世界（OpenGIS geometry world）、OpenGIS 地理要素世界（OpenGIS feature world）和 OpenGIS 要素集合世界（OpenGIS feature collection world）。而连接它们的八个接口分别为认识接口（epistemic interface）、GIS 学科接口（GIS discipline interface）、局部测度接口（local metric interface）、信息团体接口（community interface）、空间参照系接口（spatial reference interface）、几何体结构接口（geometric structure interface）、要素结构接口（feature structure interface）及项目结构接口（project structure interface）。在这九个层次中，前五个是对现实世界的抽象，并不在计算机中被实现，后四个层次是关于现实世界的数学的和符号化的模型，将在具体的软件中予以实现。OpenGIS 的地理对象抽象过程如图 2-5 所示。通过九层抽象模型，现实世界可以抽象为地理特征集合世界来进行描述。

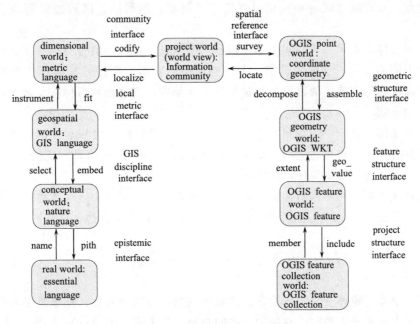

图 2-5　空间认知九层抽象模型

2.3　空间实体描述

2.3.1　空间实体概念

空间实体是存在于自然世界中地理实体，与地理空间位置或特征相关联，在空间数据中不可再分的最小单元现象称为空间实体。基本的空间实体有点（Point）、线（Line）、面（Surface）和体（Solid）四种类型。空间数据适用于描述所有呈二维、三维甚至多维分布的关于区域的现象，空间数据不仅能够表示实体本身的空间位置及形态信息，而且还有表示实体属性和空间关系（如拓扑关系）的信息。空间实体的空间关系比较复杂。根据几何坐标、空间位置以及实体间的相互关系，GIS 中空间实体可以抽象为简单实体和复杂实体。简单实体是一个结构单一、性质相同的几何形体元素，在空间结构中不可再分。复杂实体是相互独立的简单实体的集合，对外存在着一个封闭的边界。不同的软件系统中空间实体的定义与划分是不相同的。简单实体、复杂实体及其基本空间拓扑关系类型组成了空间概念的基本描述模型。

（1）点实体。表示零维空间实体，在空间数据库中表示对点状实体的抽象，可以具体指单独一个点位，如独立的地物，也可以表示小比例图中逻辑意义上不能再分的集中连片和分散状态，当从较大的空间规模上来观测这些地理现象时，就能把它们抽象成点状分布的空间实体，如村庄、城市等，但在大比例尺地图上同样的城市就可以描述十分详细的城市道路、建筑物分布等线状和面状实体。

（2）线实体。表示一维空间实体，有一定范围的点元素集合，表示相同专题点的连续轨迹。例如，可以把一条道路抽象为一条线，该线可以包含这条道路的长度、宽度、起点、终点以及道路等级等相关信息。道路、河流、地形线、区域边界等均属于线状实体。

（3）面实体。表示二维空间实体，表示平面区域大范围连续分布的特征。例如，土地利用中不同的地块、土壤的类型，大比例尺中的城市、农村等都可以认为是面状实体。有些面状目标有确切的边界，如建筑物、水塘等，有些面状目标在实地上没有明显的边界，如土壤。

（4）体实体。表示三维空间实体，体是 3D 空间中有界面的基本几何元素。在现实世界中，只有体才是真正的空间三维对象，现在对三维体空间的研究还处于初始阶段，以地质、大气、海洋污染等环境应用居多。

从地理现象到空间实体的抽象并不是一个可逆过程，同一个地理现象，根据不同的抽象尺度（比例尺）、实际应用和视点可被抽象成不同的空间实体。

2.3.2　基于对象描述

空间对象是对地理空间实体简化、抽象的结果，而这种简化、抽象属于人类认识的范畴。将地理要素嵌入到欧氏空间中，空间对象可以采取零维（点）、一维（线）、二维（面）和三维（体或三维曲面）等不同空间维数的几何形体来表达。按照其空间特征，空间对象可分为点状空间对象、线状空间对象、面状空间对象和体状空间对象，每个对象对应一组相关的属性以区分出各个不同的对象。地理空间中的事物和现象，有的是连续分布于整个研究区域，如磁场、重力场、大气场、温度场、气压场等。连续分布的物理量可通过数学物理方程求解，用 GIS 可视化手段表达。但在地理空间中更多的事物和现象只占据空间的一个局部，具有比较明确的不连续边界。这种局部的连续是 GIS 所主要模拟的空间对象。

除空间维数特性外，空间对象还可以从其复杂性、规则性、人为性等角度认识或区分。有些空间对象比较简单，另一些则比较复杂，复杂空间对象还可以包含若干简单空间对象。例如，一个湖泊可包含若干小湖泊和岛屿。空间对象有规则和不规则之分，规则的空间对象可以用直线、矩形或圆等规则图形来表达。不规则空间对象描述难度相对较大。空间对象还有自然的和人为的之分，不同的研究者对同样的空间实体进行简化、抽象，所得到的空间对象，可能不同或不尽相同。很多空间对象及其边界划分因人而异。例如，行政区边界（如省界、县界等）、气候分带和土壤分类等都受人为因素的影响。采样时的条件限制差异，也可能导致抽象出的空间对象不同。一个典型的例子是，城镇边界、河流等线状空间对象的形状，会因沿边界的采样点的疏密程度而不同。空间对象也可能因研究者给予的定义差异而不同。例如，某植被覆盖区的大小和范围可能随着定义该植被覆盖的阈值差异变化而变化。

基于对象的模型将研究的整个地理空间看成一个空域，地理实体和现象作为独立的对象分布在该空域中（崔铁军，2007）。基于对象的空间模型强调个体现象，以独立的方式或者以与其他现象之间相互关系的方式来研究，主要描述不连续的地理现象。任何现象，无论大小，都可以被确定为一个对象，假设它可以从概念上与其邻域现象相分离。实体可以由不同的对象所组成，而且它们可以与其他的相分离的对象有特殊的关系。在一个与土地和财产的拥有者记录有关的应用中，采用的是基于实体的观点，因为每一个土地块和每一个建筑物必须是不同的，而且必须有唯一标识并且可以单独测量。一个基于实体的观点适合于已经组织好的边界现象，如建筑物、道路、设施和管理区域。一些自然现象，如湖、河、岛及森林，经常被表示在基于实体的模型中，但应该记住的是，这些现象的边界随着时间的变化很少固定不变，因此，在任何时刻，它们的实际的位置定义很少是精确的。

2.3.3　基于场的描述

基于场模型是把地理空间的事物和现象作为连续的变量来看待。对于模拟具有一定空间内连续分布特点的现象来说，基于场的观点是合适的，如空气中污染物的集中程度、地表的温度、土壤的湿度以及空气与水流动的速度和方向。根据应用的不同，场可以表现为二维或三维。一个二维场就是在二维空间中任何已知的点上都有一个值，而一个三维场就是在三维空间中对于任何位置来说都有一个值。

1. 场模型

从函数的角度来看，地球表面可建模成一个函数。该函数的定义域是地理空间，而值域是空间实体元素的集合。设这个函数为 f，它将地理空间的每个点映射到值域的一个具体元素上，函数 f 是个分段函数，它在元素相同的地方取值恒定，而在元素发生变化处才能改变取值，我们将这个函数模型称为场模型。对于空间应用来说，定义场模型要求确定三个组成部分：空间框架（Spatial Framework）、场函数（Field Function）和一组相关的场操作（Field Operation）（Shekhar and Chawls，2004）。

空间框架 F 是一个有限网格，这个网格加在基本地理空间上。所有度量都基于这个框架来完成。空间框架最常用的坐标系是地球表面的地理坐标参照系。空间框架是一种有限的结构，由于离散化而导致的误差是不可避免的。一个包含 n 个可计算的函数或简单场 $\{f_i，1 \leqslant i \leqslant n\}$ 的有限集

$$f_i：空间框架 \rightarrow 属性域(A_i)$$

将空间框架 F 映射到不同的属性域 A_i 中。对各种场函数和属性域的选择要取决于当时的空间应用。例如，可用一个单一场（Single-field）分段函数描述森林，其属性域为集合 $\{冷杉，橡树，松树\}$。对于函数是单值而基本空间是欧氏平面的特殊情况，场自然就看成表面或等值线，它们是具有相同属性值的点的轨迹。基于场建模的第三个重要内容是场函数的操作规约。不同场之间的联系和交互由场操作来指定。场操作把场的一个子集映射到其他的场。场操作的例子有并（＋）和复合（o）：

$$f + g：x \rightarrow f(x) + g(x) \qquad (2-1)$$

$$f o g：x \rightarrow f(g(x)) \qquad (2-2)$$

场操作可以分成三类：局部的（Local）、聚焦的（Focal）和区域的（Zonal）。

1）局部操作

对于一个局部操作，空间框架内一个给定位置的新场的取值只依赖于同一位置场的

输入值。例如，一个公园可完全理想化地划分成树、湖和草地。函数 f 和 g 定义为

$$f(x) = \begin{cases} 1 & \text{如果 } x = \text{"树"} \\ 0 & \text{其他情况} \end{cases} \qquad (2\text{-}3)$$

以及

$$g(x) = \begin{cases} 1 & \text{如果 } x = \text{"湖"} \\ 0 & \text{其他情况} \end{cases} \qquad (2\text{-}4)$$

那么，$f+g$，即 f 与 g 的并就定义为

$$(f+g)(x) = \begin{cases} 1 & \text{如果 } x = \text{"树"或者"湖"} \\ 0 & \text{其他情况} \end{cases} \qquad (2\text{-}5)$$

2）聚焦操作

对于一个聚焦操作，在指定位置的结果场的值依赖于同一位置的一个假定小邻域上输入场的值。微积分中的极限（Limit）运算就是一个聚焦操作。设 $E(x,y)$ 是公园的高程场，即 E 给出空间框架 F 中位置 (x,y) 的高程值。因而，计算高程场的梯度 $\bigtriangledown E(x,y)$ 就是一个聚焦操作，因为 (x,y) 的梯度值依赖于高程场在 (x,y) 的一个"小"邻域上取值。

3）区域操作

区域操作很自然地与聚集运算符或微积分中的积分运算（$\int \mathrm{d}x\mathrm{d}y$）有关联。例如，描述森林的分段函数把森林映射到属性集〔冷杉，橡树，松树〕中，同时还将基本空间划分成三个多边形或者区域（Zone），计算每个树种的平均高度就是一个区域操作。

2. 场的特征

1）空间结构特征和属性域

在实际应用中，"空间"常指可以进行长度和角度测量的欧几里得空间。空间结构可以是规则的或不规则的，但空间结构的分辨率和位置误差十分重要，它们应当与空间结构设计所支持的数据类型和分析相适应。属性域的数值可以包含以下几种类型：名称、序数、间隔和比率。属性域的另一个特征是支持空值，如果值未知或不确定则赋予空值。

2）连续的、可微的、离散的

如果空间域函数连续，那么空间域也是连续的，即随着空间位置的微小变化，其属性值也将发生微小变化，不会出现像数字高程模型中的悬崖那样的突变值。只有在空间结构和属性域中也恰当定义了"微小变化"，"连续"的意义才确切，当空间结构是二维（或更多维）时，坡度（或者称为变化率）不仅取决于特殊的位置，而且取决于位置所在区域的方向分布，如图 2-6 所示。连续与可微分两个概念之间有逻辑关系，每个可微函数一定是连续的，但连续函数不一定可微。

如果空间域函数是可微分的，空间域就是可微分的。行政区划的边界变化是离散的一个例子，如果目前测得的边界位于A，而去年这时边界位于B，但这并不表明6个月前边界将位于BA之间的中心，边界可不连续跃变。

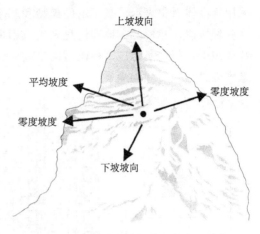

图 2-6　某点的坡度取决于位置所在区域的各方向上的可微性（邬伦等，2001）

3）各向同性和各向异性

空间场内部的各种性质是否随方向的变化而发生变化，是空间场的一个重要特征。如果一个场中的所有性质都与方向无关，则称之为各向同性场（Isotropic Field）。例如，旅行时间，假如从某一个点旅行到另一个点所耗时间只与这两点之间的欧氏几何距离成正比，则从一个固定点出发，旅行一定时间所能到达的点必然是一个等时圆，如图 2-7（a）所示。如果某一点处有一条高速通道，则利用与不利用高速通道所产生的旅行时间是不同的，如图 2-7（b）所示。等时线已标明在图中，图中的双曲线是利用与不利用高速通道的分界线。本例中的旅行时间与空间实体点与起点的方位有关，这个场称为各向异性场（Anisotropic Field）。

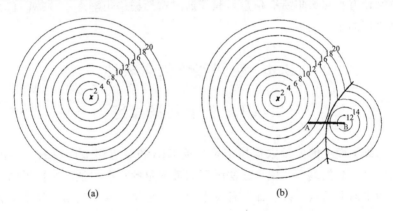

图 2-7　在各向同性与各向异性场中的旅行时间（邬伦等，2001）

4）空间自相关

空间自相关是空间场中的数值聚集程度的一种量度。距离近的事物之间的联系性强于距离远的事物之间的联系性。如果一个空间场中的类似的数值有聚集的倾向，则该空间场就表现出很强的正空间自相关；如果类似的属性值在空间上有相互排斥的倾向，则表现为负空间自相关，如图 2-8 所示。因此空间自相关描述了某一位置上的属性值与相邻位置上的属性值之间的关系。

场模型和实体对象模型并不互相排斥，有些应用可以共存。例如，对于地面起伏的描述，既可采用场模型描述，如离散点、断面线、不规则三角形和规则三角形，也可以采用等高线对象表示。基于场的模型和基于实体的模型各有长处，应该恰当地综合运用这两种方法来建模。在地理信息系统应用模型的高层建模、数据结构设计及地理信息系统应用中，都会遇到这两种模型的集成问题。图 2-9 给出了实体模型和场模型的不同的思维方式。

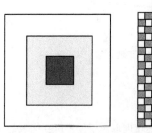 

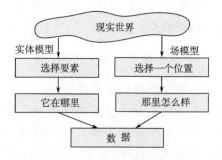

图 2-8　强空间正负自相关模式（邬伦等，2001）　　　图 2-9　实体模型与场模型比较

　　场模型在计算机中常用栅格（Raster）数据结构表示。栅格数据结构把地理空间划分成均匀的网格。由于场值在空间上是自相关的（它们是连续的），所以每个栅格的值一般采用位于这个格子内所有场点的平均值表示。这样，就可以利用代表值的矩阵来表示场函数。地理空间上的任何一点都直接联系到某一或某一类地物。但对于某一个具体的空间实体又没有直接聚集所有信息，只能通过遍历栅格矩阵逐一寻找，它也不能完整地建立地物之间的拓扑关系。

2.4　空间实体矢量表达

2.4.1　矢量数据描述

　　建立在二维平面上的矢量数据模型是目前 GIS 领域应用最广泛的、与传统地图表达最为接近的空间数据模型。矢量方法强调离散现象的存在，把现实世界的空间实体抽象地看作是由平面上的点、线、面三种基本空间目标组成的。观察的尺度或者概括的程度决定了使用空间目标的种类。例如，在一个小比例尺表现中，诸如城镇这一现象可以由个别的点组成，而路和河流可用线来表示；在一个中等比例尺上，一个城镇可以由特定的原型，如线来表示，用以记录其边界；在较大的比例尺中，城镇将被表现为特定原型的复杂集合，包括建筑物的边界、道路、公园以及所包含的其他内容与管理现象。矢量结构的空间离散方法实质上是将面（区域）化为边界线，线化为系列点，最终是以离散点坐标及连接方式来定义空间位置与形态。矢量模型以构成现实世界空间目标的边界来表达空间实体，采用相当于线条画的表达方式，即用点、线和多边形（闭合的线）来刻画所关注的空间对象的轮廓、空间位置及其几何关系，空间位置采用点的空间坐标表达，同时组织好属性数据，以便与空间特征数据共同描述地理事物及其相互联系。空间实体的几何属性通过点的空间坐标来计算。矢量模型的表达源于原型空间实体本身，通常以坐标来定义。

点，由一对地理坐标定义，可以用来代表位置信息，如客户地址、犯罪现场等。对于本身的大小在研究中可以忽略的点状空间对象，用一个几何点坐标（x，y）来记录点实体的位置。

线，用一连串有序的两个或多个坐标对（x_1，y_1），（x_2，y_2），（x_3，y_3），…，（x_n，y_n）集合来表达对于本身宽度在研究中可以忽略的线状空间对象。对连续的线须先将其离散为系列有序点，再利用一组点坐标及它们的连接方式来记录描述。特定坐标之间线的路径可以是一个线性函数或者一个较高次的数学函数，而线本身可以由中间点的集合来确定。

面，对于面状区域则是通过对边界线的定义来进行的。它可以是法律定义的边界，如宗地、行政区划等，也可以是自然存在的分界线，如分水岭。对于面状空间对象（区域），用一系列起点和终点重合的一连串点坐标（x_1，y_1），（x_2，y_2），（x_3，y_3），…，（x_n，y_n），（x_1，y_1）来表现其边界轮廓，代表一个封闭的多边形。可见，面状对象同线状对象一样，也是用一串坐标来描述，输出时也可视化地表现为一条线，但不同的是，这一串坐标的首尾是同一点坐标（x_1，y_1），输出时表现为一串线段首尾相连，即闭合的线。闭合的线，或首尾相连的一串线段，就是多边形。

矢量模型的优点是能方便地表达空间实体之间的拓扑空间关系，图形精度高、数据存储量小、容易定义和操作单个目标、方便实现坐标变换和距离计算等。矢量模型的缺点是缺乏与遥感及数字地面模型直接结合的能力，难于处理叠置操作。

2.4.2 矢量数据结构

矢量数据结构是利用欧几里得几何学中的点、线、面及其组合体来表示地理实体空间分布的一种数据组织方式。它通过记录坐标的方式来表示点、线、面等地理实体。其主要特点是定位明显和属性隐含。矢量数据结构主要有 Spaghetti（面条）结构和拓扑矢量数据结构。

1. Spaghetti 结构

在非拓扑矢量数据结构中，空间数据按照基本的空间对象（点、线或多边形）为单元进行单独组织，地物用一系列坐标串表示，记录了空间实体的形状信息，不考虑空间实体间的关联关系、相邻关系和包含关系等拓扑关系信息，其拓扑关系信息必须通过在数据文件中搜索所有实体的信息，并经过大量计算才能得出，但适合于制图系统。最典型的是 Spaghetti 结构。Spaghetti 结构是较简便的矢量数据结构，早期的 GIS 软件，以及现在的一些桌面绘图或制图系统常采用这种结构。Spaghetti 结构主要面向多边形来组织数据，并将多边形边界看作是线的简单闭合，不属于任何多边形的线和点，另外组织。因此，这种方法有时称为环状多边形数据结构。

Spaghetti 结构是指每个点、线、面目标都直接跟随它的空间坐标，即

点目标：唯一标识码，（X，Y）

线目标：唯一标识码，（X_1，Y_1，…，X_n，Y_n）

面目标：唯一标识码，（X_1，Y_1，…，X_n，Y_n，X_1，Y_1）

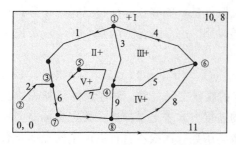

图 2-10 矢量数据结构示意

这种数据结构的主要特点是：①数据按点、线或多边形为单元进行组织，易于实现以多边形为单位的运作，数据编排直观，数字化后无须进行大量编辑整理，即可方便地显示。②每个多边形都以闭合线段存储，多边形的公共边界被数字化两次和存储两次，线在数据库中被多次记录，造成数据冗余。例如，图 2-10 中，记录 2、3 号多边形时，3 号线会记录两次。③点、线和多边形有各自的坐标数据，每个多边形自成体系，但缺少有关拓扑关系的信息。④多边形公共边界线的两次输入，记录常不一致，容易造成数据结构的破坏，引起严重的匹配误差，如狭长多边形及裂隙的产生。⑤不能解决"洞"和"岛"之类的多边形嵌套问题，岛只作为一个单个图形，没有与外界多边形的联系，难以表达多边形包含关系。例如，图 2-10 中的Ⅱ号和Ⅴ号两多边形有包含关系，但在 Spaghetti 结构中都作为多边形一样看待、编码，以致在 Spaghetti 结构中很难判断Ⅱ号包含Ⅴ号多边形。

ESRI 公司的 shapefile 格式是典型的 Spaghetti 结构，shapefile 主要由主文件（.shp）、索引文件（.shx）和 DBASE 表（.dbf）组成。其中主文件是一个可以直接访问由可变长记录组成的文件，整个记录都描述了一个由一些顶点组成的图形。在索引文件中，每个记录记录了主文件中相应记录对于主文件头的偏移。DBASE 表存储了一个记录的特征属性。图形和属性之间是一对一的关系。DBASE 文件中的属性记录与主文件中的记录排序相同。

主文件包括一个固定长度的文件头和不定长度的记录，每个不定长度的记录又由定长的记录头和不定长度的记录组成，文件头步长 100bytes，具体内容见表 2-1。每个记录的头存储了记录号和记录的内容长度，固定长度 8bytes，内容见表 2-2。

表 2-1　主文件头描述

位置	域	值	类型	字节顺序
0byte	文件代码	9994	整数	大
4bytes	未被使用	0	整数	大
8bytes	未被使用	0	整数	大
12bytes	未被使用	0	整数	大
16bytes	未被使用	0	整数	大
20bytes	未被使用	0	整数	大
24bytes	文件长度	文件长度	整数	大
28bytes	版本	1000	整数	小
32bytes	Shape 类型	Shape 类型	整数	小
36bytes	边界盒	X_{min}	双精度	小
44bytes	边界盒	Y_{min}	双精度	小
52bytes	边界盒	X_{max}	双精度	小
60bytes	边界盒	Y_{max}	双精度	小
68bytes*	边界盒	Z_{min}	双精度	小

位置	域	值	类型	字节顺序
76bytes*	边界盒	Z_{max}	双精度	小
84bytes*	边界盒	M_{min}	双精度	小
92bytes*	边界盒	M_{max}	双精度	小

* 未被使用，值为 0，若没有被衡量或是 Z 轴。

表 2-2　主文件记录头文件的描述

位置	域	值	类型	字节顺序
0byte	记录数目	记录数目	整数	大
4bytes	内容长度	内容长度	整数	大

每个 shapefile 中只能有一种图形，shapefile 中的图形类型有：Null Shape、Point、PolyLine、Polygon、MultiPoint、PointZ、PolyLineZ、MultiPointZ、PointM、PolyLineM、PolygonM、MultiPointM、MultiPathM。

Null Shape 主要用于为要创建或要拷贝的记录预留空间，同一个 shapefile 中允许同时存在 Null Shape 和 Point 类型的图形，其记录内容见表 2-3。

表 2-3　主文件记录头文件的描述

位置	域	值	类型	数目	字节顺序
0byte	shape 文件	0	整数	1	小

这里主要介绍点、线、面的格式。

点：有一对双精度的坐标值组成，点记录的内容见表 2-4。

```
Point
  {
        Double X    //X 坐标值
        Double Y    //Y 坐标值
  }
```

表 2-4　点记录内容

位置	域	值	类型	数目	字节顺序
0byte	shape 类型	1	整数	1	小
4bytes	X	X	双精度	1	小
12bytes	Y	Y	双精度	1	小

线：是点的有序集合，线的记录内容见表 2-5。

```
Line
  {
        Double [4]         Box     //区域边界
        Integer            NumPans //组成部分的个数
```

```
Integer                NumPoints    //点的总数
Integer [NumParts]     Parts    //每一部分的第一个点的位置
Integer [NumPoints]     Points    //所有的点
}
```

其中，Box 表示该线的外接矩形，在粗略判定某条线是否位于指定的区域中时，会用到该子项的值。

表 2-5 Polyline 记录内容

位置	域	值	类型	数目	字节顺序
0byte	shape 类型	1	整数	1	小
4bytes	Box	Box	双精度	1	小
36bytes	NumParts	NumParts	整数	1	小
40bytes	NumParts	NumParts	整数	1	小
44bytes	Parts	Parts	整数	NumParts	小

面：面是由一个或多个环组成，环是由有序连接成的闭合的不交叉的四个或更多个点组成，面的结构如下：

```
Polygon
{
    Double [4]          Box //区域边界
    Integer             NumParts //环的个数
    Integer             NumPoints //点的总数
    Integer [NumParts]     Parts //环的第一个点的位置
    Integer [NumPoints]     Points //所有的点
}
```

2. 拓扑矢量数据结构

拓扑矢量数据结构是指根据拓扑几何学原理进行空间数据组织的方式。对于一幅地图，拓扑矢量模型仅从抽象概念来理解其中图形元素（点、线、面）间的相互关系，不考虑结点和线段坐标位置，而只注意它们的相邻与连接关系。拓扑模型将空间实体间的某些拓扑关系和点、线、多边形直接存储于表中。拓扑模型在空间数据的组织、拓扑空间关系的表达、数据模型的拓扑一致性检验及图形恢复等方面均具有较强的能力，如 Arc/Info、Coverage、TIGER。在地理信息系统中，多边形结构是拓扑矢量数据结构的具体体现。根据这种数据结构建立了结点、线段、多边形数据文件间的有效联系，便于提高数据存取效率。

最基本的拓扑关系有关联、邻接和包含。关联是指不同类元素之间的关系，如结点与链、链与多边形等；邻接是指同类元素之间的关系，如结点与结点、链与链、面与面等；包含是指存在于空间图形的同类但不同级的元素之间的拓扑关系、面与其他拓扑元素之间的关系。

拓扑数据结构的关键是拓扑关系的表示。在目前的 GIS 中，主要表示基本的拓扑关系，而且表示方法不尽相同。下面举一表示矢量数据拓扑关系的例子，如图 2-11 所示。

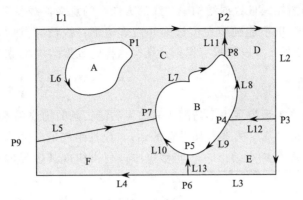

图 2-11　矢量拓扑数据结构

在图 2-11 中，面有 A、B、C、D、E、F，链有 L1、L2、L3、L4、L5、L6、L7、L8、L9、L10、L11、L12、L13，结点有 P1、P2、P3、P4、P5、P6、P7、P8、P9。其中 0 为制图区域外部的多边形，常称为包络多边形。拓扑关系表示为以下几种。

1）结点拓扑关系

结点拓扑关系是表现在该结点上的各线的联结关系。数据组织的常用形式是，在一个点的数据中，给出交于该点的各条线的线号。例如，图 2-11 中交于结点 P2 的是链 L1、L2、L11；同时，在每条链前加上正负号，以表示该条链是起始于此点，还是终止于此点，正号表示起始于此点，负号表示终止于此点，见表 2-6。

表 2-6　结点-链关系

结点	链
P1	－L6
P2	－L1、－L11、L2
P3	－L2、L12、L3
P4	－L12、L8、L9
⋮	⋮

2）线拓扑关系

线拓扑关系体现为线与其结点的联结关系，和以其为公共边的两个多边形的邻接关系。数据组织的一般形式是：在一条线的数据中，列出该条线的"起始结点"和"终止结点"的序号，以表现该线与其结点的联结关系。例如，图 2-11 中链 L3 的起始结点为 P3，终止结点为 P6，见表 2-7。另外，列出该条线左面的多边形和右面的多边形的序号，以表现该两个多边形在这条线两侧的邻接关系，见表 2-8。这里，左和右是从该线方向看去的左和右，如图 2-11 中链 L7 的左多边形和右多边形分别是 C 多边形和 B 多边形。

表 2-7　链-结点关系

链	结点
L1	P2、P9
L2	P2、P3
L3	P3、P6
L4	P6、P9
⋮	⋮

表 2-8　链-面关系

链	左多边形	右多边形
L1	0	C
L2	0	D
L3	0	E
L4	0	F
L5	C	F
⋮	⋮	⋮

由此可体会到拓扑矢量数据结构中"线的方向"的意义：线没有方向，就谈不上起始结点和终止结点，也不能确定左多边形和右多边形；线没有方向，更谈不上是"矢量"。因此，从严格意义上说，只有像拓扑结构这样的数据结构才是"矢量"数据结构。

3）多边形拓扑关系

多边形拓扑关系表现为多边形与围成其边界的诸线条的构成关系，也能表现多边形之间的包含关系，即"岛"关系（如果有的话）。数据组织的常用形式是，在一个多边形数据中，列出构成其边界的各条线的序号。例如，图2-11中，A多边形是C多边形所包含的"岛"；围成A多边形的是链L6，围成C多边形的各条线的序号是L1、L11、L7、L6（外环）。此外，多边形拓扑常在线序号前加上正负号，以表示该条线围绕该多边形是顺时针还是反时针方向，负号表示逆时针方向，正号表示顺时针方向，见表2-9。

表2-9　面-链关系

面	链
A	-L6
B	L7、-L8、L9、L10
C	L1、-L11、-L7、L6
D	L11、L2、L12、L8
E	L13、-L9、-L12、L3
F	L4、-L5、-L10、-L13

拓扑矢量数据结构的特点是：①一个多边形和另一个多边形之间没有空间坐标的重复，这样就消除了重复线；②拓扑信息与空间坐标分别存储，有利于进行近邻、包含和相连等查询操作；③拓扑表必须在一开始就创建，这要花费一定的时间和空间；④一些简单的操作比如图形显示比较慢，因为图形显示需要的是空间坐标而非拓扑结构。是否采用拓扑矢量模型主要考虑数据适用于分析还是简单的显示。

2.5　空间实体栅格表达

2.5.1　栅格数据描述

栅格结构是最简单、最直观的空间数据结构，又称为网格结构（Raster 或 Grid Cell）或像元结构（Pixel），栅格数据模型是将连续空间离散化，将地理区域的平面表象按一定分解力作行和列的规则划分，形成大小均匀紧密相邻的网格阵列，每个网格作为一个像元或像素，地理实体由占据像元的横排与竖列的位置决定。栅格数据结构实际上就是像元阵列，即像元按矩阵形式的集合，栅格编码后的全图是规则的阵列，其数学实质就是矩阵。栅格中的每个像元是栅格数据中最基本的信息存储单元，由行、列号确定其位置，网格中每个元素的代码代表了实体的属性或属性的编码。栅格数据结构对地理空间实体的点、线、面要素都是通过栅格来表示的。点实体用一个栅格单元表示；线实体则用沿线走向的一组连接成串的相邻栅格单元表示，每个栅格单元最多只有两个相邻单元在线上；面实体用记有区域属性的相邻栅格单元的集合表示，每个栅格单元可有多于两个的相邻单元同属一个区域，如图2-12所示。因此，点、线、面要素在栅格数据结构中都是采用同样的方法来表达的，具有十分简单的形式。任何以面状分布的对象（土地利用、土壤类型、地势起伏、环境污染等），都可以用栅格数据逼近。遥感影像就属于典型的栅格结构，每个像元的数字表示影像的灰度等级。

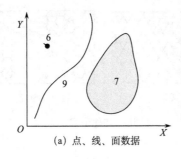

0	0	0	0	9	0	0	0
0	0	0	9	0	0	0	0
0	6	0	9	0	7	7	0
0	0	0	9	0	7	7	7
0	0	9	0	7	7	7	7
0	9	0	0	7	7	7	7
0	9	0	0	7	7	7	0
9	0	0	0	0	0	0	0

(a) 点、线、面数据　　　　　　(b) 栅格表示

图 2-12　点、线、面实体栅格表示

栅格数据结构就是将地理空间连续分布的区域进行离散化，用二维规则栅格覆盖整个连续区域，地理实体表面被分割为互相邻接、规则排列的栅格地块，每个地块与栅格数据中的一个像元对应。因此，在栅格数据结构中，比例尺就显得格外的重要。比例尺就是栅格的大小与空间表面相应地块的实际大小之比，同一地块在比例尺不同的栅格数据中由数目不同的栅格表示，甚至可能表示为不同的要素类型。栅格结构对地表的量化，在计算面积、长度、距离、形状等空间指标时，若栅格尺寸较大，则会造成较大的误差，同时在一个栅格的地表范围内，可能存在多于一种的地物，而表示在相应的栅格结构中常常只能是一个代码。

用栅格数据模型表达现实世界时，现实世界中的要素在模型中都是由某些单元网格组成。网格的位置表示了该要素的位置，即笛卡儿平面网格中的行号和列号坐标表示要素的空间位置，而相应的栅格点被赋予对应地理实体的属性代码值。但是每个像元在一个网格中只能取值一次，同一像元要表示多重属性的事物就要用多个笛卡儿平面网格，每个笛卡儿平面网格表示一种属性或同一属性的不同特征，这种平面称为层。地理数据在栅格数据结构中必须分层组织存储，每一层构成单一的属性数据层或专题信息层，记录了特殊现象的存在，每个像元的值表明了在已知类中现象的分类情况。例如，同样以线性特征表示的地理要素，水系可以组织为一个层，道路可以作为另一层，分别记录着道路和水系的信息；同样以多边形特征表示的地理要素，植被可以作为一个层，土壤可以作为另一层，根据使用目的不同，可以确定需要建立哪些层及需要建立哪些描述性属性。

现实世界中的地理实体都是连续分布的，而栅格数据结构是采用量化、离散化形式表示连续的地理实体，地理实体的表面被分成均匀的、互相邻接的、规则排列的网格表示，网格的特征参数有尺寸、形状、方位和间距，边数为 $3\sim n$，除了使用最广泛的正方形网格外，还有等边三角形、菱形、正六边形等网格，图 2-13 为网格的其他表示方式。

栅格数据结构的几种表示形式具有不同的几何特性，等边三角形和正六边形表示地表时，将其旋转 90°，其网格形状即与旋转前发生了变化，而当等边菱形内角为 90°时，其为正方形，若内角不等于 90°，则旋转 90°后网格形状也将发生变化。除此之外，最重要的一点是正方形网格与矩阵形式相同，即行列数目相等，而其他类型的网格的行列数据不等，不便于计算。

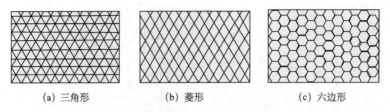

| (a) 三角形 | (b) 菱形 | (c) 六边形 |

图 2-13　栅格数据结构的几种其他形式

栅格结构数据主要可由四个途径得到。①目读法。在专题图上均匀划分网格，逐个网格决定代码，最后形成栅格数字地图文件。②手扶跟踪数字化。通过数字化仪手扶或自动跟踪地图，得到矢量结构数据后，再转换为栅格结构。③扫描数字化。逐点扫描专题地图，将扫描数据重采样和再编码得到栅格数据文件。④分类影像输入。将经过分类解译的遥感影像数据直接或重采样后输入系统，作为栅格数据结构的专题地图。

2.5.2　栅格数据取值

地图可以用来表示不同的专题属性，如何在地图上获取栅格数据，简单的方法是在专题地图上均匀地划分网格，或者将一张透明方格网叠置于地图上，每一网格覆盖部分的属性数据，即为该网格栅格数据的取值。但是常常会遇到一些特殊的情况，同一网格可能对应地图上多种专题属性，而每一个单元只允许取一个值，目前对于这种多重属性的网格，有以下四种取值方法。

中心归属法：用处于栅格中心的地物类型或现象特性决定栅格代码。在图 2-14 所示的矩形区域中，中心点 O 落在代码为 C 的地物范围内，按中心归属法的规则，该矩形区域相应的栅格单元代码应为 C。中心归属法常用于具有连续分布特性的地理要素，如降水量分布、人口密度图等。

面积占优法：以占矩形区域面积最大的地物类型或现象特性决定栅格单元的代码。在图 2-14 所示的矩形区域中，显见 B 类地物所占面积最大，故相应栅格代码定为 B。面积占优法常用于分类较细，地物类别斑块较小的情况。

长度占优法：每个栅格单元的值以网格中线（水平或垂直）的大部分长度所对应的面域的属性值来确定。如图 2-14 所示矩形区域中，中心线 ab 主要长度位于 C 类，则栅格单元的代码应为 C。

重要性法：根据栅格内不同地物的重要性，选取最重要的地物类型决定相应的栅格单元代码，假设图 2-14 矩形区域中 A 类为最重要的地物类型，即 A 类比 B 类和 C 类更为重要，则栅格单元的代码应为 A。重要性法常用于具有特殊意义而面积较小的地理要素，特别是点状、线状地理要素，如城镇、交通枢纽、交通线、河流水系等，在栅格中代码应尽量表示

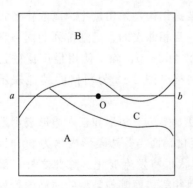

图 2-14　栅格数据取值方法

这些重要地物。

2.5.3 栅格数据存储

栅格数据的存储可以逐行进行，这与扫描数据的生成相一致；也可以分块进行，以适用于数据处理中的面状作业，如图 2-15 所示。在一个良好的栅格数据库中可以迅速地选取扫描数据的子集，如带有确定灰度值的所有像元，或在给定图块中的所有像元，或一种确定物体的全部像元。栅格数据的阵列结构特点，使其能充分应用矩阵运算工具。这种结构的高度规则性，便于进行多要素叠置分析和利用现代化图像处理工具进行显示输出或更为复杂的处理。

按行存储　　　　　　　　　　按块存储

图 2-15　栅格数据的存储单元

1. 全栅格式存储

在用非压缩格式时，存放的是每个像元的灰度值，如图 2-16 所示。若每个像元规定 N bit，则其灰度值范围可为 $0\sim2^N-1$；把白—灰色—黑的连续变化量化成 8bit，其灰度值范围就为 $0\sim255$，共 256 级；若每个像元只规定 1bit，则灰度值仅为 0 和 1，这就是所谓二值图像，0 代表背景，1 代表前景。

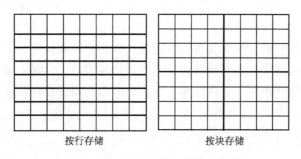

图 2-16　全栅格式存储

这种非压缩格式需要很多存储空间。如果以 0.05mm 的分辨率扫描幅面为 50cm×50cm 的一幅地图并为每一个像元规定一个字节，则需要 1 亿 bytes（100MB）的存储空间。这种存储方式将伴有大量的数据冗余，在计算机中读取如此大的数据量将耗时很长。因此，可使用各种压缩格式来减少数据冗余，加快存取速度。

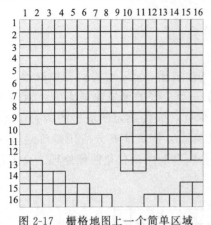

图 2-17　栅格地图上一个简单区域

2. 链式编码

链式编码又称为弗里曼链码或边界链码。图 2-17 中的多边形可以表示为：由某一原点开始并按某些基本方向确定的单位矢量链。基本方向可定义为：东＝0；南＝3；西＝2；北＝1。如果确定原点为像元（10，1），则该多边形界按顺时针方向的链式编码为：

$0，1，0^2，3，0^2，1，0，3，0，1，0^3，3^2，$
$2，3^3，0^2，1，0^5，3^2，2^2，3，2^3，3，2^3，1，$
$2^2，1，2^2，1，2^2，1，2^2，1^3$

链式编码对多边形的表示具有很强的数据压缩能力，且具有一定的运算功能，如面积和周长计算等，探测边界急弯和凹进部分等都比较容易。但是，叠置运算如组合、相交等则很难实施，除非还原成栅格结构，况且公共边界需要存储两次，从而产生多余的数据。

3. 行程编码

行程编码（Run Length Code）是栅格数据的一种压缩格式，是通过三元组序列来表示的。每个三元组的三个元素分别存储灰度值的起始列号、灰度值和该灰度值的像元个数，即此处不是存储每行中的全部像元，而是只存储灰度值变化的地方。例如，按行记录图 2-18 的行程编码：

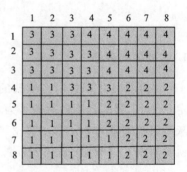

图 2-18　多区域栅格地图

第 1 行：（1，3，3），（4，4，5）；

第 2 行：（1，3，4），（5，4，4）；

第 3 行：（1，3，4），（5，4，4）；

第 4 行：（1，1，2），（3，3，3），（6，2，3）；

第 5 行：（1，1，4），（5，2，4）；

第 6 行：（1，1，4），（5，2，4）；

第 7 行：（1，1，5），（6，2，3）；

第 8 行：（1，1，5），（6，2，3）。

从此例中可见，如果用全栅格矩阵式存储，要用 $8 \times 8 = 64$ 个字节，而用行程格式编码，只需要 $17 \times 3 = 51$ 个字节。

4. 块式编码

块式编码是将行程编码扩大到二维的情况，把多边形范围划分成由像元组成的正方形，然后对各个正方形进行编码。块式编码数据结构中包括三个内容：块的原点坐标（可以是块的中心或块的左下角像元的行号、列号）和块的大小（块包括的像元数），再加上记录单元的代码组成。图 2-19 举例说明对栅格地图进行分块，其块式编码如下：

(1, 1, 2, 3), (1, 3, 1, 3), (1, 4, 1, 4), (1, 5, 3, 4), (1, 8, 1, 4), (2, 3, 1, 3), (2, 4, 1, 3), (2, 8, 1, 4), (3, 1, 1, 3), (3, 2, 1, 3), (3, 3, 2, 3), (3, 8, 1, 2), (4, 1, 1, 1), (4, 2, 1, 1), (4, 5, 1, 3), (4, 6, 1, 2), (4, 7, 2, 2), (5, 1, 4, 1), (5, 5, 1, 2), (5, 6, 1, 2), (6, 5, 1, 2), (6, 6, 3, 2), (7, 5, 1, 1), (8, 5, 1, 1)。

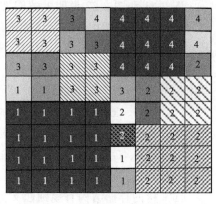

图 2-19　块式编码分解示意图

一个多边形所能包含的正方形越大，多边形的边界越简单，块式编码的效果就越好。行程和块式编码都对大而简单的多边形更有效，而对那些碎部仅比像元大几倍的复杂多边形效果并不好。块式编码即中轴变换的优点是多边形之间求并及求交都方便；探测多边形的延伸特征也较容易，但对某些运算不适应，必须再转换成简单栅格数据形式才能顺利进行。

5. 四叉树编码

将图像区域按四个大小相同的象限四等分，一直等分到子象限上仅含一种属性代码为止。这种分块过程如图 2-20 所示，而块状结构则用四叉树来描述。按照象限递归分割的原则所分图像区域的栅格阵列应为 $2^n \times 2^n$（n 为分割的层数）的形式。

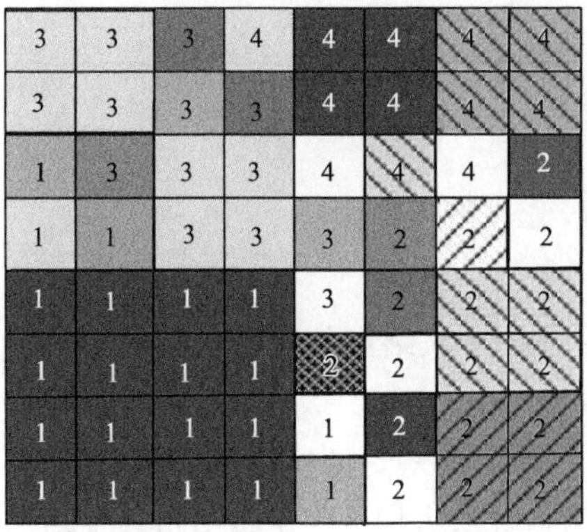

图 2-20　四叉树分解过程

四叉树结构，即把整个 $2^n \times 2^n$ 像元组成的阵列当作树的根结点，树的高度为 n 级（最多为 n 级）。每个结点有分别代表北西（NW）、北东（NE）、南西（SW）、南东（SE）四个象限的四个分支。四个分支中要么是树叶，要么是树叉。树叶不能继续划分，说明该四分之一范围的结点代表子象限具有单一的代码；树叉不只包含一种代码，因而必须继续划分，直到变成树叶为止。

四叉树编码法有许多有趣的优点：①容易而有效地计算多边形的数量特征；②阵列各部分的分辨率是可变的，边界复杂部分四叉树较高，即分级多，分辨率也高，而不需要表示许多细节的部分则分级少，分辨率低，因而既可精确表示图形结构又可减少存储量；③栅格到四叉树及四叉树到简单栅格结构的转换比其他压缩方法容易；④多边形中嵌套异类多边形的表示较方便。

四叉树编码的最大特点是转换的不定性，同一形状和大小的多边形可能得出多种不同的四叉树结构，故不利于形状分析和模式识别。但因它允许多边形中嵌套多边形即所谓"洞"的结构存在，使越来越多的 GIS 工作者对四叉树结构很感兴趣。上述这些压缩数据的方法应视图形的复杂情况合理选用，同时应在系统中备有相应的程序。另外，用户的分析目的和分析方法也决定着压缩方法的选取。

图 2-21 和图 2-22 说明上述四叉树的形成。其中，图 2-21 是给定的原图形，它占有 16×16 个像素，图中●表示该像素的值为 1（黑色）。显然原图形是不一致的。因此将其四等分，得①、②、③、④四个子区域，见图 2-22。容易看出，③这个子区域是一致的（均为白色），不必进一步划分。其余三个子区域均是不一致的，故需进一步划分，其中①分成 a、b、c、d 这四块，②分成 e、f、g、h 这四块。这时对照原图形，我们知道 a、f、h、j、k、l 这六块是一致的，均为白色，故对它们不需要进一步划分。而其余的六块，即 b、c、d、e、g、i，需要进一步划分。这时每一个子区域均是一致的，其中 A、B、E、F、G、L、W、S 和 U 这些小区域是白色的，其余的均为黑色。至此，不必进一步划分。

四叉树的存储结构有规则四叉树、线性四叉树和一对四式四叉树三种形式。

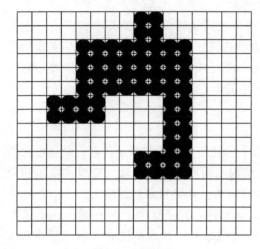

图 2-21 原图形

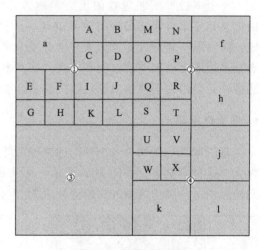

图 2-22 划分后的图形

1）规则四叉树

用五个字段来表示树中的每个结点，其中一个用来描述该结点的特性（有目标、空白、非结点），其余四段用于存放四结点的指针。

这种类型的四叉树，正是早期地将四叉树用于图形显示或是图像处理时采用的方式。不难发现它有较多的缺陷，最大的问题是大量的空间为指针所占用。假定每个指针要用两个字节表示，而结点的描述用一个字节，那么存放指针要占总的存储量的 90%。因此，这种方式虽然十分自然，容易被人接受，但它在存储空间的使用率方面是很不理想的。

2）线性四叉树

将四叉树转换成一个线性表，表的每个元素与一个结点相对应，结点之间的层次关系在元素中描述。根据这一想法，从图 2-22 代表的四叉树出发，可以将它转换成下面的线性表（深度优先的线性四叉树）：

<u>R</u>1'ab"ABCDc"EFGHd"IJKL2'e"MNOPfg"QRSTh34'i"UVWXjkl

这里，字母右上角有'或"表示它们对应于非叶结点，<u>R</u> 表示树根。每个结点用固

定的几个字节来描述，其中某些位可专门用来说明它是否为叶结点等。这样，我们可以在内存中以紧凑的方式来表示线性表，这时可以不用或者仅用一个指针即可。

这种方法不仅节省存储空间，对某些运算也是方便的。但是为此付出的代价是丧失一定的灵活性。例如，为了存取属于原图形右下角的子图形对应的结点，必须先遍历其余三个子图形对应的所有结点后才能进行。不能方便地以全体遍历方式对树的结点进行存取，导致许多与此相关的运算变得效率很低。因此尽管有不少的文章讨论了这种四叉树的应用，但是这种四叉树仍很难令人满意。

3）一对四式四叉树

用五个字段表示每个结点，其中四个字段分别描述其四个子结点的状态（有目标、空白、非叶结点）；一个字段存放其子结点记录的地址（指针）。这里要求四个结点对应的记录是依次连续存放的。

（1）有一定的冗余。一个记录对应一个结点，那么在这个记录中描述的是这个结点的四个子结点的特性值，而指针给出的则是该结点的四个子结点所对应记录的存放处，而且还隐含地假定了这些子结点记录所存放的次序。也就是说，即使某个记录是不必要的，那么相应的存储位置也必须空闲在那里以保证不会错误地存取到其他同辈结点的记录。这样当然会有一定的浪费，除非它是完全的四叉树，如图 2-23 所示。

（2）在存取某结点之前，需检查其他结点记录，看其有几个叶结点，以确定所需结点记录是一种紧凑的一对四式四叉树。这种方法的存储需求无疑是最小的，但要有附加的计算量，如图 2-24 所示。

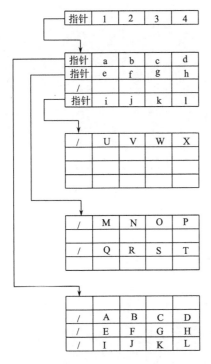

图 2-23　有一定冗余的一对四式四叉树

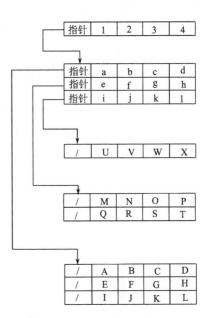

图 2-24　紧凑的一对四式四叉树

（3）在原记录中增加一个字节—分为四（每个为 2 位）代表它的结点在指针指向区域中的偏移，如图 2-25 所示。在找它的结点时，只要固定地把指针指向的位置加上这个偏移量（0～3），就是所要的记录位置。这种方法适当地减少了计算量。

| 偏移 | 指针 | NW | NE | SW | SE |

图 2-25　有偏移字节的一对四式四叉树

思　考　题

1. 什么是空间认知？空间认知主要研究内容有哪些？

2. 空间认知对 GIS 的意义有哪些？

3. 模型和空间模型的定义是什么？

4. 空间认知的过程有哪些？

5. 试述空间认知的三层和九层模型？

6. 什么是矢量数据？举例说明 Spaghetti 结构和拓扑矢量数据结构。

7. 什么是栅格数据？举例说明栅格数据层的概念。

8. 栅格数据有几种取值方法？举例说明栅格数据的取值。

9. 栅格数据有几种主要的编码方法？各自如何编码？有何优缺点？

第3章 空间数据模型

空间数据模型是关于 GIS 中空间数据组织的概念和方法，是一组由相关关系联系在一起的实体集，描述了 GIS 空间数据组织和进行空间数据库设计的理论基础。国外 GIS 研究和发展的实践表明，对空间数据模型的认识和研究在很大程度上决定着 GIS 系统和应用的成败。

3.1 空 间 关 系

空间关系是指空间目标之间在一定区域上构成的与空间特性有关的联系，这种联系可分为拓扑关系、度量关系、顺序关系三类。拓扑关系指拓扑变换（如平移、旋转、缩放）下的拓扑变量，如空间目标关联、相邻与连通关系；度量关系是用某种度量空间中的度量来描述的目标间的关系，如目标间的距离；方位关系用来描述目标在空间中整体和局部的某种顺序关系，如前后、上下、左右等。这三类关系中拓扑关系最为重要，因此也被研究得最多。空间对象之间的空间关系是空间系统复杂性的重要标志，包含着系统内部作用的复杂机制。确定区域之间方向和距离的一种方法是用它们的代表点来计算，空间对象的范围隐含在拓扑关系中，常采用定性化空间关系来描述空间对象之间的关系。

3.1.1 空间拓扑关系

1. 二维空间拓扑关系

拓扑关系反映了空间中连续变化中的不变性，图形的形状、大小会随图形的变形而改变，但是相邻、包含、相交等关系不会发生改变。三维空间中面、体对象的拓扑关系是极其复杂的。

对空间关系的研究，目前主要集中于对静态空间二维、三维的讨论，同时国内外学者正在深入研究区分各种更细微空间对象之间的空间拓扑关系。

二维空间拓扑关系方面，Egenhofer 等作出了很好的研究，早期他和 Franzosa 首先提出了四元组（四交叉，Four-intersection）空间拓扑关系形式化描述方法。

二维空间实体点、线、面可以看作是由边界和内部组成的。因此，两实体之间的空间关系可以通过两者的边界和内部的交集是空（0）或是非空（1）来确定。

若 ∂k、k^0 表示拓扑空间 x 的子集 k 的边界和内部，则对于拓扑空间 x 的一对子集 A 和 B，它们的边界 ∂A、∂B 和内部 A^0、B^0 两两之交形成一个四元组关系 $SR_4(A, B)$ 即为

$$SR_4(A, B) = \begin{bmatrix} \partial A \bigcap \partial B & \partial A \bigcap B^0 \\ A^0 \bigcap \partial B & A^0 \bigcap B^0 \end{bmatrix} \tag{3-1}$$

由于四元组中每一交集皆有两种可能性，所以经排列组合有 $2^4 = 16$ 种相互独立的

情形，但实际有意义的仅 8 种。该描述虽能唯一、形象化和细微地表达空间目标的连接（Connectivity）和包含（Contain）等关系，但对相邻地区（Neighbourhood）和从结点拆开（Disjoint）等关系却显得太粗和不能描述。

在四元组基础上，Egenhofer 将此扩展到九元组，即空间拓扑关系可由两实体的边界（∂A，∂B）、内部（A^0，B^0）和外部（A^{-1}，B^{-1}）三部分相交构成的九元组 SR_9（A，B）来决定（Egenhofer，1994），即为

$$SR_9(A,B) = \begin{bmatrix} \partial A \cap \partial B & \partial A \cap B^0 & \partial A \cap B^{-1} \\ A^0 \cap \partial B & A^0 \cap B^0 & A^0 \cap B^{-1} \\ A^{-1} \cap \partial B & A^{-1} \cap B^0 & A^{-1} \cap B^{-1} \end{bmatrix} \qquad (3\text{-}2)$$

考虑取值有空（0）和非空（1），可以确定有 $2^9 = 512$ 种二元拓扑关系。对于二维区域，有 8 种关系是可实现的，并且它们彼此互斥且完全覆盖。这些关系为：相离（Disjoint）、相接（Touch）、叠加（Overlap）、相等（Equal）、包含（Contain）、在内部（Inside）、覆盖（Cover）和被覆盖（Covered by）。面与面的八种拓扑关系如图 3-1 所示。

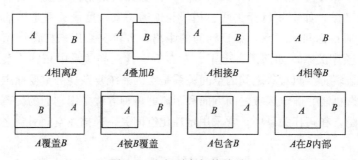

图 3-1　空间对象拓扑关系

图 3-2 显示了如何使用九交矩阵来表示拓扑关系。例如，在九交模型中，相离关系可以用图 3-2 左上角的布尔矩阵表示。0 值说明 interior（A）与 interior（B）或 boundary（B）没有公共点。类似地，interior（B）与 boundary（A）没有公共点，boundary（A）与 boundary（B）也没有公共点。

相离	包含	在内部	相等
$\begin{bmatrix} 0 & 0 & 1 \\ 0 & 0 & 1 \\ 1 & 1 & 1 \end{bmatrix}$	$\begin{bmatrix} 1 & 1 & 1 \\ 0 & 0 & 1 \\ 0 & 0 & 1 \end{bmatrix}$	$\begin{bmatrix} 1 & 0 & 0 \\ 1 & 0 & 0 \\ 1 & 1 & 1 \end{bmatrix}$	$\begin{bmatrix} 1 & 0 & 1 \\ 0 & 1 & 0 \\ 0 & 0 & 1 \end{bmatrix}$
相接	覆盖	被覆盖	叠加
$\begin{bmatrix} 0 & 0 & 1 \\ 0 & 1 & 1 \\ 1 & 1 & 1 \end{bmatrix}$	$\begin{bmatrix} 1 & 1 & 1 \\ 0 & 1 & 1 \\ 0 & 0 & 1 \end{bmatrix}$	$\begin{bmatrix} 1 & 0 & 0 \\ 1 & 1 & 0 \\ 1 & 1 & 1 \end{bmatrix}$	$\begin{bmatrix} 1 & 1 & 1 \\ 1 & 1 & 1 \\ 1 & 1 & 1 \end{bmatrix}$

图 3-2　九交模型

对于其他空间数据类型对，如（point，surface）、（point，curve），其拓扑关系可以用类似方式定义。如表 3-1 所示，一个点可以在一个面的内部、外部或者边界上；一条线可以穿过面的内部，或者与一个面相接，或者与一个面相离；一个点可以是一条线的端点、内点或不在线上。线之间的关系要复杂一些，是一个仍在研究的领域（Clementini et al.，1993）。

表 3-1　拓扑和非拓扑操作举例

	操　作	举　例
拓扑的	Endpoint（point，arc）	点是弧的端点
	Simple-nonself-intersection（arc）	非自交的弧
	On-boundary（point，region）	温哥华在加拿大和美国的边界上
	Inside（point，region）	明尼阿波利斯市在明尼苏达州内
	Outside（point，region）	麦迪逊市在明尼苏达州之外
	Open（region）	加拿大的内部是个开域（不包括其边界）
	Close（region）	Carleton 郡是个闭域（包括其边界）
	Connected（region）	瑞士是个连通域（对于区域上的任两点，都有完全内含在该区域上的路径将这两点连接起来），而日本不是连通域
	Inside（point，loop）	点在环中
	Crosses（arc，region）	路（弧）穿过森林（区域）
	Touches（region，region）	明尼苏达州（区域）是威斯康星州（区域）的邻州
	Touches（arc，region）	土地覆盖（区域）和土地利用（区域）相重叠
非拓扑的	Euclidean-distance point，point	两点间的距离
	Direction（point，point）	麦迪逊市在明尼阿波利斯市的东面
	Length（arc）	单位向量的长度是 1 个单位
	Perimeter（area）	单位正方形的周长是 4 个单位
	Area（region）	单位正方形的面积是 1 个平方单位

2. 三维空间拓扑关系

拓扑关系反映了空间目标的逻辑结构，对空间目标查询、分析和空间目标重建具有重要意义。

吴立新和史文中（2003a）研究认为，可以采用相离、相等、相接（Touch）、相交（Cross）、包含于（In）、包含、叠加、覆盖、被覆盖、进入（Enter）、穿越（Pass）和被穿越（Pass by）共 12 种基本空间关系表达 3D 空间中的点-点、点-线、点-面、点-体、线-线、线-面、线-体、面-面、面-体、体-体 10 类有理论价值和实际意义的空间拓扑关系。

（1）点-点空间关系 2 种，如图 3-3 所示。

（2）点-线空间关系 3 种，如图 3-4 所示。

（3）点-面空间关系 3 种，如图 3-5 所示。

图 3-3　点-点空间拓扑关系

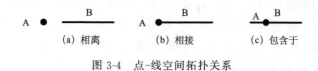

(a) 相离　　　　　(b) 相接　　　　　(c) 包含于

图 3-4　点-线空间拓扑关系

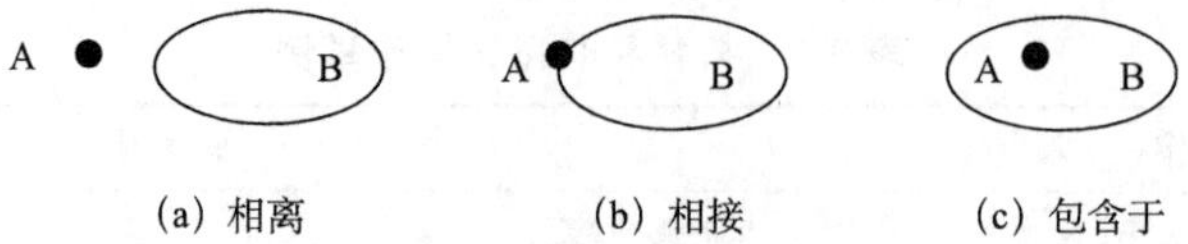

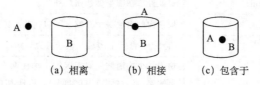

(a) 相离　　　　　(b) 相接　　　　　(c) 包含于

图 3-5　点-面空间拓扑关系

（4）点-体空间关系 3 种，如图 3-6 所示。

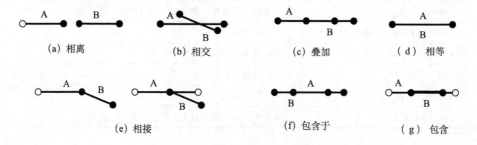

(a) 相离　　　(b) 相接　　　(c) 包含于

图 3-6　点-体空间拓扑关系

（5）线-线空间关系 7 种，如图 3-7 所示。

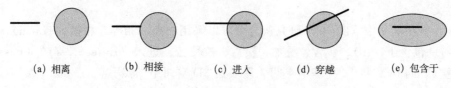

(a) 相离　　　(b) 相交　　　(c) 叠加　　　（d）相等

(e) 相接　　　　　　　(f) 包含于　　　（g）包含

图 3-7　线-线空间拓扑关系

（6）线-面空间关系 5 种，如图 3-8 所示。

(a) 相离　　　(b) 相接　　　(c) 进入　　　(d) 穿越　　　(e) 包含于

图 3-8　线-面空间拓扑关系

（7）线-体空间关系 5 种，如图 3-9 所示。

（8）面-面空间关系 10 种，如图 3-10 所示。

（9）面-体空间关系 8 种，如图 3-11 所示。

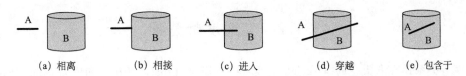

(a) 相离　　　(b) 相接　　　(c) 进入　　　(d) 穿越　　　(e) 包含于

图 3-9　线–体空间拓扑关系

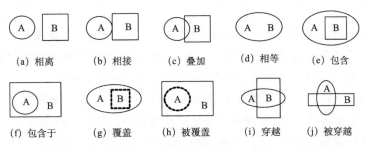

(a) 相离　　(b) 相接　　(c) 叠加　　(d) 相等　　(e) 包含

(f) 包含于　　(g) 覆盖　　(h) 被覆盖　　(i) 穿越　　(j) 被穿越

图 3-10　面–面空间拓扑关系

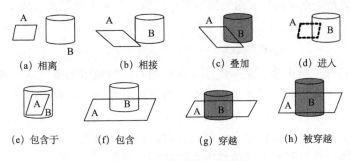

(a) 相离　　　(b) 相接　　　(c) 叠加　　　(d) 进入

(e) 包含于　　(f) 包含　　(g) 穿越　　(h) 被穿越

图 3-11　面–体空间拓扑关系

（10）体–体空间关系 8 种，如图 3-12 所示。

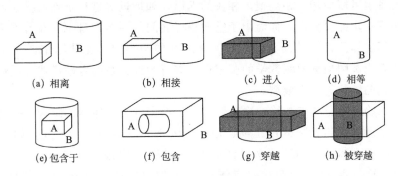

(a) 相离　　　(b) 相接　　　(c) 进入　　　(d) 相等

(e) 包含于　　(f) 包含　　(g) 穿越　　(h) 被穿越

图 3-12　体–体空间拓扑关系

以上 10 类 54 种空间拓扑关系可以基于拓扑学理论，进行适当定义和数学描述。各类拓扑关系的应用需根据实际情况具体分析，如相接关系有单点相接、两点相接、多点相接、线相接和面相接等多种情况，穿越与被穿越关系在城市 GIS、矿山 GIS 中有重要意义。

3.1.2 空间度量关系

度量关系是在欧氏空间（Euclidean Space）（Blumenthal，1970）和度量空间（Metric Space）（Dhage，1992）上进行的操作，是一切空间数据定量化的基础。它包含长度、周长、面积、距离等定量的度量关系，其中最主要的度量空间关系是空间对象之间的距离关系。

度量关系既可以定量描述，也可以定性描述。对于度量关系的定量描述，一般所采用的数学描述公式形式简单、比较统一。两个空间目标间的距离有欧几里得距离、曼哈顿距离、广义距离以及统计学中的斜交距离、马氏距离等多种定义。

具体到城市 GIS 以及房产测绘信息系统的应用中，为求得建筑物之间的距离或者最短路径（出租车问题），一般采用的都是欧几里得距离和曼哈顿距离。

欧几里得距离定义如下（Kolountzakis and Kutulakos，1992）：

$$\text{dist}(O_1, O_2) = \sqrt{(x_i - x_j)^2 + (y_i - y_j)^2} \tag{3-3}$$

曼哈顿距离是两点在南北方向上的距离加在东西方向上的距离（Wu and Winmayer，1987），即：

$$\text{dist}(O_1, O_2) = |x_i - x_j| + |y_i - y_j| \tag{3-4}$$

对于一个具有正南正北、正东正西方向规则布局的城镇街道，从一点到达另外一点的距离正是南北方向上旅行的距离加上在东西方向上旅行的距离，因此曼哈顿距离又称为出租车距离。曼哈顿距离的度量性质和欧氏距离的性质相同，保持对称性和三角不等式成立。两者不同的是，在讨论空间邻近性时，点对之间的距离就会不同。因此曼哈顿距离只适合于讨论具有规则布局的城市街道的相关问题。

无论对于矢量数据模型还是栅格数据模型，对点、线、面状目标的几何度量功能一般为系统软件所封装。用户不必关心其实现细节，仅需利用其封装性，解决实际应用问题。

距离关系也可以应用于距离概念相关的术语，如远近等进行定性地描述，这种描述本身就存在着一定的模糊性，同时由于空间目标之间的距离本身也存在着不确定性，不同类型的空间实体间，尤其面状和线状实体之间的距离定义比较困难，往往有多种定义。一些学者也试图根据模糊数学的基本理论进行距离关系的定性描述，但仍没有一个满意的形式化的统一的数学模型。

由于空间物体可分为点、线、面、体四类，根据各类物体间的组合，空间物体间的距离不仅仅表现为点与点之间的距离，还可以表现为其他更多的形式，如点与面的距离、线与线间的距离等，归纳起来可概括为 10 种距离形式：点与点（点点）、点与线（点线）、点与面（点面）、点与体（点体）、线与线（线线）、线与面（线面）、线与体（线体）、面与面（面面）、面与体（面体）及体与体（体体）间的距离。

3.1.3 空间顺序关系

顺序关系是用来描述对象在空间中的某种排序关系，如平面点集的顺序关系、线段之间的顺序关系、三角形的顺序关系等，在 GIS 中应用最为广泛的是方位关系（Direction Relation）。

方位是指两个物体 A、B 之间在空间分布上的相对位置关系，用 $B\,R\,A$ 表示，R 是方位关系，A 是参照源物体，B 是目标物体。方向关系的确定依赖于所考虑的构成物体的点的个数。这里假定用源物体 A 的某个具有代表意义的点 $\mathrm{Re}\,p\,(A)$ 为中心来表示 A，对目标物体 B 则考虑其所有的点，则有：

（1）A North B 成立，当且仅当 $\forall b \in B$，$bx \geqslant \mathrm{Re}\,p(A)x$。同理，可以定义 South、West 和 East。

（2）A Northeast B 成立，当且仅当 $\forall b \in B$，$bx \geqslant \mathrm{Re}\,p(A)x$ 且 $by \geqslant \mathrm{Re}\,p(A)y$。同理可以定义 Southeast、Southwest、Northwest。

对方向关系的定性描述需要定义合适的间隔以确定每个区域的定性界限，空间对象的方向关系可表示为

$$\mathrm{Direction} = \langle \mathrm{left}, \mathrm{right}, \mathrm{north}, \mathrm{east}, \mathrm{northeast}, \cdots \rangle \tag{3-5}$$

方位关系可分为三类：绝对的、相对目标的和基于观察者的。绝对方位关系是在全球参照系统的背景下定义的，如东西、南、北、东北等。相对目标的方位关系根据与所给目标的方向来定义，如左、右、前、后、上、下等。基于观察者的方位关系是按照专门指定的观察者作为参照对象定义的。

方位的概略描述可采用不同的分级方案，即八方向方案和十六方向方案。如图 3-13 所示，图 3-13（a）将方位分为 8 个综合方向，而图 3-13（b）将方位分为 16 个综合方向，这些都是符合人们习惯的方位概念。

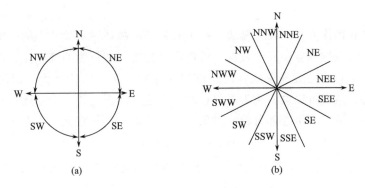

图 3-13　关于空间方位的两种分级方案

3.2　面向对象空间数据模型

面向对象（Object Oriented，OO）的方法起源于面向对象的编程语言，如 Smalltalk 和 C＋＋等。面向对象的方法是分析问题和解决问题的新方法，其基本出发点就是尽可能按照人们认识世界的方法和思维方式来分析和解决问题。客观世界是由许多具体的事物或事件，抽象的概念、规则等组成的。因此，可以将任何感兴趣的事物概念都统称为"对象"。面向对象的方法正是以对象作为最基本的元素，也是分析问题、解决问

题的核心。由此可见，OO 方法很自然地符合人的认识规律。计算机实现的对象与真实世界具有一对一的对应关系。不需作任何转换，这样就使 OO 方法更易于为人们所理解、接受和掌握。所以，面向对象方法有着广泛的应用。面向对象的定义是指无论怎样复杂的事例都可以准确地由一个对象表示，这个对象是一个包含了数据集和操作集的实体。除数据与操作的封装性以外，面向对象数据模型还涉及四个抽象概念：分类（Classification）、概括（Generalization）、聚集（Aggregation）和联合（Association），以及继承（Inheritance）和传播（Propagation）两个语义模型工具。面向对象的数据模型是当前研究的一个热点，虽然当前还不能完全应用于 GIS 中，但很多 GIS 软件（如 MGE 和 System9 等）正努力发展自己的面向对象数据模型。

面向对象数据模型是将面向对象的概念模型转换为面向对象数据库模式的方法和工具的总和。在面向对象数据库系统中，对数据模型的概念进行了拓展。在数据模型中除了数据的表示和管理，还包括对数据的操作、数据的语义等。另外，概括、聚集、复杂对象等概念的引入也使得数据本身的结构更为复杂。面向对象模型是一种语义关联模型，其基本组成单元是数据对象。对象是现实世界的一个实体，用属性描述对象的特征，并指定某个属性（或多个属性的组合）作为对象的标识符。对象间的关系概括为分类关系、组合关系、关联关系。在某种意义上讲，面向对象的语义关联模型是在关系模型、网状模型和层次模型的基础上发展起来的。

3.2.1 面向对象数据模型基本概念

1. 对象

含有数据和操作方法的独立模块，一个对象是由描述该对象状态的一组数据和表达它的行为的一组操作（方法）组成的，可以认为是数据和行为的统一体。例如，河流的坐标数据描述了它的位置和形状，而河流的变迁则表达了它的行为。面向对象的系统中，每个概念实体都可以模型化为对象。对于多边形地图上的一个结点、一条弧段、一条河流、一个区域或一个省都可看成对象。一个对象 object 定义：

$$object = (ID, S, M) \tag{3-6}$$

其中，ID 为对象标识，M 为方法集，S 为对象的内部状态，它可以直接是一属性值，也可以是另外一组对象的集合，因而它明显地表现出对象的递归。

对于一个对象，应具有如下特征：

（1）具有一个唯一的标识，以表明其存在的独立性；

（2）具有一组描述特征的属性，以表明其在某一时刻的状态（静态属性数据）；

（3）具有一组表示行为的操作方法，用改变对象的状态（作用、功能函数、方法）

划分原则，找共同点。所有具有共性的系统成分就可为一种对象。

2. 类

类是关于同类对象的集合，具有相同属性和操作的对象组合在一起。从一组对象中抽象出公共的方法和属性，并将它们保存在一类中，是面向对象的核心内容。每个对象可能有不同的属性值，对象必须属于且只能属于一个类，是类的一个实例（关系的实例）。类与抽象数据类型类似，可以用一个三元组来建立一个类型：

$$Class = (CID, CS, CM) \tag{3-7}$$

其中，CID 为类标识或类型名，CS 为状态描述部分，CM 为应用于该类的操作。显然有：

$$S \in CS \text{ 和 } M \in CM(\text{当 } object \in Class \text{ 时}) \tag{3-8}$$

如河流均具有共性，如名称、长度、流域面积等，以及相同的操作方法，如查询、计算长度、求流域面积等，因而可抽象为河流类。

3. 实例

类、实例是相对的，类和实例的关系为上下层关系。属于同一类的所有对象共享相同的属性项和操作方法，每个对象都是这个类的一个实例类。

例如，一个城市的 GIS 中，包括了建筑物、街道、公园、电力设施等类型，而洪山路一号楼则是建筑物类中的一个实例，即对象。

4. 消息

消息就是用来请求对象执行某个处理或回答某个信息的要求，是连接对象与外部世界的唯一通道，消息既可以是数据流，又可以是控制流。

5. 属性和方法

每个对象具有属性与方法（通常是静态的）。对象的所有属性和这些属性的当前（通常是动态的）值是对象的状态（State），如某地块面积是 $1km^2$，周长是 440m，权属是天津南开，这些数值表示这个地块的状态。属性有单值的，也有多值的。属性不受第一范式的约束，不必是原子的，可以是另一个对象。方法是对对象的所有操作，如对对象的数据进行操作的函数、指令等。对象行为是操作对象状态的方法（程序代码）集合，对象的行为代表其对外的可见和可测度的活动。对象的状态和行为可以被外部对象通过清晰的消息传输来访问和调用。

3.2.2 面向对象数据模型核心技术

1. 分类

分类是把一组具有相同属性结构和操作方法的对象归纳或映射为一个公共类的过程。

对象和类的关系是"实例"（Instance of）。例如，城镇建筑可分为行政区、商业区、住宅区、文化区等若干类。以住宅区类而论，每栋住宅作为对象都有门牌号、地址、电话号码等相同的属性结构，但具体的门牌号、地址、电话号码等是各不相同的。当然，对它们的操作方法都是相同的，如查询等。

在面向对象的数据库中，只需对每个类定义一组操作，供该类中的每个对象使用，而类中每一个对象的属性值要分别存储，因为每个对象的属性值是不完全相同的。

2. 概括

概括是将相同特征和操作的类再抽象为一个更高层次、更具一般性超类的过程。子类是超类的一个特例。设有两种类型：

$$Class_1 = (CID_1, CS_A, CS_B, CM_A, CM_B) \tag{3-9}$$

$$Class_2 = (CID_2, CS_A, CS_C, CM_A, CM_C) \tag{3-10}$$

$Class_1$ 和 $Class_2$ 中都带有相同的属性子集 CS_A 和操作子集 CM_A，并且

$$CS_A \in CS_1 \text{ 和 } CS_A \in CS_2 \text{ 及 } CM_A \in CM_1 \text{ 和 } CM_A \in CM_2$$

因而将它们抽象出来，形成一种超类

$$Superclass = (SID, CS_A, CM_A) \tag{3-11}$$

这里的 SID 为超类的标识号。

在定义了超类以后，$Class_1$ 和 $Class_2$ 可表示为

$$Class_1 = (CID_1, CS_B, CM_B) \tag{3-12}$$

$$Class_2 = (CID_2, CS_C, CM_C) \tag{3-13}$$

此时，$Class_1$ 和 $Class_2$ 称为 Superclass 的子类（Subclass）。

一个类可能是某个或某几个超类的子类，同时又可能是几个子类的超类。子类与超类是"即是"的关系（is-a）。

概括可能有任意多层次。例如，建筑物是饭店的超类，因为饭店也是建筑物。子类还可以进一步分类。例如，饭店类可以进一步分为小餐馆、普通旅社、宾馆、招待所等类型。所以，一个类可能是某个或某几个超类的子类，同时又可能是几个子类的超类。住宅地址、门牌号、电话号码等是"住宅"类的实例（属性），同时也是它的超类"建筑物"的实例（属性）。概括技术避免了说明和存储上的大量冗余。

概括需要一种能自动地从超类的属性和操作中获取子类对象的属性操作的机制，即继承机制。例如，将 GIS 中的地物抽象为点状对象、线状对象、面状对象以及由这三种对象组成的复杂对象，因而这四种类型可以作为 GIS 中各种地物类型的超类。例如，设有两种类型。

3. 聚集

聚集是将几个不同特征的对象组合成一个更高水平的对象。每个不同特征的对象是该复合对象的一部分，它们有自己的属性描述数据和操作，这些是不能为复合对象所公用的，但复合对象可以从它们那里派生得到一些信息。

设有两种不同特征的分子对象

$$object_1 = (ID_1, S_1, M_1) \tag{3-14}$$

$$object_2 = (ID_2, S_2, M_2) \tag{3-15}$$

用它们组成一个新的复合对象

$$object_3 = (ID_3, S_3, object_1(S_u), object_2(S_v), M_3) \tag{3-16}$$

其中，$S_u \in S_1$，$S_v \in S_2$。

复合对象 $object_3$ 拥有自己的属性值和操作，仅从分子对象（$object_1$ 和 $object_2$）中提取部分属性值，且一般不继承子对象的操作。

"成分"与"复合对象"的关系是"部分"（parts-of）的关系。例如，医院由医护人员、病人、门诊部、住院部、道路等聚集而成。

每个不同属性的对象是复合对象的一个部分，有自己的属性数据和操作方法；复合对象也有自己的属性值和操作，复合对象的操作与其成分的操作是不兼容的。

4. 联合

联合是将同一类对象中的几个具有部分相同属性值的对象组合起来，形成一个更高水平的集合对象的过程。

设有两个对象：

$$object_1 = (ID_1, SA, SB, M) \tag{3-17}$$

$$object_2 = (ID_2, SA, SC, M) \tag{3-18}$$

可设立一个新对象：

$$object_3 = (ID_3, SA, object_1, object_2, M) \tag{3-19}$$

此时，$object_1$ 和 $object_2$ 可变为：

$$object_1 = (ID_1, SB, M) \tag{3-20}$$

$$object_2 = (ID_2, SC, M) \tag{3-21}$$

$object_1$ 和 $object_2$ 称为"分子对象"，它们的联合 $object_3$ 称为"组合对象"。

5. 继承

在现实生活中，对事物分类时并不是一次就分得特别精细，往往是先进行粗分类，然后进一步细分，使类相互联系而形成完整系统的有机机制。这种类之间的关系就是类的继承。一类对象可继承另一类对象的特性和能力，子类继承父类的共性，继承不仅可以把父类的特征传给中间子类，还可以向下传给中间子类的子类。

继承服务于概括。继承机制减少代码冗余，减少相互间的接口和界面。

（1）单重继承：仅有一个直接父类的继承，要求每一个类最多只能有一个中间父类。这种限制意味着一个子类只能属于一个层次，而不能同时属于几个不同的层次。这样就能形成明显的层次关系。

（2）多重继承：允许子类有多于一个的直接父类的继承。多重继承允许几个父类的属性和操作传给一个子类，这就不是层次结构。

继承关系通常被称为"is-a"关系，这是因为当类 Y 继承类 X 后，类 Y 就具有类 X 的所有特性，因此 Y "是一个" X，同时，Y 还可能包含 X 中没有的特性，而比 X 有更多的特性。

6. 传播

传播是一种作用于聚集和联合的工具，用于描述复合对象对成员对象的依赖性并获得成员对象的属性的过程。它通过一种强制性的手段将成员对象的属性信息传播给复合对象。

复合对象的某些属性值不单独存于数据库中，而由子对象派生或提取，将子（成员）对象的属性信息强制地传播给复合对象，这些操作包括 Sum、Average、Min、Max。例如，一个国家最大城市的人口数是这个国家所有城市人口数的最大值，一个省的面积是这个省所有县的面积之和。

继承与传播的区别：

(1) 继承服务于概括，传播作用于联合和聚集；

(2) 继承是从上层到下层，应用于类，而传播是自下而上，直接作用于对象；

(3) 继承包括属性和操作，而传播一般仅涉及属性；

(4) 继承是一种信息隐含机制，而传播是一种强制性工具。

3.3 二维空间对象模型

3.3.1 二维基本空间对象模型

1. 空间地物的几何数据模型

空间数据库中面向对象的几何数据模型如图 3-14 所示。从几何方面划分，空间数据库的各种地物可抽象为：点状地物、线状地物、面状地物以及由它们混合组成的复杂地物。每一种几何地物又可能由一些更简单的几何图形元素构成。例如，一个面状地物是由周边弧段和中间面域组成，弧段又涉及结点和中间点坐标，或者说，结点的坐标传播给弧段，弧段聚集成线状地物或面状地物，简单地物组成复杂地物。

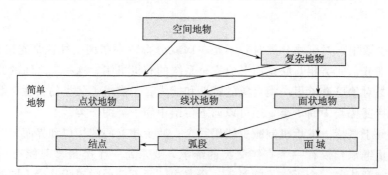

图 3-14　面向对象的几何数据模型

2. 拓扑关系与面向对象模型

通常地物之间的相邻、关联关系可通过公共结点、公共弧段的数据共享来隐含表达。在面向对象数据模型中，数据共享是其重要的特征。将每条弧段的两个端点（通常它们与另外的弧段公用）抽象出来，建立应该单独的结点对象类型，而在弧段的数据文件中，设立两个结点子对象标识号，即用"传播"的工具提取结点文件的信息，如图 3-15 所示。

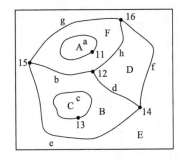

区标识	弧段标识
A	a
B	b, d, e, c
C	c
D	d, f, h
E	e, f, g
F	a, b, g, h

(a) 区域文件

结点标识	X	Y	Z
11	100	90	100
12	90	85	120
13	60	88	110
14	55	82	150
15	30	80	130
16	52	20	90

(b) 结点文件

弧标识	起结点	终结点	中间点串
a	11	11	
b	12	15	
c	13	13	
d	14	12	
e	15	14	
f	16	14	
g	16	15	
h	16	12	

(c) 弧段文件

图 3-15　拓扑关系与数据共享

这一模型既解决了数据共享问题，又建立了弧段与结点的拓扑关系，同样，面状地物对弧段的聚集方式与数据共享、几何拓扑关系的建立亦达到一致。

3. 面向对象的属性数据模型

关系数据模型和关系数据库管理系统基本上适应于 GIS 中属性数据的表达与管理。若采用面向对象数据模型，语义将更加丰富，层次关系也更明了。可以说，面向对象数据模型是在包含关系数据库管理系统的功能基础上，增加面向对象数据模型的封装、继承、信息传播等功能（吴信才等，2002）。

下面以土地利用管理空间数据库为例，如图 3-16 所示。

空间数据库中的地物可根据国家分类标准或实际情况划分类型。例如，土地利用管理空间目标可分为耕地、园地、林地、牧草地、居民点、交通用地、水域和未利用地等几大类，地物类型的每一大类又可以进一步分类。例如，居民点可再分为城镇、农村居民点、工矿用地等子类。另外，根据需要还可将具有相同属性和操作的类型综合成一个超类。例如，工厂、农场、商店、饭店属于产业，它有收入和税收等属性，可把它们概括成一个更高水平的超类——产业类。由于产业可能不仅与建筑物有关，还可能包含其他类型，如土地等，所以可将产业类设计成一个独立的类，通过行政管理数据库来管理。在整个系统中，可采用双重继承工具，当要查询饭店类的信息时，既要能够继承建筑物类的属性与操作，又要继承产业类的属性与操作。

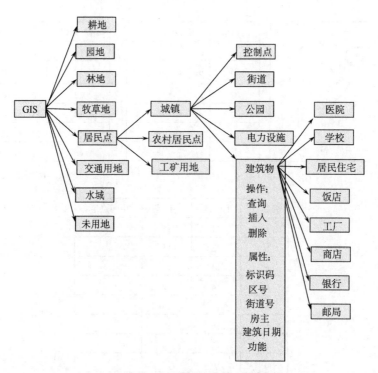

图 3-16 面向对象的属性数据模型

属性数据管理中也需用到聚集的概念和传播的工具。例如，在饭店类中，可能不直接存储职工总人数、房间总数和床位总数等信息，它可能从该饭店的子对象职员数据库、房间床位数据库等中派生得到。

3.3.2 OGC 空间对象模型

OGC（OpenGIS Consortium）是为了发展开放式地理数据系统、研究地学空间信息标准化以及处理方法的一个非营利组织，旨在利用其开放地理数据互操作规范（Open Geodata Interoperation Specification，OGIS）使得应用系统开发者可以在单一的环境和单一的工作流中，使用分布于网上的任何地理数据和地理处理。

开放地理信息系统联盟 OGC 在 GIS 领域的影响越来越大，得到了许多软件厂商和研究机构的支持。OGC 推出了许多标准，也包括空间（几何）对象的定义标准（张新长等，2005）。图 3-17 给出了 OGC 标准有关二维空间几何体的基本构件及其相互关系。

1. 空间参考系统

地理几何对象是表示地面上的地形的一个点或点的集合，至少包含一个 x 和一个 y 坐标。坐标是相对于参考点而言的，因此，每个地理几何对象都有相关的空间参考系统（Spatial Reference System）。

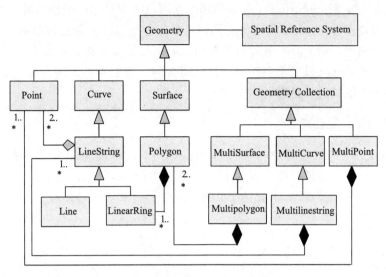

图 3-17 OGC 二维空间几何对象模型

2. 几何

几何（Geometry）是几何对象层次模型的根类，它是一个抽象类（不可实例化）。在二维的坐标空间中，Geometry 的可实例化的子类被限制定义为零维、一维、二维几何对象。在 OGC 的说明中，所有可实例化的几何对象的定义都包括了其边界的定义，也就是说它们是拓扑闭合的。

3. 几何集

几何集（Geometry Collection）是一个或多个 Geometry 对象的集合。在这个集合中的所有元素都必须有同样的空间参考，这个空间参考也就是该 Geometry Collection 的空间参考。Geometry Collection 对它的元素没有其他限制。但是，Geometry Collection 的子类可能在元素的维数或元素间的空间重叠度方面增加限制。

4. 点

点（Point）是零维的几何对象，表示空间中一个单个的位置信息。Point 对象包含 x 坐标值和 y 坐标值，点的边界是个空集。

5. 多点

多点（MultiPoint）是零维几何对象的集合，MultiPoint 中的元素必须是 Point，Point 之间不是相连的或有序的。若没有任何两个点是等同的，则 MultiPoint 是"简单"的。MultiPoint 的边界是空集。

6. 曲线

曲线（Curve）是一维的几何对象，通常作为一序列点来存储。OGC 定义了一个

Curve 的子类折线（LineString），LineString 在两点之间采用了线性插值。

从拓扑的角度看，Curve 是一维的几何对象，它与真实图像是同形的。如果它没有经过同一个点两次，则 Curve 是"简单"的。如果起始点和终止点是等同的，则 Curve 是闭合的。如果 Curve 是"简单"的并且是闭合的，则它是一个环（Ring）。一个没有闭合的 LineString 的边界是它的两个端点。

7. 折线、直线段、线性环

OGC 定义了一个 Curve 的子类 LineString，LineString 在两点之间采用了线性插值。直线段（Line）是只有两个点的 LineString。线性环（LinearRing）是一个闭合的"简单"的 LineString，图 3-18 描述了几种 LineString 和 LinearRing。

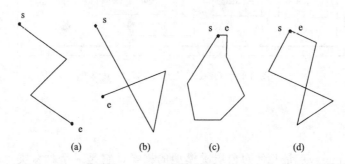

图 3-18　LineString 和 LinearRing

(a)"简单"的 LineString；(b) 不"简单"的 LineString；(c)"简单"的，闭合的 LineString（LinearRing）；(d) 不"简单"的，闭合的 LineString

8. 多曲线

多曲线（MultiCurve）是一个一维的几何对象集合，其元素都是 Curve。在 OGC 的说明中，MultiCurve 是不可实例化的类，其子类定义了一些方法，这些方法是可扩展的。

在 MultiCurve 的元素中，所有元素都是"简单"的，并且任何两个元素的交集（如果有交集）仅在两个元素的边界上，则 MultiCurve 对象也是简单的。

MultiCurve 的边界是由元素的边界的序号为奇数的点组成。如果所有的元素都是闭合的，则 MultiCurve 也是闭合的，闭合的 MultiCurve 的边界为空集。

9. 多折线

当 MultiCurve 的所有元素都是 LineString 时，它可被定义为多折线（MultiLine-String）。图 3-19 是几个 MultiLineString 的示例。其中，图 3-19（a）的边界是 {s1, e2}，图 3-19（b）的边界是 {s1, e1}，图 3-19（c）的边界是空集。

10. 面

面（Face）是二维的几何对象。面（Face）等价于平面的 Surface，OGC 定义了一个"简单"的 Surface：它是由一个单独的小片（Patch）组成，Patch 关联一个外圈，0

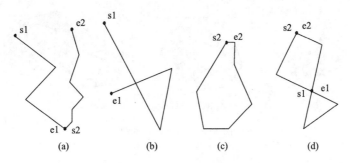

图 3-19　MultiLineString 的示例

(a) "简单" 的 MultiLineString；(b) 不 "简单" 的有两个元素的 MultiLineString；

(c) "简单" 的，闭合的有两个元素的 MultiLineString（LinearRing）；(d) 不 "简单" 的，闭合的有两个元素的 MultiLineString（LinearRing）

个或多个内圈。在三维空间中，"简单" 的 Surface 等价于平面的 Surface。二维空间的多面体是通过将 Surface 的边界 "缝合" 而成的。而三维空间的多面体不会是平面的。

"简单" 的 Surface 的边界是由相关于它的外圈和内圈的闭合的 Curve 组成。Surface 唯一可实例化的子类是 Ploygon，它是一个简单的、平面的 Surface。

11. 多边形

多边形（Polygon）是平面的 Surface，是由一个外圈和 0 个或多个内圈组成。每个内圈被认为是 Polygon 的一个 "岛"。

关于 Polygon 的一些定义。

（1）Polygon 是拓扑闭合的。

（2）Polygon 的边界是由一组 LineString（线环）组成，这些 LineString 形成它的外边界和内边界。

（3）在 Polygon 的边界中，任意两个 LineString 都不是相互穿越的。这些 LineString 可以相切于一点。

$$\forall P \in \text{Polygon}, \forall c_1, c_2 \in P.\text{Boundary}(), c_1 \neq c_2,$$

$$\forall p, q \in \text{Point}, p, q \in c_1, p \neq q, [p \in c_2 \Rightarrow q \notin c_2]$$

（4）Polygon 不可以有切线、峰值和穿孔。

$$\forall P \in \text{Polygon}, P = \text{Closed}(\text{Interior}(P))$$

（5）每个 Polygon 内部是连续的点集。

（6）有一个和多个 "岛" 的 Polygon 的外部是不连通的，每个岛定义了一个 Polygon 的外部的连通分量。

在上面的声明中，内部、外部、闭合都有标准的拓扑定义。定义（1）、（3）使得 Polygon 是一个规则的、闭合的点集，Polygon 是简单的几何对象。

图 3-20 是一些 Polygon 的例子。图 3-21 是一些违反了上述声明的几何对象，它们不能表示一个单独的 Polygon。图 3-21（a）和图 3-21（d）可以表示为两个分离的 Polygon。

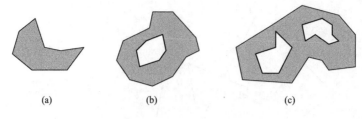

图 3-20 Polygon 示例

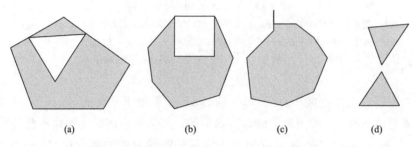

图 3-21 几个违反 Polygon 定义的几何对象

12. 多面

多面（MultiSurface）是二维的几何对象集合，它的元素都是 Surface。在 Multi-Surface 中，任意两个 Surface 的内部都不可以相交，任何两个元素的边界可以相交于有限的点。

在 OGC 的说明中，MultiSurface 是不可实例化的类，其子类定义了一些方法，这些方法是可扩展的。MultiSurface 可实例化的子类是 MultiPolygon，它是 Polygon 的集合。

13. 多个多边形

当 MultiSurface 的所有元素都是 Polygon 时，它被定义为多个多边形（MultiPolygon）。关于 MultiPolygon 的声明如下：

（1）在 MultiPolygon 中，任何两个 Polygon 元素的内部是不能相交的。

$$\forall M \in \text{MultiPolygon}, \forall P_i, P_j \in M.\text{Geometries}(), i \neq j,$$
$$\text{Interior}(P_i) \bigcap \text{Interior}(P_j) = \varnothing$$

（2）在 MultiPolygon 中，任何两个 Polygon 的边界不能相互穿越但可以相交于有限的点：

$$\forall M \in \text{MultiPolygon}, \forall P_i, P_j \in M.\text{Geometries}(),$$
$$\forall c_i \in P_i.\text{Boundary}(), c_j \in P_j.\text{Boundary}(),$$
$$c_i \bigcap c_j = \langle p_l \Delta p_k | p_i \in \text{Point}, l \leqslant i \leqslant k \rangle$$

（3）MultiPolygon 是拓扑闭合的。

（4）MultiPolygon 不可以有 Outlines、Spikes 和 Punctures，是规则的、闭合的点集：

$$\forall M \in \text{Polygon}, M = \text{Closed}(\text{Interior}(M))$$

（5）有多于一个 Polygon 的 MultiPolygon 的内部是不连通的，MultiPolygon 内部的连通分量的编号等于 MultiPolygon 中 Polygon 元素的编号。

MultiPolygon 的边界由一些 Curve（LineString）组成，这些 Curve（LineString）是 MultiPolygon 中每一个 Polygon 元素的边界。

图 3-22 是一些合法的 MultiPolygon 的例子，它们分别有 1、3、2、2 个 Polygon 元素。

图 3-23 是几个不能作为单个 MultiPolygon 实例的例子。

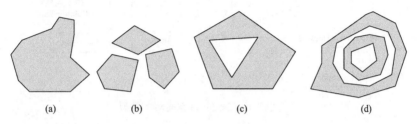

图 3-22　MultiPolygon 示例

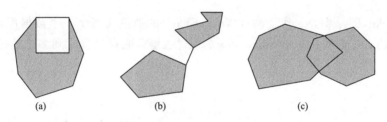

图 3-23　几个不能作为单个 MultiPolygon 示例

3.3.3　Geodatabase 空间对象模型

Geodatabase 模型是面向对象的数据模型，对象存储在特征类（空间）和表（非空间）中。Geodatabase 表示地理数据库，用 DBMS 存储地理信息，即包含地理数据的关系数据库。Geodatabase 中，地理坐标作为一种属性存储在关系数据库表中。Geodatabase 在 GIS 术语词典中是"地理数据库"的缩写，Geodatabase 是建立在关系数据管理系统（Database Management System，DBMS）基础上，把地理特征和属性表达为对象的统一的空间数据库。Geodatabase 支持所有的现行 ArcGIS 桌面产品，引入地理空间要素的行为、规则和关系，当处理 Geodatabase 的要素时，对其基本行为和必须满足的规则，在同一的模型框架下，对 GIS 通常所处理和表达的地理空间数据，如矢量数据、栅格数据、TIN 数据、地址和属性数据等进行统一描述。Geodatabase 核心模型结构有以下几个基本元素：对象类、要素类、要素数据集、关系类、几何网络类、Domains、Validation Rules、Raster Dataset、TIN Dataset，如图 3-24 所示。

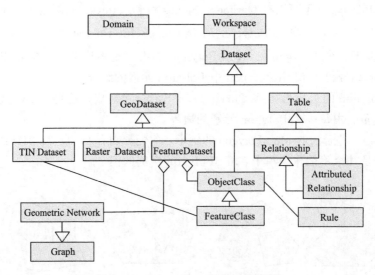

图 3-24　Geodatabase 空间对象模型

1）工作空间

在 Geodatabase 中，工作空间（Workspace）的地位相当于一个数据库，或者一个 Converage 的工作空间，一个 Shapefiles 的文件夹等，它存储着 0 到多个数据集（Dataset）。

2）数据集

数据集是一个抽象类（Abstract Class），有两种子类。一个是以表（Table）形式直接存在，Table 是行（Row）的集合，每条 Row 都是一个对象，它用于保存非图形数据，如对象（Object）和关系（Attributed Relationship）。在关系数据库中，数据都是以表的形式存在的，对于一个 Table 而言，有两种子类——ObjectClass 和 Attributed ReltionshipClass，其中后者也是 RelationshipClass 的子类。地理数据集（GeoDataset）是另一个抽象类。

3）对象

Geodatabase 将现实世界中不具有空间属性的实体抽象为对象。

4）对象类

对象类是具有相同属性和行为的对象聚合。这些对象类（Object Class）没有空间特性。在 Geodatabase 中它们以表的形式存在，一般保存要素非空间属性。

5）要素

要素（Feature）是现实世界中离散空间对象的抽象。

6）要素类

相同属性、行为和规则的要素聚合成一个要素类（Feature Class），如河流、道路等。要素类之间可以独立存在，也可具有某种关系。FeatureClass 是 ObjectClass 的子集，它中间存储的却是几何数据。

7）要素数据集

要素数据集（Feature Dataset）由一组具有相同地理空间参考的要素类组成。但并不是所有的要素类都必须放进一个数据集里面，只有需要构造某些特定的结构时才需要，如构建要素网络等。

8）关系类

关系类（Relationship）代表了不同表外键之间的关系。而关系是指对象之间或者要素之间或者对象与要素之间的联系，当对象或者要素删除或移动时控制着它们之间的行为。

9）地理数据集

地理数据集（GeoDataset）是保存地理数据的 Dataset，图中的 FeatureDataset 只是其中的一种，在实际工程中，还有 GRID Dataset、TIN Dataset、Raster Dataset 数据集。FeatureDataset 是由 Graph 和 FeatureClass 组成的。

10）图

图（Graph）是指一系列有一维网络拓扑关系的要素类，如要素网络（Geometric-Network）等。

11）几何网络

几何网络（GeometricNetwork）为一个在若干要素基础上建立的一种新类。

3.4 数字表面模型

3.4.1 TIN 模型

1. TIN 概述

不规则三角网（TIN）是 20 世纪 70 年代由 T. K. Peuker 和他的同事设计的一种空间数据结构，也称不规则三角形面模型。它由不规则分布的数据点连成的三角网组成，是一种基于三角形的空间镶嵌模型，三角形的形状和大小取决于不规则分布的观测点或称结点的密度和位置，如图 3-25 所示。

TIN 是由点生成的，每个点具有一个反映高程值的连续型实数值。当然，也可以使用 TIN 来表示其他类型的表面值，如化学物质的浓度、地下水位或降雨量等。三角

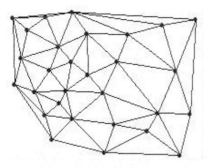

图 3-25　不规则三角网

网表现的是具有矢量要素（点、线、面）的表面，它们可以精确地模拟具有断线的表面中的不连续区域。断线通常是指河流、山脊和公路等，在这些地方表面的坡度会发生显著的变化。

2. TIN 数据结构

TIN 的数据存储方式比网格 DEM 复杂，不仅要存储每个点的高程，还要存储其平面坐标、结点连接的拓扑关系、三角形及邻接三角形等。TIN 模型在概念上类似于多边形网络的矢量拓扑结构，只是 TIN 模型不需要定义"岛"和"洞"的拓扑关系（袁博等，2006）。

有许多种表达 TIN 拓扑结构的存储方式，一个简单的记录方式是：对于每一个三角形、边和结点都对应一个记录，三角形的记录包括三个指向它三个边的记录的指针；边的记录有四个指针字段，包括两个指向相邻三角形记录的指针和它的两个顶点的记录的指针；也可以直接对每个三角形记录其顶点和相邻三角形，如图 3-26 所示。每个结点包括三个坐标值的字段，分别存储 X、Y、Z 坐标。这种拓扑网络结构的特点是对于给定一个三角形查询其三个顶点高程和相邻三角形所用的时间是定长的，在沿直线计算地形剖面线时具有较高的效率。当然可以在此结构的基础上增加其他变化，以提高某些特殊运算的效率。例如，顶点的记录里增加指向其关联的边的指针。

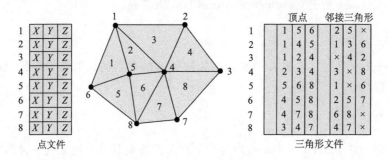

图 3-26　三角网的一种存储方式

3. 不规则离散点生成 TIN

基于随机离散点构建 TIN 的基本思路是：根据随机分布的原始数据点建立连续覆盖整个研究区域的 TIN。其最根本的问题是确定哪三个数据点构成一个三角形，也称自动联结三角网，即对于平面上的离散数据点，将其中相近的三数据点构成最佳三角形，使每个数据点都成为三角形顶点。

狄洛尼（Delaunay）三角网由俄国数学家 B. Delaunay 于 1934 年提出。Delaunay 三角网具有以下性质：①唯一性，即不论从何处开始联网，最终将得到一致的结果；②空圆特性，又称为数据点集中构成 Delaunay 三角网的充要条件，或称为 Delaunay 三角网的 Circle 准则，即在任意一个三角形的外接圆范围内不包含点集 M（所有离散点的集合）中的任何其他点；③最大最小角特性，即如果任意两个相邻三角形组成的凸四边形的对角线可以互换的话，那么就可以获得等角性最好的三角形，这种特性说明三角形具有最佳形状特征。

局部优化过程（Local Optimization Procedure，LOP）是在 Delaunay 三角网构建过程中经常要使用的关键过程。LOP 优化原则为：运用 Delaunay 三角网的性质对由两个有一公共边的三角形组成的四边形进行判断，如公共边小于四边形的另一条对角线，即其中一个三角形的外接圆包含第四个顶点，则将这个四边形的对角线互换。

Delaunay 三角网具有良好的特性：在生成 TIN 的所有可能的三角网中，对模型拟合最为逼真的是 Delaunay 三角网。因此，在生成 TIN 的过程中，常常使用 Delaunay 三角网，因而 Delaunay 三角网在国内外已得到广泛应用。经过几十年的不懈努力，很多学者都提出了 TIN 生成的算法（朱庆，1995；刘学军，2000；武晓波等，1999；易法令，2001）。根据实现过程，普遍接受和采用的常用算法主要有三种：逐点插入法、分治算法和三角形生长法。

Lawson 提出了用逐点插入法建立 Delaunay 三角网法的思想。Lee 和 Schachter、Bowyer、Sloan、Macedoni 和 Pareschi、Floriani 和 Puppo、Tais 等先后改进和完善了这一算法（吴立新和史文中，2003a）。逐点插入法的算法思路非常简单，先在包含所有数据点的一个多边形中建立初始三角网，然后将余下点逐一插入，用 LOP 算法确保其成为 Delaunay 三角网。从它派生的各种实现方法的差别在于初始多边形的不同以及建立初始三角网方法的不同。

Shamos 和 Hoey 提出分治算法思想，给出了一个生成 V _ 图的分治算法。Lewis 和 Robinson 将分治算法思想应用于生成 Delaunay 三角网。以后 Lee 和 Schache 又改进和完善了 Lewis 和 Robinson 的算法。分治算法的基本思路是使问题简化，把点集划分到足够小，使其易于生成三角网，然后把子集中的三角网合并生成最终的三角网，用 LOP 算法保证其成为 Delaunay 三角网。从分治算法派生的不同的实现方法可有不同的点集划分法，以及子三角网生成法与合并法。

Green 和 Sibson 首次实现了 Dirichlet 多边形图的生长算法。Brassel 和 Reif 稍后也发表了类似的算法。McCullhag 和 Ross 通过把点集分块和排序改进了点搜索方法，减少了搜索时间。Maus 也给出了非常相似的算法。三角形生长算法的基本思路是：首先找出点集中相距最短的两点，连线形成一条 Delaunay 三角网的边，然后按 Delaunay 三角网的判别法则找出包含此边的 Delaunay 三角网的另一端点，依次处理所生成的边，直至最终将所有数据点处理完。从三角形生长算法派生出的各种不同算法多表现在搜索"第三点"的方法不同。

3.4.2　Grid 模型

1. Grid 模型（规则网格模型）概述

规则网格，通常是正方形，也可以是矩形、三角形等。规则网格将区域空间切分为规则的网格单元，每个网格单元对应一个数值。数学上可以表示为一个矩阵，在计算机实现中则是一个二维数组。每个网格单元或数组的一个元素，对应一个高程值，

150	125	125	135	150
125	115	175	130	135
120	110	100	115	120
115	100	90	100	130
105	95	80	90	120

图 3-27 一个网格模型示例

如图 3-27 所示。

每个网格的数值有两种不同的解释。第一种是网格栅格观点，认为该网格单元的数值是其中所有点的高程值，即网格单元对应的地面面积内高程是均一的，这种数字高程模型是一个不连续的函数。第二种是点栅格观点，认为该网格单元的数值是网格中心点的高程或该网格单元的平均高程值，这样就需要用一种插值方法来计算每个点的高程。计算任何不是网格中心的数据点的高程值，使用周围四个中心点的高程值，采用距离加权平均、样条函数、趋势面拟合和克里金插值等方法进行计算。

2. 网格的创建

计算机中矩阵的处理比较方便，特别是以栅格为基础的地理信息系统中高程矩阵已成为 DEM 最通用的形式。英国和美国都用较粗略的矩阵（美国用 63.5m 像元网格）从全国 1：25 万地形图上产生了全国的高程矩阵，以 1：5 万或 1：2.5 万比例尺地图和航片为基础的分辨率更高的高程矩阵正在这两个国家或其他国家扩大其使用范围。网格可以从规则或不规则分布的数据点中生成。

（1）对于网格数据，如果是采用规则网格采样方法，则结果数据已经是合适的网格形状。

（2）如果原始数据是等高线，则有三种方法可以生成网格：等高线离散化法、等高线内插法、等高线构建 TIN 法。

（3）如果原始数据是 TIN，可以使用从 TIN 到栅格转换的方法，由 TIN 进行内插快速生成网格。

3.5 三维空间数据模型

三维空间数据模型问题是研制任何三维空间信息系统首先要解决的问题，3D 空间构模方法研究是目前 3D GIS 领域以及 3D GMS 领域研究的热点问题。20 多年来国内外专家学者在此领域做了有益的探索，从三维几何造型系统数据模型研究出发对三维空间数据模型的概念和方法进行了广泛而深入的研究；地质、矿山领域的一些专家学者，围绕矿床地质、工程地质和矿山工程问题，对 3D GMS 的空间构建问题进行了卓有成效的理论与技术研究，加拿大、澳大利亚、英国、南非等还相继推出了一批在矿山和工程地质领域得到推广应用的三维建模软件。

综合国内外针对三维空间数据模型的研究，过去 10 来年中，研究提出了 20 多种空间构模方法。面向不同应用领域，提出了多达几十种具有代表性的三维空间数据模型。若不区分准 3D 和真 3D，则可以将现有空间构模方法归纳为基于面模型（Facial Model）、基于体模型（Volumetric Model）和基于混合模型（Nixed Model）的三大类构模体系，如表 3-2 所示（吴立新，史文中等，2003b）。根据模型所具有的主要特征大致又可以将其归纳为四类：三维矢量模型、三维体元模型、混合或集成数据模型和面向实体的数据模型。

表 3-2　3D 空间构模法分类

面模型	体模型		混合模型
	规则体元	非规则体元	
不规则三角网（TIN）	结构实体几何（CSG）	四面体网格（TEN）	TIN-CSG 混合
网格（Grid）	体素（Voxel）	金字塔（Pyramid）	TIN-Octree 混合或 Hybrid 模型
边界表示模型（B-Rep）	八叉树（Octree）	三棱柱（TP）	Wire Frame-Block 混合
线框（Wire Frame）或相连切片（Linked Slices）	针体（Needle）	地质细胞（Geocellular）	Octree-TEN 混合
断面序列（Series Sections）	规则块体（Regular Block）	非规则块体（Irregular Block）	
断面－三角网混合（Section-TIN mixed）		实体（Solid）	
多层 DEMs		3D Voronoi 图	
		广义三棱柱（GTP）	

3.5.1　三维矢量模型

三维矢量模型是二维中点、线、面矢量模型在三维中的推广。它将三维空间中的实体抽象为三维空间中的点、线、面、体四种基本元素，然后以这四种基本几何元素的集合来构造更复杂的对象。以起点、终点来限定其边界，以一组型值点来限定其形状；以一个外边界环和若干内边界环来限定其边界，以一组型值曲线来限定其形状；以一组曲面来限定其边界和形状。矢量模型能精确表达三维的线状实体、面状实体和体状实体的不规则边界，数据存储格式紧凑、数据量小，并能直观地表达空间几何元素间的拓扑关系，空间查询、拓扑查询、邻接性分析、网络分析的能力较强，而且图形输出美观，容易实现几何变换等空间操作，不足之处是操作算法较为复杂，表达体内的不均一性的能力较差，叠加分析实现较为困难，不便于空间索引。

1. 3D FDS 模型

Molennar（1992）在原二维拓扑数据结构的基础上，定义了结点（Node）、弧（Arc）、边（Edge）和面（Face）四种几何元素之间的拓扑关系及其与点（Point）、线（Line）、面（Surface）和体（Solid）四种几何目标之间的拓扑关系，并显式地表达点和体、线和体、点和面、线和面间的 Is-in、Is-on 等拓扑关系，提出了一种基于 3D 矢量图的形式化数据结构（Formal Data Structure，FDS）（Pilout et al.，1994），如图 3-28 所示，其特点是显式地表达目标几何组成和矢量元素之间的拓扑关系，有点类似于

CAD 中的 BR 表达与 CSG 表达的集成。

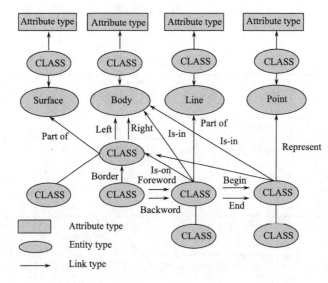

图 3-28   3D FDS 数据结构（Molennar，1992）

这一模型的主要问题有三个：①仅考虑空间目标表面的划分和边界表达，没有考虑目标的内部结构，因此只适合于形状规则的简单空间目标，难以表达地质环境领域和没有规则边界的复杂目标；②没有对空间实体间的拓扑关系进行严格的定义和形式化描述；③显示地存储几何元素间的拓扑关系，使得操作不便。

2. 三维边界表示法

在形形色色的三维物体中，平面多面体在表示与处理上均比较简单，而且又可以用它来逼近其他各种物体。平面多面体的每一个表面都可以看成是一个平面多边形。为了有效地表示它们，总要指定它的顶点位置以及有哪些点构成边，哪些边围成一个面这样一些几何与拓扑的信息。这种通过指定顶点位置、构成边的顶点以及构成面的边来表示三维物体的方法被称为三维边界（B-Rep）表示法。

三维边界模型是通过面、环、边、点来定义形体的位置和形状，边界线可以是曲线，也可以是空间曲线。面可以分解为线，线又可以分解为点。例如，一个长方体由 6 个面围成，对应有 6 个环，每个环由 4 条边界定，每条边又由两个端点定义。

比较常用的三维边界表示法是采用三张表来提供点、边、面的信息。这三张表就是：顶点表，用来表示多面体各顶点的坐标；边表，指出构成多面体某边的两个顶点；面表，给出围成多面体某个面的各条边。对于后两个表，一般使用指针的方法来指出有关的边、点存放的位置。

三维边界模型的特点是：详细记录了构成物体形体的所有几何元素的几何信息及其相互连接关系，以便直接存取构成形体的各个面、面的边界以及各个顶点的定义参数，有利于以面、边、点为基础的各种几何运算和操作。边界表示构模在描述结构简单的 3D 物体时十分有效，适合于精度要求很高，边界清晰，沿多个断面采点且数目较多的实体，但对于不规则 3D 地物则很不方便，不适合几何变换及布尔空间操作，且切割任意剖面速度较慢。

3.5.2 三维体元模型

真 3D 地学模拟、地面与地下空间的统一表达、陆地海洋的统一建模、3D 拓扑描述、3D 空间分析、3D 动态地学过程模拟等问题，已成为地学与信息科学的交叉技术前沿和攻关热点。

体模型基于 3D 空间的体元分割和真 3D 实体表达，体元的属性可以独立描述和存储，因而可以进行 3D 空间操作和分析。体元模型可以按体元的面数分为四面体（Tetrahedral）、六面体（Hexahedral）、棱柱体（Prismatic）和多面体（Polyhedral）共四种类型，也可以根据体元的规整性分为规则体元和非规则体元两个大类。规则体元包括 CSG-tree、Voxel、Octree、Needle 和 Regular Block 共五种模型。规则体元通常用于水体、污染和环境问题构模，其中 Voxel、Octree 模型是一种无采样约束的面向场物质（如重力场、磁场）的连续空间的标准分割方法，Needle 和 Regular Block 可用于简单地质构模。非规则体元包括 TEN、Pyramid、TP、Geocelluar、Irregular Block、Solid、3D-Voronoi 和 GTP 共八种模型。非规则体元均是有采样约束的、基于地质地层界面和地质构造的面向实体的 3D 模型。其中在实际中应用较多的是八叉树模型和四面体网格，下面重点介绍这两种模型。

1. 八叉树

八叉树仿照二维四叉树的建立方法，可以看成是二维栅格数据中的四叉树在三维空间的推广。该数据结构是将所要表示的三维空间 V 按 X、Y、Z 三个方向从中间进行分割，把 V 分割成八个立方体，然后根据每个立方体所含的目标来决定是否对各立方体继续进行八等分的划分，一直划分到每个立方体被一个目标所充满，或没有目标，或其大小已成为预先定义的不可再分的体素为止。

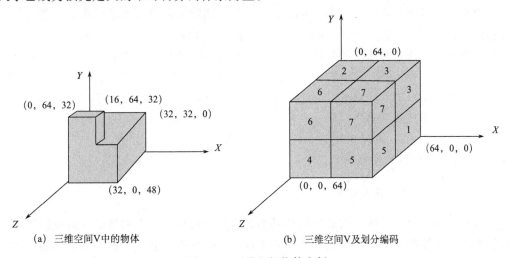

(a) 三维空间V中的物体   (b) 三维空间V及划分编码

图 3-29　三维空间物体实例

例如，图 3-29 所示的空间物体，其八叉树的逻辑结构可按图 3-30 表示。图 3-30 中，小圆圈表示该立方体未被某目标填满，或者说，它含有多个目标在其中，需要继续划分。有阴影线的小矩形表示该立方体被某个目标填满，空白的小矩形表示该立方体中没有目标，这两种情况都不需继续划分。

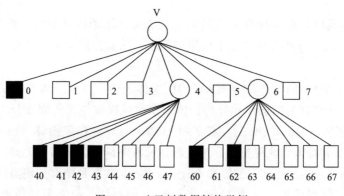

图 3-30　八叉树数据结构举例

八叉树的主要优点在于可以非常方便地实现有广泛用途的集合运算（例如，可以求两个物体的并、交、差等运算），而这些恰是其他表示方法比较难以处理或者需要耗费许多计算资源的地方。不仅如此，由于这种方法的有序性及分层性，对显示精度和速度的平衡、隐线和隐面的消除等，带来了很大的方便，特别有用。

2. 四面体网格

从理论上讲，对任意的三维物体，只要它满足一定的条件，我们总可以找到一个合适的平面多面体来近似地表示这个三维物体，且使误差保持在一定的范围内。一般地讲，如果要表示某个三维物体，我们就需知道从这个物体表面 S_0 上测得的一组点 P_1，P_2，…，P_N 的坐标。另外，要为这些点建立起某种关系，这种关系有时被称为这些点代表的物体的结构。

通常这种近似（或逼近）有两种形式：一种是以确定的平面多面体的表面作为原三维物体的表面 S_0 的逼近；另一种则是给出一系列的四面体，这些四面体的集合（又称为四面体网格）就是对原三维物体的逼近。前者着眼于物体的边界表示（类似于三维曲面的表示），而后者着眼于三维物体的分解，就像一个三维物体可以用体素来表示一样。

四面体网格（Tetrahedral Network，TEN）是将目标空间用紧密排列但不重叠的不规则四面体形成的网格来表示，其实质是 2D TIN 结构在 3D 空间上的扩展。在概念上首先将 2D Voronoi 网格扩展到 3D，形成 3D Voronoi 多面体，然后将 TIN 结构扩展到 3D 形成四面体网格。

1）四面体网格数据的组织

四面体网格由点、线、面和体四类基本元素组合而成。整个网格的几何变换可以变为每个四面体变换后的组合，这一特性便于许多复杂的空间数据分析。同时，四面体网格既具有体结构的优点，如快速几何变换、快速显示，又可以看成是一种特殊的边界表示，具有一些边界表示的优点，如拓扑关系的快速处理。

用四面体网格表示三维空间物体的例子及其数据结构如图 3-31 和图 3-32 所示。

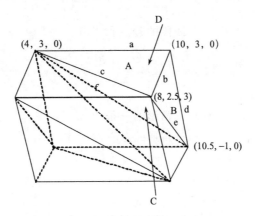

图 3-31　四面体网格表示三维空间物体的例子

四面体

体号	面号	属性
1	A, B, C, D	

三角形

面号	线段号	属性
A	a, b, c	
B	b, d, e	
C	c, e, f	
D	a, d, f	

线

线号	起点	终点	属性
a	1	2	
b	1	3	
c	3	2	
d	1	4	

结点

点号	X	Y	Z	属性
1	10	3	2	
2	4	3	2	
3	8	1.5	3	
4	10.5	−1	0	

图 3-32　四面体网格表示三维空间物体例子的数据结构

四面体网格数据结构是网格生成程序实现上一个非常重要的问题。网格数据结构的选择和建立，特别是能够满足各种各样网格生成算法要求的数据结构尤其显得重要。

（1）基本数据结构。

在 TEN 结构中不仅要存储每一个结点的三维坐标，而且还要存储表示结点连接的拓扑关系、四面体及邻接四面体的信息，基本存储结构如下：

```
class Point _ T {
    float x;          // 点的 X 坐标
    float y;          // 点的 Y 坐标
    float z;          // 点的 Z 坐标
    long next;        // 指向下一个点的指针
```

```
      ...
    };
  class Edge _ T {
    long nn [2];              // 线段的起点和终点
      ...
    };
  class Triangle _ T {
    long en [3];              // 三角形的三条边
    long lr [2];              // 三角形的左右四面体
      ...
    };
  class Tetra _ T {
    long tn [4];              // 四面体的四个三角形
    long at [4];              // 四个相邻的四面体
      ...
    };
```

这只是 TEN 的一个基本结构，点结构中的指针是指向下一个点的位置。对于不同的算法，在实现过程中会有一些变化和补充。例如，矢量方法在 TEN 结构中增加了外接球的球心坐标和半径，而且，对于不同的应用，数据结构也可以进行简化。在此给出几种经过扩展后的 TEN 数据结构。

（2）直接表示四面体及邻接关系的数据结构。

```
  class Point _ T {
  public：
    float x;                  // 点的 X 坐标
    float y;                  // 点的 Y 坐标
    float z;                  // 点的 Z 坐标
    long next;                // 分块索引中指向下一个点的指针
    };
  class Tetra _ T {
  public：
    long pn [4];              // 四面体的四个顶点
    };
  class NeighborTetra _ T {
  public：
    long neighbors [4]; // 四个相邻的四面体
    };
```

在这种结构中，存储了结点的坐标和分块索引，以及组成四面体的顶点和邻接四面体的信息。该结构的特点是检索结点拓扑关系时效率高，便于等值面内插、TEN 的快速显示与局部结构分析；不足之处是存储量较大，编辑也不方便。

（3）直接表示结点邻接关系的数据结构。

```
class Point _ T {
public：
  float x;                // 点的 X 坐标
  float y;                // 点的 Y 坐标
  float z;                // 点的 Z 坐标
  long next;              // 分块索引中指向下一个点的指针
  long startp;            // 指向起始邻接结点的指针
  };
class Pointer _ T {
public：
  long pn;                // 邻接结点点号
  long nextp;             // 指向下一个邻接结点的指针
  };
```

在这种结构中，存储了结点的坐标和分块索引，以及结点邻接的指针链信息。该结构的特点是存储量小，编辑方便。但是四面体及其邻接关系都需要实时再生成，且计算量大，不便于 TEN 地快速检索与显示。

（4）混合表示结点及四面体邻接关系的数据结构。

```
class Point _ T {
public：
  float x;                // 点的 X 坐标
  float y;                // 点的 Y 坐标
  float z;                // 点的 Z 坐标
  long next;               // 分块索引中指向下一个点的指针
  long startp;            // 指向起始邻接结点的指针
  };
class Pointer _ T {
public：
  long pn;                // 邻接结点点号
  long nextp;             // 指向下一个邻接结点的指针
  };
class Tetra _ T {
public：
  long pn [4];            // 四面体的四个顶点
  };
```

该结构是一种混合表示结点及四面体邻接关系的数据结构，这种结构增加一个四面体结构，使得编辑和快速检索与显示都较为方便。

（5）基于顶角的数据结构。

```
class Point _ T {
```

```
public：
   float x;                  // 点的 X 坐标
   float y;                  // 点的 Y 坐标
   float z;                  // 点的 Z 坐标
   ...
};
class Corner_T {
public：
   int vertex;               //对顶点的点号
   int tetra_index;          //包含对顶点的四面体的索引号
   };
class Tetra_T {
public：
   int vertex [4];           //该四面体的四个顶点号
   int orientation [4];      //四个三角形的方向
   corner opposite [4];      //每个顶点的对顶点的索引号
   };
```

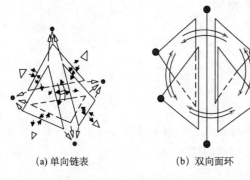

(a) 单向链表　　　　　(b) 双向面环

图 3-33　基于三角面的数据结构

（6）基于三角形面的数据结构。

该结构由 Mucke 提出，并用于 Detri 程序的实现。如图 3-33（a）所示，一个基于面的四面体结构最少需要 6 个指针：3 个指向顶点，3 个指向邻接三角形面。这种情况下是用单向链表来实现面环的，遍历的速度将会很慢，因此，理想情况下，一般用双向面环来实现，即用 6 个指针来指向邻接三角形面，如图 3-33（b）所示。

（7）基于四面体的数据结构。

该结构首先由 Shewchuk 提出。它和 Muck 的基于三角面的数据相结合产生一种改进算法。

如图 3-34 所示，一个基于四面体的四面体结构最少需要 8 个指针：4 个指向顶点，4 个指向邻接四面体。

在四面体网格中，由于一个四面体有 4 个三角形面，每个面被两个四面体共享（除了外部边界面以外），因此平均每个四面体大致需要保存两个三角形面，故使用基于面的数据结构时，每个四面体需要 12 个或者 18 个指针。这大大超过了基于四面体的数据结构所需的内存。因此可见，基于四面体的数据结构要节省空间。

在实际网格生成中，除了要生成 Delaunay 四面体外，还需要表示出受约束的线和面，并保存顶点、子面、子线段和四面体单元的相关属性。因此，四面体结构还需要增加 4 个指向三角形面的指针，分别表示该四面体的 4 个面是否落在受约束面上，而且，通过三角形面还可以获得该约束面的边界属性等信息，这些信息在网格优化过程中用于判断该四面体的面是否可以执行面交换操作。对于大部分没有落在边界面上的四面体，这 4 个指针为空指针。这就带来了一部分空间被浪费，一种改进的方法是将 4 个指针压缩成一个指针，若 4 个面都不在约束面上，则该指针为 NULL，否则，该指针指向另一个存放具体约束信息的结构。利用这样一个二级查询机制可以最大限度地节省空间，但是增加了查询的时间。

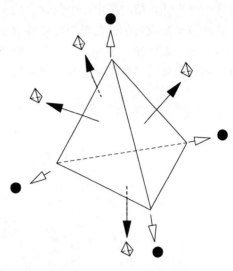

图 3-34　基于四面体的结构

因此，若只需要完成 Delaunay 四面体化，则只需要 8 个指针来表示一个四面体；若需要恢复受约束的边和面，则需要 9 或者 12 个指针。这主要根据程序的运行效率和内存空间的限制来进行取舍。本章所述的程序中，用的是 12 个指针。

表示子三角形面的数据结构如图 3-35 所示。该结构包括 8 个指针：3 个指向顶点；3 个指向邻接子三角形面；2 个指向邻接四面体。其中，3 个指向邻接子三角形面的指针只用于指向共面的邻接子三角形面。这些指针在 Delaunay 细化算法中十分重要，因为它们指出了在往面上插入一点时，哪些共享边可以执行边交换操作以满足 Delaunay 准则。

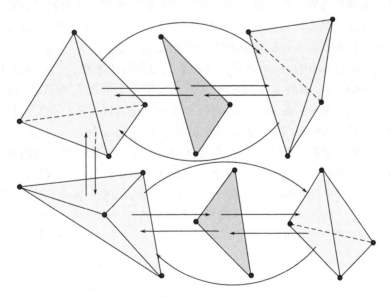

图 3-35　子三角形面（阴影三角形）数据结构

就像四面体包含 4 个指向子三角形面的指针一样，子三角形面包含 3 个指向子线段的指针。为了节省空间，在四面体数据结构中没有直接指向子线段的指针（无法直接从四面体结构中判断该四面体的边是不是子线段），它们之间完全通过子三角形面联系起来。由于一个子线段可以被任意个数的子三角形面共享（至少有一个），每个子线段只包含一个指针，指向其中一个包含它的子三角形面，该子三角形面可以任意选择，而其他共享该子线段的子三角形面可以通过子三角形面和四面体的连接关系依次获得，如图3-36所示，其中图 3-36（a）表示四面体和子线段通过子三角形面相关联，而图 3-36（b）则表示每条子线段都包含一系列的子三角形面。

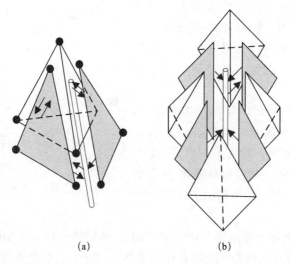

(a)   (b)

图 3-36　四面体和子线段、子三角形面的关系

　　在网格中会普遍存在这样一种情况，即一个四面体的某条边落在受约束边上，而它的 4 个面都没有落在某个约束面上，此时，该四面体就不包含指向子三角形面的指针。为了确保能够在任何情况下正确地判断出一个四面体的边是不是子线段，这里引入虚子三角形面（Nonsolid Subface）的概念，这种子三角形面和普通子三角形面（Solid Subface）结构完全相同，一样存在于网格中，但是它实际上并没有表示该处存在约束面，只是为了确保四面体和子线段的连接而存在。这些面是可以被执行面交换操作的。

　　实现虚子三角形面的一种简单的方法就是利用面边界标志（Boundary Marker），将虚子三角形面的标志统一设置为一个不存在的边界标志，就可以区分出虚子三角形面和实子三角形面。具体实现时，可以用子三角形面来表示子线段。这里，每条子线段可以看作是一个退化的子三角形面，该子三角形面的一个顶点指针被设置成 NULL，另外两个有效的顶点指针分别指向所代表的子线段的起点和终点。在子线段中存放指向子三角形面的指针。两条子线段之间的连接可以通过子三角形面中两条虚边来实现，如图 3-37所示。

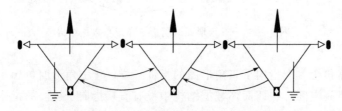

图 3-37　退化的子三角形面（即子线段）

利用子三角形面来表示子线段结构极大地简化了编程工作，并不影响程序的执行效率和代码的可读性。

```
typedef double ** tetrahedron;
typedef double ** shellface;
typedef double * point;
class triface {
public:
  tetrahedron * tet;
  int loc; // Range from 0 to 3.
  int ver; // Range from 0 to 5.
  }
class face {
  public:
    shellface * sh;
    int shver; // Ranges from 0 to 5.
    }
```

2）四面体网格数据的生成算法

四面体网格数据模型实质是二维三角形网（Triangulation Irregular Nework，TIN）数据结构在三维上的扩展。目前，主要有三种三角网生成的算法，即三角网生成算法、逐点插入算法和分治算法（Green and Sibson，1978；Lewis and Robinson，1978；Lee and Schachter，1980）。下面在分析三角网生成算法的基础上，给出了三个建立四面体网格的算法思想及步骤。

（1）四面体网格生成算法。该算法的思想是：在数据场中先构成第一个四面体，然后以四面体的某个面向外扩展生成新的四面体，直至全部离散点均已连成网为止。其步骤如下：①在数据场中选择最近两个点连线，作为第一个三角形的一条边；②选择第三个点构成第一个三角形；③选择第四个点构成第一个四面体；④$i=1$，$j=1$（i 为已构成的四面体个数，j 为正扩展的四面体个数）；⑤扩展第 j 个四面体生成新的四面体 $0\sim4$ 个；⑥$i=i+k(k=0, 1, 2, 4)$，$j=j+1$；⑦$i\geqslant j$ 则转向⑤；⑧结束。

上述算法实现过程中，在步骤②中，选择第三个点的依据是 Delaunay 的两个性质：其一是所选点与原两点一起所构成圆的圆心到原两点连线的"距离"最小；其二是所选点与原两点连线的夹角最大。在步骤③中，选择第四个点的依据是所选点与已产生的三角形的三个点一起所构成球面的球心到三角形所构成的面的"距离"最小。

（2）逐次插入算法。该算法思想是：将未处理的点加入到已经存在的四面体网格中，每次插入一个点，然后将四面体网格进行优化。其步骤如下：①生成包含所有数据点的立方体（建立超四面体顶点）；②生成初始四面体网格；③从数据中取出一点 P 加入到三角网中；④搜寻包含点 P 的四面体，将点 P 与此四面体的 4 个点相连，形成 4 个四面体；⑤用 LOP 算法从里到外优化所有生成的四面体；⑥重复③～⑤，直至所有点处理完毕；⑦删除所有包含一个或多个超四面体顶点的四面体。

上述步骤⑤中的 LOP 是生成四面体网格的优化过程，其思想是运用四面体网格的性质，对由两个公共面的四面体组成的六面体进行判断，如果其中一个四面体的外接球面包含第五个顶点，则将这个六面体的公共面交换，如图 3-38 所示。

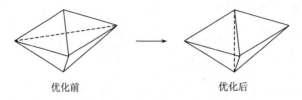

优化前   优化后

图 3-38   四面体优化示意图

（3）分治算法。该算法的思想是：首先将数据排序，即将点集 V 按升序排列使 $(x_i, y_i, z_i) < (x_{i+1}, y_{i+1}, z_{i+1})$，不等式成立的条件是 $x_i \leqslant x_{i+1}$ 且 $y_i \leqslant y_{i+1}$ 且 $z_i < z_{i+1}$，然后递归地分割数据点集，直至子集中只包含四个点而形成四面体，然后自下而上地逐级合并生成最终的四面体网格。分治函数 lee（V）内容如下：

lee（V）

①把点集 V 分为近似相等的两个子集 V_L 和 V_R。

②分别在 V_L 和 V_R 中生成四面体网格。

- 如果 V_L 中包含 4～7 个点，则建立 V_L 的四面体网格；否则，调用 lee（V_L）。
- 如果 V_R 中包含 4～7 个点，则建立 V_R 的四面体网格；否则，调用 lee（V_R）。

③用 LOP 优化所产生的四面体网格。

④合并 V_L 和 V_R 中两个四面体网格。

- 分别生成 V_L 和 V_R 的凸多面体。
- 在两多面体的 Z 方向底线寻找一三角形，然后建立一四面体。
- 从该四面体逐步扩展直至整个四面体网格建立完毕。

在合并 V_L 和 V_R 两个四面体网格的过程中，在建立第一个四面体，以及逐步扩展四面体时，均是在与已有数据点相连的顶点中寻找，见图 3-39。在合并 V_L 和 V_R 时，先找到第一个三角形 $\triangle P_1P_2P_3$，从与点 P_1、P_2、P_3 相连的顶点中找到点 P_4，即生成由 $P_1P_2P_3P_4$ 这四个点所组成的四面体，然后分别从 $\triangle P_1P_2P_4$ 和 $\triangle P_1P_3P_4$ 向外扩展，对于 $\triangle P_1P_2P_4$ 是在与点 P_1、P_2、P_4 相连的点中寻找第四个点，而 $\triangle P_1P_3P_4$ 是在与点

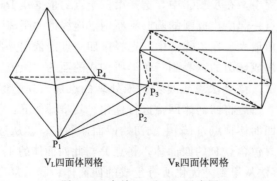

V_L四面体网格 V_R四面体网格

图 3-39   合并 V_L 和 V_R 示意图

P_1、P_3、P_4相连的点中寻找第四个点。每找到一个点，必须确认四面体之间无交叉重叠，若出现这种情况，则放弃这个点，认为该三角形不能再扩展。

在算法实现过程中，数据结构的组织形式是有效建立四面体网格的关键，需要深一步的研究和探讨。

3）基于四面体网格的空间实体的可视化

对于分布在三维空间的体数据来说，有两类不同的可视化算法（唐泽圣，1999）。

第一类算法首先由三维空间数据场构造出中间几何图元（如曲面、平面等），然后再由传统的计算机图形学技术实现画面绘制。最常见的中间几何图元就是平面片，当我们需要从传统的计算机图形学技术实现抽取出等值面时就属于这种情况，可以抽取出一个等值面，也可以抽取出多个等值面。由于这种方法只是将原始数据中的部分属性映射成平面或曲面，因而这种方法构造出的可视化图形不能反映整个原始数据场的全貌及细节。但是，这类算法可以产生较清晰的等值面图像，且使图像生成及变换的速度加快。所以，这是一类常用的可视化算法。例如，地学尤其是勘察地质学，经常用由点源数据形成连续变化的曲面来表达某种场的变化。

第二类算法与第一类算法完全不同，它并不构造中间几何图元，而是直接由三维数据场产生屏幕上的二维图像，称为体绘制算法。这是近年来得以迅速发展的一种三维数据场可视化方法。这种方法能产生三维数据场的整体图像，包括每一个细节，并具有图像质量高、便于并行处理等优点。其主要问题是：计算量很大，且难于利用传统的图形硬件实现绘制，因而计算时间长。

3.5.3　三维混合数据模型

基于面模型的构模方法侧重于 3D 空间实体的表面表示，如地形表面、地质层面等。通过表面表示形成 3D 目标的空间轮廓，优点是便于显示和数据更新，不足之处是难以进行空间分析。基于体模型的构模方法侧重于 3D 空间实体的边界与内部的整体表示，如地层、矿体、水体、建筑物等，通过对体的描述实现 3D 目标的空间表示，易于进行空间操作和分析，但存储空间大，计算速度慢。混合模型的目的则是综合面模型和体模型的优点，以及综合规则体元与非规则体元的优点，取长补短。

1. TIN-CSG 混合构模

这是当前城市 3D GIS 和 3DCM 构模的主要方式，即以 TIN 模型表示地形表面，以 CSG 模型表示城市建筑物，两种模型的数据是分开存储的。为了实现 TIN 与 CSG 的集成，在 TIN 模型的形成过程中将建筑物的地面轮廓作为内部约束，同时把 CSG 模型中建筑物的编号作为 TIN 模型中建筑物的地面轮廓多边形的属性，并且将两种模型集成在一个用户界面（李清泉和李德仁，1998；孙敏等，2000）。这种集成是一种表面上的集成方式，一个目标只由一种模型来表示，然后通过公共边界来连接，因此其操作与显示都是分开进行的。

2. TIN-Octree 混合构模

TIN-Octree 混合构模（Hybrid 构模）即以 TIN 表达 3D 空间物体的表面，以 Octree 表达内部结构。用指针建立 TIN 和 Octree 之间的联系，其中 TIN 主要用于可视化与拓扑关系表达。这种模型集中了 TIN 和 Octree 的优点，使拓扑关系搜索很有效，而且可以充分利用映射和光线跟踪等可视化技术。缺点是 Octree 模型数据必须随 TIN 数据的变化而改变，否则会引起指针混乱，导致数据维护困难。

3. Wire Frame-Block 混合构模

Wire Frame-Block 混合构模即以 Wire Frame 模型来表达目标轮廓、地质或开挖边界，以 Block 模型来填充其内部（惠勒等，1989）。为提高边界区域的模拟精度，可按某种规则对 Block 进行细分。例如，以 Wire Frame 的三角面与 Block 体的截割角度为准则来确定 Block 的细分次数（每次可沿一个方向或多个方向将尺寸减半）。该模型实用效率不高，每一次开挖或地质边界的变化都需进一步分割块体，即修改一次模型。

4. Octree-TEN 混合构模

李德仁和李清泉（1997）曾提出过八叉树和四面体网格（TEN）相结合的混合数据结构。在这个结构中，用八叉树作全局描述，而在八叉树的部分栅格内嵌入不规则四面体作局部描述。这种结构特别适合于表达内部破碎、表面规整的二维对象，但对于表面也不规整的对象则不适合。

将适合于表达实体内部破碎复杂结构的不规则四面体网格和适合于表达表面不规整的八叉树层次结构有机结合起来，形成统一的三维集成数据结构。这种结构用八叉树结构表达对象表面及其内部完整部分，并在八叉树的特殊标识结点内嵌入不规则四面体网格表达对象内部的破碎部分，整个结构用一棵经过有机集成的八叉树表达。不规则四面体网格和三级矢量化八叉树有机结合的统一三维集成数据结构，如图 3-40、图 3-41 所示。

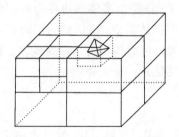 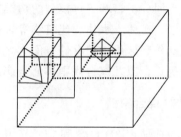

图 3-40　传统八叉树与 TEN 的结合　　　　图 3-41　面八叉树与 TEN 的结合

5. 矢量与栅格集成模型

一个三维空间数据模型应具有目标的几何、语义和拓扑描述，具有矢量和栅格数据结构，能够从已有的二维 GIS 获取数据以及三维显示和表示复杂目标的能力。矢量栅格集成的三维空间数据模型，如图 3-42 所示。在这个模型中，空间目标分为四大类：点（0D）、线（1D）、面（2D）和体（3D）。目标的位置、形状大小和拓扑信息都可以得到描述。其中，目标的位置信息包含在空间坐标，目标的形状和大小信息包含在线、面和体目标，目标的拓扑信息包含在目标的几何要素和几何要素之间的联系中，而且模型中包含矢量和栅格结构。模型中包含的各种目标及其数据模型全面，但对具体的系统用什么样的数据模型可视需要而定。目前使用较多的是表示体元的八叉树存储结构、用于表示矢量模型的边界表示法、参数函数表示法以及四面体网格表示法。

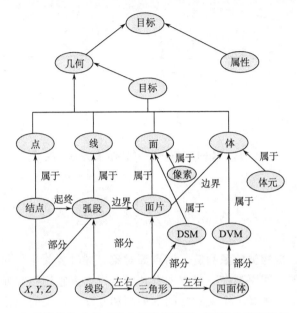

图 3-42　矢量栅格集成的三维空间数据模型（李清泉和李德仁，1998）

3.6　网络结构模型

3.6.1　网络空间

　　网络拓扑系统研究的创始人被公认为是数学家尤拉（Leonard Euler），他在 1736 年解决了当时一个著名的问题，叫做 Konigsberg 七桥问题（刘明德和林杰斌，2006）。图 3-43（a）显示了该桥的一个概略的路线图。该问题就是找到一个循环的路线，该路线只穿过其中每个桥一次，最后返回到起点。一些实验表明这项任务是不可能的，然而，要说明它是并不容易的。

　　尤拉成功地证明了这是一项不可能的任务，或者说，这个问题无解。他创建了该桥的一个空间模型。该模型抽象出了所有的仅有的桥之间的拓扑关系，如图 3-43 所示。实心圆表示结点或顶点，它们被标上 w、x、y、z，并且抽象为陆地面。线表示弧段或边线，它们抽象为陆地之间的直线，并且在每种情况下需要使用一个桥，完整的模型称为网络。尤拉证明了不可能从一个结点开始，沿着图形的边界，只遍历每个边界一次，最后到达第一个结点。他所采用的论点是非常简单的，依据的是经过每个结点的边的奇偶数。除了开始的结点和末端的结点外，经过一个结点的路径必须是沿着一个边界进入，又沿着另一个边界出去。因此，如果这个问题要有解的话，每个中间结点相连的边界的数量必须是偶数。

图 3-43 中，没有一个结点的边界数是偶数。因此，这个问题是没有解的，并且与 Konigsberg 七桥问题有关的最初的问题也是无解的。

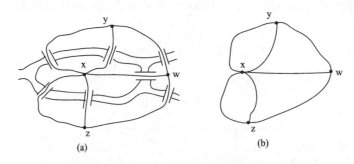

图 3-43　Konigsberg 七桥问题的图形理论模型

3.6.2　网　络　模　型

在网络模型中，地物被抽象为链、结点等对象，同时要关注其相互关系。网络型的空间模型与要素型的空间模型在一些方面有共同点，因为它们经常处理离散的地物，但是最基本的特征就是：需要多个要素之间的影响和互动。相关的现象的精确形状并不是非常重要的，如陆地、海上、航空线路，以及通过管线与隧道分析水、汽油及电的流动。例如，一个电力供应公司对它们的设施替换可能既采用了一个要素型的视点，同时又采用了一个网络型的视点，这依赖于是否他们关心的是替换一个特定的管道，在这种情况下，一个要素型的视点可能是合适的；或者他们关心的是分析重建线路，在这种情况下，网络模型将是合适的。

网络模型的基本特征是，结点数据间没有明确的从属关系，一个结点可与其他多个结点创建关系。网络模型将数据组织成有向图（Digraph）结构。结构中结点代表数据记录，连接描述不同结点数据间的关系。有向图的形式化定义为

$$Digraph = (Vertex, \{Relation\}) \tag{3-22}$$

其中，Vertex 为图中数据元素（顶点）的有限非空集合；Relation 是两个顶点（Vertex）之间的关系的集合。

有向图结构比树结构具有更大的灵活性和更强的数据建模能力。网络模型可以表示多对多的关系，其数据存储效率高于层次模型，但其结构的复杂性限制了它在空间数据库中的应用。

网状模型反映了现实世界中常见的多对多关系，在一定程度上支持数据的重构，具有一定的数据独立性和共享特性，并且执行效率较高。但它在应用时也存在以下问题：网络结构的复杂，增加了用户查询和定位的困难，它要求用户熟悉数据的逻辑结构，知道自身所处的位置，网络数据操作命令具有程序式性质，不直接支持对于层次结构的表达，基本不具备演绎功能，基本不具备操作代数基础。

思 考 题

1. 空间维及其特征是什么？不同空间维的数学表达方式是什么？

2. 什么是空间关系？空间关系有哪些主要类型？

3. 举例说明如何用四元组和九元组矩阵描述空间拓扑关系？

4. 什么是面向对象数据模型，举例说明它涉及哪些主要概念及主要技术？

5. OGC 定义的基本几何空间对象有哪些？ArcGIS 的 Geodatabase 是如何定义空间对象模型的？

6. 什么是 TIN、GRID 模型？试述它们的数据结构？

7. TIN、GRID 模型的优缺点有哪些？

8. 三维矢量模型有几种主要类型？举例说明数据结构特征。

9. 三维体元模型有几种主要类型？举例说明各自结构特征。

10. 网络空间和网络模型有什么特征？

第4章　空间数据组织与管理

对于一个大型空间数据库系统，其数据量极其巨大，可达到吉字节甚至太字节的数据量级。空间数据库技术的瓶颈之一就是如何解决海量空间数据管理问题。空间数据组织管理主要是确定地理信息系统中的数据管理方法。计算机以及相关领域技术的发展和融合，为空间数据库系统的发展创造了前所未有的条件。空间数据库中数据管理方法随着 GIS 和数据库技术的发展而不断发展。

4.1　文件组织与数据库

4.1.1　数　据　文　件

数据是描述现实世界中各种具体事物或抽象概念的可存储并具有明确意义的信息，它是信息的载体。文件是数据存储和组织的一种基本方法。在文件系统中，数据按其组成分为三个级别：数据项、记录和文件。

1. 域、记录

数据项是文件中可存取的数据的基本单位，也是最基本的不可分割的数据的最小单位，用来描述物体的属性，它具有独立的逻辑意义，因而是一种被系统存储、搜索和处理的最小逻辑数据单位，即一个"数据"元素，如一个代码、一个坐标等。每个数据项都有一个名称，叫做数据项名，用以说明该数据项的含义（毋河海，1991）。

数据项的值可以是数值、字母、字母数字以及汉字等形式。数据项都具有相应的量度单位，但是这种量度单位通常不构成数据项的组成部分，字母串以及数字串不经说明是无法确定其含义的。因此，数据项的逻辑特点在于必须附加必要的其他信息才能确定其具体含义或量值。

数据项的物理特点在于它具有确定的物理长度，一般用字节数目来表示。字节是存储器可定位（或定址）的最小单位。若干个字节组成一个字，字是计算机进行算术运算的基本单位。

数据项组是由在逻辑上具有某种共同标志的若干数据项组成的。

记录是由一个或多个数据项或数据项组组成，是关于一个实体的数据总和。因而，它是一个有意义的信息集合。记录中总有某个或某几个数据项，它们的值唯一地标识一个记录，这个（或这些）数据项称为关键字。

2. 逻辑记录与物理记录

记录可分为逻辑记录与物理记录两类。

逻辑记录是文件中按信息在逻辑上的独立意义来划分的信息单位，它描述向程序员或用户提供数据的方式或观察数据的方法。

为了唯一地标识记录，需要从逻辑记录中挑选一个或几个数据项，用作对记录进行定位的依据。这样的数据项称为"主关键字"，简称"键"，作为键的数据项必须具有唯一标识记录的性质。

对于有些记录，其任意一个数据项都不能唯一地对记录进行标识，这时必须把两个或更多的数据项作为键来使用。这样的键叫做联合键。

用键标识逻辑记录，通过键——地址变换确定包含它的物理记录，这是文件组织方法的基本原则，由此可见，键是联结逻辑记录与物理记录的媒介。

物理记录是向计算机发出的单一输入/输出命令而进行的读或写的基本数据单元，是内存与外部设备间进行信息交换的物理单位。每次总是交换一个或若干个单位，它们在物理介质上占有确实的位置。例如，在磁带上的间隙之间或在磁盘上地址标志之间所记录的就是这种物理的数据，它们在物理上是分开的，因而是可以寻址的，即计算机可以找到的，所以逻辑记录只有与物理记录结合起来才有实用意义，才可以在物理介质上的确定位置（地址）存取数据记录。

3. 文件

文件是由大量性质相同的记录组成的集合，是数据组织的较高层次形式之一，文件的数据量通常很大，所以一般放在外存上。文件组织是指数据记录以某种结构方式在外存储设备上的组织。因此，文件一般是指存储在外部介质上数据的集合。在简单文件中，每个逻辑记录包含相同数目的数据项。在较为复杂的文件中，由于重复组的存在，每个记录包含不同数目的数据项。

图 4-1 表示数据项、数据项组、记录和文件之间的相互关系。

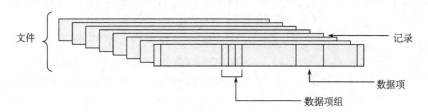

图 4-1　数据项、数据项组、记录和文件之间的相互关系

4.1.2　数据库管理系统

数据库管理系统（Database Management System，DBMS）是在文件管理系统的基础上进一步发展的系统，是位于用户与操作系统之间进行数据库存取和各种管理控制的软件，是数据库系统的中心枢纽，在用户应用程序和数据文件之间起到了桥梁作用，用户（及其应用程序）对数据库的操作全部通过 DBMS 进行。最大优点是提供了两者之间的数据独立性，即应用程序访问数据文件时，不必知道数据文件的物理存储结构。当数据文件的存储结构改变时，不必改变应用程序，如图 4-2 所示。通常说的数据库系统软件平台主要就是指 DBMS 软件。例如，当前常用的大型数据库软件 Oracle 和 SQL

Server，以及小型数据库软件 Visual FoxPro 和 Access 等。

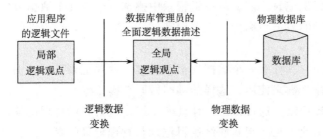

图 4-2　数据库系统

4.1.3　空间数据库系统

空间数据的管理就是利用计算机实现空间数据定义、操纵、储存，以及基于空间位置的高效查询。空间数据库系统（Geospatial Database System）通常是指带有数据库的计算机系统，采用现代数据库技术来管理空间数据。因此，广义地讲，空间数据库系统不仅包括空间数据库（Spatial Database）本身（指实际存储于计算机中的空间数据），还要包括相应的计算机硬件系统、操作系统、计算机网络结构、数据库管理系统、空间数据管理系统、地理空间数据库和空间数据库管理人员 DBA（Database Administrator）

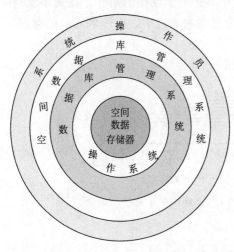

等组成的一个运行系统（崔铁军，2007）。通过地理空间数据库管理系统将分幅、分层、分要素、分类型的地理空间数据进行统一管理，以便于空间数据的维护、更新与分发及应用，如图 4-3 所示。

建立空间数据库的目的就是要将相关的数据有效地组织起来，并根据其地理分布建立统一的空间索引，进而可以快速调度数据库中任意范围的数据，达到对整个地形的无缝漫游，根据显示范围的大小可以灵活方便地自动调入不同层次的数据。例如，可以一览全貌，也可以看到局部地方的微小细节。

空间数据库整体上是一个集成化的逻辑数据库，所有数据能够在统一的界面下进行调度、浏览，各种比例尺、各种类型的空间数据能够互相套合、互相叠加形成一体化的空间数据库。

图 4-3　空间数据库系统

4.2　空间数据管理方式

空间数据组织管理主要是确定地理信息系统中的数据管理方法。GIS 中数据管理方法随着 GIS 和数据库技术的发展而不断发展。目前，主要有五种数据管理方法：文件管理、文件与关系数据库混合管理、全关系型数据库管理、面向对象数据库管理和对象-关系数据库管理。

4.2.1　文件管理

GIS 中的数据分为空间数据和属性数据两类，空间数据描述空间实体的地理位置及其形状；属性数据则描述相应空间实体有关的应用信息。文件管理是将 GIS 中所有的数据都存放在自行定义的空间数据结构及其操纵工具的一个或者多个文件中，包括非结构化的空间数据、结构化的属性数据等。空间数据和属性数据两者之间通过标识码建立联系，如图 4-4 所示。

采用文件管理的优点是结构灵活、操作简便、地图显示速度快，即每个软件厂商可以任意定义自己的文件格式以及操纵工具，管理各种数据。而这种管理的缺点也是显而易见的，难以适应大批量数据处理，属性数据管理功能较弱，需要开发者自行设计和实现对属性数据的更新、查询、检索等操作，而这些功能，可以利用关系型数据库来完成，换言之，利用文件管理增加了属性数据管理的开发量，并且不利于数据共享。目前这种管理方式已经逐步被其他管理方式所取代。

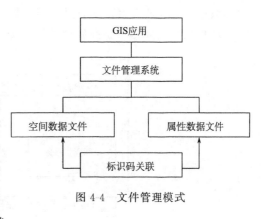

图 4-4　文件管理模式

4.2.2　文件与关系数据库混合管理

文件结合关系型数据库管理（混合型管理）空间数据是目前绝大多数商用 GIS 软件所采用的数据管理方案，并且已经得到广泛应用。这种方案用商用 DBMS 管理属性数据，用文件系统管理空间数据，空间实体位置与其属性通过标识码建立联系，其管理模式如图 4-5 所示。

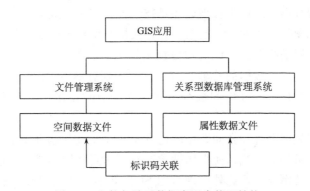

图 4-5　文件与关系数据库混合管理结构

这种管理方法的优点是可以充分利用关系型数据库管理系统提供的强大的属性数据

管理功能，属性数据管理能力大为提高，特别是为建立空间数据库的工作提供了许多方便，大大提高了建库能力。涉及空间数据的管理和操纵由 GIS 软件来实现，可以充分发挥 GIS 软件的空间数据管理与分析功能。

4.2.3　全关系型数据库管理

随着大型关系数据库的发展和日臻完善，利用大型关系数据库去管理海量的 GIS 数据成为可能。在全关系型数据库管理方式中，使用统一的关系型数据库管理空间数据和属性数据，空间数据以二进制数据块的形式存储在关系型数据库中，形成全关系型的空间数据库。GIS 应用程序通过空间数据访问接口访问空间数据库中的空间数据，通过标准的数据库访问接口访问属性数据，全关系型数据管理结构如图 4-6 所示。

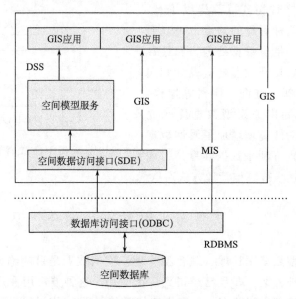

图 4-6　全关系型数据库管理结构（邬伦等，2001）

目前，关系型数据库无论是在理论还是技术上，都已经成熟，它们提供了一致的访问接口（SQL）以操作分布的海量数据，并且支持多用户的并发访问、安全性控制和一致性检查。这些正好是构造企业级地理信息系统所需要的（邬伦等，2001）。此外，通用的接口也便于实现属性数据的共享。但是，由于现有的 SQL 不支持空间数据的检索操作，需要软件厂商自行开发空间数据访问接口，访问存储在关系型数据库中的空间数据。

采用全关系型数据库管理空间数据的优点是一个地物对应于数据库中的一条记录，避免了对"连接关系"的查找，使得属性数据检索速度加快。但是，由于空间数据的不定长，会造成存储效率低下，此外，现有的 SQL 并不支持空间数据检索，需要软件厂商自行开发空间数据访问接口。如果要支持空间数据共享，则要对 SQL 进行扩展。

4.2.4 面向对象数据库管理

为了克服关系型数据库管理空间数据的局限性，提出了面向对象数据模型，并依此建立了面向对象数据库。应用面向对象数据库管理空间数据，可以通过在面向对象数据库中增加处理和管理空间数据功能的数据类型以支持空间数据，包括点、线、面等几何体，并且允许定义对于这些几何体的基本操作，包括计算距离、检测空间关系，甚至稍微复杂的运算，如缓冲区分析、叠加分析等，也可以由对象数据库管理系统无缝地支持。

对象数据库管理系统提供了对于各种数据的一致的访问接口以及部分空间服务模型，不仅实现了数据共享，而且空间模型服务也可以共享，使 GIS 软件可以将重点放在数据表现以及开发复杂的专业模型上，如图 4-7 所示。

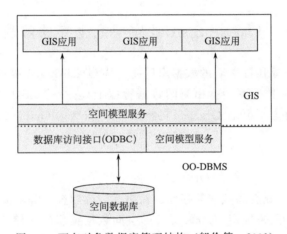

图 4-7　面向对象数据库管理结构（邬伦等，2001）

不过，目前对象数据库管理系统远未成熟，许多技术问题仍需要进一步的研究。

4.2.5 对象–关系数据库管理

因为直接采用通用的关系数据库管理系统的效率不高，而非结构化的空间数据又十分重要，所以许多数据库管理系统的软件商纷纷在关系数据库管理系统中进行扩展，使之能直接存储和管理非结构化的空间数据。例如，Ingres、Informix 和 Oracle 等都推出了空间数据管理的专用模块，定义了操纵点、线、面、圆、长方形等空间对象的 API 函数。这些函数，将各种空间对象的数据结构进行了预先的定义，用户使用时必须满足它的数据结构要求，用户不能根据 GIS 要求（即使是 GIS 软件商）再定义。例如，这种函数涉及的空间对象一般不带拓扑关系，多边形的数据是直接跟随边界的空间坐标，那么 GIS 用户就不能将设计的拓扑数据结构采用这种对象–关系模型进行存储。这种扩展的空间对象管理模块主要解决了空间数据变长记录的管理，由于由数据库软件商进行扩展，效率要比前面所述的二进制块的管理高得多，但是它仍然没有解决对象的嵌套问

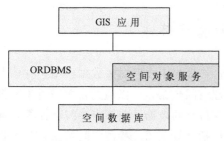

图 4-8　对象-关系型数据库体系结构

题，空间数据结构也不能由用户任意定义，使用上仍然受到一定限制。

对象数据库是采用全新的面向对象概念来设计数据库的全新数据库类型，但面向对象数据库并不是十全十美，它的技术与理论还不成熟，而它的缺点正好是关系数据库的强项。由于面向对象数据模型较为复杂，而且缺乏数学基础，使得很多系统管理功能难以实现，也不具备 SQL 语言处理集合数据的强大能力。另外，对于数据库应用程序来说，由于面向对象的数据库技术及数据组织模型尚未成熟，开发者无法轻易地在 RDB 和 OODB 之间舍此取彼，从而产生了一种折中的方案，即对象-关系（ORDB），其体系结构如图 4-8所示。

4.2.6　Oracle Spatial 空间数据存储解决方案

Oracle 公司是一家国际著名的数据库厂商。从 Oracle8.0.4 版本开始，Oracle 公司在其核心产品 Oracle 数据库中推出空间数据管理工具——Spatial Cartridge（SC），借此打入 GIS 数据库市场。随着 Oracle8i 的推出，SC 升级为 Oracle Spatial。

1. Oracle Spatial

Oracle Spatial，针对存储在 Oracle8i 中的空间元素（Spatial Feature）集合提供了一种 SQL 的模式来完成空间数据的存储、输出、修改和查询等功能。Oracle Spatial 由以下组件构成：一种用来规定 Oracle 支持的空间数据类型的存储、语法、语义的模式（Schema），称为 MDSYS；一种空间索引机制；一组用来处理空间区域的交叉、合并和联结的操作符和函数集；一组管理工具。Oracle 支持两种表现空间元素的机制（或称作模型）：一种是关系式模型（Relational），用多行记录和字段类型为 NUMBER 的一张表来表示一个空间实体；另一种是对象-关系模型（Object-Relational Model），这种模型使用一张数据库表，表中有一个类型为 MDSYS. SDO _ GEOMETRY 的字段，用一行记录来存储一个空间数据实体。

2. 对象-关系模型

Oracle Spatial 的对象-关系模型实现方法由一组对象数据类型、一种类型的索引方法和在这些类型上的操作符组成。一个空间实体用一行具有 SDO _ GEOMETRY 字段的记录来存储，存为对象类型。空间索引的创建和维护由基本的 SQL 的 DDL 和 DML语句完成。由此可以看到，原来需要用多行多列存储的一个空间实体，使用 Oracle Spatial 的对象-关系模型只需要用一行记录就可以完成存储，大大方便了应用系统的数据处理、维护等操作。

3. SDO_GEOMETRY 对象类型

在 Oracle Spatial 的对象-关系模型中，一个空间实体的空间信息存在于用户定义的数据库表中的一行字段名为 GEOLOC 的字段中，字段类型为 SDO_GEOMETRY。只要拥有该字段的任何一个表，必须要有另外一列或几列用于定义这个表的唯一主键。Oracle Spatial 对 SDO_GEOMETRY 字段的定义如下：

CREATE TYPE SDO_GEOMETRY AS OBJECT

(SDO_GTYPE NUMBER,

SDO_SRID NUMBER,

SDO_POINT SDO_POINT_TYPE,

SDO_ELEM_INFO MDSYS.SDO_ELEM_INFO_ARRAY,

SDO_ORDINATES MDSYS.SDO_ORDINATE_ARRAY)

由该字段定义可以看出，SDO_GEOMETRY 是一个对象类型的字段，由 5 个对象属性组成，即一个空间实体的所有空间信息全部存储在这 5 个属性中。

SDO_GTYPE 说明了该空间实体的类型。例如，2001 表示一个二维的点，SDO_SRID 是一个预留属性，Oracle Spatial 计划将它作为空间引用的外键，SDO_POINT 由 X、Y、Z 三个 NUMBER 型的属性构成。如果 SDO_ELEM_INFO 和 SDO_ORDINATES 都是 NULL，该对象便是非空的，X、Y 两个值用来表示点实体的坐标，否则，SDO_POINT 属性将被忽略。SDO_ELEM_INFO 定义为一个可变长的数组，用来表明如何解释存储在 SDO_ORDINATES 属性中的坐标信息，SDO_ORDINATES 定义为一个可变长的数组，数组元素类型为 NUMBER，用来存储组成空间实体边界的点的坐标值。

4. 使用对象-关系模型的优点

（1）Oracle Spatial 采取了分解存储空间数据的技术，即一个地理空间分解为若干层，然后每层又分解为若干几何实体，最后将单个几何实体分解为若干元素。Oracle Spatial 支持点、线、面三种基本几何对象类型（Geometry），以及它们的集合体（MultiGeometry）。线根据连接方式有简单线（Line String）、圆弧线（ArcLine String）和组合线（CompoundLine String，简单线与圆弧线的任意组合），面有简单面（Polygon）、圆弧面（Arc Polygon）、组合面（Compound Polygon，简单面与圆弧面的任意组合）、圆（Circle）和矩形（Rectangle）。使用这些几何对象进行组合，可以表示非常复杂的几何对象，满足常规几何对象表示的需要。

（2）在空间索引方面，Oracle Spatial 提供了高效的索引机制，支持 Quad-Tree 和 R-Tree 空间索引。外部数据通过转入到或直接通过 SQL 生成空间数据表，然后建立空间索引，这样就可以直接通过 SQL 实现对空间数据的存取、检索、空间分析等操作，同时这些索引完全由 Oracle 的数据库服务器维护。

（3）目前，Oracle Spatial 支持的空间分析功能主要包括检索（SDO_FILTER）、关联（SDO_RELATE）、覆盖范围（SDO_WIDTH_DISTANCE）、缓冲分析（SDO_BUFFER）和最近地物查找（SDO_NN）等，基本能够满足 GIS 的常规要求。

Oracle Spatial 提供了成熟的空间数据的支持，然而技术的彻底更新带来了应用系统开发技术的变化。Oracle Spatial 是 Oracle 数据库中的空间数据管理模块，是标准的对象-关系型数据库，它为数据库管理系统管理空间数据提供了完全开放的体系结构，所提供的各种功能均在服务器中完全集成。用它来管理空间数据可以借助 Oracle 数据库的安全机制、强健的数据管理和丰富的对象功能、灵活的层体系结构等成熟的数据库实现技术，使它克服了传统空间数据库在现代 GIS 应用中暴露出来的种种问题。

4.3　空间数据引擎

关系型数据库无法存储、管理复杂的地理空间框架数据以支持空间关系运算和空间分析等 GIS 功能。因此，GIS 软件厂商在纯关系数据库管理系统基础上，开发空间数据管理的引擎。空间数据引擎（Spatial Database Engine，SDE）是用来解决如何在关系数据库中存储空间数据，实现真正的数据库方式管理空间数据，建立空间数据服务器的方法。空间数据引擎是用户和异种空间数据库之间一个开放的接口，是一种处于应用程序和数据库管理系统之间的中间件技术。用户可通过空间数据引擎将不同形式的空间数据提交给数据库管理系统，由数据库管理系统统一管理，同样，用户也可以通过空间数据引擎从数据库管理系统中获取空间类型的数据满足客户端操作需求。目前 GIS 软件与大型商用关系型数据库管理系统的集成大多采用空间数据引擎来实现。使用不同 GIS 厂商数据的客户可以通过空间数据引擎将自身的数据提交给大型关系型 DBMS，由 DBMS 统一管理。同样，客户也可以通过空间数据引擎提供的用户和异构数据库之间的数据接口，从关系型 DBMS 中获取其他类型的 GIS 数据，并转化成客户可以使用的方式。空间数据引擎就成为各种格式的空间数据出入大型关系型 DBMS 的转换通道。

4.3.1　空间数据引擎工作原理

空间数据引擎的工作原理如图 4-9 所示。空间数据引擎在用户和异构空间数据库的数据之间提供了一个开放的接口，是一种处于应用程序和数据库管理系统之间的中间件技术，SDE 客户端发出请求，由 SDE 服务器端处理这个请求，转换成为 DBMS 能处理的请求事务，由 DBMS 处理完相应的请求，SDE 服务器端再将处理的结果实时反馈给 GIS 的客户端。客户可以通过空间数据引擎将自身的数据交给大型关系型 DBMS，由 DBMS 统一管理，同样，客户也可以通过空间数据引擎从关系型 DBMS 中获取其他类型的 GIS 数据，并转换成为客户端可以使用的方式。大型关系型数据 DBMS 已经成为各种格式不同空间数据的容器，而空间数据引擎就成为空间数据出入该容器的转换通道。在服务器端，有 SDE 服务器处理程序、关系数据库管理系统和应用数据。服务器在本地执行所有的空间搜索和数据提取工作，将满足搜索条件的数据在服务器端缓冲存放，然后将整个缓冲区中的数据发往客户端应用，在服务器端处理并缓冲的方法大大提高了效率，降低了网络负载，这在应用操纵数据库中成百上千万的记录时是非常重要的。SDE 采用协作处理方式，处理既可以在 SDE 客户一端，也可在 SDE 服务器一端，取决于具体的处理在哪一端更快。客户端应用则可运行多种不同的平台和环境，去访问同一个 SDE 服务器和数据库。

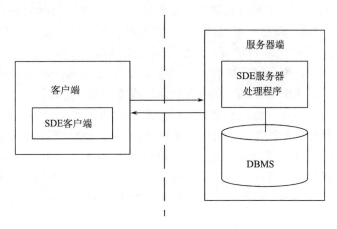

图 4-9　空间数据引擎的工作原理

　　SDE 服务器端同时可以为多个 SDE 客户端提供并发服务，关键在于客户端发出的请求的多样性，可以是读取数据、插入数据、更新数据、删除数据。读取数据本身就包括查询、空间分析功能，而插入数据、更新数据和删除数据不仅包含从普通空间数据文件导入空间数据库的情形，还可能涉及多用户协同编辑的情形。从功能上看，SDE 最常用的功能就是提供空间数据访问和空间查询。

　　在多用户并发访问（如协同编辑）的情况下，可能会产生冲突，SDE 必须处理可能出现的所有并发访问冲突。SDE 服务器和空间数据库管理系统一起，为客户端提供完整的、透明的数据访问。

4.3.2　SDE 管理空间数据的实现方法

　　SDE 存储和组织数据库中的空间要素的方法是将空间数据类型加到关系数据库中，不改变和影响现有的数据库和应用，它只是在现有的数据表中加入图形数据项，供软件管理和访问与其关联的空间数据，SDE 通过将信息存入层表来管理空间可用表。对空间可用表，可进行数据查询、数据合并，也可以进行图形到属性或属性到图形的查询。

　　SDE 管理空间数据的实现方法，通过以下要素来实现。地理要素可以是自然的（如河流、植被）和人为子集（如用地范围、行政区域）或人造设施（如道路、管线、建筑）等。SDE 中的地理要素由其属性和几何形状——点、线或面组成。SDE 也允许"空 Shape"。"空 Shape"没有几何形状，但有属性。点用于定义离散的、无面积或长度的地理要素，如大比例尺地图上的水井、电线杆，以及较小比例尺地图上的建筑甚至城市等。点 Shape 可有一个或多个点，含多个点的 shape 称为多点 shape，多点 shape 表示一组不相连的坐标点。线用于表示街道、河流、等高线等地理要素。SDE 支持简单线和线两种类型的线性 shape。简单线可用于表示带分支的河流或街道。简单线可有几个部分以表示不连续的 shapes。线是像公共汽车线路那样的图形，该图形有自我交叉或重复。面（或多边形）是一组封闭的图形，如国家、地区的土地利用情况、土壤类型等。面可以是简单多边形或带岛的多边形。

坐标。SDE 用 X、Y 坐标存放图形。点由单一 (X, Y) 坐标记录；线由有序的一组 (X, Y) 坐标记录；面由一组起始结点和终止结点相同的线段对应的 (X, Y) 坐标记录。SDE 还允许以 Z 值来表示 X、Y 点处对应的高度或深度。因此，SDE 的图形可以是二维的 (X, Y)，也可以三维的 (X, Y, Z)。SDE 对每一种类型的图形都有一组合法性检查规则，在该图形存入 RDBMS 之前，检查其几何正确性。

度量。度量表示沿着一地理要素上某些给定点处的距离、时间、地址或其他事件，除了空图形外，所有的图形类型都可以加上度量值。度量值与图形坐标系无关。

注记。对 SDE 数据模型而言，注记是与图上的要素或坐标相关联的文字（串），使要素属性存于数据库中与其相关的一个或多个属性表中。与图上地理要素或坐标无关的文字、图形，如地理标题、比例尺、指北针等，SDE 不将其存入数据库。

4.3.3　空间数据引擎作用

空间数据库引擎提供空间数据管理及应用程序接口，是客户端/服务器的两层架构软件，它可以对空间数据进行存储、管理，以及快速地从商用数据库，如 Oracle、Microsoft SQL Server、Sybase、IBM DB2 和 Informix 获取空间数据。SDE 是一种伸缩性比较好的解决方案，无论是小的工作组还是大型企业通过它都很方便地对空间属性数据进行整合。在不同的 DBMS 中，空间数据引擎所起的作用也不一样。对传统关系型 DBMS（如 Oracle、SQL Server、Sybase）来说，由于它们不支持空间数据类型，因此空间数据引擎的作用是对空间数据进行模拟存储和分析，对此，空间数据在 RDBMS 中实际上采用基本数据类型存储，如数值型、二进制型，但是随着扩展型 DBMS 的出现，在 DBMS 中可以定义抽象数据类型，用户利用这种能力可以增加空间数据类型及相关函数，因此，空间数据类型与函数就从应用服务层转移到数据库服务层。具体来说，空间数据库引擎有以下作用：

（1）与空间数据库联合，为任何支持的用户提供空间数据服务。

（2）提供开放的数据访问，通过 TCP/IP 横跨任何同构或异构网络，支持分布式的 GIS 系统。

（3）SDE 对外提供了空间几何对象模型，用户可以在此模型基础之上建立空间几何对象，并对这些几何对象进行操作。

（4）快速的数据提取和分析。SDE 提供快速的空间数据提取和分析功能，可进行基于拓扑的查询、缓冲区分析、叠加分析、合并和切分等。

（5）SDE 提供了连接 DBMS 数据库的接口，其他的一切涉及与 DBMS 数据库进行交互的操作都是在此基础之上完成。

（6）与空间数据库联合可以管理海量空间信息，SDE 在用户与物理数据的远程存储之间构建了一个抽象层，允许用户在逻辑层面上与数据库交互，而实际的物理存储则交由数据库来管理。海量的数据是由空间数据库管理系统来保障的。

（7）无缝的数据管理，实现空间数据与属性数据统一存储。传统的地理信息的存储方式是将空间数据与属性数据分别存储，空间数据因其复杂的数据结构，多以文件的形式保存，而属性数据多利用关系数据库存储。而 SDE 涉及空间属性数据在 DBMS 中如何存储及管理，通过 SDE 则可以把这两种数据同时存储到数据库中，实现空间属性数据一体化管理，保证了更高的存储效率和数据完整性。

（8）并发访问。SDE 与空间数据库相结合，提供空间数据的并发响应机制。用户对数据的访问是动态的、透明的。

这样，SDE，一方面可以实现海量数据的多用户管理、数据的高速提取和空间分析，以及同开发环境良好的集成和兼容，同应用系统无缝嵌入；另一方面屏蔽掉了不同数据库和不同 GIS 文件格式之间的壁垒，实现了多源数据的无缝集成，从而为最终实现 GIS 的互操作提供一种有效途径。

4.3.4 空间数据引擎实例

1. MapInfo 公司的 SpatialWare

MapInfo 公司的 SpatialWare 是第一个在对象-关系型数据库（如 Oracle、Informix、IBM DB2）环境中基于 SQL 进行空间查询和分析的空间信息管理系统。目前 SpatialWare 可以支持微软的 SQL Server 以及 IBM 的 Informix 数据库，主要通过 ODBC 来访问这两种数据库，它还支持 Oracle 数据库，可以与 Oracle 数据库集成在一起，通过 Oracle Spatial 完成所有的空间分析功能，现在它还没有提供对 DB2 数据库的支持。

SpatialWare 需要在 Mapinfo Professional 环境上运行，只支持 Sun Solaris、Windows NT 或 2000，以及 HP-UX 三种操作系统，不支持 Linux 操作系统。

在体系结构上，SpatialWare 采用的仍然是两层结构，将 SpatialWare 与数据库绑定在一起。在服务器端，SpatialWare 将地图对象作为一个单独的列，并添加到数据库的表中，使得现有的数据库数据地图化。此外，其他没有地图的数据也可和数据库中的地图数据进行关系型的连接，以实现数据的地图化。

在空间数据的存储方法上，对关系型数据库，如 SQL Server、Mapinfo 大多采用自定义的数据库对象类型来存储空间数据，而对于 Oracle 这样的对象-关系型数据库（ORDB），则直接利用 Oracle 提供的对象类型来存储空间数据。它不仅实现了在数据库中存储空间数据类型（如点、折线、区域等）的目标，而且建立了一套基于标准 SQL 的空间运算符，使得空间查询和分析能在服务器端进行。它采用 R-Tree 的空间索引技术，提高空间查询的速度。

SpatialWare 产品系列由四个主要软件包组成：SpatialWare 数据访问服务器、SpatialWare 数据库、SpatialWare 模型和查询语言及 SpatialWare 系列模块。上述模块提供空间数据服务的在线帮助，从而提高用户查错和操作的能力。

2. ArcGIS 空间数据引擎

ESRI 公司在其代表性的不同版本地理信息系统平台 Arc/Info 的基础上，推出了针对国际上各主要大型数据库平台的空间数据库引擎 ArcSDE（由于系统不断升级，产品名称不断变化）。ArcSDE 是 ArcGIS 与 DBMS 之间的 GIS 通道，其本身并非一个关系数据库或数据存储模型，是多用户 ArcGIS 系统的一个关键部件。它提供了应用程序接口（API），使得对空间、非空间数据进行高效率操作成为可能。

ArcSDE 的体系比较庞大，支持目前大多数大型商用数据库，包含 Oracle IBM 的 DB2、Informix，微软的 SQL Server，同时还支持个人数据库，如微软的 Access 数据库。ArcSDE 支持大多数 Unix 平台，也支持 Windows NT 和 2000 操作系统，目前也能够支持 Linux。它基本上能够与大型空间数据库一起管理海量空间数据，支持多个用户同时访问数据库中的空间数据，采取版本树的策略来处理多用户的协同编辑，提供了各种级别的锁策略来控制多用户对相同空间数据的并发访问。

在体系结构上，ArcSDE 采用了两层与三层相结合的体系，但是，直到目前为止，它仍然采用物理上的两层结构，将 SDE 服务器与空间数据库服务器绑定在一起，形成一对一的配置，一个 SDE 服务器只能与一种关系数据库相联系，灵活性不够，不适合 SDE 服务器管理多个空间数据库的情形，也不适合多个 SDE 服务器访问同一个空间数据库的情形。

ArcSDE 的功能主要有：

（1）高性能的 DBMS 通道。ArcSDE 是多种 DBMS 的通道，是一个能够在多种 DBMS 平台上提供高级的、高性能的 GIS 数据管理接口。

（2）开放的 DBMS 支持。ArcSDE 允许在多种 DBMS 中管理地理信息数据。

（3）多用户。ArcSDE 为用户提供大型的空间数据库支持，并支持多用户编辑。

（4）GIS 工作流和长事务处理。GIS 中的数据管理工作流，如多用户编辑、历史数据管理、Check-out/Check-in 以及松散耦合的数据复制等都依赖长事务处理和版本管理，ArcSDE 为 DBMS 提供了这种支持。

（5）丰富的地理信息数据模型。ArcSDE 保证了存储于 DBMS 中的矢量和栅格几何数据的高度完整性。

（6）连续、可伸缩的数据库。ArcSDE 可以支持海量的空间数据库和任意数量的用户，直至 DBMS 的上限。

（7）灵活的配置。ArcSDE 通道可以让用户在客户端应用程序内部或跨网络、跨计算机的对应用服务器进行多种多层结构的配置方案，ArcSDE 支持 Windows、Unix、Linux 等多种操作系统。

3. 国内 SuperMap 公司的 XSDE

SuperMap（超图）公司的 SuperMap XSDE 产品是连接 SuperMap GIS 与 DBMS 的桥梁和纽带，提供对 Microsoft Access、SQL Server、Oracle 等 DBMS 的支持。XSDE 是一个总称，其中，SDB 引擎，使用文件和数据库混合模式，应用于小型系统；MDB 引擎，使用微软 Access 的 MDB 数据库存储空间数据，基于微软的 Jet 引擎实现。数据量受 Access 本身限制，最大不超过 2GB；SQL Server 引擎，纯关系数据库空间数据引擎，采用微软的 DB Library 实现，用于管理大型空间数据；Oracle 引擎，直接采用 Oracle Spatial，基于 Oracle 提供的对象类型 SDO_GEOMETRY 来存储空间数据，目前不支持 TIN 和 DEM 类型数据的存储。

XSDE 目前只支持 Windows 操作系统，比较单一。XSDE 的体系结构仍然是物理上的两层结构，服务器端直接与数据库绑定在一起。在空间数据的存储方法上，除使用

Oracle 外，XSDE 大都采用二进制对象类型来存储空间数据。使用 Oracle 数据库时，直接使用 Oracle 中的空间对象类型来存储空间数据。

SuperMap XSDX 的特点主要体现在以下六个方面（张书亮等，2005）。

1）安全的空间数据管理

SuperMap SDX＋充分地利用了大关系数据库的数据安全管理机制，使空间数据得到了十分安全的保障。空间数据管理员可以基于 DBMS 定义用户的访问权限，使不同的用户具备不同的访问空间数据的权限。

2）独特的长事务管理模式

SuperMap XSDX 不仅具备普通事务的处理能力，而且具备独特的长事务管理模式。使用 SuperMap XSDX 的长事务管理模式，用户可以锁定图层中某个区域的数据进行编辑，在完成编辑之前别的用户只能看到编辑之前的样子，并且不能对锁定的数据进行编辑，一旦提交了所做的修改，别的用户就能看到修改的结果。

3）强大的空间数据并发操作能力

SuperMap XSDX 提供了对空间数据编辑的强大的并发操作能力。在 SuperMap 空间数据库中，再也不需将数据分成很多零碎的图幅，而是可以将很多图幅合并起来存储在同一个空间数据表中。多个客户端可以同时浏览和编辑数据，这不仅大大提高了工作效率，而且使数据的完整性有了更好的保障。

4）真正的 Internet 空间数据库

SuperMap SDX＋支持在 Internet 上直接对空间数据进行管理。用户无需购置任何其他的设备或软件，也无需任何设置，只要用户能连到 Internet，即可以访问 Internet 上的 SuperMap 空间数据库，通过 SuperMap SDX＋和 SuperMap Objects 不仅可以开发简单的 Web GIS 服务器，而且可以开发全方位的 Internet GIS 管理系统，它支持浏览、查询、编辑、锁定等所有的 GIS 操作。

5）跨平台的空间数据操作能力

通过 SuperMap XSDX，用户可以访问不同平台上的数据库系统，包括 Linux、Unix 等，甚至可以将数据库服务器建立在分布式并行服务器上，而数据对于客户端是完全透明的，所有处理都由 SuperMap XSDX 自动处理，不需要改任何代码，不需执行任何额外操作，即可实现对这些平台的访问。

6）灵活的数据集成方式

由于 SuperMap XSDX 是将空间数据和属性数据一体化地存储在 DBMS 中，所以可以很方便地通过其他的软件来访问存储在 DBMS 中的数据，也可以通过 ADO 或者其他编程接口来编写程序访问数据，从而实现和其他软件和系统数据的集成与共享。

4.4 空间数据与属性数据的连接

在空间数据库系统中，图形数据与专题属性数据一般采用分离组织存储的方法，以增强整个系统数据处理的灵活性，尽可能减少不必要的时间与空间上的开销。然而，地理数据处理又要求对区域数据进行综合性处理，其中包括图形数据与专题属性数据的综合性处理。因此，图形数据与专题属性数据的连接也是很重要的。图形数据与专题属性数据的连接基本上有四种方式（吴信才等，2002）。

4.4.1 图形数据与专题属性数据分别管理

这种方式没有集中控制的数据库管理系统，它有两种管理形式：①属性数据是作为图形数据记录的一部分进行存储的。这种方案只有当属性数据量不大的个别情况下才是有用的。大量的属性数据加载于图形记录上会导致系统响应时间的普遍延长，当然，主要的缺点在于属性数据的存取必须经由图形记录才能进行。②用单向指针指向属性数据。此方法的优点在于属性数据多少不受限制，且对图形数据没有什么坏影响。缺点是仅有从图形到属性的单向指针，因此，互相参照是非常麻烦的，并且容易出错，如图 4-10（a）所示。

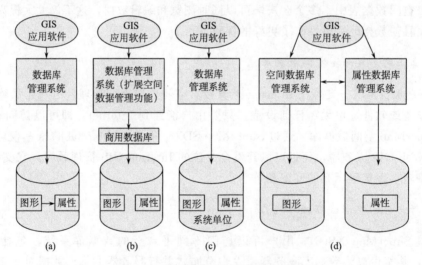

图 4-10 图形数据与属性数据的连接

4.4.2 对通用 DBMS 扩展以增加空间数据的管理能力

对通用 DBMS 进行必要的扩展，以增加空间数据的管理能力，使空间数据和属性数据在同一个 DBMS 管理之下。这种方法使空间和属性数据之间的联系比较密切，还便于利用某些 DBMS 产品的现成功能（如多用户的控制、客户机/服务器的运行模式等），但为了使空间数据适应关系模型，需牺牲软件运行的效率，如图 4-10（b）所示。

4.4.3 属性数据与图形数据具有统一的结构

此结构中有双向指针参照，且由一个数据库管理系统来控制，使灵活性和应用范围均大为提高。这一方案能满足许多部门在建立信息系统时的要求，如图 4-10（c）所示。

4.4.4 图形数据与属性数据自成体系

此方案为图形数据和属性数据彼此独立地实现系统优化提供了充分的可能性，以进一步适合于不同部门的数据处理方法。这里属性数据有其专用的数据库系统，很多情况下是用于事务管理的商业数据库，并且在它基础上建立了能够从属性到图形的反向参照功能，如图 4-10（d）所示。

当然，在许多 GIS 系统中，图形数据和属性数据并不是使用单一的连接方式，而是根据具体情况使用多种方式。例如，MapGIS 以第三种方式为主，但也包含第四种方式。

4.5 空间数据组织

空间现象千姿百态，有自然地物和人文地物，形状各异，关系复杂。数据是地理信息系统应用基础，海量空间数据具有多时空性、多尺度性、多源性等特征，处理数据量大、结构复杂，使得空间数据的组织管理有别于普通数据。面向 GIS 地理数据模型是由点、线、面和体组成，为了便于管理和应用开发，解决海量数据的存储问题，一方面从存储硬件方面考虑，要开发研制大容量的存储设备；另一方面，要采用合理的数据处理与组织等软措施，如信息压缩技术、分布式存储技术等。

为了提高空间信息的存取与检索速度。对海量空间信息进行有效的组织，需要对所得到的地理数据重新进行分类、组织。在多数情况下，人们习惯于按不同比例尺、横向分幅（标准分幅或区域分幅等）、纵向分层（专题层等）来组织海量空间数据。将现实世界中的空间对象层层细分，先将地图按专题分层，每层再按照临近原则分块——每块也称为对象集合。如有需要，再将大块分为小块，最后为单个对象。对象集合是由多个单个对象组成。

4.5.1 纵向分层组织

空间信息种类繁多，为了对不同要素进行查询和分析，提高地图中各个要素的检索速度，便于数据的灵活调用、更新及管理，在空间数据库中，根据地图的某些特征，把空间数据分为若干个专题层，将不同类不同级的图元要素进行分层存放，每一层存放一种专题或一类信息。按照用户一定的需要或标准把一定空间范围内具有相同属性要素的同类地理空间实体有机组合在一起成为图层，它表示地理特征以及描述这些特征的属性的逻辑意义上的集合。在空间数据库中的图层并不是这些地理空间实体的简单堆砌，而是在某种特殊应用领域下地理空间实体的组合，并且相互之间有着密切的联系。在同一层信息中，数据都具有相同的几何特征和相同的属性特征。一般情况下，若干地理实体可以作为一个图层，一个图层可以由相同类型的地理实体构成，也可以包含不同类型的地理实体，而各个图层的叠加即组成一幅完整地图。在这种分层组织方式中，空间数据由若干个图层及相关的属性数据组织而成，每个图层又以若干个空间坐标的形式存储，各专题层统一的地理基础是公共的空间坐标参照系统，如水系、道路、行政区划、房屋、地下管线、自然地形等。为了对不同要素进行查询和分析，可在逻辑上加以区别。通常利用"层"的概念来分别组织存储不同要素的空间信息，是目前空间数据组织的基本方法之一。如图 4-11 所示，按照地物抽象成的几何要素被人为地分为道路层、建筑物层、植被层、水系层等（边馥苓，2006）。

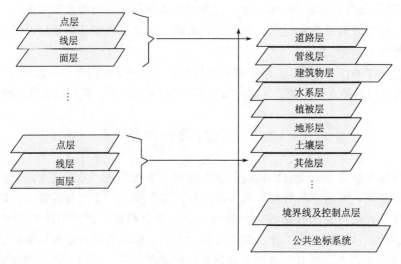

图 4-11　分层组织

在空间数据库中，地理空间数据是分层次的，按专题属性或专题特征，一幅地图可以划分成多个专题图层，这些图层都具有完全相同的地理范围。同一个图层中的空间实体大多是同一要素类型，如点图层、线图层、面图层、栅格影像图层等。专题分层就是根据一定的目的和分类指标对底图上专题要素进行分类，按类设层，每类作为一个图层。分类可以从性质、用途、形状、色彩四个方面因素考虑。性质用来划分要素的类型，说明要素是什么，如河流、公路、境界等；不同的用途决定了地图表示内容的不同，不同的内容必须用不同的图层表示，因而不同用途的地图其图层划分极不相同。例如，在消防指挥地理信息系统中，以 1∶1 万城市平面图为基础数据，根据用途分两大类：显示用图层和分析用图层。显示用图层包括街区层、铁路层、水系层、注记层；分析用图层包括街区道路层、单位层、建筑层、市政消火栓位置层、消防单位及责任区层、无线电报警点位层。不同的色彩可用来表示不同要素。例如，地形图，棕色表示等高线、冲沟等，钢灰色表示居民地、道路、境界、独立地物等，蓝色表示水系、河流、湖泊等，色彩是划分图层的一个重要指标。根据比例尺的大小可将各层分别定义为点层、线层和面层。表 4-1 是图层划分的例子（吴信才等，2002），其中每一图层存放一种专题或一类信息，有些是几种关系密切的相关要素组合在一起构成一个图层，有些是按照不同属性把图件分解成若干个只代表个别属性的图层，所有点图元（包括注释）层有一个对应的点数据文件，所有线图元层有一个对应的线数据文件，所有区图元层有一个对应的区数据文件。图层分得粗好，还是分得细好，必须根据应用上的需要，计算机硬件的存储量、处理速度以及软件限制来决定。并不是图层分得越细越好，分得过细不利于管理，不利于考虑要素间相互关系的处理，反之分得过粗，不利于某些特殊要求的

表 4-1 地形地质图和地籍管理的图层划分方案

项目		图 层		注 记
地形地质图	地形图	点要素层	地形层	等高线注记、地貌特征点、高程注记
			居民点层	居民地符号及注记
			境界层	境界线注记
			地物层	独立地物符号
			控制点层	规矩线、三角点
		线要素层	等高线	首曲线、计曲线
			境界线	国界、省界、县界、行政区划界
			交通线	铁路、公路、其他道路
			水系层	单线河、双线河
			控制线层	图廓线、经纬网、方里网
		区要素层	湖泊层	湖泊面域
			双线河层	双线河面域
	地质图	点要素层	地质代号层	地层代号、岩体代号、岩脉代号
			地质符号层	产状符号、构造符号、岩石符号
			矿产点层	矿产符号
			注记层	各类注记
			控制点层	规矩线
		线要素层	地质界线	地层界线、岩体界线、岩相界线
			断层线层	构造单元边界、断层
			矿产线层	矿产异常线、远景区边界
			控制线层	内图廓线、经纬网、方里网
		区要素层	沉积岩层	沉积岩
			岩浆岩层	岩浆岩
			变质岩层	变质岩
地籍管理		点要素层	界址点层	界址点号、界标种类
			注记层	各种文字注记
		线要素层	界址线层	界址线类别、线位置、界址间距等
			房屋层	房屋边界
		区要素层	宗地层	权属、面积、用途、四至、地类
			街坊层	若干宗地组成相应街坊

分析、查询。例如，把在地下管网系统中不同性质的地下管线（供水、排水、污水、电力、通信、煤气、热力等）合在同一图层，当需要单独查询，显示其中一种管线时，只能根据管线的属性来区分，这比单独用一层存放一种管线要花费更多的处理时间。专题分层的组织方式在理论上和实践上比较成熟，在以前的 GIS 系统中经常使用。除了按专题内容进行分层外，还有一些其他形式，可以依据时间和垂直高度进行分层。按时间序列分层则可以不同时间或时期进行划分，时间分层便于对数据的动态管理，特别是对历史数据的管理。按垂直高度划分是以地面不同高程来分层，这种分层从二维转化为三维，便于分析空间数据的垂向变化，从立体角度去认识事物构成。另外，也可以按专题分层与面向对象相结合的方式、完全面向对象的组织方式等进行分层。随着面向对象技术的发展和成熟，把面向对象与分层结合起来的方式得到了越来越多的应用，特别是随着 Oracle 数据库对空间数据的支持，使得这种方式逐渐流行起来。

这种以层次结构组织空间数据的方法为采用 R 树空间索引进行空间检索做好了准备工作。对地图进行分层管理，是计算机对图形管理的重要内容，以层的管理形式效率最高。分层便于数据的二次开发与综合利用，实现资源共享，也是满足多用户不同需要的有效手段，各用户可以根据自己需要，将不同内容的图层进行分离、组合和叠加形成自己需要的专题图件，甚至派生出满足各种专题图幅要求的不同底图。用户操作时就只涉及一些特定的专题层，而不是整幅地图，这样系统就能对用户的要求做出迅速的反应。分层组织也有一些缺点，较少考虑以分类属性和相互关系为基础的结构化实体的内在规律描述，使空间分析能力相对较弱，忽视了地理现象的本质特性及其之间的复杂内在联系，降低了信息的容量等。当然分层组织并不是唯一的组织方式，还有诸如基于特征的数据组织等，但是，目前使用较为成熟的还是分层组织管理。

4.5.2 横向分块组织

由于空间信息的海量及空间分布范围广等特征，无论哪类数据，如果不进行分割，就会受到诸多因素的限制（边馥苓，2006）。①磁盘容量有限。一般的空间信息数据库大致上百甚至上千吉字节，这样大的数据量往往超出了文件管理能力大小的范围，也无法存储在单个磁盘上，若分散在不同的磁盘上，存取、复制又很不方便。②数据不完全。万一系统出现故障，或操作不慎，不仅会导致数据某个局部被破坏，还有可能会破坏整个数据库，出现数据不完全现象。③数据库维护不便。若不进行分割，那么局部范围的数据更新，往往要处理整个范围的数据库，尤其是拓扑结构、四叉树结构、游程长度编码结构的更新，要花费很多计算时间。④查询分析效率不高。很多查询分析等应用只是在局部范围内进行，数据文件越大，局部数据处理的相对时间越长。

为了解决这些问题，常在数据分层的基础上对空间数据进行分块，当只涉及某块的一些操作时只对该块的小范围进行操作就可以了。当需要跨越多块数据时，利用软件自动地将相关块的数据拼起来，而处理这些数据的用户并不需要做拼接的操作，也不会感到查询、分析的结果是拼接起来的，他所面对是一个拼接好的整体。当处理工作涉及多种专题或多个层时，则先自动完成各层内的多块拼接，再处理层与层之间的关系。

1. 横向分块

基于文件/数据库形式实现数据存储的，不能容纳较大数据集，分块组织可以有效地对数据进行分割，有效地管理海量空间数据。分块组织是将某一区域的空间信息按照某种分块方式，分割成多个数据块；将一幅地图划分为多个图幅，以文件或表的形式存放在不同的目录或数据库中。在空间数据库中，用图块来表示地理区域互不重叠的单一要素。各个图幅的地理范围都不相同，不同图幅对应不同的块区域，它们从空间上拼接成一个完整的地图。分块的方式主要有：标准经纬度分块、矩形分块和任意区域多边形分块。标准经纬度分块是根据经纬线将空间数据划分成多个数据块；矩形分块是按照一定大小的矩形将空间数据划分成多个数据块；任意区域多边形分块顾名思义就是依据特征按任意多边形将空间数据划分为多个数据块。例如，一个县的土地利用现状图就有按乡镇区域分幅的和 1∶1 万（地形图）标准经纬度分幅的两种形式；在规划国土样区系统中，采用的是按矩形分幅方法，根据网格大小不同，有两种方法：一种是按原有 1∶1000 的图幅分幅，另一种按 $1km^2$ 分幅，具体分幅如图 4-12 所示（李满春，2003）。此外还可以按行政区划分幅、城市管理分幅（如电信分幅、污水系统分幅、消防分幅等）、交通管理分幅、邮政分幅、环保分幅等。

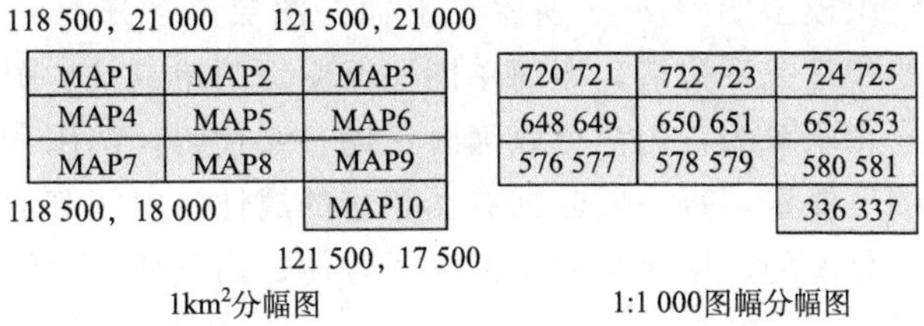

118 500, 21 000 121 500, 21 000

MAP1	MAP2	MAP3
MAP4	MAP5	MAP6
MAP7	MAP8	MAP9

118 500, 18 000

MAP10

121 500, 17 500

720 721	722 723	724 725
648 649	650 651	652 653
576 577	578 579	580 581
	336 337	

$1km^2$分幅图   1∶1 000图幅分幅图

图 4-12 规划土样区系统的分幅示意图

2. 分块尺寸

从大小上，图块可以是任意尺寸，图块尺寸根据实际需要而定，一般一个图块不能太大，否则在数据传输和处理过程中易造成计算机存储空间的溢出。

图块划分尺寸根据实际需要而定。一般的，图块划分的原则如下：

（1）按存取频率较高的空间分布单元划分图块，以提高数据库的存取效率。

（2）图块的划分应使基本存储单元具有较为合理的数据量。数据量过大，会造成查询分析效率低下；数据量过小，不便于数据管理。

（3）在定义图块分区时，应充分考虑未来地图数据更新的图形属性信息源及空间分布，以利于更新和维护。

在多数情况下，图块按照地图图幅大小来划分。例如，小比例尺地图按经纬线分幅，大比例尺地图按矩形分幅。

4.5.3 分层分块索引

在 GIS 数据模型逻辑设计过程中，按照层次结构组织空间数据，采用横向上按范围分块、纵向上按专题属性分层的数据组织管理方法，最终体现无缝的管理，将是一种有效的数据管理与组织形式。分层结构和分块结构是空间数据库从纵、横两个方间的延伸，是两种完全不同的划分方法。一个图幅可以按专题分成多个图层，也可以将一个图层按空间范围划分成多个图幅，如果需要，再将大块分为小块。在图层和图幅中，最基本的组成单位是空间对象。空间对象可以是基于矢量模型的要素，也可以是基于栅格模型的块数据。单个对象有点状地物、线状地物和面状地物三种类型，同时空间对象还包含有与之相关的属性数据，各空间对象包括对象 ID、描述该空间对象的几何数据和属性数据等组成部分。空间对象的一般属性，是指空间对象的名称、编号、周长、面积等属性，而图示属性，则用来描述如何显示空间对象，包括基本的画笔、画刷、颜色、字体等信息。空间数据库是图层和图幅的逻辑再集成。那么，图层与图幅之间、图层与图层之间以及图层与要素之间又是一种什么联系呢？它们之间的联系是用一种非常有别于属性实体的叠互式结构来表达的。只有把图层组织成图库时，图层间的关系才更清楚，通过图库可判断图层的相对叠置位置顺序和显示顺序，以及组成专题图时图层数据流之间相互使用影响。图库由若干个空间数据图层及其相关属性数据组织而成，一个空间数据图层又是以若干个空间坐标的形式存储的。一般空间数据采用自上而下的层次模型结构，这一模型中图幅则是这个模型的最高层次，图层及其属性信息在这一模型中属于最基础层次，其逻辑组织模型如图 4-13 所示。上面的图层由多来源、多层次、不同类别的简单图层按一定的相互关系构造，而简单图层又由更简单或基本图元组成。各层次之间是通过确定的代码相联系的，用户可以随时借助各级代码，调用全部或部分所需的图幅文件、信息层或图形要素，每一层数据有其相应的属性与空间等信息，叠瓦式层状数据的管理在物理上是分离的，层次结构不但描述方便，而且便于空间数据的有序管理。

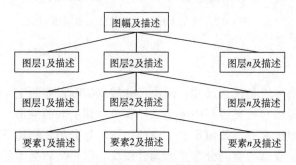

图 4-13 地理空间数据的逻辑组织模型

4.5.4 三维空间数据组织

1. 三维空间索引

空间索引的技术和方法是三维 GIS 的关键技术之一，是快速、高效地查询、检索和显示地理空间数据的重要指标，它的优劣直接影响三维 GIS 的整体性能。目前，空间索引的研究主要在二维空间索引、三维及多维空间索引两个方向上。二维空间索引由于发展较早，现在已经有很多比较成熟的一些算法，如网格索引、四叉树索引等。目前的三维空间索引大多是在二维空间索引的基础上发展而来的。按照搜索分割对象不同，常见的基于点区域划分的索引结构有 KD 树、B 树、KDB 树和点四叉树等；基于面区域划分的索引结构有区域四叉树、R 树系列和网格索引机制等；基于三维体区域划分的索引结构有 Morton 编码、无边界 QuaPA 编码、球面 QTM 编码以及球面 HSDS 编码等。在 3DGIS 的实际应用中，往往只有结合多种技术才能将空间索引的功能充分发挥出来。例如，基于 R* 树的多尺度空间数据库索引 LOD-OR 树被有效地应用于三维城市模型逼真可视化。

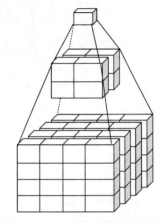

2. 三维金字塔式数据组织

三维空间数据采用三维金字塔式数据组织，如图 4-14 所示。采用这种数据组织方式，在对规则体数据进行浏览或处理时，可以根据当前显示的分辨率自动适配合适的金字塔体数据层，以快速实现对规则体数据的分析和可视化表现。

图 4-14　三维金字塔式数据组织

4.6　栅格数据存储和管理

栅格数据管理的目的是将区域内相关的栅格数据有效地组织起来，并根据其地理分布建立统一的空间索引，快速调度数据库中任意范围的数据，进而达到对整个栅格数据库的无缝漫游和处理，同时，栅格数据库与矢量数据库可以联合使用，并可以复合显示各种专题信息，如各种矢量图元的地理分布等。

4.6.1　管理方案

栅格、影像数据库采用金字塔结构存放多种空间分辨率的栅格数据，同一分辨率的栅格数据被组织在一个层面（Layer）内，而不同分辨率的栅格数据具有上下的垂直组织关系：越靠近顶层，数据的分辨率越小，数据量也越小，只能反映原始数据的概貌；越靠近底层，数据的分辨率越大，数据量也越大，更能反映原始详情。

通过对栅格数据建立这种多级、多分辨率索引，可在显示或处理数据时，自动适配最佳分辨率以提高处理速度，同时也极大地减少数据处理和显示所需的内存消耗。栅格数据库数据组织原理如图 4-15 所示。

栅格数据库创建的一个重要环节是由当前层的栅格数据重采样生成其上层的栅格数据，针对不同类型的栅格数据库可采用不同的插值算法来完成。同时针对栅格数据量大的特点，系统采用高效压缩、还原算法，以实现海量栅格数据的有效存储和管理。

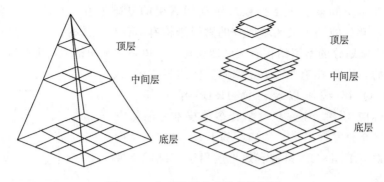

图 4-15　金字塔及其分块结构图示

4.6.2　组织形式

在地理数据库中，提供栅格目录与栅格数据集两种栅格影像数据组织形式供选择。

1. 栅格目录

用于管理有相同空间参照系的多幅栅格数据，各栅格数据在物理上独立存储，易于更新，常用于管理更新周期快、数据量较大的影像数据，同时，栅格目录也可实现栅格数据和栅格数据集的混合管理，其中，目录项既可以是单幅栅格数据，也可以是地理数据库中已经存在的栅格数据集，具有数据组织灵活、层次清晰的特点。

2. 栅格数据集

用于管理具有相同空间参考系的一幅或多幅镶嵌而成的栅格影像数据，物理上真正实现数据的无缝存储，适合管理 DEM 等空间连续分布、频繁用于分析的栅格数据类型。由于物理上的无缝拼接，因此，以栅格数据集为基础的各种栅格数据空间分析具有速度快、精度高的特点。

4.6.3　存储结构

栅格影像数据库的逻辑组织如图 4-16 所示。

在栅格数据库中，可同时包含多个栅格数据集和栅格目录，而栅格数据集既可由栅格数据库直接管理，也可由栅格目录组织管理，可根据用户需求灵活定制。

栅格数据集的物理存储采用"金字塔层–波段–数据分块"的多级索引机制进行组织：金字塔层–波段索引表现为栅格数据在垂直方向上多尺度、多波段的组织形式；金字塔层–数据分块索引表现为栅格数据在水平方向上多分辨率、分块存储的组织形式。基于这种多级索引结构，在使用栅格数据进行分析时可快速定位到数据分块级，有效地提高栅格数据存取速度。

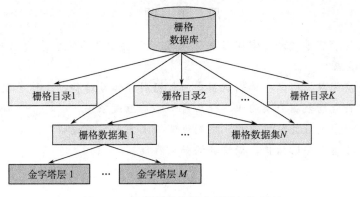

图 4-16　栅格影像数据库逻辑组织图示

1. 金字塔层

　　管理具有相同空间分辨率的一层栅格数据。通常栅格数据的金字塔层是为了在显示过程中自动适配合适分辨率的数据、减少绘制数据量以提高显示速度而建立的。这里赋予每层金字塔"空间分辨率"的概念，给金字塔层索引赋予实际的地理含义，使用户可根据需求定制不同分辨率的金字塔层，不仅用于提高栅格数据的显示速度，还可基于特定金字塔层进行空间分析或操作。

2. 波段

　　管理相同金字塔层内不同波段的相关统计和注释信息。当使用不同金字塔层进行显示或分析操作时，可直接使用相关统计信息进行处理。同时，在定位数据分块进行存取操作时，它也是金字塔层和数据分块之间的衔接。

3. 数据分块

　　对相同金字塔层、相同波段内的数据按照一定分块大小进行分块存储。Tiles 结构（空间分块索引结构）是一种比较适合栅格数据处理的存储方法。其优点体现在以下几个方面：

　　（1）对栅格数据浏览显示时，其屏幕的可见区域只是整个数据中的一个小矩形区域，采用数据分块管理的方法，就可以减少数据的读盘时间；

　　（2）分块管理也利于栅格数据的压缩，因为栅格数据具有局部相关性；

　　（3）分块管理也利于数据库管理，现在的商用数据库大多是关系型数据库。关系型数据库对数据的管理是基于数据记录。当采用分块方式管理栅格数据时，数据分块可以与数据库的记录进行很好的对应，可以很好地利用商用数据库管理海量栅格数据。

　　数据分块的大小（数据块的行、列值）通常取 2 的幂次方，具体的大小在选择时需要考虑以下因素：数据的局部相关程度、压缩算法、栅格数据类型、栅格数据缓冲区的管理算法、用户感兴趣区域的大小、网络的传输单元等。综合考虑以上因素，我们一般选用 32kB 或 64kB 大小的分块。

思 考 题

1. 除了文件管理方式外，空间数据管理还有哪些主要方式？各自有什么特征？试比较它们的优缺点？

2. 什么是空间数据引擎？举例说明空间数据引擎体系结构、工作原理？

3. 如何进行空间数据分层组织，分层有哪些标准或依据？

4. 如何进行空间数据分块组织，举例说明分块索引实现过程？

5. 什么是栅格金字塔结构，栅格数据如何存储？

第 5 章　空间数据索引技术

空间索引是指在存储空间数据时依据空间对象的位置和形状或空间对象之间的某种空间关系，按一定顺序排列的一种数据结构，其中包含空间对象的概要信息，如对象的标识、外接矩形及指向空间对象实体的指针。作为一种辅助性的空间数据结构，空间索引介于空间操作算法和空间对象之间，通过它的筛选，大量与特定空间操作无关的空间对象被排除，从而提高空间操作的效率（董鹏，2003）。空间索引技术就是通过更加有效的组织方式，抽取与空间定位相关的信息组成对原空间数据的索引，以较小的数据量管理大量数据的查询，从而提高空间查询的效率和空间定位的准确性。

空间数据库系统的响应时间主要由数据的定位时间（查询时间）和数据的提取时间（从数据存储层传输到数据处理层的时间）来决定。数据提取时间和待提取数据的规模成正比。查询时间主要消耗在数据定位上，而数据定位的时间实质上就是空间索引的时间。由于空间数据自身的复杂性，其查询过程的成本开销一般要比关系型数据库大，特别是空间谓词求值的开销远比数值或者字符串的比较要大，索引是一种有效的数据检索手段，可以减少运算的代价。因此，采用空间索引是必要的，空间索引技术在空间查询乃至在整个空间数据库的建设中都具有十分重要的意义。

5.1　空间索引的发展

传统的数据库索引技术有 B 树、B$^+$ 树、二叉树、ISAM 索引、哈希索引等，这些技术都是针对一维属性数据的主关键字索引而设计的，不能对空间数据进行有效的索引，因而不能直接应用于空间数据库的索引。因此，设计高效的针对空间目标位置信息的索引结构与检索算法，成为提高空间数据库性能的关键所在。空间索引的研究始于20 世纪 70 年代中期，早于空间数据库的研究，初始目的是为了提高多属性查询效率，主要研究检索多维空间点的索引，后来逐渐扩展到其他空间对象的检索。目前存在的空间数据索引技术超过 50 种，可概括为树结构、线性映射和多维空间区域变换三种类型，从应用范围上可分为静态索引和动态索引。以位置码为 key 值的一般顺序文件索引、粗网格线性四叉树索引、基于行排列码三级划分的桶索引均为静态索引；适合内存索引的点四叉树、KD 树、MX-CIF 四叉树、CELL 树、F 树，适合磁盘空间索引的基于 Morton 码的 B$^+$ 树、KDB 树、B-D 树、R 树、MOF 树、变形粗网格索引等均为动态索引。这些方法中很多只有细微差别，绝大多数是从 B 树、哈希表、KD 树改进而来的，还没有一种方法能够证明自身优于其他方法。各种方法的性能没有明显的差别，简单与稳定性是商业产品实现选择的首要因素。图 5-1 大致描述了空间索引技术的发展演变过程。典型的空间索引技术包括 R 树索引、四叉树索引、网格索引等（Boston，1984），这些索引中很多也是基于空间实体的最小外包矩形建立的。这些方法在点、线、面目标索引中各有其应用特点。当今较为热门的索引结构是基于 R 树的空间索引结构，但由于 R

树的基于 MBR 的索引机制，对于精确匹配查询，不能保证唯一的搜索路径，从而造成多路径查询问题，尽管 R$^+$ 树对此进行了改进。但是 R$^+$ 树又带来了其他问题，如随着树的高度增加，域查询性能降低等。同时，R 树家族对于大型空间数据库，特别是多维空间数据的索引问题没有得到很好的解决，易造成"维数危机"问题。现有的索引技术

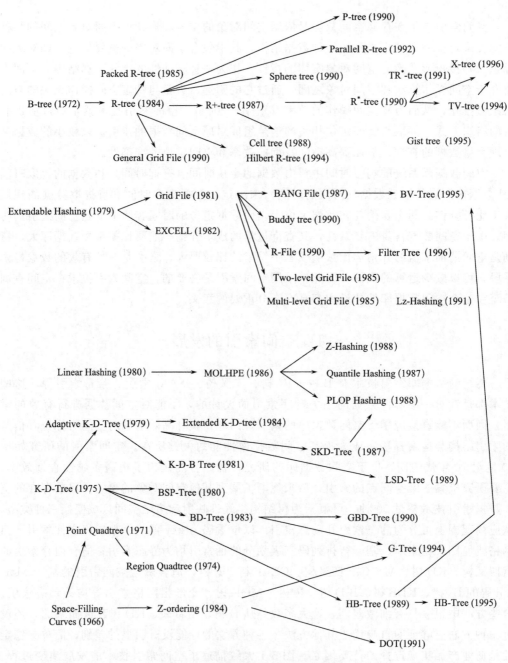

图 5-1　空间存取技术发展历程

用于索引海量空间数据时，往往由于存储空间开销的剧增或索引空间重叠的剧增，而导致索引性能的下降。因此采用鲁棒的、维数及空间数据量可扩展的索引技术成为一种趋势。

空间索引方法是空间数据库和 GIS 的一项关键技术，空间索引方法的采纳与否以及空间索引性能的优劣直接影响地图数据库和地理信息系统的整体性能。因此，开发高效的空间数据存取方法一直是空间数据库和 GIS 领域的研究热点，对空间索引的研究引起了国内外学者的足够重视，各国研究人员投入相当多的力量研究开发高效的空间索引方法。著名的商业数据库厂商在支持地图数据时也采用了空间索引的方法，如 Oracle 8i 和 SmallWorld GIS 中采用的四叉树索引技术，以及 Oracle 9i 和 Informix 数据库中的 R 树索引技术。

5.2　简单网格空间索引

5.2.1　网格空间索引原理

网格空间索引的原理比较简单，它对目标空间实体集合所在的空间范围划分成一系列的大小相同的格，把空间位置进行网格分化。根据每个实体的空间位置及其所占据的空间范围把实体网格划成不同的部分，每一个格相当于一个桶（Bucket），都记录着落入该格内的空间实体的编号（数据项），每一部分对应的网格分别增加新的记录以反映当前处理的实体，如图 5-2 所示。网格化可以通过使网格编号向正负方向上不断延展以反映整个二维空间的情况。可以看出网格索引在追加新的实体记录时不论在扩展网格范围还是增加网格记录项上都具有很高的扩展性，前者是四叉树索引所不可比拟的。

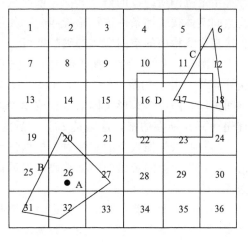

图 5-2　简单网格空间索引

评价网格索引性能的指标包括：网格大小、网格索引表记录数、网格索引表记录数与实体记录数的比率、平均每格的实体数、最大每格的实体数、完全分布在一个网格中的实体百分比。这些指标中最关键的就是网格大小，它制约和影响着其他指标。网格越大，网格索引表记录数越少，越与实体记录数相接近，进而影响网格索引表记录数与实体记录数的比率，但是平均及最大每格的实体数也会越多，完全分布在一个网格中的实体百分比也会越高；反之，网格越小，就会造成网格索引表中记录数越多，但平均及最大每格的实体数会相对变少，完全分布在一个网格中的实体百分比也会降低。一般来说，理想的网格大小是使网格索引表记录不至于过多，同时使平均及最大每格的实体数处于较低的水平，这个水平可以通过试验来得到经验最佳值。这就要求网格的选择不能太大也不能太小，需要根据数据的统计特征求出最佳值，也可以通过建立空间对象的分布特征值的方法，来达到定量地确定网格大小的目的。

5.2.2　网格索引算法

基于网格索引的查找过程比较简单。网格索引算法体现在其关键操作上，这些操作包括创建、重建索引、查询、插入、删除和更新。

（1）创建：如果数据集为空则采用默认网格尺度，否则通过数据的统计特征计算出一个网格尺度，对每一个实体按网格进行分解，在其落入的所有网格中追加该实体记录，直到所有的实体处理完毕。

（2）重建索引：随着数据表中实体的编辑、增加及删减，网格的统计特征可能会不断地变化，达到一定程度后，原来的网格索引（网格尺度）可能不再适合当前的数据，影响查询效率，这时就需要通过重新对数据进行统计计算，获得新的网格尺度，从而重建网格索引。

（3）查询：网格索引的查询操作就是对原空间数据利用网格索引进行检索的过程，它可以分成两步进行，即粗略查询过程和精确查询过程。通过对查询区域进行分化，检索出所有被查询区域覆盖且包含实体的网格，实现首次粗略查询；在粗略查询的结果集合基础之上通过精确比较，剔除不满足查询要求的记录。以范围查询为例，首先，快速计算给定范围所跨过的格，其次，依次从这些格中提取相应的空间实体，最后，再对这些空间实体按查询条件进行精确匹配。如果是点查询，只需要计算该点落入的那个格，直接提取该格中的空间实体的编号即可。

以图5-2为例，给定查询范围矩形框D，要查询与D相交的空间实体，首先可以快速计算与D相交的格（10、11、12、16、17、18、22、23、24），然后提取这些格中的空间实体。图中多边形实体C显然在这个范围之内。要查询包含点实体A的空间实体，首先计算A所在的格，这里是26，然后提取该格中的数据项。

（4）插入：插入空间实体时，根据每个格的大小，按规则计算出这个实体跨越哪些格，并计算出空间要素的网格编码，然后在网格结构索引表的那些格中记录该实体的数据项。

（5）删除和更新：删除实体记录，把此反应到网格索引中比较复杂，需要删除所有该实体对应的索引记录，在关系数据库中，通过对索引表中的实体号字段建立索引，可以大幅度提高这一操作的性能。一般的属性更新不会影响网格索引，也就无需对网格索引进行更新。空间数据的更新可以通过先删除索引记录再追加索引记录实现更新。

更新空间要素时，删除该空间要素的索引记录，重新计算网格编码，添加到索引表中；删除空间要素时，直接删除该空间要素的索引记录即可。

5.2.3　简单网格索引编码

1. 传统简单网格索引编码

在建立地图数据库时需要用一个平行于坐标轴的正方形数学网格覆盖在整个数据库数值空间上，将后者离散化为密集栅格的集合，以建立制图物体之间的空间位置关系。通常是把整个数据库数值空间划分成 32×32（或 64×64）的正方形网格，建立另一个倒排文件——栅格索引。每一个网格在栅格索引中有一个索引条目（记录），在这个记录中登记所有位于或穿过该网格的物体的关键字，可用变长指针法或位图法实现。在图5-3中有三个制图物体：一条河流、一个湖泊和一条省界，它们的关键字分别为5、11和23。河流穿过的栅格为2、34、35、67、68；湖泊覆盖的栅格为68、69、100、101；省界所通过的栅格为5、37、36、35、67、99、98、97。

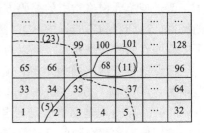

图5-3 数据库数值空间的栅格网

这种物体与栅格的关系可用位图法来表示。由图5-4看出，一个栅格中包含的物体个数就是该栅格在栅格索引的对应记录中存储的比特"1"的个数。这是定位（开窗）检索的基本工具。此外，物体与栅格的关系亦可用变长指针法表示，如图5-5所示。

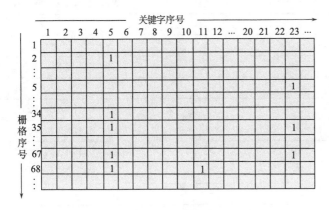

图5-4 栅格索引

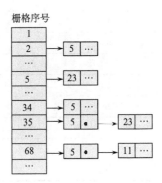

图5-5 变长指针法

利用传统单元网格索引查询的SQL模型如下（GCODE为网格编码列名称）：SELECT id0 from owner. GeoObjTbl WHERE GCODE IN。

传统型单元网格编码方式过于简单，使得编码值在空间上不能保持连续性，即空间上相邻的网格编码不连续，所以在使用SQL模型进行查询时，只能使用IN语法。这样，如果查询涉及的网格编码太多，则容易超出SQL模型的长度。

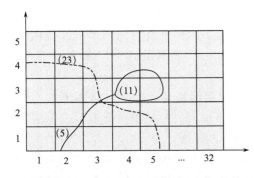

图5-6 改进型单元网格编码示意图

2. 改进型简单网格索引编码

改进型单元网格索引将传统型编码由一维升至二维，变成 X 和 Y 方向上的编码；将空间要素的标识、空间要素所在的网格的 X 和 Y 方向上的编码以及空间要素的外包络矩形作为一条数据库记录存储。如果一个空间要素跨越多个网格，则同样存储多条记录。如图5-6所示，$[X_1, Y_1]$、$[X_2, Y_2]$ 是5的外包络矩形；$[X_3, Y_3]$、$[X_4, Y_4]$ 是11的外包络矩形；$[X_5, Y_5]$、$[X_6, Y_6]$ 是23的外包络矩形。

改进型单元网格索引的编码方式就很好地保持了网格在空间上相邻则编码值也相邻的特性，这样在构造查询的 SQL 模型时，就可以使用连续表示方式，而且该索引存储了空间要素的外包络矩形，可以为查询过滤非查询范围的要素提供进一步依据。

假设给定查询范围为矩形，坐标为 gxmin、gymin、gxmax、gymax，其网格编码范围为：X 方向（gcodexmin—gcodexmax），Y 方向（gcodeymin—gcodeymax），gcodex 和 gcodey 分别是网格编码列名称。查询矩形范围相交的空间要素（包括矩形范围内的空间要素和相交到的矩形范围边界的空间要素），见表 5-1。

表 5-1 改进型简单网格索引

X 方向网格编码	Y 方向网格编码	要素标识	要素外包络矩形
1	1		
2	1	5	$[X_1, Y_1]$, $[X_2, Y_2]$
3	1		
4	1		
5	1	23	$[X_5, Y_5]$, $[X_6, Y_6]$
...	...	...	...
2	2	5	$[X_1, Y_1]$, $[X_2, Y_2]$
3	2	5	$[X_1, Y_1]$, $[X_2, Y_2]$
3	2	23	$[X_5, Y_5]$, $[X_6, Y_6]$
4	2	23	$[X_5, Y_5]$, $[X_6, Y_6]$
...	...	...	...

利用单元网格索引过滤的 SQL 模型如下：

SELECT id0 from owner. GeoObjTbl WHERE (gcodex≥=gcodexmin AND gcodex≤ = gcodexmax AND gcodey≥ =gcodeymin AND gcodey≤ =gcodeymax) AND (((gxmin≤=XMAX AND gxmin ≥=XMIN) OR (gxmax≤=XMAX AND gxmax≥ = XMIN)) AND ((gymin≤ = YMAX AND gymin≥ = YMIN) OR (gymax≤ = YMAX AND gymax≥=YMIN)))

索引工作机制如下：

SDE 在执行该空间查询时，从客户端接收查询多边形的外包络矩形以及查询多边形外包络矩形所跨的网格单元，这些信息通过 SQL 模型的 WHERE 子句传递给 DBMS。

（1）DBMS 从 SDE 接收 SQL 语句（该语句包括网格单元和外包络矩形的坐标）。WHERE 子句定义了在空间索引中需要选择的网格单元。一旦在空间索引表中确定了网格单元，外包络矩形的搜索就从所选择的网格边界开始。

（2）利用查询多边形的外包络矩形和空间索引表中的空间要素的外包络矩形，DBMS 可减少最初的选择集。DBMS 比较查询多边形的外包络矩形和空间要素的外包络矩形是否有重叠，如果有，则该空间要素被选择来做下一步的空间要素边界比较，形成一个最初选择集。

（3）在 SDE 中，用查询多边形的外包络矩形与最初选择集中的空间要素的边界坐标进行比较，如果查询多边形的外包络矩形与第二步选择集中的空间要素边界不重叠，该空间要素就从最初选择集中过滤掉，结果形成中间选择集。

（4）将查询多边形的边界坐标和中间选择集的空间实体边界坐标进行比较，一旦有重叠发生，比较的结果记录就形成最终结果集。该步比较过程是一个二进制比较过程，将花费较多的时间和空间（如果查询多边形为矩形，则该步操作可省略，中间选择集直接升级为最终结果集）。

（1）和（2）可减少由 SDE 执行的空间要素边界比较的次数，减少返回的数据记录有助于减少空间要素比较的数量，因而，可以缩短空间查询的时间。

5.3　二叉树索引

5.3.1　KD 树索引

1. KD 树定义

KD 树最早是由 Bentley 于 1975 年提出的，是二叉查找树（Binary Search Tree，BST）在 k 维空间中的自然扩展，是检索 k 维空间点的二叉树（bentley，1975；郭薇等，2006）。KD 树的基本形式存储了 k 维空间点，是 k（$k \geqslant 2$）维的二叉搜索树，主要用于索引多属性的数据或多维点数据。这里用二维空间阐述 KD 树的基本原理，由此它可以推广到 k 维空间。KD 树的每个内部结点都包含一个点，每个结点表示 k 维空间中的一个点，并且和一个矩形区域相对应，树的根结点和整个研究区域相对应。KD 树要求用平行于坐标轴的纵横分界线将平面分为若干区域，使每个区域中的点数不超过给定值。树中奇数层次上的点的 x 坐标和偶数层次上的点的 y 坐标把矩形区域分成两部分。分界线仅起分界的作用，它的选取没有硬性的限制。一般选用通过某点的横向线或者纵向线。分界线上的点，对左右分界线来说属于右部，对上下分界线来说属于上部。如果分界线上的点被删除了，不必重选分界线，因为这不影响分界功能。

在二叉查找树中，各层结点比较，使用的都是第一维的比较函数，实际上它是 KD 树在一维情况下的特殊形式。它的分支决策会在关键码的各个维之间交替，它的每一层都会根据这一层的某个特定的关键码作出分支决策，这个检索关键码就成为比较器。对于 k 维关键码在第 i 层的比较器定义为 $i \bmod k$。因此，在二维空间中，比较器会在第零维（x 坐标值）和第一维（y 坐标值）之间交替，并且，KD 树的各层会依次按照 x 坐标值大小和 y 坐标值大小分别进行比较，作出分支决策，即 x 坐标和 y 坐标轮流成为比较器。

在图 5-7（a）中，竖线表示 x 为比较器，而横线表示 y 为比较器。从根结点开始，依次将空间按 x、y 两个方向进行细分。子结点的划分不会超越父结点的划分。第 0 层为根结点 A。第 1 层中，根据 x 坐标判断，x（B）$<x$（A），所以 B 成为 A 的左子结点。再看后边的点 C、D，首先看它们落入哪个子空间，显然，它们在 B 结点划分的子空间中，根据 y 坐标判断，y（C）$<y$（B），所以 C 成为 B 的左子结点，而 y（D）$>$

y（B），所以 D 成为 B 的右结点。按照这个方法，依次划分，最后形成图 5-7（b）中的索引树。

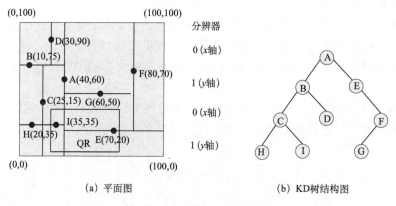

(a) 平面图   (b) KD树结构图

图 5-7　一颗 KD 树的示意图

2. KD 树查找

　　KD 树查找是从根结点开始，查看所存储的结点（分裂的点）是否被包括在查找范围内以及和左子树或者右子树是否有交叠。对于每个和查询范围交叠的子树，查询过程将重叠执行直到到达树叶那一级为止。对于点的精确匹配查找，KD 树的查找过程与 BST 的类似，不同的是分枝决策时需要考虑分辨器的值。所存储点的正确坐标值和要查询点的相应坐标进行比较，以选择正确的搜索路径，直到到达一个树叶结点为止。例如，假设要在图 5-7 的 KD 树中查找点 P（30，90），首先，将 P 点坐标与根结点 A（40，60）比较，如匹配则检索成功，在这个例子中匹配不成功，则须比较 P 与 A 的二维的值（x 维为 A 的分辨器），由于 30＜40，因此进入 A 的左子树进行查找；比较 P 与 B（10，75）的坐标，不匹配，须比较 P 与 B 点 y 维的值（y 维为 B 的分辨器），由于 90＞75，因此进入 B 的右子树进行查找；比较 P 与 D 的坐标，匹配，检索成功。

　　区域查找与点的匹配查找过程类似，不同的是查找路径往往有多条。例如，在图 5-7 中，查找落入矩形 QR 的所有点，则有两条查找路径：①A→B→C→I；②A→E。找到查找结果 I 与 E。

　　这里给出点匹配查找算法的形式化描述：

Algorithm KD _ Search（R，P）

/＊在根结点为 R 的 KD 树（子树）中查找点 P。找到则返回结点，否则返回 NULL ＊/

Begin

　　　　If R = NULL Then Return NULL；//Not Found

　　　　If R. Point = P Then Return R；//Found；

　　　　Else

　　　　Begin

　　　　　　d：= Discriminator of R；

```
If P [d] <R. Point [d] Then /＊比较 P 点与 R 结点的第 D 维的值＊/
        KD ＿ Search （R. Lchild，P） //在左子树继续查找
    Else
        KD ＿ Search （R. Rchild，P） //在右子树继续查找
    End
End.
```

3. KD 树插入

在 KD 树结构中，通过沿着树下降到达一个树叶结点的方式来添加一个新点，在每个内部结点上，所存储的正确坐标值和新点的相应坐标进行比较，以选择正确的搜索路径，直到到达一个树叶结点为止。KD 树中插入一个新结点类似于 BST 的插入过程。插入的原则是：若 KD 树为空，则插入结点为根结点，否则，继续在其左子树或右子树查找，直到某个叶结点的左子树或右子树空，插入结点作为一个新的叶结点并成为该叶结点的左孩子或右孩子。一个新点的插入导致了一个新的内部结点的产生。

图 5-7 中的 KD 树是点 A、B、C、D、E、F、G、H、I 依次插入的结果。当插入 A 时，由于 KD 树为空，因此 A 成为根结点；插入 B 时，首先查找到结点 A，由于 B 的二维的值比 A 小，因此 B 成为 A 的左孩子结点，依此类推。

插入算法形式化描述：

```
Algorithm KD ＿ Insert （R，P，F）
/＊在根结点为 R 的 KD 树（子树）中插入点 P，F 为 R 的父结点＊/
    Begin
    If R = NULL Then
        Begin
        Create a Node P；
        If F = NULL Then //KD 树为空
            Root：= P//P 成为根结点
        Else
            If R Is the Left child of F Then
                F. Lchild：`= P//P 作为 F 的左孩子
            Else F. Lchild：= P//P 作为 F 的右孩子
        End
    Else
    Begin
        d：= Discriminator of R；
        If P [d] <R. Point [d] Then/＊比较 P 点与 R 点的第 D 维的值＊/
            KD ＿ Insert （R，Lchild，P，R） //插入到左子树中
        Else
        KD ＿ Insert （R，Rchild，P，R） // 插入到右子树中
    End；
    End；
```

4. KD 树删除

从 KD 树中删除一个结点与从 BST 中删除一个结点类似，但却要复杂很多。这是因为 KD 树有分辨器参与分枝决策，删除一个结点时必须不违背 KD 树的原则。

删除过程大致描述如下：先找到要删除的结点（设为 N，并设 N 的分辨器的值为 d），然后分三种情况进行处理：

（1）如果 N 没有孩子结点，则将其父结点中指向 N 的指针域置空（如果 N 的父结点存在的话），并删除该结点。

（2）如果结点 N 只有右孩子，则从其右子树中找到第 d 维值最小的结点（设为 N_1）来代替结点 N，然后再以与删除 N 相同的方法删除结点 N_1。

（3）如果结点 N 只有左孩子，则从其左子树中找到第 d 维值最大的结点（设为 N_2）代替结点 N，然后再以与删除 N 同样的方法删除结点 N_2。

但是，用左子树中第 d 维值最大的结点 N_2 代替结点 N（第三种情况）可能会引起错误。因为在 N 的左子树中，对于第 d 维而言，可能有多个结点具有与 N_2 同样的值，用 N_2 代替 N 将导致新树违反 KD 树的排序规则（用 N_2 代替 N 以后，N_2 的左子树中具有与其第 d 维相同的结点）。例如，在图 5-8 中，如果删除点 B 时从其左子树中找出，维值最大的结点（无论是 F 或 G）代替 B 都将导致违反 KD 树的规则。所以，对于结点 N 只有左孩子的情况需要另外寻求解决办法。

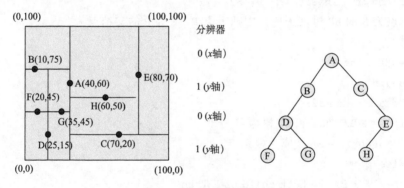

图 5-8　KD 树删除实例

一种简单的解决方法是，交换 N 结点的左右指针，使 N 的左子树成为 N 的右子树（将第三种情况转化为第二种情况），然后进行正常的删除过程（找出结点 N 的右子树中具有 d 维最小值的点来代替 N）。

KD 树的删除算法形式化描述如下：

Algorithm KD _ Delete (R, P)

　/＊在根结点为 R 的 KD 树（子树）中点 P，删除成功返回 True，否则返回 False ＊/

Begin

　　Q：= *KD _ Search* (R, P)；//Q 为要删除的对象

　　LABEL；

　　If Q = NULL Then Return False; //Not found

```
If (Q. Lchild = NULL) And (Q. Rchild = NULL) Then
Begin//第一种情况
        F：= Q is Father Node；
        If Q is the left Child of F then
            F. Lchild：= NULL
        Else F. Rchild：NULL；
        Delete Node Q；
        Return True；
    End
    Else
    Begin
        If (Q. Rchild = NULL) Then 第三种情况转化为第二种情况处理
            Q. Rchild：= Q. Lchild；
        M：= FindMin (Q. Rchild)；
        (Q) ← (M)；//将 M 结点的值赋给 Q 结点
        Q：= M；//让 Q 指向 M 结点
    GOTO LABEL；//继续删 M 结点
        End
    End
```

5. KD 树分析

KD 树是二叉查找树在多维空间的扩展。对于精确的点匹配查找，它继承了二叉查找树的优点，即平均查找长度为 $1+4\log n$，它的相关算法与二叉查找树的算法很类似。但由于采用二叉树结构，索引数的级数多，树的形状与点插入的次序有关，依赖于插入点的顺序，有时候可能很不平衡，树的深度不容易控制。随着结点个数的增多，树的层次将会增多。在最坏的情况下，一个有 n 个点的 KD 树会有 n 个层次，造成单枝的情况出现，导致查找的效率很低。索引没有按照页（块）为单位组织，显然不适合外存按页存储的特性，不适合在磁盘上建立。新结点的搜索和插入很简单，当要删除 KD 树的中间结点时可能会导致在删除结点以下的树重新组织，处理过程特别复杂，时间开销很大。另外，KD 树的平衡化也是一个非常复杂的处理过程，并且，它不适合于线和多边形空间实体的空间索引构造。

为了降低删除代价，Bentley 于 1979 年又提出了非同构的 KD 树（Bentley，1979），非同构的 KD 树的中间结点不再存储数据点信息，仅仅作为索引目录之用，所有的点数据都存储在叶结点。为了平衡 KD 树的深度，1981 年，Robinson 提出的 KDB 树，是将 KD 树和 B 树结合起来，按页组织索引，可以维持索引树的平衡，这种索引树，对于线和多边形这类占据一定空间范围的空间实体而言，构造空间索引仍然不方便。1989 年，Henrich 等提出的 LSD 树，破除了按纵横交替分割空间的限制，并且可以保持索引树的平衡。

5.3.2　KDB 树索引

由于数据量较大，索引文件一般存储在外存空间（如磁盘）中。外存空间的分配、释放、调度均以页（Page）为单位，要将 KD 树存于外存，必须采取某种分页策略（如自底向上的方法），这无疑会增加系统开销。为此，J. T. Robinson 提出了一种使 KD 树适合于第二存储介质的修正方法，称为 KDB 树（Robinson，1981）。

KDB 树是 KD 树与 B 树的结合，它由两种基本的结构——区域页（Region Pages，非叶结点）和点页（Point Pages，叶结点）组成，如图 5-9 所示。点页存储点目标，区域页存储索引子空间的描述及指向下层页的指针。在 KDB 树中，区域页则显式地存储了这些子空间信息。区域页的子空间（如 S11、S12 和 S13）两两不相交，且一起构成该区域页的矩形索引空间（如 S1），即父区域页的子空间（郭薇等，2006）。

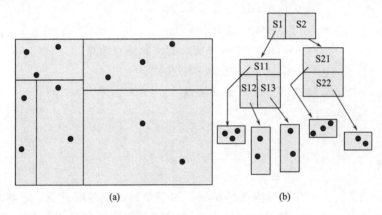

图 5-9　一颗 KDB 树的结构

对于点匹配查找，需要遍历某一分支，即访问所有索引子空间包含该查找点的区域页直至某一点页，最后提取点页中的点加以判断。对于区域查询，需要访问所有索引空间与查找区域相交的区域页及点页，查找路径往往是多条。

当插入数据点时，首先须找到该点应该插入时点页，如果该页未满，简单地插入该点至该页；如果该页已满，则必须分裂（Split）该页。分裂的方法是将点页一分为二，并使两点页包含几乎同样多的点。需要注意的是，点页分裂后，必须在上级区域页中增加一项。因此，点页的分裂有可能导致父区域页的分裂。同样地，区域页的分裂也有可能向上传播直至根结点。因此，KDB 树与 B 树一样，总是保持高度平衡（Height-balanced）的。

当一区域页分裂时，该页的所有项（包括新增项）被分为几乎具有同样数目的两组。一个超平面（对于二维空间是平行于坐标轴的直线，对于三维空间为平面）被用来把区域页的索引空间划分为两个子空间。值得注意的是，这一超平面可能会切割这一区域页的某些子空间，导致与分裂超平面相交的子空间也必须被分裂，以便使新产生的子空间完全包含于最终的区域页，因此，分裂操作也可能会向下传播。如果没有将一区域页划分为包含几乎同样多项的两区域这一限制，那么分裂的向下传播可以避免。

虽然分裂的向上传播不会引起页的下溢（Underflow），但是分裂的向下传播却可能会引起页的下溢（页的存储空间利用低于某一阈值——通常为页容量的 50%）。为了避免过低的空间利用率，可以对树结构进行局部重组。例如，索引空间形成一矩形且父结点相同的两个或多个点页或区域页可以进行合并。

在实际应用中，在叶结点中包含不止一个数据点，使用会更加方便。一个叶子树所能包含点的最大数量被称为"桶量"，"桶量"要适合于一个磁盘页。此外，对内部结点进行分组，每个组被存储在同一页上，以便最小化磁盘访问数量。与 KD 树相同，KDB 树也是为索引多属性数据或多维空间点而提出的，如果用于索引其他形体的空间目标，也需经过目标近似及映射，效率较差。Robinson 介绍了在 KDB 树保持稳定的情况下删除和插入点的运算法则，不足之处是无法保证合理的存储上界。

5.3.3 BSP 树索引

BSP 树（Binary Space Partitioning Tree，二值空间划分树）是一种二叉树，将空间逐级进行一分为二的划分，如图 5-10 所示。BSP 树能很好地与空间对象的分布情况相适应，但一般而言，BSP 树深度较大，对各种操作均有不利影响（边馥苓，2006）

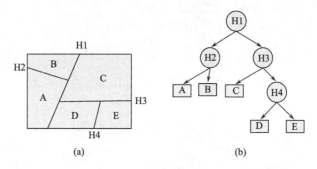

图 5-10 BSP 树索引

5.3.4 G 树索引

G 树是一种多层次的动态生长的网格结构（曹加恒等，1998b）。与 KD 树类似，G 树也按照循环交替的方式分割空间，但它采取平均分割空间的方法。假设各维的值，即有关的属性值，都能规范为 0~1，并且每个区域中不能超过 2 点。如果超过 2 点，继续循环交替分割空间，直至每个区域不超过 2 点为止。

这种空间分割策略有三个特点：①区域的二进制编码是全序的；②分割所得的区域集合构成平面的一个划分；③区域的二进制编码的位数越多，则该区域越小，它是其编码前缀所代表的区域的子空间。例如，0001 是 00 的子空间。图 5-11 是一个二维平面的初始空间分割，图 5-12 是图 5-11 又插入 2 点后的分割情况，图 5-13 是这个空间分割的二进制编码。分割后的区域可以按照各区域的编码组织成类似于 B[+] 树的 G 树，如图 5-14 所示。在图 5-14 中，叶结点中每个索引项可以用二元组 (b, p) 表示，b 代表区域的二进制编码，p 是指针，它指向一个页（块），页中存储该区域中点所对应的数据。

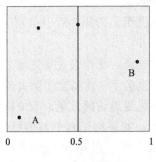
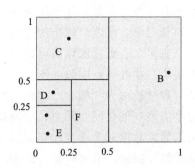

图 5-11　初始情况　　　　　　　　图 5-12　又插入两点

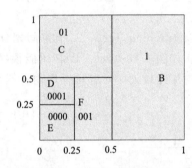

图 5-13　各区域的编码图

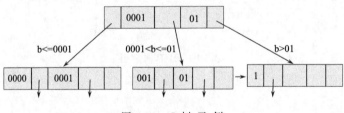

图 5-14　G 树 示 例

5.4　B 树 索 引

　　Guttman1984 年提出了 R 树索引。R 树索引是最早支持扩展对象存取方法之一，R 树是一个高度平衡树，它是 B 树在 k 维上的自然扩展（Guttman，1984）。R 树中用最小外包矩形（MBR）来表示对象范围，开辟了空间索引研究的新方向。此后，Sellis 等（1987）、Beckmann 等（1990）等在其基础上不断地进行改进，提出了 R 树的多种变形，形成了由 R 树、R^+ 树、R^* 树、Hilbert R 树、SR 树等组成的 R 树系列空间索引。R 树及其众多变形都是一种平衡树，结构非常类似于 B 树，也具有类似于 B 树的一些性质，从而形成了一个 R 树类索引体系。R 树是一种利用 B 树的某些本质特征来处理多维数据的数据结构。R 树表示由二维或更高维区域组成的数据，称之为数据区。一个

R 树的内结点对应于某个内部区域，原则上，区域可以是任何形状。R 树的结点用子区域替代键，子区域表示结点的子结点的内容。

5.4.1 R 树索引

1. R 树及其特点

R 树索引是一种高效的空间索引，是 B 树在多维空间的扩展，也是平衡树。R 树的结构类似于 B⁺ 树的平衡树。对于一棵 M 阶的 R 树，R 树中每个非叶结点都由若干个数据对（p，MBR）组成。MBR（Minimal Boundary Rect）为包含其对应孩子的最小边界矩形。这个最小外接矩形是个广义上的概念，二维上是矩形，三维空间上就是长方体 MBV（Minimum Bounding Volume），以此类推到高维空间。p 是指向其对应该子结点的指针，叶结点则是由若干个（OI，MBR）组成，其中，MBR 为包含对应的空间对象的最小外接矩形。OI 是空间对象的标号，通过该标号可以得到对应空间对象的详细的信息。

R 树的所有叶子都在同一层，设 m（$2 \leqslant m \leqslant M/2$）为结点包含索引项（数据项）的最小数目（$m$ 通常取 $M/2$），有非树根的结点有 $m \sim M$（$2 \leqslant m \leqslant M$）个孩子，其中 M 和 m（$m \leqslant M$）为 R 树结点中单元个数的上限和下限，非叶子树根至少含有两个孩子。如果结点包含项目数小于 m，则称结点下溢；如果结点包含项目数大于 M，则称结点上溢/溢出。

R 树索引采用空间聚集的方式把相邻近的空间实体划分到一起，组成更高一级的结点。在更高一级又根据这些结点的最小外包矩形进行聚集，划分形成更高一级的结点，直到所有的实体组成一个根结点。这样的结构明显可以优化空间查询的性能，空间查询在树形结构中自根向叶进行，从而节省掉对无关实体的查询比较。R 树采用的特殊插入和删除算法可以保证树的动态平衡性，平衡的树可以使结点分布尽量均匀，在数据任意方向上进行搜索的时间都会大致相同。

典型的 R 树索引每个结点所对应的存储空间和外存页面或其整数倍相对应，以此提高结点从外存到内存的交换效率。每个结点中应根据固定页面的特性来组织数据，并保证每个结点中所保含的数据条目或子结点信息条目足够多，以保证数据的聚集程度。通过一系列有效的方法可以对空间实体进行排序，从而提高数据聚集程度和查询效率。R 树具有如下特点：

（1）除根结点外，每个叶结点包含 $m \sim M$ 条索引记录（其中 $m \leqslant M/2$）；

（2）一个叶结点上的每条索引记录了（I，元组标识符），I 是最小外包矩形，在空间上它包含了所指元组表达的 k 维空间对象；

（3）除根结点外，每个中间结点至多 M 个子结点，至少有 m 个子结点；

（4）对于非叶结点中的每个条目（I，子结点指针），I 是在空间上包含其子结点中矩形的最小外包矩形；

（5）若根结点不是叶结点，则至少包含 2 个子结点；

（6）所有叶结点出现在同一层；

（7）所有 MBR 的边与一个全局坐标系的坐标轴平行，如图 5-15 所示；

（8）所有结点都需要同样的存储空间（通常为一个磁盘页）。

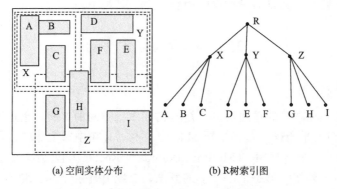

(a) 空间实体分布　　　　　　　　(b) R树索引图

图 5-15　R 树索引数据结构示意图

2. R 树查找

实现按范围查询时，自根结点开始对每一个 MBR，都与查询范围窗口 W 进行求交。如果相交，则继续查找该结点的子结点，直至叶结点；如果不相交，则检测它的下一个子结点。以图 5-16 为例，求解所有与指定区域 P（图中粗虚线矩形区域）相交的空间目标，查找过程如下（郭薇等，2006）：

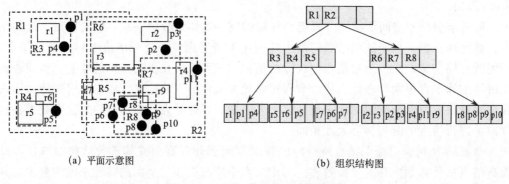

(a) 平面示意图　　　　　　　　　(b) 组织结构图

图 5-16　一颗二维空间 R 树的例子

（1）首先从根结点开始，比较各目录矩形是否与 P 相交，由于 R1、R2 都与 P 相交，因此与 R1、R2 相对应的子树都有可能包含求解目标，需要在这两棵子树中进行查找；

（2）比较与 R1 对应的子树根结点的各索引项的目录矩形，只有 R5 与 P 相交，进一步比较 R5 对应的子树根结点（为叶结点）的各数据项的目标矩形，得出候选目标 r7、p7，一定是求解目标，对于 r7，则须进一步找出其空间坐标加以比较，才能确认是否为解；

（3）比较与 R2 对应的子树根结点的各索引项的目录矩形，只有 R8 与 P 相交，进一步比较 R8 对应的子树根结点（为叶结点）的各数据项的目标矩形，得出候选目标 r8，同样地，须进一步找出其空间坐标加以比较，才能确认其是否为解。

查找过程形式化描述如下：

```
Algorithm R _ Search (N, W) {
/ * 在根结点为 N 的 R 树中查找所有与 W 相交的数据矩形 * /
    If (N. LEVEL = = 0) //N 是叶结点
        Return all data rectangles that intersect with W;
        Else //N 不是叶结点
          For (i = 1; i<N. COUNT; i + +)
              If (N. MBRi; Intersect with W)
        R _ Search (N. pi, W);
}
```

3. R 树插入

　　R 树的插入与许多的有关树的操作一样是一个递归的过程。首先从根结点出发，按照一定的标准，选择其中一个子结点插入新的空间对象。然后，从孩子树的根结点出发重复进行上面操作，直到叶结点。当新对象的插入使叶结点中的单元个数超过 M 时，需要进行结点的分裂操作。分裂操作是将溢出的结点按一定的规则分为若干个部分。在其父结点删除原来对应的单元，并加入由分裂产生的相应的单元。如果这样引起父结点的溢出，则继续对父结点进行分裂操作。分裂操作也是个递归操作，保证了空间对象插入后，R 树仍能保持平衡。

　　插入过程形式化描述如下：

```
Algorithm R _ Insert (N, P) {
/ * 向根结点为 N 的 R 树中插入数据矩形 P * /
  If (N. LEVEL = = 0) {
      Insert P into N;
    If (N overfill) Split N;
  }
Else {//N 是中间结点
    〖Choose the entry in N whose rectangle needs least area enlargement to in-
    clude the new data rectangle. Resolve ties by choosing the entry with the
    rectangle of smallest area (Let's suppose it's entry is the answer);〗
    R _ Insert (N. pi, P);
    Adjust N. MBRi to enclose all rectangle in its child node;
  }
}
```

4. R 树删除

　　从 R 树中删除一个空间对象。首先得从 R 树中查找到记录该空间对象所在的叶结点，这就是 R 树的查找。从根结点开始，依次检索 MBR 包含空间对象的单元所对应孩子结点为根结点的子树。查询方式利用了 R 树的结构特征，减少了检索的范围，提高了检索的效率。查找到该空间对象所在的叶结点后，再删除其对应数据项，并向上依次调整父结点对应索引项的目录矩形直至根结点。如果删除该目标对应数据项后，可能造成叶结点下溢（索引项数目小于 m），则重新于树的叶结点层插入该叶结点中的剩余的所有数据项，然后释放此叶结点的存储空间，最后删除其父结点中与该叶结点对应的索引项。如果删除其父结点的索引项导致下溢，还需要作出类似的处理，使得 R 树的每个结点单元数不低于 m 这个下限，从而保证了 R 树结点的利用率。需要注意的是，重新插入索引项时应将其插入到正确的层（插入之前它们在树中的层次）。

```
Algorithm R _ Delete (N, P) {
/ * 从根结点为 N 的 R 树中删除数据矩形 P * /
  If (N: LEVEL = = 0) {//N 是叶结点
    If (N 包含 P) {
      从 N 中删除 P;
      N. COUNT = N. COUNT - 1;
        Return true;
      } Else
          Return false;
    } Else {
      For (i = 1; i<N. COUNT; i + +)
        If (N. MBRᵢ intersects with P)
          If (R _ Delete (N. pᵢ, P))
            If (N. pᵢ, COUNT> = m)
              Adjust N. MBRᵢ to enclose all child's rectangles;
            Else {
            〖Reinsert all remain entries of N. pᵢ and delete N. pᵢ; if N un-
              derfilled, Reinsert alI remain entries of it and delete
              it too...;〗
                }
      }
  }
}
```

5. 结点分裂

当向一个包含 M 个实体的结点 N 中插入新的空间实体时，将会导致结点的分裂，此时要把 $M+1$ 个实体对象分配到两个结点 L、L′中。结点分裂时，应该尽可能不让新的子结点在两个分支中都受检测。而最小外包是否与查询区域有覆盖，决定是否要访问某一个结点。对于结点的分裂，Guttman 提出了时间复杂度分别为结点索引项（数据项）个数的指数级、平方级、线性级的三个算法。这三个分裂算法保证了结点分裂产生的两个区域覆盖的区域总面积最小，以保证查询效率。其中，指数级算法找到的是全局最优解，但算法的时间复杂度太高，另外两个算法得到次优解。

设空间的维数为 k，要分裂的结点为 N。N_{ij} 表示结点 N 第 i 项第 j 维的值，$1 \leqslant i \leqslant M+1$，$1 \leqslant j \leqslant K$。线性级分裂算法的处理如下：

（1）从结点 N 的 $M+1$ 项中选择两个种子 N_s、N_t，使：

$$|N_{sb}-N_{tb}|=\max(|N_{id}-N_{jd}|),\forall i,j=1,2,\cdots,M+1;\forall d=1,2,\cdots,k;b\in\{1,\cdots,k\}$$

即找出相距最远的两项，分别划入 Group$_1$ 与 Group$_2$。

（2）设 MBR（Group$_j$）表示 Group$_j$ 中所有矩形的最小包围矩形，

$E_j=$ Area $[$MBR（Group$_j+N_i$）$-$MBR（Group$_j$）$]$

$A_j=$ Area $[$MBR（MBR（Group$_j$））$]$，$j=1,2$。

则对于 N 中没有划分至 Group$_1$ 或 Group$_2$ 的每一项依次做如下处理：①如果某一组已经包含 $M-m+1$ 项（注意一组最少需要 m 个元素）则将 N_i 划分至另一组，否则转②；②如果 $E_1<E_2$，则 $N_i\rightarrow$Group$_1$，如果 $E_2<E_1$，则 $N_i\rightarrow$Group$_2$，否则转③；③如果 $A_1<A_2$，则 $N_i\rightarrow$Group$_1$，如果 $A_2<A_1$，则 $N_i\rightarrow$Group$_2$，否则转④；④将 N_i 划分至元素少的那一组，如果元素个数相等，执行⑤；⑤将 N_i 划分至任一组。

（3）新增一个结点 M，将 Group$_1$ 与 Group$_2$ 的项分别存于 N 与 M，然后将在 N 的父结点中增加一项，指向结点如果从 N 的父结点溢出，做同样的分裂处理。

6. R 树分析

由于 R 树中一个空间对象完全包含于一个子空间中，因此不可避免各个子空间产生重叠。无论对于点查询还是对于区域查询都可能存在一条以上的搜索路径，遍历多个子树，使得查询效率降低。所以，R 树优化的一个重要途径就是尽可能减少各子空间之间的重叠，即增加各子空间内的数据聚集性，减少各子空间间的数据相关性。对于 R 树这样一种动态建立的树，索引的性能主要取决于结点插入算法，特别是插入后有溢出时的结点分裂算法。插入和分裂算法的不同是 R 树家族中各种索引机制之间的主要区别。

从 R 树的结构可以看出，让空间上靠近的空间要素拥有尽可能近的共同祖先，能提高 R 树的查询效率。在构造 R 树的时候，尽可能地让空间要素的空间位置的远近体现在其最近的共同祖先的远近上，形象地说就是让聚集在一起的空间要素尽可能早的组合在一起。但是用什么样的规则来衡量空间要素的聚集，是一个非常复杂的问题。由于衡量的方法不一样，由此产生了众多的 R 树的变型。

Guttman 使用面积这个指标来衡量空间上的聚集。在插入操作时，选择插入空间要素后外包络矩形面积增长最小的结点为根结点的子树。而在分裂溢出结点时，选择各种分裂组合中各部分外包络矩形面积之和最小的结合方式。而 R$^+$ 树在插入操作时则将叶结点和非叶结点分开考虑，采用不同的标准，并提出同时考虑外包络矩形的周长和其相互重叠的面积来衡量空间上的聚集，在分裂溢出结点时提出了更为复杂的算法。而 Hilbert R 树则利用分形中的一种空间填充曲线——Hilbert 曲线，将多维空间的空间要素映射到一维空间，利用该变换保持空间聚集的特性来解决这个问题。

让 R 树的结构尽可能的合理是一个非常复杂的问题。上面众多的方法都不能很完善地衡量空间的聚集，他们都只能做到局部的优化，无法保证由此形成的 R 树的整体结构最优。空间要素插入顺序的不同会形成不同结构的 R 树，所以随着空间要素的频繁插入和删除，会将 R 树的查询效率带向不可预知的方向。

但 R 树系列空间索引具有其他索引方法无法企及的优势：①它按数据来组织索引

结构，这使其具有很强的灵活性和可调节性，无须预知整个空间对象所在的空间范围，就能建立空间索引；②由于具有与 B 树相似的结构和特性，使其能很好地与传统的关系型数据库相融合，更好地支持数据库的事务、回滚和并发等功能。这是许多国外空间数据库选择 R 树作为空间索引的一个主要的原因。

7. R 树实例

下面给出一个 R 树的实例。图 5-17 为一地图与其对应的 R 树，其中地图被分为 A、B 两块，其中 A 块中包含空间对象 D、E、F、G，B 块中包含空间对象 H、I、J、K。图中虚线框分别表示覆盖 A、B 两块所有对象的最小范围。与该地图相对应的是一个 4 阶 R 树，该树除根结点外的所有结点最少含 2 个元素，最多含 4 个元素。如果对图 5-17 中 B 块加入空间对象 L，由于 B 块含有 5 个空间对象，因而要分裂成 B、C 两块，R 树也要相应进行分裂，如图 5-18 所示。同样，在删除空间对象时，有可能引起 R 树某些结点的合并。R 树的查询比较简单，如图 5-19 所示，其中 W 是用户查询范围。查询时，先在图 5-19 的 R 树根结点中查询与 W 相交的块，A 与 W 相交，则再在 A 的子结点中查与 W 相交的对象，D、E、F、G 都不与 W 相交，则返回到根结点，找到下一个与 W 相交的块 B，则再在 B 的子结点中查与 W 相交的对象，最终查找到 H 是与 W 相交的对象。

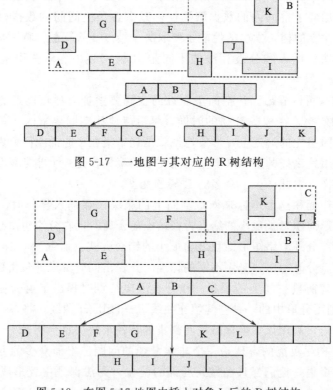

图 5-17　一地图与其对应的 R 树结构

图 5-18　在图 5-17 地图中插入对象 L 后的 R 树结构

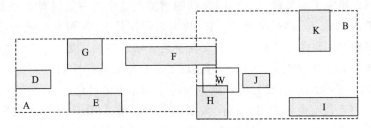

图 5-19   基于 R 树的地图范围查询

5.4.2   R⁺树索引

1. R⁺树及其特点

对 R 树来说，覆盖区域的大小和叠置是影响其搜索性能的重要因素。某一层的 R 树的覆盖范围是能包含这一层的所有结点覆盖范围的最小范围，叠置是某一层的两个和多个结点的公共区域的总和。显然，有效的 R 树搜索要求覆盖范围和叠置区域最小。最小的覆盖范围减少了结点的空白（死）区域，死区域是不存放几何信息的区域。

虽然 R 树比较容易进行删除和插入操作。不同结点的边界矩形可能相交，同时一个空间对象可能属于多个结点，可能要对多条路径进行搜索后才能得到最后的结果，这意味着可能要访问多个结点来确认某个空间对象的存在与否，使空间搜索的效率降低。改进这样的不足的方法是 R⁺树（Sellis et al.，1987）。它是兄弟区域之间没有重叠的索引方法。R⁺树索引的主要特征是在 R⁺树中兄弟结点对应的空间区域没有重叠，这样划分空间可以使空间搜索的效率提高。R⁺树也是 R 树的一个变种，在 R⁺树中，兄弟结点对应的空间区域没有重叠，这样划分空间可以使空间搜索的效率提高。图 5-20 为一 R⁺树对空间的划分及其索引对象的 MBR 组织。

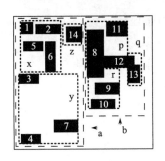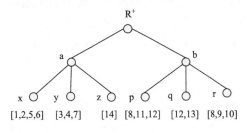

图 5-20   R⁺树索引示意图

如果一个查询窗口落在 K 个相互重叠的区域内，那么最坏的情况下，要遍历 K 个子结点，因此降低了搜索效率。实际表明，无区域重叠情况只有在数据点是预先知道的情况下出现，并且对 R 树使用紧缩技术，搜索效率会显著提高。但是，矩形是包围空间实体的最小矩形，如果采取分割矩形的方法会避免在中间结点之间出现区域重叠。当较低层出现矩形区域重叠时，把矩形分割成几个子矩形。虽然在避免区域重叠的同时增加了空间范围、增加了树的深度，空间范围的增加在整个树中呈现对数分布，但是深度的增加远小于搜索多个短路径的开支。R$^+$树可以看作是 KDB 树在多维区域的扩展，使它能处理多维的空间对象。它的改进表现在覆盖区域的减少，某一层的区域不必覆盖整个初始化区域，而且和 R 树比较，R$^+$树表现了非常好的查找性能，尤其是点查询。

R$^+$树是由一系列结点组成的树，结点分为中间结点和叶结点。叶结点表示为（OI，MBR），其中，OI 是对象标识符，指向数据库中的对象；MBR 是描述数据对象的最小外接矩形。在二维空间中，一个数据项矩形用矩形的左下角和右上角表示，即（X_{low}，X_{high}，Y_{low}，Y_{high}），中间结点表示为（p，MBR），其中，p 是指向它的子树的指针，M 是一个叶结点和中间结点的最大数据项数。

R$^+$树结构有以下特征（Beckmann et al.，1990）：

（1）对于一个中间结点的每一个数据项（p，MBR），p 指针所指的子树包含一个矩形 R，如果 R 不是叶结点的矩形，则 R 一定被 MBR 所包含。如果 R 是叶结点的矩形，则 R 和 MBR 相交。

（2）对于一个结点的任意两个数据项（p_1，MBR_1）和（p_2，MBR_2），这两个矩形不相交。

（3）根结点至少有两个子结点，除非它是叶结点。

（4）叶结点中的数据矩形允许并可能重叠。

（5）所有的叶结点在同一层。

显然，R$^+$树与 R 树的区别主要有三点：

（1）R$^+$树的结点中对数据项和索引项的填充个数没有严格限制，而 R 树要求至少有 m 个。

（2）R$^+$树中间结点的目录矩形不允许重叠，而 R 树目录矩形允许重叠。

（3）R$^+$树中空间目标标识重复存储在多个叶结点，而 R 树无目标重复存储。

2. R$^+$树查找

R$^+$树的查找算法与 R 树雷同，与 R 树相比，对于区域查找，查找路径应该可以减少，但依旧可能有多条；对于点查找，则可以通过一条路径得到查找结果。

算法 Search（R，W）/ ＊ R：R$^+$树的根结点，W：查找矩形窗口 ＊ /

S_1. ［查找中间结点］

 If R 是非叶结点 then

  For R 的每一索引项（p，MBR）DO

   If MBR∩W≠∅ then Search（p，W∩MBR）

S_2. ［查找叶结点］

 If R 是叶结点 then

   检查 R 的每一数据项（OI，MBR）

   Return 所有与 W 相交的数据矩形

3. R$^+$树插入

在插入时，由于 R$^+$树每个结点有最大数据项数目限制，如果超过时要对结点进行分裂，因为各个兄弟结点之间的区域不重叠，所以，在插入时，一个矩形可能要分为多个子矩形。插入算法由插入（Insert）、结点分裂（Split Node）和分割（Partition）三部分组成。

R^+ 树的插入算法与 R 树的插入算法有所不同。在插入时，由于 R^+ 树每个结点有最大数据项数目限制，如果超过时要对结点进行分裂，因为各个兄弟结点之间的区域不重叠，所以在插入时一个矩形可能要分为多个子矩形。插入算法首先是找中间结点。如果 R 不是叶结点，对于 R 的每一个数据项（p，MBR），比较 MBR 与 IR 是否相交，如果相交，调用 Insert（CHILD，IR），其中，CHILD 是 p 指针指向的结点。如果 R 是叶结点，把 IR 插入到 R 中。如果插入后，R 的数据项数目超过了 m，则调用结点分裂算法 SplitNode（R）。结点分裂算法 SplitNode（R）将在后面描述，R^+ 树的插入算法形式化描述如下：

Algorithm Insert（R，IR）{
/＊R 为 R^+ 树的根结点，IR 为要插入的数据矩形＊/
I_1. ［查找中间结点］
  If（R 是非叶结点）then
    For（p，MBR）do
      If（MBR∩IR≠∅）then Insert（CHILD，IR）;
        I_2. ［查找叶结点］
        If（R 是叶结点）then
      If（R 已有 M 个数据项）then SplitNode（R）;
    Else 插入 IR 于 R;
  }

4. R^+ 树删除

从 R^+ 树中删除一个矩形，和 R 树比较相似。先定位必须删除的矩形，然后删除。其过程是首先找中间结点。如果 R 不是叶结点，对于 R 的每一个数据项（p，MBR），比较 MBR 与 IR 是否相交，如果相交，调用 Delete（CHILD，IR），CHILD 是 p 指针指向的结点；如果 R 是叶结点，把 IR 从 R 中删除。调整包括剩下子矩形的父结点。显然大量删除后，存储空间利用率会显著下降。R^+ 树应该周期性地重新组织以获得较好的性能。

由于数据矩形可能被插入到多个叶结点，因此 R^+ 树的删除算法必须同时删除一个数据矩形的多个拷贝。删除算法的形式化描述如下：

Algorithm Delete（R，IR）{
/＊R 为 R^+ 树的根结点，IR 为要删除的数据矩形＊/
D_1. ［查找中间结点］
  If（R 是非叶结点）then
    For R 的每一索引项（p，MBR）do
      If（MBR∩IR≠∅）then Delete（CHILD，IR）:
D_2. ［查找叶结点］

```
If（R 是叶结点）then
        从 R 中删除 IR 且调整 R 的父结点中对应的目录矩形；
}
```

显然，经过多次执行 Delete 后，R^+ 树的空间利用率大大下降，因此，必须采用周期性的结构重组或其他策略来保证一定的空间利用率。

5. 结点分裂

R^+ 树和 R 树的插入算法的不同在于，要插入的矩形可能要加入到多个叶结点，因为它可能被分割成几个子矩形。溢出的结点被分割，分割既向父结点传播也向子结点传播。当父结点被分割后，子结点必须重新组织。

当一个结点的数据项溢出时，必须首先找到一个很好的分隔线将其索引空间一分为二，产生两个在空间上不能重叠新结点，这一过程称为划分（Partition）。以二维空间为例，Partition 通过一平行于 x 轴 C_x 或 y 轴 C_y 的直线将结点的索引空间进行划分，究竟选择 C_x 还是 C_y 是基于如下四个准则（郭薇等，2006）：①尽量使邻近的矩形在同一子空间（最大化矩形的群集）；②尽量使 x 和 y 方向的总体位移最小；③尽量使划分产生的两个子空间的覆盖面积最小；④尽量最小化划分所引起的其他矩形的分裂。前面三个准则是为了减少目录矩形的覆盖面积及"死空间"，第四条准则是为了限制树的高度。值得注意的是，第四条准则只能最小化下一级结点的分裂，并不能保证整体分裂数量的最小化，而且，这四条准则不可能同时都得到满足。

分割的向下传播是重要的。如果 A 是 B 的父结点，B 是 C 的父结点，如果 A 结点必须被分割，则 B 和 C 也必须被分割。这是由 R^+ 树的特性决定的。如果 R 不被 A 结点的矩形所包含，R^+ 树要求矩形 R 不应该在以 A 为根结点的子树中被发现，因此，和分隔线相交的结点必须被递归的分割，直到它是叶结点，对象无法继续分割为止。分裂算法过程是：

（1）调用 Partition 算法，让（p，MBR）和结点 R 相关联。S_1 和 S_2 表示分割以后的矩形。创建两个结点 $n_1 =$（p_1，MBR_1）和 $n_2 =$（p_2，MBR_2），它们是由 R 分割后产生：$MBR_i = MBR \cap S_i$，其中（$i = 1, 2$）。

（2）如果要加入的结点 p_k，不被分割后的矩形包含 $MBR_k = MBR_k \cap MBR_i$，其中（$i = 1, 2$）；如果 R 是叶结点，把 MBR_k 加入到两个结点中；否则继续使用结点分割算法递归地对子结点分割。

（3）分割向上传播，如果 R 是根结点，创建新的根结点有两个子结点；否则让 PR 作为 R 的父结点，把 R 用 n_1 和 n_2 代替。如果 PR 超过了 M 个数据项，继续分割。

结点分裂算法形式化描述如下：

```
Algorithm SplitNode (R) {
    SN₁ [寻找一个划分]
            调用 Partition；
            〖设（p，MBR）为与 R 相关联的索引项，S₁ 与 S₂ 表示划分得到的两个
            子区域，创建两个新结点 n₁ =（p₁，MBR₁）与 n₂ =（p₂，MBR₂），MBRᵢ
            = MBR∩Sᵢ，i = 1，2；〗
```

SN₂ ［填充新结点］

    For（R 的每一项（p_k，MBR_k）do

      If（$MBR_k \cap MBR = = MBR_k$）then // MBR_k 完全包含于 MBR_i

        Put（p_k，MBR_k）in n_i；

      Else // MBR_k 与 MBR_1 及 MBR_2 都重叠。

        If（R 是叶结点）then

        Put（p_k，MBR_k）in n_1 与 n_2；

        Else

      〖用划分线继续分裂（p_k，MBR_k）所指结点，设得到的新结点为：$nk_1 = $（$p_{k1}$，$MBR_{k1}$），$nk_2 = $（$p_{k2}$，$MBR_{k2}$），$MBR_{ki}$ 完全包含于 MBR_i，将 nk_i 加入到 n_i，i = 1，2；〗

SN₃ ［向上传播结点分裂操作］

    If（R 是根结点）

     创建一新根结点，n_1 与 n_2 为其两孩子结点；

    Else

    〖在 R 的父结点 PR 中，用 n_1 与 n_2 替换 R。如果 PR 的索引项个数超过 M，那么调用 SplitNode（PR）。〗

    }

6. R⁺ 树分析

R⁺ 树中间结点目录矩形没有重叠，因此对于点查询而言，查找路径只有一条，区域查询时的搜索分支数可以减少。R⁺ 树存在的主要问题是：结点分裂操作复杂，且可能向上级结点及下级结点蔓延，这就会导致结点分裂的增加及目标的多次重复存储，除了存储空间开销大之外，树的深度也会增加，这又会影响查找性能。可以预见，对于多维空间及大型的空间数据库系统而言，由于分裂操作的复杂及蔓延，R⁺ 树的索引效率较差。

5.4.3　R* 树 索 引

R* 树由 Beckmann 等提出（Beckmann et al.，1990）。它继承了 R 树的结构，R* 树在结构上与 R⁺ 树完全相同，在树的构造、插入、删除、检索算法上也基本相同，但在算法上做了许多细致的研究，特别在插入算法方面作了较多改进，显著提高了性能。以下简要介绍 R* 树与 R 树相比算法上的差异。

1. R* 树的插入

一个结点插入一个索引项后，则覆盖该结点所有索引项的目录 MBR 将扩大。在 R 树中，选择使目录 MBR 面积扩大得最小的结点插入。若有多个结点满足此条件，则选择目录 MBR 面积最小的结点。在 R* 树中，对非叶结点，采取与 R 树相同的优化准则，但是对叶结点，采用不同的优化准则。插入叶结点后，其目录 MBR 也扩大，它与其他同级目录 MBR 重叠的面积之和也会随之增加，R* 树要求选择插入后使其目录 MBR 与其他目录 MBR 重叠面积之和最小的叶结点；若有多个叶结点满足此条件，则选其中使目录 MBR 在插入后面积扩大得最小的叶结点。如前所述，如果目录 MBR 之间有重叠，则在查询时，可能需要多路搜索，从而增加开销。因此，在 R* 树的叶结点插入优化准则中，为了选择一合适的插入路径，将目录 MBR 间的重叠面积作为选择插入叶结点的首要依据。

设 E_1、E_2、$\cdots$、E_p 为 R* 的结点的各项，则各索引项的重叠计算公式如下：

$$\text{Overlap}(E_k) = \sum_{i=1, i \neq k}^{p} \text{area}(E_k \cdot \text{MBR} \bigcap E_i \cdot \text{MBR}), 1 \leqslant k \leqslant p \tag{5-1}$$

R* 树的插入路径的选择算法形式化描述如下（郭薇等，2006）：

Algorithm ChooseSubtree ｛

（1）Set N = Root；

（2）If（N 是叶结点，then

      Return N

    Else

        If N 的孩子指针指向叶结点，then//通过最小重叠代价决定

            〖选择包含新增数据矩形后，目录矩形重叠增长最小的索引项；如重叠增长相同，则选择目录矩形面积增长最小的索引项；如面积增长依旧相同，则选择目录矩形面积最小的索引项。〗

        Else //N 的孩子指针指向中间结点，通过最小面积代价决定

            〖选择包含新增数据矩形后，目录矩形面积增长最小的索引项；如面积增长相同，则选择面积最小的索引项。〗

（3）Set N =（2）中选定索引项指向的结点，重复执行（2）。

    ｝

实验显示，对中间结点同时考虑索引项目录矩形的"重叠"与"面积"，效果没有提高，但对于叶结点，效果略好。所以，R* 树的插入路径选择算法仅仅只在对叶结点的选择时，同时考虑索引项目录矩形的"重叠"与"面积"，对中间结点的选择与 R 树相同。

显然，求最小重叠的索引项，需要计算结点各项的重叠（Overlap），时间复杂度是 $O(p^2)$，p 为结点的索引项数（或孩子个数）。对于大结点（p 很大）而言，"相距较远"的矩形重叠的可能性很小，即使重叠，重叠程度也很小，为了降低成本，可以用"几乎最小重叠"代替"最小重叠"，方法如下：

按包含新增数据矩形后目录矩形"面积"增量的大小，将结点中的索引项按升序排列，选定前 q 个索引项，则各索引项的重叠计算公式改为

$$\text{NearlyOverlap}(E_k) = \sum_{i=1, i \neq k}^{q} \text{area}(E_k \cdot \text{MBR} \bigcap E_i \cdot \text{MBR}), 1 \leqslant k \leqslant p \tag{5-2}$$

显然，求几乎最小重叠的索引项，同样需要计算结点各项的重叠，时间复杂度降为

线性阶 O（p）。实验表明，对于二维情况，q 取 32 时，检索性能与采用最小重叠方法相比几乎没有降低。

测试表明，对于非均匀分布的"小"数据矩形或点的空间数据库上的"小"查询矩形区域而言，插入路径选择的优化对检索性能提高很大。

2. 结点的分裂

设 k 维空间的矩形表示为 $(I_1, I_2, \cdots, I_k)$，其中 $I_i = (Low_i, High_i)$，表示该矩形在第 i 维的"间隔"，$1 \leqslant i \leqslant k$，则 R* 树的分裂采用了下述方法：

对于每一空间轴（维）i（$1 \leqslant i \leqslant k$），将待分裂的 $M+1$ 项的数据（目录）矩形分别以 Low_i 和 $High_i$ 的值排序。对于 $2k$ 种排序中的每一种，确定 $M-2m+2$ 种将 $M+1$ 划分为两组（其中每组的元素个数介于 m 与 M）的分类方法。这里，第 j（$j=1$，2，$\cdots$，$M-2m+2$）种分类为：第一组取这一排序中的前 $m-1+j$ 项，第二组取剩余项。

对于每一种分类方法，计算其"优势值（goodness values）"，依据其"优势值"，确定最终的划分方法。

R* 树考虑了三种"优势值"的计算方法，分别是：

(1) area－value＝area $[$MBR（Group$_1$）＋area $[$MBR（Group$_2$）$]]$ (5-3)

(2) margin－value＝margin $[$MBR（Group$_1$）＋margin $[$MBR（Group$_2$）$]]$

(5-4)

(3) overlap－value＝area $[$MBR（Group$_1$）$\bigcap$MBR（Group$_2$）$]$ (5-5)

这里，MBR 表示一组"矩形"的最小约束矩形，area（x）表示矩形的 x 的"面积"，margin（x）表示 x 的所有边的长度之和。

经过对三种"优势值"及不同使用方法的组合情况进行实验测试，R* 树选择了整体性能最优的方法，算法描述如下：

Algorithm Split

(1) 调用 Choose SplitAxis 确定结点分裂时所依据的空间轴；

(2) 调用 Choose SplitIndex 确定沿该分裂轴最佳的划分方法；

(3) 根据选项定的方法将 $M+1$ 项分为两组。

Algorithm ChooseSplitAxis

(1) 对于每一空轴（维）i（$1 \leqslant i \leqslant k$），将待分裂的 $M+1$ 项分别以 Low_i 和 $High_i$ 的值排序，按上述方法确定所有的划分方法，共 $2（M-2m+2）$ 种，并计算所有划分方法的 margin-value 之和 S；

(2) 返回 S 值最小的空间轴（维）。

Algorithm ChooseSplitIndex

〖沿选定的分裂轴，从 $2（M-2m+2）$ 种划分方法中选择 overlap－value 值最小的划分方法，如果有多于 2 种方法的 overlap－value 值大小相同，则选择 area－value 值最小的。〗

对于结点的分裂算法，时间开销主要是：①对于每一空间轴，待分裂结点的对$M+1$项必须进行两次排序，时间复杂度为O（$M\log$（M））；②对于每一空间轴，需要求2（2（$M-2m+2$））个矩形的 margin 的值；③对于选定的分裂轴，需要求2（$M-2m+2$）个矩形的 overlap 的值。

3. 强制重新插入

无论是 R 树还是 R* 树都是动态建立的。对于同一空间目标集合，插入的顺序不同，所构造的 R 树或 R* 树是不同。先插入的空间目标可能已经在树中引入了"不合适"的目录矩形，从而导致树的结构不利于查询。在 R 树中，尽管在结点分裂时已经对部分数据项（索引项）进行了重新分配组合，但这种重组是局限于很小的索引区域的，树的结构没有得到优化。R* 树作为 R 树的一个变种，采取了一种"强制重新插入"的技术。当结点发生溢出时，保留结点中最相邻的一部分 MBR，而其余的则依据插入算法重新插入。"强制重新插入"技术从一定程度上扩大了重新组织数据时所应考虑的数据空间的范围，使索引的效率大大提高，因此 R 树的性能得到了很大的改善。

以下是强制重插的形式化描述：

Algorithm OverflowTreatmet｛
    If（（分裂结点不是根结点）&&（在插入数据矩形的过程中，对分裂结点所在
        层而言是第一次调用 OverflowTreatment））
        调用 Reinsert；
    Else
调用 Split；｝
Algorithm Reinsert｛
（1）对分裂结点的 N 的 $M+1$ 项，计算它们的矩形中心点到 N 的约束矩形中心点的距离；
（2）按距离降序排列 N 的 $M+1$ 项；
（3）从 N 中删除排序的前 t 项并调整 N 的约束矩形；
（4）从最大距离（far reinsert）或最小距离（close reinsert）开始，调用插入算法重新插入这 t 项。｝

从算法可知，如果插入一数据矩形，树每层的第一次溢出处理是重新插入分裂结点中的 t 项。如果分裂结点中的 t 项全部重新插入到此结点本身，则将引起分裂操作；否则，分裂操作可能发生在其他一个或多个结点。但在多数情况下，分裂操作可以避免。

尽管 R* 树的构造过程时间开销有所增加，实验表明，R* 树的检索性能和空间利用率都得到了较大的提高，也就是说，R* 树以增加少量的构造时间开销换取了更高的查找性能。不过，R* 树中存在的多路径查找依然是制约检索性能的瓶颈。

5.4.4　CELL 树索引

针对 R 树和 R⁺ 树在插入、删除与空间搜索效率两个方面难于兼顾的问题，产生了
CELL 树索引。它在空间划分时不再
采用矩形作为划分的基本单位，而是
采用凸多边形来作为划分的基本单
位，具体划分方法与 BSP 树有类似之
处，子空间不再相互覆盖，如图 5-21
所示。CELL 树的磁盘访问次数比 R
树和 R⁺ 树少，由于磁盘访问次数是
影响空间索引性能的关键指标，因此
大大提高了搜索性能，故 CELL 树是
比较优秀的空间索引方法（边馥苓，
2006）。

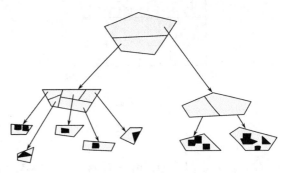

图 5-21　CELL 树

5.5　四叉树索引

四叉树是一种经常使用的空间索引结构，可以适用于点数据、区域数据，或更高维
数据的索引查询。

5.5.1　点四叉树索引

点四叉树是 QuadTree 的一个变种，主要是针对空间点的存储表达与索引（Finkel
and Bentley，1974），与 KD 树相似，两者的差别是在点四叉树中，空间被分割成 4 个
矩形，4 个不同的多边形对应于 SW、NW、SE、NE4 个象限。对于 k 维数据空间而
言，以新插入的点为中心将其对应索引空间分为两两不相交的 2^k 个子空间，依次与它
的 2^k 个孩子结点相对应，对于位于某一子空间的点，则分配给对应的子树。点四叉树
的每个结点存储了一个空间点的信息及 2^k 个孩子结点的指针，且隐式地与一个索引空
间相对应。其搜索过程和 KD 树相似，当一个点包含在搜索范围内时被记录下来，当一
个子树和搜索范围有交叠时它将被穿过。如果想从 Point QuadTree 中删除一个点的话，
则会引起相应的子树的重建，一个简单的方法是将所有子树上的数据重新插入。
图 5-22是二维空间的一棵点四叉树的例子。

点四叉树的构造过程如下：

（1）输入空间点 A，由于四叉树为空，因此 A 作为四叉树的根结点，其隐式对应
的索引空间为整个数据空间。以 A 为划分原点，将对应的索引空间划分为 NE、NW、
SW、SE4 个子空间（象限），依次为其 4 个孩子结点隐式对应的子空间。

（2）输入空间点 B，由于 B 落入 A 的 NW 象限且 A 的 NW 孩子结点为空，因此 B
作为 A 的 NW 孩子结点，同样地，C 作为 A 的 SW 孩子结点。

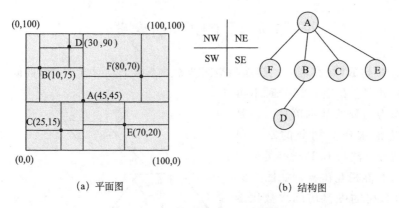

(a) 平面图　　　　　　　　　　(b) 结构图

图 5-22　一颗二维的点四叉树结构

（3）输入空间点 D，由于 D 落入 A 的 NW 象限，继续往下查找，D 落入 B 的 NE 象限且 B 的 NE 孩子结点为空，因此 D 作为 B 的 NE 孩子结点。

（4）空间点 E、F，分别作为 A 的 SE、NE 孩子结点。

尽管点四叉树的构造过程非常简单，但当删除一个点时，该点对应结点的所有子树结点必须重新插入至四叉树中，效率很差。对于精确匹配的点查找，查找路径只有一条，且最大查找结点数为四叉树的深度，查找效率较高，但是对于区域查找，查找路径有多条。

点四叉树的优点是结构简单，对于精确匹配的点查找性能较高。其缺点有：①树的动态性差，删除结点处理复杂；②树的结构由点的插入顺序决定，难以保证树深度的平衡；③区域查找性能较差；④对于非点状空间目标，必须采用目标近似与空间映射技术，效率较差；⑤不利于树的外存存储与页面调度；⑥每个结点须存储 2^k 个指针域且其中叶结点中包含许多空指针，尤其是当 k 较大时，空间存储开销大，空间利用率低。

5.5.2　MX 四叉树索引

MX 四叉树索引即 Matrix 四叉树索引。在 k 维空间中，整个数据空间被分割成 4 个矩形。4 个不同的多边形对应于 SW、NW、SE、NE4 个象限。每次分割空间时，都是将 1 个正方形分成 4 个相等的子正方形，依次重复地进行 2^k 次等分，直到每个正方形的内容不超过所给定的桶量（如一个对象）为止，空间中的每一点都属于某一象限且位于该象限内，每一象限均只与一个空间相关联。在 MX 四叉树中，叶结点的黑结点或空结点分别表示数据空间某一位置空间点的存在与否。图 5-22 为二维空间的一棵 MX 四叉树的例子。如图 5-23 所示，A、B、C、D 都位于某一象限内。需要注意的是，尽管 D 位于两个大小等级不同的象限内，但其应属于最下一级象限（最后一次空间划分所产生的子象限），这就决定了所有的空间点位于四叉树的叶结点。

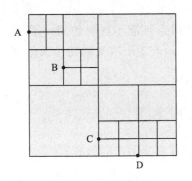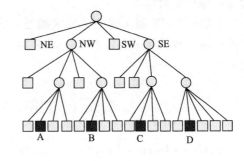

图 5-23　一颗二维的 MX 四叉树例子

MX 四叉树具有如下特点：①所有的点都位于叶结点，树的深度是平衡的；②所有的数据都处在四叉树的同一个深度，多个点可以由一个指针连接；③空间的划分是等分，划分生成的每个象限都具有相同的大小；④可以采用线性四叉树的存储结构，避免指针域的存储，提高空间利用率。

MX 四叉树的缺点有：①插入（删除）一个点可能导致树的深度增加（减少）一层或多层，所有的叶结点都必须重新定位；②树的深度往往很大，将影响查找效率。

5.5.3　PR 四叉树

PR（Point Region）四叉树是点四叉树的一个变种。它不使用数据集中的点来分割空间。在 PR 四叉树中，每次分割空间时，都是将 1 个正方形分成 4 个相等的子正方形，依次进行，直到每个正方形的内容不超过所给定的桶量（如一个对象）为止。PR 四叉树是四叉树用于二维空间的索引结构，由图 5-24 可知，在有空间数据存在的情况下，空间数据所在的区域若包含 1 个以上的数据，这个区域会分割成 4 个相等的子正方形，直到树的最终结点中只包含 1 个空间数据或没有数据。

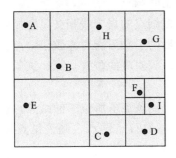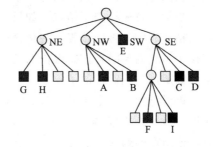

图 5-24　PR 四叉树的索引结构

PR 四叉树结构和算法较简单，类似于点四叉树，因此它也具备点四叉树相同的缺点，不是高度平衡树，不能很好地运用聚集来减少 I/O。

PR 四叉树与 MX 四叉树的构造过程类似，不同的是当分解到 1 个象限只包含 1 个点时，不需要继续分解使该点位于最小象限，另外，插入或删除一个点也不会影响到其他的分支，操作很简单。

PR 四叉树与 MX 四叉树的主要区别是：①叶结点可能不在树的同一层次；②PR 四叉树的叶结点数及树的深度都小于 MX 四叉树，因此 PR 四叉树的检索效率要高于 MX 四叉树。

5.5.4　CIF 四叉树索引

CIF（Caltech Intermediate From）四叉树是针对表示 VLSI（Very Large Scale Integration）应用中的小矩形而提出的，它可以用于索引间矩形及其他形体。它的组织方式与区域四叉树相似，数据空间被递归地细分直至产生的子象限不再包含任何矩形。在分解的过程中，与任一划分线相交的矩形与该划分线对应的象限相关联，属于一个象限的矩形不能属于祖先象限，换句话说，矩形只属于完全包围它的最小象限。图 5-25 是二维空间一颗 CIF 树的例子（这里假设数据桶的容量为 3 个矩形）（郭薇等，2006）。

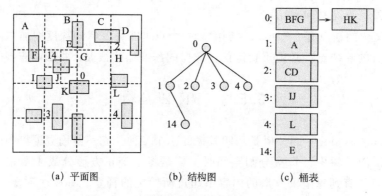

(a) 平面图　　　　(b) 结构图　　　　(c) 桶表

图 5-25　二维空间 CIF 四叉树的一个例子

对于相交查询，从根结点开始，首先检查与之关联的所有矩形是否为查找结果，接下来检查象限空间与查询区域相交的孩子结点直至叶结点。

插入一个矩形，首先检查根结点，如果其与根结点的划分线相交，则插入该矩形到根结点对应的桶链表中；否则接着检查包含该矩形的子象限所对应孩子结点。如果检查到某一没有孩子结点的象限且该矩形依旧没有插入到对应的位置，那么该象限必须再次细分，直至为该矩形找到对应的子象限。

删除一个矩形与插入一个矩形相对应，首先找到该矩形所位于的结点，然后从其数据桶中删除该矩形，如果桶链表为空，且该结点没有孩子结点，则该结点可以同时删除，同样地，该结点的删除可能导致父结点被删除。

与 MX 四叉树、PR 四叉树相比，CIF 四叉树可以用于索引矩形及任何其他形体的空间目标而不需要经过目标近似与空间目标映射。因此，对于区域查询，效率要高一些。但是区域查询往往需要访问多个结点对应的存储桶，尤其是当索引量增大、大区域结点包含较多数据矩形时，外存 I/O 开销很大。

5.5.5 基于固定网格划分的四叉树索引

1. 索引原理

在基于固定网格划分的四叉树空间索引机制中，二维空间范围被划分为一系列大小相等的棋盘状矩形，即将地理空间的长和宽在 X 和 Y 方向上进行 2^N 等分，形成 $2^N \times 2^N$ 的网格，并以此建立 N 级四叉树（顾军和吴长彬，2001）。其中，树的非叶结点（内部结点）数的计算公式为

$$MAX \_ NONLEAFNODE \_ NUM = \sum_{i=0}^{N-1} 4^i \qquad (5\text{-}6)$$

叶结点（外部结点）数的计算公式为

$$MAX \_ LEAFNODE \_ NUM = 2^N \times 2^N = 4^N \qquad (5\text{-}7)$$

若非叶结点从四叉树的根结点开始编号，从 0 到 $MAX \_ NONLEAFNODE \_ NUM\text{-}1$，叶结点则从 $MAX \_ NONLEAFNODE \_ NUM$ 开始编号，直到 $MAX \_ NON\text{-}LEAFNODE \_ NUM + MAX \_ LEAFNODE \_ NUM\text{-}1$。图 5-26 为二维空间的二级划分（$N=2$）及其四叉树结构。根据计算公式，$N=2$ 时，非叶结点数为 5，编码从 0 到 4，叶结点数是 16，编码从 5 到 20。

在四叉树中，空间要素标识记录在其外包络矩形所覆盖的每一个叶结点中，但是，当同一父亲的四个兄弟结点都要记录该空间要素标识时，则只将该空间要素标识记录在该父亲结点上，并按这一规则向上层推进。如图 5-26 所示，面空间要素 R1 的外包络矩形同时覆盖 5、6、7、8 四个兄弟子空间，根据以上规则，只需在他们的父亲结点——1号结点的面空间要素索引结点表中记录 R1 的标识；面空间要素 R2 的标识则记录在叶结点 10 和 12 的面空间要素索引结点表中；线空间要素 L1 的标识符记录在 13、14、15、16 的父亲结点（3 号结点）的线空间要素索引结点表中；点空间要素 P1 的标识记录在叶结点 17 的点空间要素索引结点表中。

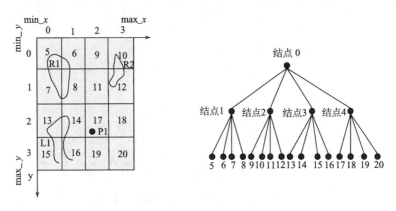

图 5-26　$N=2$ 时的空间划分及其四分树结构

2. 索引分析

基于网格划分的四叉树索引的构成方式与网格索引有些类似，都是多对多的形式，即一个网格可以对应多个空间要素，同时一个空间要素也可以对应多个网格。但与一般网格索引不同的是：它有效地减少了大的空间要素（跨越多个网格）在结点中的重复记录，并且这种索引机制空间要素的插入和删除都较简单，只需在其覆盖的叶结点和按照上面的规则得到的父亲和祖先结点中记录或删除其标识即可，没有像 R 树一样的复杂耗时的分裂和重新插入操作。同时，其查询方式也比较简单。例如，要检索某一多边形内和与其边相交的空间要素，只需先检索出查询多边形所覆盖的叶结点和其父亲和祖先结点中所有的空间要素，然后再进行必要的空间运算，从中检索出满足要求的空间要素。

5.5.6 线性可排序四叉树索引

1. 索引原理

线性可排序四叉树索引是 SuperMap 研制出来的一种扩展型四叉树索引。它与传统四叉树索引的不同之处有两点：一点是四叉树结点编码方式不同；另一点是结点和空间要素的对应关系不同。

线性可排序四叉树索引在编码上放弃了传统的四叉树编码方式，其编码方式如图 5-27 所示，首先将四叉树分解为二叉树，即在父结点层与子结点层之间插入一层虚结点，虚结点不用来记录空间要素，然后按照中序遍历树的顺序对结点进行编码，包括加入的虚结点。

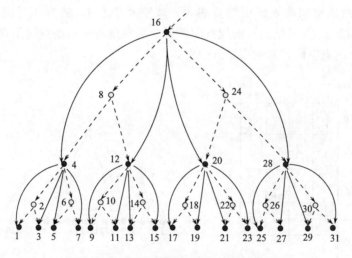

图 5-27　线性可排序四叉树编码示意图

进行空间查询的时候，首先根据查询区域生成所要搜索的结点编号的集合。由于新的编码方式，孩子和父亲结合编号的连续性将结点编号集合变换成连续的结点编号的范围,这样就可以很容易地用 SQL 模型构造条件,从索引表中检索出满足要求的空间要素。

假设某个结点位于四叉树的第 N 层,可排序四叉树编码为 Index。它的 4 个子结点位于树的第 $N-1$ 层,编码从左到右分别为 Index _ C1、Index _ C2、Index _ C3、Index _ C4,则它们之间有如下关系:

$$Index \_ C1 = Index - 3 \times 4 \times (N-1) \qquad (5-8)$$

$$Index \_ C2 = Index - 4 \times (n-1) \qquad (5-9)$$

$$Index \_ C3 = Index + 4 \times (n-1) \qquad (5-10)$$

$$Index \_ C4 = Index + 3 \times 4 \times (n-1) \qquad (5-11)$$

通过编码值很容易确定结点在树中的层数。在进行查询时,给定一个查询范围,假定为矩形,这个矩形范围唯一地对应一个四叉树结点。通过结点的编码,可以快速计算出在这棵子树下的所有子结点。

找子结点的范围的程序伪代码如下:

```
GetIndexRange (long Index, long Min, long Max)
{
    long n = GetLayerNum (Index);
    Min = Max = Index;
    While (n>0)
      {
          Min = Min - 3×4× (n-1);
          Max = Max - 3×4× (n-1);
          n = n - 1;
      }
}
```

在获得子树下所有结点编码的范围以后,利用如下 SQL 模型可以查询出相应的空间要素来。

Select * From 表名 Where (ID0>Min and ID0<Max)

利用四叉树编码大致地确定空间数据的位置后,就可以在此基础上,通过空间算子进行空间运算和空间分析。

2. 索引分析

线性可排序四叉树结点和空间要素的对应关系为一对多。一个结点可以对应多个空间要素,但是一个空间要素只能对应一个结点。它将空间要素记录在包含它的最小子空间所对应的结点中,这样可以免除由于多对多机制所带来的查询时需要重排的麻烦。

线性可排序四叉树编码的连续性特点避免了采用传统编码方式的以下缺点:四叉树划分较深;查询时涉及的结点太多时,很容易使检索的 SQL 模型超过允许的长度。

线性可排序四叉树的不足之处是当四叉树结构发生变化时,如向下再划分一层,则必须给所有的结点重新编码,即重新构造索引表。这使得该索引缺少一定的灵活性,而采用传统编码的四叉树就不存在这种问题。

5.6 可扩展的哈希索引

5.6.1 网格文件

1. 网格文件定义

　　网格文件（The Grid File）是一种典型的基于哈希的存取方式，它是由包含着很多与数据桶相联系的单元的网格目录来实现的。网格文件的基本思想是根据一个正交的网格（Orthogonal Grid）划分 k 维的数据空间，如图 5-28 所示。网格是用 k（数据的维数）个一维的数组来表示的，这些数组称为刻度（Scales）。刻度的每一边界（Boundary）构成一个 $(k-1)$ 维的超平面（Hyper Plane），对于二维空间为平行于 x 或 y 轴的直线，这一超平面将数据空间划分为两个子空间。所有的边界一起将整个数据空间划分成许多 k 维的矩形子空间，这些矩形子空间称为网格目录（Grid Directory），由一个 k 维的数组表示。目录项（网格目录数组的元素）和网格单元（Grid Cells）之间具有一对一的关系。网格目录的每一网格单元包含一个外存页的地址，对应着一个数据桶，一般一个数据桶为硬盘上一个磁盘页，这一外存页存储了包含了网格单元的数据目标，称为数据页（Data Page）。数据页所对应的一个或多个网格单元称之为存储区域（Storage Region），存储区域两两不相交。每个数据桶往往可以包含着几个相邻的单元，存储多个网格单元的目标，只要这几个网格单元一起形成一矩形的区域。随着数据的增多，网格目录可能会慢慢变大，所以往往将其保存在硬盘上，但为了保证在进行精确查询的时候能仅用两次 I/O 操作就可找到相应的记录，一般将网格本身保存在主存中，当我们进行精确查询的时候，首先用刻度来定位包含要查找的记录的单元，假如这个单元不在主存中，那么将进行一次 I/O 操作将这个单元从硬盘调入主存，在这个单元中包含着一个指向可能找到记录的页的指针，取这个指针所指的页又需要一次 I/O 操作。而对于范围查询，需要检查所有与要查询的区域相交的单元。

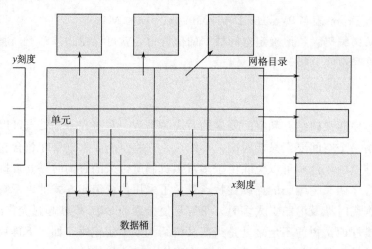

图 5-28 网格文件的结构

2. 网格文件查找

网格文件的查找操作较简单，只需找到涉及网格单元，并提取相应的数据页，然后比较数据页的目标是否满足查询要求即可。对于点查找，只需要访问一个网格目录项及其对应数据页；对于区域查找，需要访问与查找区域相交的少量网格单元及其对应的数据页，因此查找效率较高。

3. 网格文件插入

当向网格文件插入一个数据的时候，首先要进行一次精确查询以定位该数据项应当插入的正确的网格单元，提取对应的数据页（数据桶所存放的磁盘页）。如果在这个页中还有足够的空间，该数据页未满，将数据插入即可。假如已经没有足够的空间，该数据页已满，则要根据与该页相联系的单元的数目来分裂该数据页。

当有多个网格单元指向该页的时候，且该存储区域的数据目标并不是全部包含于一网格单元，则检查现在的刻度中是否有合适的超平面能够成功地将该页分开，如果有，就产生一个新的页并根据这个超平面将数据分配在两个页中，图 5-29 中插入点 B 后，数据页 D_4 分裂成 D_5、D_6。

如果现存的超平面没有合适的，或者只有一个单元指向该页，存储区域的数据目标全部包含于一网格单元时，我们将引入一个新的超平面，$k-1$ 维新的超平面将区域划分为两个子空间，并产生一个新的页，

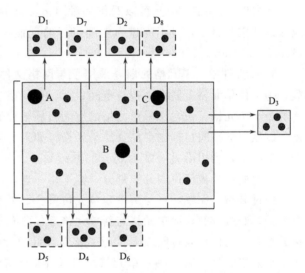

图 5-29 网格文件插入目标示意图

然后根据这个超平面将数据分配，划分成的两个存储区域不相交且每个存储区域与一数据页相关联，同时要将这个超平面插入到某个线性的刻度中以维持网格和网格目录之间的一对一关系，而所有与此划分的 $k-1$ 维超平面相交的单元也要发生分裂，一分为二。图 5-29 中插入点 C 以后，D_2 溢出，引入一虚线将存储区域一分为二，D_2 分裂成 D_7、D_8。同时，x 方向的线性刻度增加一边界，D_6 对应的存储区域所在网格单元也被一分为二，不过它们依旧可以共享 D_6。

4. 网格文件删除

在网格文件中删除一个数据，也要先进行一次精确查询确定该数据所在正确的网格单元，提取对应的数据页，从数据页中删除该目标。假如在删除之后，这个页中存储的数据低于了一定的数目后（Nievergelt 等建议为数据页容量的 70%），我们需要做相应的处理，根据当前刻度对空间的分隔情况，或者选择同其相邻的页合并，或者选择将刻度中的一个超平面取消，这样做是为了提高存储空间利用率。

5. 网格文件分析

网格文件的优点是：当其用于索引低维空间的点状目标时，由于可以在较少的外存页面访问中得到查找结果，尤其是对于精确匹配的点查找，可以通过两次外存访问（一次是访问网格目录，一次是访问数据页）得到结果，因此效率较高。网格文件的主要问题是网格目录的存储，因为如果空间维数较高或数据量较多时，网格目录将变得非常庞大，每一次分裂，都要增加很多网格目录项，而且网格目录往往存储在外存，对其存储与操作也需要涉及外存的访问。另外，当索引非点状空间目标时，需要采取目标近似与目标映射或允许重复存储的策略，区域查询效率较差。

5.6.2 R 文 件

R 文件（the R File）可以看作是对网格文件的一种改进，用来索引点状空间目标及非点状空间目标，且不需进行空间目标的近似与映射和空间目标的裁减或重复存储（Hutflesz et al.，1990）。

在 R 文件中，单元格的划分采用了与网格文件同一的策略，且溢出的单元格被分裂，为了使单元格更紧密地包含空间目标，单元格被重复地二等分直至得到包围空间目标的最小单元格。包含于一单元格的空间目标被存储在与单元格相对应的数据页中，与划分线相交的空间目标则存储在原单元格。如果与划分线相交的空间目标数超过一个数据页的容量，则用沿另一维的划分线继续划分。如果这些空间目标都位于划分线的交点，且它们不能被任何划分线划分，则采用一连串的桶来存储。

经过分裂，原单元格与两个新单元格重叠，为了控制网格目录的大小，空单元格没有维护。经过分裂，原单元格与新单元格都包含有几乎相同数量的空间目标。由于单元格的重叠，网格目录可能很大。为了避免存储单元格边界，采用一种称为 Z 排序的方案给单元格编号。对于每一单元格，目录存储该单元格的序号，包围间隔（Bounding Interval）及数据桶的指针。实验说明，单元格的包围信息可以大大地减少页面访问。

5.7 空间填充曲线

空间填充曲线是一种重要的近似表示方法，将数据空间划分成大小相同的网格，再根据一定的方法将这些网格编码，每个网格指定一个唯一的编码，并在一定程度上保持空间邻近性，即相邻的网格的标号也相邻，一个空间对象由一组网格组成。这样可以将多维的空间数据降维表示到一维空间当中。普通的关系数据无法对多维数据直接进行查询，通过使用空间填充曲线对空间实体数据集进行降维处理，映射到一维空间进行编码，就可以重复利用已有的 B 树索引、Hash 索引、Bitmap 索引等技术针对一维空间进行查询。理想的空间映射方法是：在多维空间中聚集的空间实体，经过填充曲线编码以后，在一维空间中仍然是聚集的。常用的网络编码方法有行排序、Hilbert 值排序和 Z 排序（Peano 曲线）（Jagadish，1990），其中 Hilbert 值排序最能反映空间邻近性。图 5-30（a）是行排序曲线，Samet 于 1990 年提出，编码简单，但是聚集能力比较差，可以用于简单的编码。图 5-30（b）是 Hilbert 曲线，图 5-30（c）是 Moton 在 1966 年提出的 Peano 曲线，又称为四分码或者 Z 排序曲线（Gaede and Gunther，1998）。

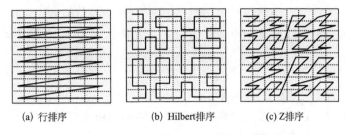

(a) 行排序　　　　　(b) Hilbert排序　　　　　(c) Z排序

图 5-30　显示了几种常用的空间填充编码方法

5.7.1　Z-ordering 曲线（Peano 曲线）

Z-ordering（Z-排序）技术将数据空间循环分解到更小的子空间（被称为 Peano Cell），每个子空间根据分解步骤依次得到一组数字，称为该子空间的 Z-排序值。子空间有不同的大小，Z-排序有不同的长度，显然，子空间越大，相应的 Z-排序值越短。这里，分辨率（Resolution）是指最大的分解层次，它决定了 Z-排序值的最大长度。图 5-31显示了不同分辨率下 Z-排序示例。图 5-32 是一个位（bit）数为 3 的 Z-ordering曲

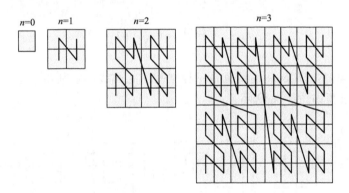

图 5-31　Z-排序示例（Shekhar and chawla，2004）

线，则每个坐标轴的最大值为 $2^3-1=7$，它对整个平面产生了 $8\times8=64$ 个分区，可用线性的编号 $0\sim63$ 表示。假设一个点的坐标为 $X=011$，$Y=101$，该点的线性编号 Z-ordering 值计算过程为：取 X 的第三位、第二位、第一位的二进制值分别作为 Z-ordering 值的第六位、第四位和第二位的二进制值；再取 Y 的第三位、第二位、第一位的二进制值分别作为 Z-ordering

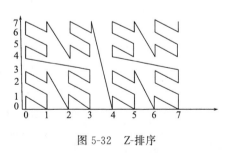

图 5-32　Z-排序

值的第五位、第三位和第一位的二进制值，最终结果为 011011（十进制为 27）。若 Z-ordering 曲线的位（bit）数为 n，则整个空间可分为 $2^n\times2^n$ 个分区，它们的编号为 $0\sim$

$2^n \times 2^n - 1$。坐标到编号的映射算法如下（龚健雅，2001）。

设 X、Y 坐标的二进制数字分别为

$$I = (i_n, i_{n-1}, \cdots, i_2, i_1) \quad J = (j_n, j_{n-1}, \cdots, j_2, j_1) \qquad (5\text{-}12)$$

（1）用按位操作符计算 Z-ordering 值时，首先依次取出 I、J 在第 t 位上的二进制数码 P_{it} 和 P_{jt}

$$P_{it} = (I \& 2^{t-1}) \qquad P_{jt} = (J \& 2^{t-1}) \qquad (t = 1,2,3,\cdots,n) \qquad (5\text{-}13)$$

其中"$\&$"为按位操作的与运算。

（2）在取出 X、Y 坐标的二进制各位值后，将它们依次交叉放入 Z-ordering 值的变量中，此时是利用按位操作的或运算。

对于 X 坐标而言：$Z = Z \mid (P_{it} \ll t)$

对于 Y 坐标而言：$Z = Z \mid (P_{jt} \ll t)$

其中"$\mid$"为按位操作的或运算，"$\ll$"为左移运算。

（3）由 Z-ordering 值求出相应的 X、Y 坐标的算法如下：

$$P_{it} = (Z \gg t) \& 2^{t-1}, P_{jt} = (Z \gg t-1) \& 2^{t-1} \qquad (5\text{-}14)$$

其中"$\gg$"为右移运算。

对于 X 坐标而言：$I = I \mid P_{it}$

对于 Y 坐标而言：$J = J \mid P_{jt}$

5.7.2　Hilbert　曲　线

与 Z-排序类似，Hilbert 曲线也是一种空间填充曲线，它利用一个线性序列来填充空间，其构造过程如图 5-33 所示。

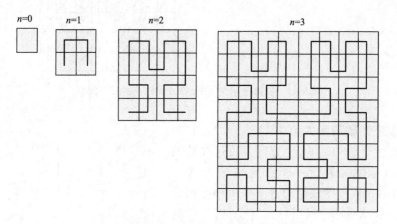

图 5-33　Hilbert 曲线示例

(Shekhar and Chawla，2004)

为了分析 Hilbert 曲线和 Z-排序的效率，我们仅设一个有限单元个数的多维空间，其中每个点都对应一个网格单元，曲线为每个单元指定一个整数值。理想情况下，这种

映射会带来更少的磁盘访问，但由于磁盘访问的次数依赖于很多因素，如磁盘页面容量、分割算法、插入顺序等，因此，对于不同的查询，其磁盘访问的次数会有很大的不同。通常，可将给定查询代表的子空间中每个网格点的散列单元平均数，来作为衡量磁盘访问效率的标准。实验证明，Hilbert 曲线的方法比 Z-排序好一些，因为它没有斜线。不过 Hilbert 曲线算法的计算量要比 Z-排序复杂。

Hilbert 曲线的算法如下（Faloutsos and Roseman，1989）：

（1）读入 x 和 y 坐标的 n bit 二进制表示。

（2）隔行扫描二进制比特到一个字符串。

（3）将字符串自左至右分成 2bit 长的串 s_i，其中 $i=1，\cdots，n$。

（4）规定每个 2bit 长的串的十进制值 d_i。例如，"00"等于 0，"01"等于 1，"10"等于 3，"11"等于 2。

（5）对于数组中每个数字 j，如果 $j=0$ 把后面数组中出现的所有 1 变成 3，并把所有出现的 3 变成 1。$j=3$ 把后面数组中出现的所有 0 变成 2，并把所有出现的 2 变成 0。

（6）将数组中每个值按步骤 5 转换成二进制表示（2bit 长的串），自左至右连接所有的串，并计算其十进制值。

图 5-34 是使用以上算法进行转换的一个例子。

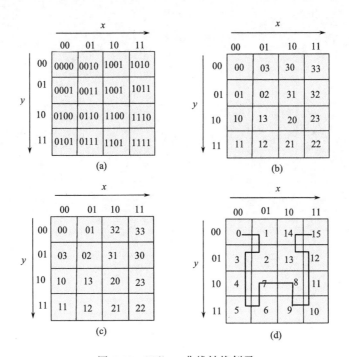

图 5-34　Hilbert 曲线转换例子

思　考　题

1. 试述网格空间索引基本原理、网格索引关键技术。举例说明简单网格索引编码方法。

2. 举例阐述 KD 树索引、KDB 树索引、BSP 树索引和 G 树索引的算法思想，比较它们的优缺点。

3. 举例阐述 R 树索引、R^+ 树索引和 R^* 树索引的算法思想，比较它们的优缺点。

4. 四叉树索引有几种方法？它们之间有何区别和联系？比较它们的优缺点。

5. 什么是网格文件和 R 文件，它们之间有何区别和联系？

6. 空间填充曲线有哪几种主要类型？Z-ordering 曲线和 Hilbert 曲线的主要特征是什么？

第6章 空间数据查询、访问

对空间数据的管理和分析能力成为衡量地理信息系统的一个重要依据。传统的 GIS 大多采用空间和属性分别管理的方法。对于空间位置和空间关系的分析大多采用面向过程的方式得到分析结果。对于属性的查询目前许多 GIS 软件提供的是常用的关系数据库结构化查询语言（Structured Query Language，SQL）。而关系数据库结构化查询语言有其固有的缺陷。例如，SQL 只提供了对简单数据类型（如整数或字符串）的操作，不能有效地支持空间查询和分析，不支持空间概念特别是空间关系、空间对象的查询结果，不能用空间图形的方式有效地显示给用户，不支持元数据查询、知识查询、定性查询和基于图形对象的查询等。通常，空间数据库中的查询分析是空间和属性双重相关的，又因为结构化查询语言 SQL 已经非常成熟，具有面向问题和接近自然语言的良好特征，所以，在 SQL 的基础上进行扩展将是管理和分析空间数据的一个趋势，迫切需要结构化查询语言增加对于空间概念的支持。下面论述到的空间查询语言都指的是结构化空间查询语言，将不再说明。

6.1 标准数据库查询语言

6.1.1 SQL 查询语言的概述

对数据库来说，一个简单地获取数据库数据的要求被定义为一个查询，而为此目的开发的语言称为查询语言。作为与数据库交互的主要手段，查询语言是数据库管理系统的一个核心要素。近几十年来，出现了许多的查询语言，但它们中只有结构化查询语言最为流行。SQL 语言是标准的数据库查询语言，用于关系数据库管理系统的一种常见的商业查询语言，是目前关系数据库管理系统领域中的主流查询语言。它不仅能够在单机的环境下提供对数据库的各种操作访问，而且还作为一种分布式数据库语言用于 Client/Sever（客户机/服务器）模式数据库应用的开发。SQL 语言是 1974 年由 Boyce 和 Chamberlin 提出的，在 IBM 公司 San Jose 实验室研制的 System R 上实现了这种语言。1986 年 SQL 成了一个 ANSI 标准，并于 1987 年成为 ISO 标准。由于它具有功能丰富、使用方式灵活、语言简洁易学等特点，因而深受用户欢迎，在计算机工业界和计算机用户中备受青睐并深深扎根。在以数据库系统为主流的今天，它被广泛地应用于数据库管理系统中。它使全部用户，包括应用程序员、DBA 管理员和终端用户受益匪浅。其优点主要体现在以下几个方面。

1）非过程化语言

SQL 是一个非过程化的语言，因为它一次处理一个记录，对数据提供自动导航。SQL 允许用户在高层的数据结构上工作，而不对单个记录进行操作，可操作记录集。

所有 SQL 语句接受集合作为输入，返回集合作为输出。SQL 的集合特性允许一条 SQL 语句的结果作为另一条 SQL 语句的输入，SQL 不要求用户指定对数据的存放方法。这种特性使用户更易集中精力于要得到的结果。

2）统一的语言

SQL 可用于所有用户的 DB 活动模型，包括系统管理员、数据库管理员、应用程序员、决策支持系统人员及许多其他类型的终端用户。基本的 SQL 命令只需很少时间就能学会，最高级的命令在几天内便可掌握。SQL 为许多任务提供了命令，包括：查询数据；在表中插入、修改和删除记录；建立、修改和删除数据对象；控制对数据和数据对象的存取；保证数据库一致性和完整性。以前的数据库管理系统为上述各类操作提供单独的语言，而 SQL 将全部任务统一在一种语言中。

3）所有关系数据库的公共语言

由于所有主要的关系数据库管理系统都支持 SQL 语言，用户可将使用 SQL 的技能从一个 RDBMS 转到另一个，所有用 SQL 编写的程序都是可以移植的。标准 SQL 语言以其特有的功能和优点，无可替代地成为现阶段 GIS 的主要查询语言，目前大多数的商用 GIS 软件，如 Mapinfo、Arc/Info 等，都提供 SQL 查询功能。

6.1.2　SQL 查询语言的功能

SQL 语句是由命令、从句、运算符和合计函数所构成的。它的功能包括查询（Query）、操纵（Manipulation）、定义（Definition）和控制（Control）四个方面，是一个综合的、通用的、功能极强的关系数据库语言。根据语句功用的不同，SQL 又可细分为 DDL（数据库定义语言）、DML（数据库操作语言）和 DCL（数据库控制语言）（张超，2000）。DDL 主要是用来创建数据库，如创建新表、创建视图等。DDL 所用的命令也主要是 CREATE 命令。

1. DDL

数据定义语言（Data Definition Language，DDL）是 SQL 中用来定义表、定义视图、定义索引的。用于定义数据库中数据结构，包括建立基本表、更改和删除基本表、建立索引等内容。其基本的数据定义语句见表 6-1。

表 6-1　SQL 数据定义语句

操作对象	操作方式		
	创建	删除	修改
表	CREATE TABLE	DROP TABLE	ALTER TABLE
视图	CREATE VIEW	DROP VIEW	
索引	CREATE INDEX	DROP INDEX	

基本表生成的语法为：CREATE TABLE 基本表名（列定义［，列定义］…）；其中列定义格式为：列名 数据类型［NOT NULL］。

例如，要创建一个含字段 S♯（学号）、SNAME（姓名）、AGE（年龄）、SEX（性别）的名为 S 的基本表，语法描述如下：

```
CREATE TABLE S
    (S♯ CHAR (4) NOT NULL,
        SNAME CHAR (10),
        AGE SMALLINT,
        SEX CHAR (1));
```

基本表的更改语法为：

ALTER TABLE 基本表名

ADD 列名 数据类型

删除基本表的语法为：

DROP TABLE 基本表名

生成索引语句的语法为：

CREATE［UNIQUE］INDEX 索引名

ON   基本表名（列名［排序］

［，列名［排序］］…］

［CLUSTER］；

任选项 CLUSTER 指明它是一个簇索引（一个给定的基本表在任何给定时间可有至多一个簇索引），"排序"指 ASC（升序）或 DESC（降序），如果 ASC、DESC 说明都没有，则 ASC 被假定缺省。UNIQUE 选择项指明在被索引的基本表中，对于任意两个记录在相同时间对于此索引字段或字段组合不允许有相同的值。

2. DML

数据操纵语言（Data Manipulation Language，DML）是 SQL 中运算数据的一部分，用于从数据库中检索数据，主要包括在数据库中数据插入（INSERT）、数据更新（UPDATE）、数据删除（DELETE）、数据查询（SELECT）功能。SQL 提供了四个数据操纵语句：SELECT（查询）、INSERT［插入（行）］、UPDATE［修改（现有行）］、DELETE［删除（现有行）］。

（1）简单查询语句：SELECT 语句的一般形式如下：

SELECT［DISTINCT］列名［，列名］

FROM 表名［，表名］…

［WHERE 谓词］

｛GROUP BY 列名［，列名］…［HAVING 谓词］｝

｛ORDER BY 列名［升/降序］［，列名［升/降序］…］｝；

（2）连接查询指在此查询中数据被从多于一个表中检索出来。

例如，检索学生学号为 C4 的学生姓名：

SELECT S.S♯，S.SNAME

```
FROM S, SC
WHERE S.S# = SC.S#
AND C# = 'C4'
```

(3) 内部函数：SQL 提供了一定数量的内部函数以增进查询的能力，这些函数是
  COUNT——某列中值的个数。
  SUM——某列中值的累加和。
  AVG——某列中值的算术平均值。
  MAX——某列中值的最大值。
  MIN——某列中值的最小值。

例如，求男学生总人数：

```
SELECT COUNT（＊）
      FROM S
      WHERE  SEX = 'M';
```

(4) 多级嵌套子查询

```
SELECT  S.S#, S.SNAME
    FROM  S
    WHERE  S# IN
            (SELECT  S#
                FROM  SC
                WHERE C# = 'C4')
```

3. DCL

数据控制语言（Data Control Language，DCL）是 SQL 中用于数据保护的，防止对数据库有意或无意的损坏，主要包括：事务提交（COMMIT）、事务回滚（ROLL-BACK）、授权（GRANT）、收回权限（REVOKE）功能。

授权语句的一般格式：

```
GRANT<权限> [,<权限>] …
        [ON<对象类型><对象名>]
        TO<用户> [,<用户>] …
        [WITH GRANT OPTION];
```

收回权限语句的格式：

```
REVOKE<权限> [,<权限>] …
    [ON<对象类型><对象名>]
    FROM<用户> [,<用户>];
```

事务提交语句的格式：

```
COMMIT
```

事务正常结束。

提交事务的所有操作（读＋更新）。

事务中所有对数据库的更新永久生效。

事务回滚语句的格式：
ROLLBACK
事务异常终止。
事务运行的过程中发生了故障，不能继续执行回滚事务的所有更新操作。
事务滚回到开始时的状态。

6.2 空间查询语言

SQL 它们通常只提供简单的数据类型，如整型、日期型等。空间数据库的应用，必须能够处理像点、线、面这样的复杂的数据类型。空间数据库管理系统作为一种扩展的 DBMS，应该既可以处理空间数据，也可以处理非空间数据，所以，应当对 SQL 进行扩展，使它支持空间数据。许多文献对空间数据库查询的不同方面作了很有意义的研究和讨论，大部分研究的基础是关系型数据库的查询语言，通过适当扩展以实现空间数据库的查询功能。空间数据库查询语言是空间数据库不可缺少的重要组成部分，如何将关系数据库查询语言进行适当扩展，以适应空间数据的需求，是目前亟待研究的课题。

6.2.1 关系模型的扩展

在空间数据库中，由于地理信息本身的多样性和复杂性，如果单独依靠关系数据库结构化查询语言 SQL 来检索和查询用户所需的地理信息，那么将很难表达用户的查询要求。因此，空间数据库开发者往往需要根据用户对系统的需求和系统的功能对 SQL 语言进行扩展。在空间数据库领域，扩展关系模型主要从以下几方面进行扩展。

（1）突破关系模型中关系必须是第一范式的限制，允许定义层次关系和嵌套关系。

（2）增加抽象数据类型如图形数据类型点、线、面、栅格、图像等和用户自定义数据类型。

（3）增加空间谓词。例如，表示空间关系的谓词，包含、相交等；表示空间操作的谓词，叠加、缓冲区等。

（4）增加适合于空间数据索引的方法，如 R 树、四叉树等。

由于以上扩展，使图形数据的存储和管理也可以由一个扩展关系 DBMS 来实现。因此，具有以下优势：

（1）可以用统一的 DBMS 来管理图形和属性数据，即建立了整体的空间数据库系统结构，可以克服由关系型数据库相分离的系统结构所带来的一系列问题。

（2）图形数据管理也可以享用 DBMS 在数据管理方面带来的优越性，如数据安全保障、数据恢复、并发控制等。

（3）图形数据的关系化表达，使其能享用客户机/服务器的优势。数据库服务器的主要优点是服务器只把处理后的记录集（而不是整个文件）传输给客户机，从而有利于缓解网络负载。

由于图形和属性皆可由同一个 DBMS 管理，因此，基于扩展关系模型的空间数据库通常是面向实体的（feature-oriented）。一个空间要素如点、线、面即为一个实体，每个实体有唯一的标识 ID。每个实体通过双重指针将图形和属性连接起来，其中一指针指向特征类的名称、类型数据精度等元数据，另一指针指向特征的属性表包括实体的标识号、面积、状态等属性。

6.2.2 OGIS 标准的 SQL 扩展

1. 扩展 SQL 以处理空间数据

OpenGIS（Open Geodata Interoperation Specification，OGIS，开放的地理数据互操作规范）是一些主要软件供应商组成的联盟，它负责制定与 GIS 互操作相关的行业标准。OpenGIS 的空间数据模型可以嵌入到 C、Java、SQL 等语言中。OpenGIS 目前是基于空间的对象模型的，对 SQL 进行了扩展。它提供了：①针对所有几何类型的基本操作，如 SpatialReference 返回所定义几何体采用的基础坐标系统；②描述空间对象间拓扑关系的函数，例如，Disjoint 用来判断对象间是否相离；③空间分析的一般操作，例如，Difference 用来返回几何体与给定几何体不相交的部分。

SQL 的 OGIS 通过自定义函数来支持空间关系。例如，用户用下面的语句定义两个空间关系函数 Within 和 Distance：

CREATE FUNCTION within（s1 geometry，s2 geometry）

RETURNS BOOLEAN EXTERNAL NAME

CREATE FUNCTION distance（s1 geometry，s2 geometry）

RETURNS BOOLEAN EXTERNAL NAME

之后就可以使用下面的查询语句来实现空间关系相关的查询。

SELECT ＊ FROM stores s，customers c WHERE within（c. loc，s. zone）

or distance（c. loc，s. loc）＜100 ORDER BY s. name，c. name；

表 6-2、表 6-3、表 6-4、表 6-5 分别列出 SQL 的 OGIS 标准定义的关于基本函数、拓扑/集合运算符和空间分析函数列表。

表 6-2　基本函数

函数名称	含义	返回值
Dimension（）	求几何体的维数	Integer
GeometryType（）	返回几何体的类型名称	String
SRID（）	返回几何体空间坐标系统的 ID	Integer
Envelope（）	返回包含几何体的最小外接矩形	Geometry
AsText（）	返回几何的文本表示形式	String
AsBinary（）	返回几何的二进制表示形式	Binary
IsEmpty（）	判断几何体是不是空集	Integer
IsSimple（）	判断几何体是不是简单（不自相交）	Integer
Boundary（）	返回几何体的边界	Geometry
SpatialReference（）	返回几何体的基本坐标系统	String
Export（）	返回以其他形式表示的几何体	Geometry

表 6-3　拓扑/集合运算符

函数名称	含义	返回值
Equals ()	判断两个几何体是否相等	Integer
Disjoint ()	判断两个几何体是否相交	Integer
Intersects ()	判断两个几何体是否相交	Integer
Touches ()	判断两个几何体是否相接	Integer
Crosses ()	判断两个几何体是否相交	Integer
Within ()	判断一个几何体是否在另一个几何体里面	Integer
Contains ()	判断一个几何体是否包含另一个几何体	Integer
Overlaps ()	判断两个几何体是否交叠	Integer
Relate ()	判断两个几何体是否有关系	Integer

表 6-4　空间分析

函数名称	含义	返回值
Distance ()	返回两个几何体之间的最小距离	Double
Buffer ()	返回几何体给定范围的缓冲区	Geometry
ConvexHull ()	返回几何体的最小闭包	Geometry
Intersection ()	返回几何体的交集构成的几何体	Geometry
Union ()	返回几何体的并集构成的几何体	Geometry
Difference ()	返回几何体与给定集合体不相交的部分	Geometry
SymDifference ()	返回两个几何体与对方互不相交的部分	Geometry

表 6-5　空间数据转换

空间数据转换	GeoFromBin (bin；BLOB)：Geo	将给定的 BLOB 数据还原为空间数据，用于向数据库写入
	AsBinary (g：Geo)：BLOB	将给定的空间数据转换成 BLOB，用于从空间数据库读出

　　OGC 规范仅仅局限于空间的对象模型，然而，空间信息有时可以很自然地映射到基于场的模型。OGIS 正在开发针对场数据模型和操作的统一模型。

2. OGIS 标准的局限性

　　OGIS 规范仅仅局限用于空间的对象模型，空间信息有时可以很自然地映射到基于场的模型。OGIS 正在开发针对场数据类型和操作的统一模型。这种场模型或许会整合到 OGIS 未来的标准中。

　　即使在对象模型中，对于简单的选择－投影－连接查询来说，OGIS 的操作也有局限性。用 GROUP BY 和 HAVING 子句来支持空间聚集查询确实会出问题。最后，OGIS 标准过于关注基本拓扑的和空间度量的关系，而忽略了对整个度量操作的类的支持，也就是说，它不支持那些基于方位（如北、南、左、前等）谓词的操作。OGIS 标准还不支持动态的、基于形状以及基于可见性的操作。

6.2.3   对象关系 SQL——SQL3/SQL99

面向对象的模型中的一些概念，如用户自定义类型、属性及方法的继承等，非常适合于处理复杂的空间数据。面向对象技术的出现，能够扩展 RDBMS 的功能，从而可以支持空间数据。随着关系模型和 SQL 的广泛应用，人们把简单类型和面向对象的功能结合起来，产生新的"混合"类型的空间数据库 ORDBMS。对象—关系数据库管理系统（**OR-DBMS**）就是随着对象技术的发展而出现的。利用 ORDBMS 带来的必然结果就是要求对 SQL 进行扩展，使其支持空间数据对象的功能，因而，产生了 SQL 在 OR-DBMS 上的标准 SQL3/SQL99。SQL3/SQL99 不是专门针对 GIS 或者空间数据库的，它是对 SQL 进行对象-关系扩展的一个标准平台。

1. SQL3 概述

SQL 结构化查询语言是最初由 IBM 开发出来的一种商业化语言，是一种声明性语言，即用户只需描述所需要的结果即可，而不必描述获得结果的过程。由于其良好的特征，现在已经发展成为关系数据库管理系统的标准查询语言。SQL3 就是 SQL 的最新标准。

ANSI（美国国家标准委员会）最初制定 SQL 标准是为了在各个开发商间达到高度的一致性，因此在 1986 年发布了它的 SQL 标准第一个版本，并于 1989 年发布了被广泛采纳的第二个版本。ANSI 标准的版本于 1992 年进行了一次更新，这就是众所周知的 SQL92 或 SQL2，又于 1999 年再次更新，成为 SQL99 或 SQL3。每次，ANSI 都给这一语言加入新的特征，并加入新的命令和功能。SQL3 标准的特色就是提高了一系列可以处理面向对象数据类型的扩展功能。ISO 也已经认可了 SQL3 标准。

SQL3 标准不仅对 SQL 的语法规则作出了更加详细和准确的定义，而且对空间数据的支持也作出了一个统一的描述，使得长期以来令 GIS 开发者困扰的空间数据存储问题得到了一个解决方案。它详细地描述了空间数据类型点、线、面在数据库中的存储方式，并能够定义操作于空间数据的空间运算符。

SQL3 中定义了 0 维的点（Points），1 维的环（Planar）、曲线（Curves），2 维的面（Surface），其表示如图 6-1 所示。

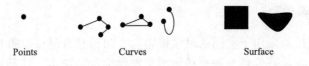

Points   Curves   Surface

图 6-1   SQL3 的点线面定义

其中，点的定义比较简单，线的类型又分为：ST ＿ LineString（表示通过中间插入点形成的线）、ST ＿ CircularSting（弧线）和 ST ＿ CompoundString（混合型）三个类型，而面也有 ST ＿ Polygon（ST ＿ LineString 的边界形成的面）和 ST ＿ CurvePolyon（ST ＿ CompoundString 的边界形成的面）两种表达方式。另外，SQL3 中增加了空间对象（ST_Geometry）的定义，用来表示多个元素形成的集合对象，如图 6-2 所示。根据形成对象的元素的类型，分为 ST_MultiPoint、ST_MultiCurve 和 ST_MultiPolygon 三种。

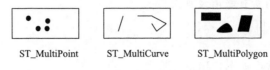

ST_MultiPoint   ST_MultiCurve   ST_MultiPolygon

图 6-2   SQL3 中的空间对象定义

对于 SQL 的空间扩展，有一项普遍认可的标准。OGIS 协会（由重要的 GIS 和数据库厂商主持成立），提出了一套规范，把 2D 地理空间 ADT 整合到 SQL 中。所提出的 ADT 是基于对象模型的，并且包括了指定拓扑操作和空间分析操作。SQL3 是针对对象-关系数据库系统提出的 SQL 标准，是对 SQL2 标准的扩展，可使用户在关系数据库的框架内定义自己的数据类型，支持抽象数据类型（Abstract Data Type，ADT）和其他数据结构。它规定了句法和语义，由厂商自行定制符合其要求的实现。

1）ADT

可以使用 CREATE TYPE 语句来定义 ADT，和面向对象技术中的类一样，ADT 由一组属性和访问这些属性的方法组成，方法能改变属性的值，因而也就能改变数据库的状态（Shekhar and Chawla，2004）。ADT 可以作为关系模式中某一列的类型。为了访问封装在 ADT 中的数据值，必须在 CREATE TYPE 中定义一个成员函数。下面的例子创建了一个 Point 类型，并且定义了一个方法。

```
Create Type Point
    X Number,
    Y Number,
    Function Distance (: a Point,: b Point)
        Returns Number
    };
```
a 和 b 之前的冒号表示这两个变量是局部变量

2）行类型

行类型是用于定义关系的类型，它指定了关系的模式。
```
Create Row Type Point {
    X Number,
    Y Number,
    };
```
现在创建一个表来作为这个行类型的实例：
```
Create Table Pointtable of Type Point
```

2. SQL 查询实例

下面介绍在 SQL 的基础上扩充空间数据类型及操作和相应保留字的例子。

（1）选择湖北省的所有城市及其人口

Select 城市名，人口

From 城市

Where Center（城市地图）Inside 湖北

（2）选择流经湖北省的所有河流的河流名及其在湖北省内的长度

Select 河流名，Length（Intersection（Route（河流流域图），湖北）

From 河流

Where Route（河流流域图）Intersects 湖北

其中，Inside 用来判断一个空间实体是否在另一个空间实体的内部；Route 用来计算河流、道路等的中心线；Intersection 用来返回由两个几何体的交集构成的几何体；Length 用来返回河流、道路等线实体的长度；Intersects 返回真，如果几何体不相交；Center 用来判断一个实体的中心点是否在另一个实体的内部。

6.2.4　空间数据查询实例

虽然标准 SQL 语句具有强大的查询、处理语言的功能，但它们应用于 GIS，还是有不足之处，为此，在 GIS 中，对于空间数据库的使用采用两种策略：一种是采用 BLOB 方式来存储空间信息；另一种是建立一个混合系统，即通过 GIS 软件把空间属性存储在操作系统的文件中。SQL 不能处理 BLOB 形式的数据，因此把处理 BLOB 数据的任务交给应用程序。在混合系统中，空间属性存储于一个单独的操作系统下的文件中，这样就无法利用传统数据库服务，如查询语言、并发控制等。

举一些例子说明采用 OGIS 的数据类型和操作对 World 数据库进行 SQL 查询，分析 SELECT 语句的多种风格及功能。这些查询强调 Country、City 和 River 之间的空间关系。定义关系模式如下：

COUNTRY（Name：varchar（35），count：varchar（35），Pop：Integer，GDP：Integer，Life _ Exp：Integer，Shape：Binary）；

CITY（Name：varchar（35），Count：varchar（35），Pop：Integer，Capital：char（I），Shape：Binary）；

RIVER（Name：varchar（35），Origin：varchar（35），Length：integer，Shape：Binary）。

（1）查询：列出 Country 中所有与美国相邻的国家的名字。

SELECT C1. Name

FROM Country C1，Country C2

WHERE Touch（C1. Shape，C2. Shape）= 1 AND C2. Name = 'USA'

谓词 Touch 检测两个几何对象是否彼此相邻而又不互相交叠。Touch 操作是 OGIS 标准所定义的八个拓扑谓词中的一个。

（2）查询：找出 River 表中所列出的河流流经的国家。

SELECT River. Name, Country. Name

FROM River, Country

WHERE Cross (River. Shape, Country. Shape) = 1

Cross 也是一个拓扑谓词，它常常用于判断线与面、线与线之间是否相交。

（3）查询：对于 River 表中列出的河流，在 City 表中找到距离其最近的城市。

SELECT C1. Name, Rl. Name

FROM City C1, River R1

WHERE Distance (C1. Shape, R1, Shape) <

    ALL (SELECT Distance (C2. Shape, Rl. Shape)

        FROM City C2

        WHERE Cl. Name<>C2. Name

)

Distance 是一个返回实数的运算，它可以作用于任何几何对象的组合上。在本例中两处用到这个运算：WHERE 子句和子查询中的 SELECT 子句。

（4）查询：圣劳伦斯河能为方圆 300km 以内的城市供水，列出能从该河获得供水的城市。

SELECT City. Name

FROM City, River

WHERE Overlap (City. Shape, Buffer (River. Shape, 300)) = 1 AND

    River. Name = 'St. Lawrence'

一个几何对象的 Buffer 是指以该对象为中心并由 Buffer 运算的参数作为尺寸的几何区域。

（5）查询：列出 Country 表中每个国家的名字、人口和国土面积。

SELECT Name, Pop, Area (Shape)

FROM Country

该语句说明了 Area 函数的用途，该函数只适用于面状和多边形两种几何体类型。

（6）查询：求出河流在流经的各国境内的长度。

SELECT River. Name, Country. Name,

Length (Intersection (River. Shape, Country. Shape)) As "Length"

FROM River, Country

WHERE Cross (River. Shape, Country. Shape) = 1

Length 函数返回线状地物的长度，Intersection 的结果是线状地物作为 Length 函数的对象。

（7）查询：按邻国数目的多少列出所有的国家。

SELECT C1. Name, Count (C2. Name)

FROM Country C1, Country C2

WHERE Touch (C1. Shape, C2. Shape)

GROUP BY C1. Name

ORDER BY COUNT（C1.Name）

在这个查询中，所有至少有一个邻国的国家将根据其邻国的个数进行排序。

6.3 空间查询处理

查询、检索是地理信息系统中使用最频繁的功能之一。GIS用户提出的大部分问题都可以表达为查询形式。例如："一个给定的地块与危险废弃厂相邻吗?"、"河流洪水泛滥区与提出的高速公路网交叠吗?"或"长江穿过的省区有哪些?"。在这些查询中，除了属性条件查询外，更主要的是涉及空间位置的查询，例如，"相邻"、"交叠"、"穿过"等条件查询。空间查询是空间分析的基础，用于回答用户的简单问题，任何空间分析都开始于空间查询。空间查询不改变空间数据库数据、不产生新的空间实体和数据。

6.3.1 空间选择查询

空间选择查询也称为范围查询（Queries），即在地图上划出一个区域（称为查询区域），查询该区域内的所有空间数据。此外，也可以检索以点、线、面为中心的一定范围内的空间数据。查询区域的形状可以是矩形或任意多边形。例如，查找高速公路出口方圆1km以内的加油站，该查询以一个圆形区域为查询区域，这个圆以高速公路出口为中心，其半径为1km。空间选择在空间查询操作中最为重要，是其他空间查询的基础，如空间连接的基础。因此，空间选择的高效实现是对整个地理数据库系统的完善的性能的重要要求，主要的空间查询包括点查询、区域查询和最邻近查询三种空间选取查询。

1. 点查询

点查询（Point Query，PQ）是根据用户在屏幕上选择的点的屏幕坐标判断与它临近距离小于给定的阈值的地图单元，检索出所有包含该点的空间对象，并且用特殊方式显示。用户也可以在属性数据库中选中记录，相应的图形在屏幕上特殊显示，实现图形与属性的双向查询。点查询是区域查询的一个特例，当给定的矩形收缩成一个点时，区域查询退缩成一个点查询。

给定一个查询点P，找出所有包含它的空间对象O：

$$PQ\{p\} = \{Q \mid p \in O.G. \neq \varnothing\} \tag{6-1}$$

其中，O.G为对象O的几何信息。

例如，考虑如下查询："找出所有包含SHRINE的河流冲积平原"，SHRINE是一个点类型的常量。

2. 区域查询

区域查询（Regional Query，RQ）可以通过在屏幕上设定一个矩形框，检索出所有在空间中与该区域相交的空间对象。窗口或开窗查询（Window Query）是一种特殊的区域查询，开窗查询的查询区域为一个矩形窗口。开窗查询和区域查询通常被称为范围查询，即给定一个查询范围，找出与此查询范围满足一定关系的所有空间实体。按照矩形框在 R^+ 树中检索与矩形框相交的元素，然后生成新的图层作为查询结果。在查询过程中，首先把用户选取的屏幕坐标转换为实际坐标，然后在空间索引树中查找符合要求的空间实体的标识符，把符合条件的标识符集合返回给主程序，按照标识符指定的对象生成查询图层。

采用 R^+ 空间索引技术，通过判断给定矩形框与 R^+ 树各个分支是否相交，就可以快速排除不相关的分支树，减少了访问的地图单元和比较的次数，比不采用空间索引提高了查询的速度，这种优势随着数据量的增大而愈加明显。包含查询是返回所有被指定的矩形包含的多边形，即多边形的所有的点都落在矩形内。

给定一个查询多边形 P，找出所有与之相交的空间对象 O。当查询多边形是一个矩形时，称这个查询为窗口查询。这类查询有时也称作范围查询。

$$RQ(P) = \{O \mid O.G \bigcap P.G \neq \varnothing\} \tag{6-2}$$

举个例子，"检索所有与 Nile 冲积平原相交叠的林分。"

3. 最邻近查询

最邻近查询（Nearest Neighbour Query）和 K-最邻近查询（K-nearest Neighbour Query）是地理信息系统中经常遇到的一类空间查询类型。它的高效实现是目前 GIS 中非常令人感兴趣的问题，在许多应用中都很常见。最邻近查询就是查找一个距离某个给定查询点最近的空间对象（点、线、面）。例如，如果用点表示城市，我们可能想找到一个与某个给定的小城市最邻近的人口超过 10 万的城市；电子商务网站接收到书籍订单后应该把订单发送至最近的配送中心。K-最邻近查询的目的是搜索 k（$k > 1$）个对象，这 k 个对象是所有对象中距离查询点（对象）最近的。最近的意思通常对应于最短的欧几里得距离。例如，用户可以指定一个特定位置或屏幕上的一个对象，请求系统查找当前图层（数据库）中离它最近的 5 个对象；查找距离某所学校最近的 3 个宾馆；查找距离天空中一个指定点最近的星体。因此，最邻近查询是非常有用的，尤其是在用户不熟悉空间对象的分布情况的时候。

6.3.2 空间查询处理

由于空间对象的复杂性、空间数据本身数据量大的特性，空间对象上的计算一般都非常复杂而昂贵，计算空间关系的处理要求就越多。空间查询处理会涉及复杂的数据类型，使得面向空间数据的查询比单纯的属性数据查询要复杂得多。例如，一个湖泊的边界可能需要数千矢量数据来精确表示，因此空间数据查询的效率成为空间数据库性能的瓶颈，而现有的关系数据库查询优化技术不能完全适用于空间数据，所以查询优化技术的研究势必成为空间数据库应用的难点和突破点。空间数据由于其数据量非常庞大并且数据结构复杂，查询过程中，如果对所有的数据进行一次过滤，判断其是否满足查询条件，那么用户等待计算机处理的时间将是不能忍受的。目前，空间查询优化研究取得了较大发展，但对于不同空间数据模型来说，优化策略也不尽相同。为了减少复杂几何计算，得到正确的查询结果，提高查询执行的效率。空间查询通常采用图 6-3 所示的两步算法来高效地处理这些大对象：过滤筛选步骤（Filter）和细化步骤（Refinement）。其查询的基本思想是：首先用一个不精确的大致范围来进行查询，产生一个满足条件的较小候选集合，然后对候选集合中的对象进行精确的筛选，产生最终的查询结果。

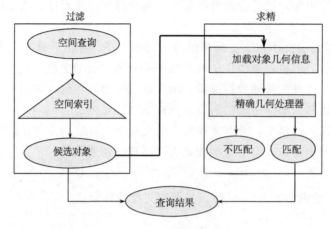

图 6-3　空间查询的处理步骤

从图 6-4 中可以看出当执行空间查询时，查询处理器首先访问空间索引。空间索引中存储的是空间对象的近似描述，对这些近似描述做相关的操作，排除掉不可能满足查询条件的对象，余下的对象可能满足查询条件，这些对象构成了候选集，这相当于查询的过滤步骤。通常的空间数据索引方法是使用近似的概念，用一个空间对象的近似表示来判断可能会满足要求的候选对象，这个近似值被选择出来（如果对象 A 和 B 的近似值确实满足一个关系，那么对象 A 和 B 很可能就具有那种关系。例如，如果近似值是不相交的，则对象 A 和 B 可能是不相交的，然而，如果近似值是非不相交的，对象 A 和 B 仍有可能是不相交的）。选择对象的一个近似空间对象作为索引进行快速过滤，最常用的是最小边界矩形（MBR）。索引只管理对象的 MBR 及指向数据库对象描述的指针（ID），这种索引得到的只是检索结果的候选集合。举个例子，考虑如下点查询："找出所有符合下列条件的河流：它们的冲积平原与 SHRINE 交叠。"用 SQL 形式表示如下：

SELECT River. Name

FROM River

WHERE overlap（River. Flood-plain，：SHRINE）

通过在参数前面加"："来表示用户定义参数，如 SHRINE。现在如果用 MBR 来近似表示所有河流的冲积平原，那么判断一个点是否在 MBR 内比检查这个点是否在一个表示冲积平原精确形状的不规则多边形内的代价要小得多。这个近似检查的结果是真实结果集的超集。超集有时被称为候选集。空间谓词有时也可以被替换成一个近似以简化查询优化器。例如，在这个步骤中，touch（River. Flood-Plain，：SHRINE）可以替换成 overlap（MBR（River. Flood-Plain，：SHRINE），MBR（：SHRINE））。有些空间运算符，如 inside（在内部）、north-of（在北部）、buffer（缓冲区分析），可以近似成相应 MBR 之间的交叠关系，这样的转换能够保证使用精确几何体的最终结果中的元

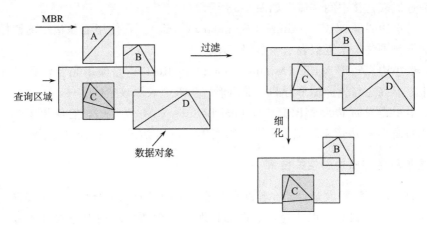

图 6-4　空间查询的处理示例

组不会在过滤步骤中被排除掉。

　　将候选集对象的实际数据输入求精步骤进行下一步的处理。在求精步骤中，对过滤得到的对象与查询条件进行精确匹配，从辅存中检索出每个对象的精确形状信息，测试候选对象是否确实满足查询条件（由空间谓词描述），采用复杂的计算几何算法，这个测试由不同的阶段组成。经过求精步骤的测试后，满足条件的对象作为最终的结果输出。求精步骤是对实际数据进行几何计算，显然，这是消耗计算时间和计算空间的。候选集中有相当一部分对象并不满足实际的查询条件，尽可能地减少这样的对象进入求精步骤，从而避免不必要的几何计算，这是提高查询效率的途径之一，此外，改进几何算法，改进查询执行速度是另一途径。

　　经过初次不精确查询后产生的候选集合越小，精确查询时参与比较的空间对象就越少，越能够提高查询效率。因此，初次不精确查询技术是优化的重点。不精确查询中经常使用空间对象的相近外部边界来实现。例如，在进行 Within 和 Intesect 空间操作时，通过检查相近外部边界，快速得到一个不准确空间对象集合。为了满足快速和集合最小性原则，初次不精确查询时，使用的最小外部边界应该满足简单和高度近似的原则。

1. 过滤筛选过程的对象近似技术

　　在过滤步骤中的对象近似应当是简单的，这样才能够实现快速的过滤。另外，对空间对象的近似程度越高，滤除未命中对象的效果越好。空间实体的形状大多比较复杂，从点、折线到多边形，随着点的个数的增多，形状也越来越复杂。为了有效降低计算量，空间索引大都采用对空间实体进行近似表示的策略：一般来说，用少量参数表示的凸近似是合适的，使用一个能完全包围空间实体的最小边界实体（矩形、一般凸多边形甚至

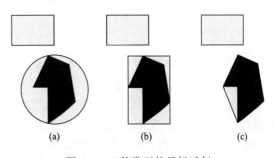

图 6-5　三种类型的目标近似

是圆）来近似表达该空间实体，如图 6-5 所示。

（1）最小边界圆 MBC（Minimal Boundary Circle），它使用面积最小的圆把目标空间实体完全包围住，来近似表示该空间实体。

（2）最小边界矩形 MBR（Minimal Boundary Rect），它使用完全包含目标空间实体的最小矩形（边与坐标轴平行的标准矩形）来近似表示该空间实体。

（3）最小边界 m 边形 MBM（Minimal Boundary M-corner），它使用完全包含目标空间实体的最小 m 边形来近似表示该空间实体，该 m 边形一般为凸多边形。

2. 空间查询精炼步骤中的相关技术

耗时的几何算法和大量存储在辅助存储器上的地理对象集合，非常需要高效空间存取方法（SAM）的设计，以加速对数据的存取，减少所处理的对象集合的数目。在大部分情况下，SAM 使用一种明确的结构，称为空间索引。SAM 后来也被称为多维存取方法（Multidimensional Access Method）。几何过滤步骤是以空间对象的近似体为基础的。它识别出正确的命中对象、错误的命中对象以及可能满足查询条件的候选对象。过滤步骤中采用空间存取方法对查询对象集进行预处理，并且 SAM 通常采用对象的 MBR 作为几何关键字来组织空间对象。但 SAM 并不能产生精确的查询结果对象集，因为 MBR 与原始的空间对象形状可能存在较大的差别，所以 SAM 只能提供一个包含所有查询结果的空间对象候选集，这个集合一般都包含有不满足查询条件的空间对象。

为了获取正确的查询结果，对几何过滤步骤中所产生的候选对象集进行对象几何细化是十分必要的。由于处理空间对象的真实几何体是非常耗时的，采用合适的精确几何处理技术可以很好地改善查询处理效果。

在对真实几何体进行处理的过程中，如计算一对简单多边形（objl，obj2）的真实几何体是否相交的直接方法可以分为两步。第一步，我们搜索一对相交的边 i 和 j（其中 $i \in$ objl，$j \in$ obj2）。如果存在这样的一对边，则这两个多边形也相交。这一步的强制方法是依次检测 objl 的每一条边与 obj2 的每一条边的相交关系，这需要 O（nl * n2）的时间复杂度，其中 n1 和 n2 分别表示 objl 和 obj2 的边数。如果不存在一对相交的边，我们必须执行第二步，检测 objl 是否包含 obj2，反之依然。然而，对于相交检测的呈二次方的计算复杂度，在实际应用中是不可取的，特别是对于大数据的时候。因此，非常需要有更完善的算法对对象几何体执行检测。平面扫描技术（Plane Sweep）和对象分解技术（Object Decomposition）是两种常用的精确几何处理技术。

1）平面扫描技术

使用平面扫描技术法，将多边形对象分解成最小数量的互不相交的不规则多边形。平面扫描是计算几何中常用的算法，用来快速判断两个多边形是否相交。该技术的基本思想是先对需要进行查询判断的多边形顶点的 X 坐标排序，然后用一根垂直于 X 轴的扫描线（Sweep Line）从对象空间的左端向右端进行扫描（Shamos and Hoey，1976）。平面扫描方法用到两个基本的数据结构：扫描线状态和事件点进度表。扫描线状态记录和扫描线相交的多边形的边，通常用一个动态数据结构存储这些边。扫描线在查询对象的每个顶点（事件点）停住，然后扫描的状态被更新。对于每个多边形的顶点，其相应的边或者插入该动态数据结构或者从中删除。事件点进度表则包含组成多边形线段的左右端点及线段交点的 X 坐标。使用该算法，仅对扫描线状态中存储的相邻边进行相交判断，所以当一条边插入扫描线状态时，插入边只和它的新邻居进行相交判断；当一条边从扫描线状态中删除时，只需判断在删除后生成的新邻居是否相交即可。经判断后，如果来自不同多边形的两条边相交，算法结束并返回查询结果；否则，算法要一直进行到最后一个顶点处理完。因此，平面扫描算法，正如上面提到的二次算法，用于判断错误命中项的计算代价比用来判断命中项的计算代价更高。图 6-6 简单描述了平面扫描算法的实现过程。

在平面扫描算法中，我们只需检查与两个多边形的 MBR 之间的相交矩形相交的边即可。图 6-6 中，边 e1 与边 e5 不需要进行平面扫描处理，因为它们各自都不与其他多边形任一边相交。通过贯穿两个多边形的线性扫描，我们能够排除所有不与这个矩形相交的边，这可以限制搜索空间。

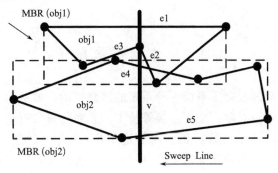

图 6-6　平面扫描过程

在到达事件点 v 之前，扫描线状态为：e1、e2、e4、e5。当到达 v 后，e2 从扫描线状态中删除，这时扫描线状态变成：e1、e4、e5，经判断 e1 和 e4 不相交。接着，e3 边被加入扫描线状态，该状态变成：e1、e3、e4、e5，这时需判断 e3 和 e4，e3 和 e1 是否相交，经判断 e3 和 e4 相交。算法结束。

2）对象分解技术

空间对象通常具有极不规则的几何形状，因此很难与固定的几何形状相一致。通常使用大批坐标组成的多维数据来描述空间对象的轮廓，但如果这类复杂对象数量太多，那么从中寻找特定的空间对象就会非常耗时、复杂。由于空间对象的复杂性及空间查询的多样化，确定空间对象需要大量的几何计算。所以要想高效地确定空间对象，在进行几何计算前，通常需要对空间对象进行分解，将复杂的对象分解成一系列小的简单实体，可有效提高求精步骤中几何检测的速度，提高逼近的质量，改善空间查询的效率。

对象分解技术是将对象分解为满足一些定量约束的简单子对象（如三角形、不规则多边形、凸多边形等），当然，在对象分解后，为决定一次处理所涉及的子对象，需要空间存取方法合理地组织对象各组成子部分的位置和形状。它是一种常用的精确几何处理技术，非常适合于空间查询处理。例如，空间对象能够被分解成更简单的组成部分，如凸多边形、梯形和三角形，如图 6-7 所示。这样的分解方法包括在对象插入期间的简单预处理步骤，这个预处理步骤简化了空间查询处理，因为分解方法用多次执行简单快速的算法来取代复杂的几何算法。因此，在一个复杂对象上执行查询，被在一系列简单对象上执行的查询所代替，那么在空间查询处理过程中就只需要处理这些简单多边形中的一个或一部分即可。考虑对多边形的点进行检测，对于由几千个顶点的多边形来说，这样的检测是相当耗时的。使用对象分解技术使查询操作对象变成了简单多边形，而不是复杂对象本身，对几何对象的组成部分的几何处理比处理整个对象效率更高，大大提高了查询的效率。但要判断是哪个或哪些多边形和几何查询操作发生关系，还需要一种高效的数据结构对这些简单多边形进行组织。

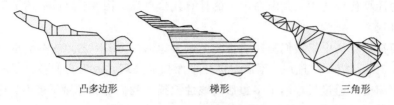

凸多边形　　　　　梯形　　　　　三角形

图 6-7　三种多边形分解技术

6.3.3　空间连接操作

空间连接查询是空间数据库系统一种重要的多路查询，即从两个数据集合中检索出所有满足某一条件的空间对象。空间连接等价于一系列的窗口查询。对参加连接操作的两个数据集，一个可以看作是数据集（内层遍历集），另一个可以看作是查询窗口集（外层遍历集）。例如，判断两张地图上的空间对象是否相交，可在过滤步骤中将其中一张地图上的 MBR 作为查询窗口（一个对象 MBR 作为一个查询窗口）在另一张地图上做空间选择操作，经过求精步骤的几何计算后，对所有的结果取并集，从而得到查询结果。空间连接是按照包含空间谓词的几何属性将两个数据集中的空间对象进行合并。Gunther 将空间连接定义为：两个关系 R 和 S 的空间连接，由 $R\infty_{\theta ij}S$ 表示，是来自于 $R \times S$（笛卡儿积）的元组集合，其中 R 的第 i 列或 S 的第 j 列具有某种空间数据类型，θ 为二元空间谓词，$R.i$ 与 $S.j$ 成 θ 关系。

在每个关系 R 和 S 中的一个有贡献的列具有某种空间数据类型，表示对应的数据类型的空间扩展。我们可以将空间连接 $R\infty_{\theta ij}S$ 简记为 $R\infty_{\theta}S$，这里 i 与 j 各自指的是关系 R 和 S 中的那些有贡献的列。对于空间谓词 θ，有许多可能性，包括：相交（Intersects）、包含（Contains）、被包围（Enclosed _ by）、距离 q（Distance λ q，其中 q∈{=，<=，<，>=，>}，并且 q 为正实数）、位于…的西北方向（Northwest _ of）、与…相邻（Adjacent _ to）等。相交也许是最重要的空间谓词之一。

空间连接往往涉及两个或两个以上的空间表之间的连接操作，通常将一个层中的所有实体与另一个层中的所有实体进行比较。这点与空间范围查询不同，空间范围查询中，只是通过一个查询窗口来与一个层中的所有实体作比较。空间连接查询例子，如"查找相互之间距离不超过 200km 的两座城市"或"查找靠近湖边的所有城市"或"穿过国家森林公园的所有高速公路"或"查找所有大学旁边的电影院"。

1. 空间连接的分步骤处理过程

与其他空间查询一样，空间连接查询的实现过程通常分两步：过滤和精炼。过滤即是借助空间索引与 MBR，查找出满足给定条件的空间对象候选集，建立空间连接索引，在过滤步骤中，利用实际数据对象的近似体来工作，以减少将被详细检查的对象对的数目；精炼则是从磁盘检索出数据对象的精确的空间扩展部分，并详细地检查连接谓词，用相应的空间对象代替 MBR 进行具体的连接处理，检索出满足实际需求的空间对象，即从第二存储区检索候选集中每个对象的精确形状信息，来测试其是否满足查询条件。

目前比较成熟的连接处理方法是 MBR 空间连接方（Brinkhoff et al.，1994），如图 6-8 所示。其中心思想是：如果两个对象的 MBR（最小包围矩形）不相交，它们相应的对象也不相交。在利用该性质的基础上，主要解决如何计算 MBR 方法生成的候选集问题，用以减少空间连接谓词计算的时间，同时提高空间查询的精度和效率。

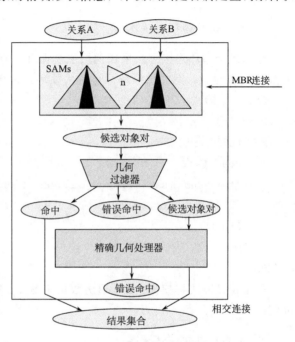

图 6-8　MBR 空间连接处理

其处理过程是：首先，计算两个空间对象集的 MBR 连接，并用简单的几何过滤判别出肯定不相交的空间对象对（错误命中项）和肯定相交的空间对象对（命中项），从而减少需要进一步处理的空间对象候选集，这一过程可以通过高效的空间存取方法来实现；其次，在需要进一步处理的空间对象对中，为了识别不符合要求的对象，对剩下的候选集使用更复杂的精确几何处理（如空间对象分解技术等），排出错误空间对象对，从而形成得到最终的符合查询条件的结果空间对象集。

关系型数据库系统中最重要的操作之一是连接操作，而空间数据库中相应的操作即是空间连接，空间连接能够被用于实现所有种类的合并空间数据集合的操作和查询。在 GIS 系统中，空间连接可以被用于地图叠加的高效实现。地图叠加从两层或更多层给定的地图构造出一层新的地图，是一种重要的地理分析。

近几年来对 GIS 和空间数据库的研究主要集中在空间选择，或者空间搜索操作方面，人们已为这些操作定义了许多存取机制。但是，作为空间数据库和 GIS 应用中最重要操作之一的空间连接，在此之前研究得并不多，直至目前，因其重要性，空间连接才成为研究热点之一。根据参与空间连接的数据集的不同特性，有嵌套循环连接基于同步 R 树遍历空间连接、分区空间合并连接、空间哈希连接和种子树连接等常用的空间连接方法。

2. 嵌套循环连接方法

嵌套循环连接的基本思想就是产生数据集 R 和 S 所有可能的对象偶，即 R 和 S 的笛卡儿乘积 R×S，然后评估其中的每一对对象是否满足连接条件。

利用该方法处理连接时，R 和 S 都是直接存储在文件里，而不利用任何索引结构、哈希函数或类似的概念进行数据组织，因此一般通过顺序扫描读取数据。

随扫描文件策略的不同，嵌套循环连接可以分为简单嵌套循环连接、嵌套块循环连接和有索引的嵌套循环。

1）简单嵌套循环连接方法

简单嵌套循环连接方法采用两层嵌套循环处理连接，第一层循环（也称外循环）遍历 R 中所有对象，第二层循环（也称内循环）遍历 S 中的所有对象，其算法描述如下：

```
For (all r ε R) Do
    Read (r);
    For (all s ε S) Do
        Read (s);
        If (r and s satisfy the join condition) Then
            Output (r, s);
        End If
    End For
End For
```

可见，该方法将扫描 $|R|$ 遍历数据集 S（$|R|$ 表示集合 R 的势），因而其 I/O 代价较高。

2）嵌套块循环连接方法

嵌套块循环连接方法改进了简单嵌套循环连接方法的 I/O 复杂度，有效地利用可用的缓冲区页，以块为单位而不是以对象为单位遍历数据集。该方法为外循环数据集 R 保留了一定的内存空间，以块为单位遍历 R，然后对每个块遍历内循环数据集 S，其算法描述如下：

```
For (all block r_b ⊆ R) Do
    Read (r_b);
    For (all block s_b ⊆ S) Do
        Read (s_b);
        For (all r ε r_b) Do
            For (all s ε s_b) Do
                If (r and s satisfy the join condition) Then
                    Output (r, s);
                End If
            End For
```

```
            End For
         End For
      End For
```

3）有索引的嵌套循环方法

如果其中一个关系建有索引，那么可以在内层循环中利用索引的优点，不需要在每一次迭代时完全扫描整个内层关系。使用内层关系上的索引来检索与存储在主存中的外层关系的元组相匹配的候选元组，可取代范围查询（Shekhar and Chawla，2004）。

3. 基于同步 R 树遍历空间连接算法 （synchronized R-tree traversal）

空间连接是涉及空间数据类型和空间操作算子的连接操作。空间存取方法经常被用来加速空间连接的计算。R 树及其变种因其结构简单和空间对象的有效处理，故可提出一种基于 R 树的空间连接策略（Brinkhoff et al.，1993）。此策略要求每个参与的对象集合均有一预先计算好的 R 树索引，连接策略由 R 树匹配算法和一种优化技术组成。R树的匹配算法是直接的，它从匹配两个 R 树的根结点开始，寻找是否有重叠的情形发生，然后深度优先递归搜寻匹配的子结点，当在两个树中达到叶结点时，得出匹配结果并将其写入文件。优化技术则用于减少磁盘I/O的数量和CPU 耗费。R 树的空间连接策略如图 6-9 所示。

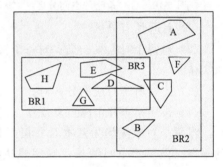

当代表两个 R 树 R1、R2 的结点范围框 BR1和 BR2 重叠时，可求出它们的交集 BR3，以便在其后的计算中淘汰与 BR3 不相交的子结点。图 6-9 中，R2 的 A、F 和 B 以及 R1 的 H 和 G没有与 BR3 相交，故可从进一步的计算中将它们淘汰，此过程称为 R 树空间连接策略的过滤。

图 6-9　基于 R 树的连接策略

其完整算法如下：

给定建立了 R 树索引的两个空间对象集 A、B。

（1）找到两个树的根结点。

（2）从 A、B 的根结点向下搜索直至叶结点。比较两个结点；找到相交区域；过滤掉相交区域之外的子结点。

（3）连接所有对应叶结点上的分区对。

4. 分区空间合并连接

基于分区的空间合并连接（Partition-based Spatial Merge Join）方法是 Patel 和Dewitt 于 1996 年提出的一个新方法（Patel and DeWitt，1996；Mamoulis and Papadias，1999；曹加恒等，1998a），其基本思想是给定两个对象集 A、B，用公式计算出一系列划分数据空间的分区，这些分区如同哈希连接时的"桶"一样。只有相对应的两个含有数据的分区，才能用来找到所有的候选连接对象。但是，两个对象集中的对象分布情形并非一致，对象落在不同分区的情况可能不多，为平衡分区的大小，合并策略将空间分为大量片段，并用哈希函数将片段映射至分区。

当空间对象可能跨越两个或多个分区时，则要求对象在其所跨越的任何分区重复存放。若第一个对象集已被分区存放，合并策略就继续使用同样的片段数目、位置及相同的片段对第二个对象集进行分区，此时可能有某个空间实体并不与上述任何片断相交，则它不可能与任何第一对象集中的对象重叠，故可在进一步的选择中将其淘汰。此种情况称为合并策略的过滤。

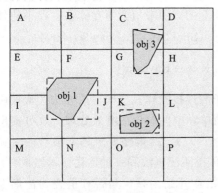

图 6-10　合并策略的空间分区

图 6-10 表示合并策略的分区空间和三个对象。假设有四个分区，一种可能的片段到分区的映射是：片段 A、B、E、F 映射到第一分区，片段 C、D、G、H 映射到第二分区，而片段 I、J、M、N 映射到第三分区，片段 K、L、O、P 映射到第四分区。如果需要，还可对其重新分区，以更好地将分区存放主存。

当两个对象集的分区形成后，可用合并策略在对应分区上连接并输出结果。给定两个空间对象集 A、B 以及片段数目，算法如下：

（1）计算所有分区。

（2）对每个对象集扫描；对每个实体，决定实体所属的分区，并在所有分区内记录该实体。

（3）连接所有对应的分区对。

（4）排序结果并消除重复现象。

当两个对象集均为基本对象集而非中间结果时，易于决定片段的数目，达到良好的平衡。但对于中间结果，则很难决定使用的片段数目。若使用不合适的数目，算法虽能正确工作，但使用太少片段会引起不均匀的载入，从而引起大量的重新分区；若使用太多片段又会造成大量对象的重复存放，对合并策略的效果将会造成很大的影响。

5. 空间哈希连接

空间哈希连接（Spatial Hash Join）策略是先计算空间分区，当分区决定后，用第一个数据集来取样，取样中获得的空间对象的中心用于初始化分区，然后扫描第一个对象集，并根据确定的中心将其中对象分放到不同的分区，每个空间对象放置在离其中心的距离最近的分区内。当对象被插入分区时，若有必要，分区的最小范围块 MBR 通过扩展以容纳这个对象；MBR 扩展时，其中心的位置也在不断改变，直至形成第一个对象的分区。在第一个对象集插入时，无重复存放现象。

接着扫描第二个对象集，并将其中的对象插入第一个对象集形成的分区。若某个实体跨越了多个分区，则它被记录到所有它跨越的分区，此时存在重复存放现象。没有和任何分区重叠的对象可被淘汰，则称为哈希连接策略的过滤（Lo and Ravishankar，1996；Mamoulis and Papadias，1999；曹加恒等，1998a）。

图 6-11 表示一种可能的分区覆盖情况。其中，第二对象集的 obj1 必须在分区 A、B、C 中重复，而 obj3 则必须在分区 C、D 中重复。将第二对象集的所有对象与分区联系起来后，哈希策略连接对应的分区对并完成连接。给定两个空间对象集 A、B，其算法如下：

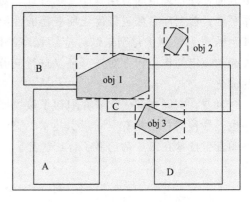

图 6-11　哈希连接策略的空间分区

（1）计算分区数目。

（2）取样对象集 A，并初始化分区。

（3）扫描对象集 A，将对象插入分区边界。

（4）扫描对象集 B，将 B 插入前一步划定的分区，并在必要时重复存放对象。

（5）连接所有对应分区中的对象对，并返回结果。

6. 种子树连接方法

种子树连接（Seeded Tree Join，STJ）方法是由 Lo 和 Ravishankar 提出的，要求参与连接的两数据集（A，B）中仅一个数据集有 R 树索引。简言之，STJ 利用数据集 A 的 R 树索引作为种子建立 R 树次索引，然后利用 R 树连接方法连接这两个 R 树。用 RA 作为次 R 树的种子可减小 R 树间结点重叠的可能性。

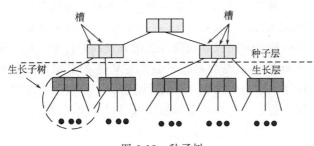

图 6-12　种子树

种子树的建立分为两步：播种阶段和生长阶段。在播种阶段，R_A 的选定部分（最高的 k 层）被拷贝以形成种子树 S_B 的顶 k 层，S_B 的最低层叫做槽（Slots，用来将 B 中的对象插入 S_B）。在生长阶段，主要是将 B 中对象依以下准则插入 S_B 中：矩形被插入到包含该矩形或是使面积扩展最小的 slot，图 6-12 展示了典型的种子树结构，R 树的最上两层被拷贝以创建种子树。

种子树连接的缺陷是它不能在任向情况下都适用，有时缓冲区的瓶颈问题（如当槽的数目大于页面缓冲区大小时）会使其性能大打折扣。

6.4　查 询 优 化

由于空间数据具有结构复杂、数据量庞大等特点，使得面向空间数据的查询比单纯的属性数据查询要复杂得多，因此空间数据查询的效率成为空间数据库性能的瓶颈，而现有的关系数据库查询优化技术不能完全适用于空间数据，所以查询优化技术的研究势必成为空间数据库应用的难点和突破点。

查询处理效率，是空间查询优化研究的一个重要内容。查询效率的提高主要来自两个方面：外部环境和应用程序。据统计，对大型关系数据来说，从网络、硬件配置、操作系统、数据库参数进行优化所获得的性能提升，全部加起来占性能提升的40％左右，其余的60％性能优化则来自对应用程序的优化。当然，外部环境的升级对查询优化能够起到一定的作用，在对外部环境进行充分升级后，开发人员所关注的则是对应用程序的优化。

目前，空间查询优化研究取得了较大发展，但对于不同空间数据模型来说，优化策略也不尽相同，主要有空间索引技术、查询路径优化、数据压缩以及缓存等方法。关于空间索引技术在第5章已做了详细论述。

6.4.1　查询路径优化

查询通常使用像 SQL 这样的高级声明性语言来表达，这意味着用户只需指明结果集，而获取结果的策略则交由数据库负责。用于度量策略或计算计划的标准，就是执行查询所需要的时间。在传统数据库中，该度量很大程度上取决于 I/O 代价，因为可用的数据类型和对这些类型进行操作的函数相对来说都是易于计算的，而空间数据库由于包含了复杂数据类型和 CPU 密集型的函数，在空间数据库中选择一个优化策略的任务比在传统数据库中更为复杂。

1. 查询优化器

查询优化器是数据库软件中的一个模块，它用于产生不同的计算计划并确定适当的执行策略。图 6-13 给出了查询优化器的模式（Shekhar and Chawla，2004）。查询优化器根据系统目录提供的信息使用代价函数计算比较后找到合适的查询执行计划，从系统目录中获得信息，并结合一些启发式规则和动态规划技术以制定合适的策略。即使可能，查询优化器也很少执行最好的计划，这是因为优化计算十分复杂。一般的思想是避免最差的计划而选择一个较好的计划。查询优化器所承担的任务可以分成两部分：逻辑转换和动态规划。

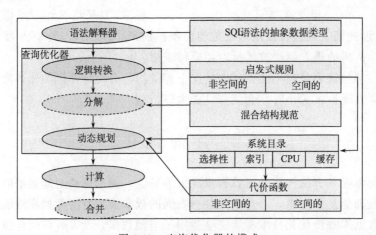

图 6-13　查询优化器的模式

不同于传统的关系数据库，空间数据库包含了许多复杂的空间数据类型和CPU密集型的空间分析和拓扑关系判断函数，因而在空间数据库中选择一个优化策略的任务比传统数据库更为复杂。

2. 语法分析

在查询优化器对查询进行处理之前，必须由语法分析器进行词法分析。语法分析器检查语法并将语句转换成一棵可以执行的查询树。在查询树中，叶结点对应着所涉及的关系，而内部结点对应着组成查询的基本操作。空间查询的基本操作主要有选择（SELECT）、投影（PROJECT）、连接（JOIN）和其他集合操作。查询处理从叶结点开始自底向上处理，直到根结点上的操作执行完成。

例如，"长江能为方圆300km以内的城市供水，列出能从长江获得供水的城市"。其空间查询语句表达如下：

SELECT city. name

   FROM FCLS. city，FCLS. river

WHERE Overlap（city. shape，Buffer（river. shape，300））＝1

   AND river. name ＝'长江'；

由上面查询生成的查询树如图6-14所示。

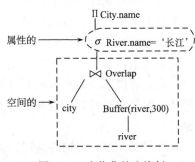

图6-14　未优化的查询树

3. 逻辑转换

逻辑转换的过程就是应用启发式规则，在可以生成的等价查询树中，过滤掉显然不是最终执行策略的查询树，尽量找到一个较优的执行策略。有些确定的适用于传统数据库的启发式规则，如"在连接和二元操作之前执行选择和投影"，不一定适应于空间数据库。我们定义如下启发式规则来调整执行策略：①非空间选择和投影运算符应朝着查询树叶结点的方向尽量逼近；②非空间选择操作应该比空间选择操作更逼近叶结点；③关系型优先原则，查询条件树中既有关系型谓词，也有空间型谓词，总是将关系型谓词放在空间型谓词的前面。

在经过语法分析器的解析工作后，将得到一棵可以执行的查询树，如图6-15所示。如果用图中未经过逻辑转换的查询树完成空间查询，可能是非常拙劣的策略。连接操作的代价很大，其代价和所涉及的集合大小的乘积有关，因此，我们希望尽量减少连接操作所涉及的关系大小。一种方法是将非空间的选择操作下推。按照原始空间查询语句进行语法分析后得到的查询树使空间查询更靠近叶结点，而属性查询远离叶结点，因而语法分析器将首先执行空间算子，被黑色虚线框框出来的空间部分

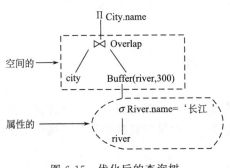

图6-15　优化后的查询树

包含两个空间算子 Overlap 和 Buffer，首先对河流进行缓冲区分析操作，其次与城市进行叠加分析，再次才进行属性查询。由于空间算子的代价比较大，这样的查询树势必不会得到最优的效率。根据我们定义的启发式规则：非空间选择操作应该比空间选择操作更逼近叶结点，将属性条件"river. name＝'长江'"调整到叶结点的位置，空间条件的位置靠近根结点，形成图 6-15 所示的查询树，执行效率会明显提升。

4. 基于代价的优化

查询代价估算是最常用的一种查询优化方法，在关系数据库中的研究已较为成熟，并在一些实际数据库系统中得到了应用。例如，SQL Server、Oracle 等著名数据库系统中均提供数据的元数据以供估算查询代价使用。它是指按照给定的代价指标，根据查询操作的处理特性、操作间的相互关系、操作数据的统计信息等估算查询操作的执行代价。代价模型即指代价估算的方法，其具体表现形式为代价估算公式。数据库系统利用代价模型对可供选择的查询执行计划进行代价估算，以选择代价较小的执行计划作为执行策略。但是相对而言，空间数据库的查询代价估算还处于研究阶段，实际应用也比较少。

若遇到多个空间谓词的情况，无法得出执行的先后顺序，其执行代价就需要在比较后进行分级。如 Hanan Samet 所言，空间操作的代价取决于两个因素。第一个因素为具体使用的查询处理算法的执行代价（CPU 代价，记为 CPU. COST）和 I/O 代价（读取操作对象的代价，记为 R. COST），可以通过查询处理算法的时间复杂度和所用索引的性能来评价。第二个因素为输出查询结果的 I/O 代价（记为 W. COST），由查询结果集的大小来决定，而这又涉及代价估算中的一个重要概念——谓词选择性因子（predicate selectivity），即满足谓词所描述的查询条件的结果集大小与源数据集大小的比值。假设源数据集大小为 N，结果集大小为 r，则谓词选择性因子 $S=r/N$，其取值为 $0\sim1$。S 越大，选择性越低，最低为 1，即所有对象都满足条件。空间谓词的代价估算公式为

$$C = R.\,COST + CPU.\,COST + W.\,COST = (1+w+S) \times R.\,COST \qquad (6\text{-}3)$$

其中，W 为一个权值。那么代价估算值低的空间谓词应该比代价估算值高的谓词更加靠近叶结点，才能尽可能地减少开销。

实际上，空间数据库的优化是一个长期不懈、不断比较分析和调整的过程，因为空间数据在不断的变化中，应用在不断的发展中。用户只有深入领会和掌握空间数据库服务所提供的强大功能，正确观察和分析系统运行中提供的各种信息，充分结合实际应用特点，才能合理制定出良好的优化策略，实现快速、高效的数据查询和应用分析，同时也使硬件资源得到最充分的发挥。

6.4.2 执行查询分析

在经过了解释器和优化器之后，将得到一条相对较优的执行路径。执行查询分析的任务是按照经历分析后得到的语法树，通过调用客户端提供的各种查询分析接口来获得结果，最后输出用户期望的结果。

它的查询分析的类型主要分属性查询、空间查询和空间分析三种。

1) 属性查询

属性查询是最基本的查询方式，其查询条件完全遵守 SQL 的标准，执行查询时从语法树的根结点开始，通过后序遍历语法树的方式，即对每个结点，先计算其左子树，再计算右子树，最后计算两个孩子结点在根结点操作符下的值，最后的计算结果必定是一个布尔类型的值，即对查询对象表中的每一条记录进行判断，结果为真则标记此记录，否则跳过继续，直到最后一条记录。计算结果得到一个符合查询条件的记录列表，可以根据用户要求形式输出。

2) 空间查询

空间查询又可以分为点查询、矩形查询和多边形查询。点查询是指查询某个点附近的实体，用户需要指定点的查询半径，如果不指定则用默认值；矩形查询和多边形查询是查询在指定范围内的实体，对这两种查询，又要进行细分。例如，矩形查询，可以分为实体必须在矩形内部和允许与矩形相交，多边形查询可以分为在多边形内部和在多边形外部两种情况，空间查询可以支持的操作符有五个："INRECT"、"INTERRECT"、"INREG"、"OUTREG"、"NEAR"。这三种查询都是通过分析语法树，获取要查询的要素类（简单要素类或对象类）和查询范围（点、矩形或多边形），然后调用客户端的查询接口（点查询、矩形查询或多边形查询）得到一个查询结果类。

3) 空间分析

遵循 OGC 的规范，支持交、并、差等各种空间分析，即遵循空间拓扑运算符和空间分析运算符，而且根据实际需要进行扩展。例如，GIS 中经常要分析在要素的某个缓冲区范围内的实体信息，按照传统的设计，需要先作缓冲区分析，再用空间分析操作符WITHIN 得到缓冲区范围内的实体，根据这一实际需要，语法分析器增加了 WITHIN-BUFF 操作符，简洁地实现了这个功能。执行空间分析查询时也是分析语法树，识别出空间分析的类型和参数，通过调用客户端的空间分析接口来实现。

6.4.3 数据缓存技术

近几年，数据缓存技术发展得非常快，如果在数据库系统中使用它，可以大幅提高数据检索效率。其工作原理是：为后台数据库设置大容量的缓存区，用于缓冲客户对数据库的访问请求，减少对服务器访问的输入/输出次数，从而提高数据库系统的检索效率。

从广义的角度讲，数据缓存技术的含义广泛，它指对一切广义数据的缓存。从狭义的角度讲，数据缓存技术专指对后台关系型数据库中数据的缓存。前者是基于 WWW技术的，是对站点、网页、链接等许多非结构化或半结构化内容的缓冲；而后者是基于传统的数据库应用领域，对索引文件和数据库数据等结构化内容的缓冲。在数据缓存技术研究领域，根据数据缓存区的应用位置不同可以分为三种：客户机端数据缓存系统、集中式数据缓存系统、分布式数据缓存系统。

1. 数据缓冲技术介绍

数据缓冲技术在计算机领域中被广泛应用，这一技术往往可以大幅度提升系统的性能。即使是计算机硬件的组织也采用一系列的缓冲（Cache）机制来提高数据处理的性能，内存本身就是对相对慢速的外存器的一个数据缓冲器。主要的数据缓存技术包括：查询结果集缓存、操作缓存、数据缓存等不同的形式，分别适用于不同的应用。

数据缓冲技术在空间数据查询与提取中的应用十分广泛，有时候甚至需要把数据全部缓存到内存，然后转为纯粹的内存处理过程，从而能够运用内存处理的若干优点并完全节省了对外存的多次访问，从而提高速度。然而，对于海量数据处理系统来说，内存相对来说总是很小，所以不可能把全部外存数据调入内存，只能在内存中缓存最需要的数据，对索引采用完全的缓存通常是比较有效的缓存方案。

当前计算机存储器存取速率存在金字塔准则，即读写速率越快的存储器价格越昂贵；为了追求最佳的性价比，采用少量的读写速率高的存储器作为高速缓存，采用大量的读写速率低的存储器作为存储大量的数据的永久存储器。另外，速率高的存储器一般来说是易失的，而读写速率低的外存储器一般来说是不易失的，为了使系统在异常时产生致命的错误不丢失数据，或使数据回到一个一致的状态，需要有某种机制在适当的时候同步易失缓存和不易失缓存中的数据到一致的状态。

一般来说，内存的访问是随机的，并可以并行访问；而外存中单个硬盘或单个存储设备只能通过串行化进行访问，这样就可以大大提高并发访问的速度。

有时候缓存可被用来作为数据处理的场地，而无需把数据从缓存中移动出来，数据完成处理之后也没有必要再把结果移入缓存，所有的工作可以直接在缓存中进行。对于数据不连续或分片、分页的缓存，需要处理片或页边界的情况，使之在逻辑上成为一个连续的存储空间。常见的通用缓存包括一个固定或可变的缓存分配池、数据在缓存中的定位器、并发控制管理器以及缓存调度管理器。缓存还依据一定的策略实施内外存的交换，及在缓存空闲空间不够时动态淘汰已经加载数据的空间。应用缓存必须能够保证可以提高系统的性能，缓存运作本身也需要消耗一定的系统资源及系统运算时间，如果采用缓存引起的系统资源和系统时间消耗比例过大而使系统总的表现和不使用缓存时相差不大甚至还要低，则采用缓存已没有意义。例如，在大量顺序读写时就无需缓存。一个成功的运行系统需要结合本系统数据访问和存储方式及系统的存储器组成金字塔的模式来组织程序，才能最大限度地发挥系统的性能，如图 6-16 所示。

图 6-16　存储器金字塔

如图 6-17 所示，引入缓存的机制后可以很容易地通过应用程序全局内存分配池管理全局可分配的缓存及其他内存的分配，使系统的总体内存用量永远不会超过操作系统可负担的用量，同时，通过内存资源在系统各个部件之间的自由流动来避免系统的不活跃部分，捕获大量的内存却不在使用状态，提高资源的利用率，即缓存系统同时也是内存管理系统。通常以分页的方式统一管理内存后可以防止因大小不一的内存申请而产生的内存碎片，同时也能以接近堆栈分配的内存分配速度提高系统性能。当内存需要逻辑上连续但需要不断增长时，分页的管理也起到了很好的效果，不需要先申请更大的内存，再把原来较小内存中的数据移动到新的内存中，然后才能释放较小的内存块，因为后者使系统在同一时刻申请了两块内存，这在数据量比较大时会成为系统的瓶颈。如图 6-18 所示，在相当长的内存申请周期中，真正使用该块内存的操作只集中在少数时间，在内存不使用的间隙，该块内存可以交换到外存储器中，以复用宝贵的内存空间。

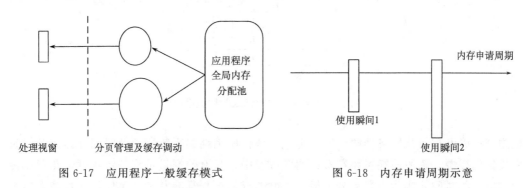

图 6-17　应用程序一般缓存模式　　　　　图 6-18　内存申请周期示意

把缓存之间作为处理场地，可以减少数据复制所需的时间，但维护的成本比较高。

2. 简单缓存技术

简单缓存是只有一个缓冲区的缓存，每一次对数据的缓冲总是加载完整的一部分数据，所以有时候也称其为块缓存，这一整块缓冲区可以看成原数据在内存中的窗口，连续的滑动该窗口便可以覆盖整个的数据。这种缓存比较适合连续的读写，但在随机读写时会造成不同程度的效率问题。缓存区的大小不能太大也不能太小，如果太大则造成实际读入数据和实际需求数据的比值加大，从而降低缓冲机制的效果；如果太小则可能会造成频繁调入调出页面，从而降低有效读写的比例。

简单缓存技术中采用的数据定位技术基于当前缓冲块调入数据的起始地址以及缓冲块的大小，当需要访问的数据的起始偏移大于缓冲块中数据的起始偏移，并且待访问的数据的长度与根据缓存区中对应待访问数据的起始地址与缓冲区的总长度有公共部分时，当前缓冲区全部或部分命中请求访问的数据，因而直接得到该数据或者该数据的一部分，如图 6-19 所示。

需要根据不同的命中情况，计算当前操作是否可以引起访问缓冲区中的数据，如果可以，则访问能够访问的部分；可以访问的部分访问完毕后剩余的部分都是不可直接通过缓存进行访问的部分，需要重新加载这些部分数据到缓存中。加载到缓存中的数据尽量是正交的，即新加载调入的数据库不与前一个在缓存中的数据有重合的部分，这样可以保证加载过程最有效。

当所有的数据操作可以抽象成读写序列时，对缓冲区的读写顺序不受读写序列的影响，因而一种优化的策略就是按物理顺序来加载读写序列。

在空间实体的查询处理中简单缓存被广泛使用，并作为主要的客户端缓存，经过实

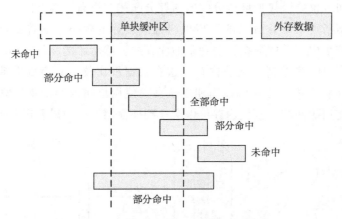

图 6-19　缓冲区与待读取数据关系图

际测试可以发现，从服务器端读取一定量的数据所消耗的系统资源及时间资源在开始时增长比较缓慢，资源消耗主要花费在读取过程中，只有数据量达到一定程度，花费在传送数据上的时间才成为主要部分，但是一般的查询过程都涉及多个实体，并且绝大多数时候我们关心的是非常局部的数据，而且这些局部的数据在一定程度上具有物理存储上的连续性，所以可以通过简单缓存减少总体无效时间的消耗，从而提高系统的性能。

设系统中每次取得一批数据所消耗的时间由式（6-4）表示：

$$T = t + ax \tag{6-4}$$

其中，t 为消耗在传输过程中的时间，基本上接近为固定值；ax 为根据数据 x 变化而变化的时间消耗，这一时间消耗分量与数据量基本成正比，设其为当存取单位数据量时所消耗的时间，a 为一常量。如果单条记录读取空间数据库中的实体进行处理，准确率很高，但是每次都要消耗一个 t，设一次查询的有效读取次数为 n，则总的存取时间消耗接近于 $nt + an$，除此之外还包括内存运算时间。设在使用简单缓存的情况下，缓存的命中率 b，则使用简单缓存的总的读取时间消耗为 $t + an/b$。计算两部分的差值，便可以作为采用不同方案的优先度，见式（6-5）。

$$D = (n-1)t + an(1 - 1/b) \tag{6-5}$$

如果上式小于 0，则采用简单缓存的优势比较大；如果上式大于 0，则采用简单缓存比不采用简单缓存的情况还要差；当上式等于 0 时，就是选取不同策略的分界点。实际情况中数据量 x 与缓存的命中率可能具有简单的反比关系，即每一批的数据量越大，则命中后提取的有效数据的比率相对来说越小。根据该式当简单缓冲区的大小处于某一特定范围时，缓存系统的效率最优。

在做全表扫描查询时，由于所有的数据都要读入内存，所以简单缓存的命中率达到最高，所以此时最好采用完全的缓存形式，而且缓冲的大小只受系统的当前负荷影响，如果负荷比较小，则可以采用比较大的内存作为缓冲区；在做个别实体选取时，由于调入的数据比较单一，应该不采用简单缓存的形式进行数据的存取，且可以在要求的数据不在缓存区时，不理会已经缓存的数据，跳过缓冲区，进行穿越式读取。从这里可以发现，简单缓存的使用需要可控的界面来产生策略。

在基于通用关系或实体数据库的空间数据库中，一部分空间查询将最终转化为对底层通用数据库的查询，并且该种查询一般来说是比较粗糙的初级筛选，需要把查询结果返回到空间数据库中再做进一步的详细查询，这样就需要使用简单缓冲区来临时存储中间查询结果。简单缓冲区的窗口机制可以产生类似结果集游标的功能，从而使简单缓冲区在空间数据查询中具有很高的可行性。

空间数据一般包含不定长的二进制数据，用于表达不同复杂度的空间位置信息，然而通用数据库一般提供的批数据查询提取接口都需要定长的数据存储单元，通常的做法是计算数据库中最长记录的二进制长度作为缓冲区单位缓存的长度，从而提高提取的速度和定位的速度。

3. 分页缓存技术

分页缓存技术是一种更常见和更通用的缓存技术。通过把整块的大缓存池分解为多个比较小的缓冲页面或者缓存块，降低因简单缓存淘汰时需要把全部缓存数据与外存进行交换的代价。分页缓存在缓存已满需要调入新的数据时，通过淘汰部分页面来保持对另外一些页面的缓存状态，这样就可以通过各种有针对性地策略来提高页面淘汰的效率。常见的淘汰策略包括最近最少使用算法（LRU）、最近最多使用算法等。

对于最常用的 LRU，通过建立链表来表达淘汰队列，即在链表的一端为最近使用次数最多的页面，也称为热端；另一端是使用次数最少的页面，也称为冷端。一旦一个页面使用完毕则它被放到热端，而不论它被使用前处于什么位置；如果一旦没有足够的缓存空间而只能执行淘汰时，只需直接从冷端摘除一个页面进行淘汰即可。为了保证在大批量读写过程中仍然有使用比较频繁的页面保留在内存，而不是使缓存只保留下了只需一次调用到内存的页面，需要把 LRU 链分成两个部分，一部分为热链，另一部分为暖链。在页面使用完毕需要再次链入 LRU 链时，只有使用次数到一定程度的页面才能放到热链的热端，否则需要放到暖链的热端。有时候对于马上仍需使用的页面可以建立 Pin 链，并在释放页面时由人工指定，且每次查找页面首先查找 Pin 链，如图 6-20 所示。

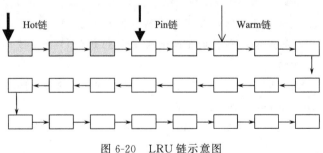

图 6-20　LRU 链示意图

分页缓存所面临的一个重要问题是页面的定位，一般来说系统向缓存的请求对应于外存的页面，可能是物理页面编号，物理页面编号和缓存页面编号不可能是一一对应的，这就需要某种影射关系，把请求的物理页面编号影射成对应的内存页面。在分页缓存中，系统采用 hash 表完成物理页面编号到缓存页面编号的影射，一般采用取物理页面编号低位若干位的做法来影射到较小的区间，该较小的区间与内存缓存页面的分页数对应。

与简单缓存不同，分页缓存可以利用的缓存总量几乎不受影响，因为它没有造成大内存的数据交换，而且随着缓冲页面的增加而增加系统的性能。

除此之外，分页缓存还伴随着若干优点。多个分页使对缓存的并发访问成为可能，且十分高效，因为在任何时刻对同一个缓存页面的访问概率总是比较小的，从而大多数页面的访问可以完全的并行进行。对数据页面的写入总是采用以整页的方式进行，要么一页全部写入，要么一页根本没有写入，这样就保证了数据的完整性。

4. 双缓存技术

有很多空间处理过程只能顺序的进行，如显示和某些空间分析，而且这些处理过程相对来说比较耗时，所以可以采用双缓存技术来优化这些过程。

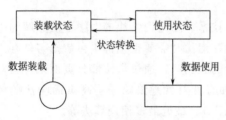

图 6-21　双缓存并发使用

双缓存就是系统至少有两块缓存，且把空间查询操作分解为多个过程，这样当获得一块数据，或有一块缓存已经加载完数据时就可以进行空间数据处理操作，在进行空间数据处理操作的同时就可以再加载另外一块缓存中的数据，从而实现数据获取与处理上的并行度，提高了系统总体上的查询时间，如图 6-21 所示。

采用双缓存方案关键是能够把一个任务分解成多个部分来完成，且每一部分数据的处理不依赖于其他部分的数据，更强的要求是对某一块的数据处理速度需要和加载一块数据的速度相同，这样当查询处理完毕时，数据向缓存块的加载也几乎完成，而不会造成查询处理过程等待缓存块加载，或缓存块加载过程等待查询处理过程的情况。

思　考　题

1. 什么是标准的 SQL 查询语言，它有哪些主要功能？

2. 如何扩展 SQL 以处理空间数据？举例说明 OGIS 标准的 SQL 如何支持空间关系查询？

3. 什么是 SQL3/SQL99，它定义了哪几种空间对象类型。

4. 现给出如下关系模式，要查询 River 表中所列出的河流流经的省份，请写出扩展 SQL 语句的语句结构。

PROVINCE（Name：varchar（35），count：varchar（35），Pop：Integer，GDP：Integer，Life _ Exp：Integer，Shape：Binary）

CITY（Name：varchar（35），Count：varchar（35），Pop：Integer，Capital：char（I），Shape：Binary）

RIVER（Name：varchar（35），Origin：varchar（35），Length：integer，Shape：Binary）

5. 空间查询主要有哪几种类型？举例说明空间查询处理的两步算法。筛选和细化涉及哪些主要技术？

6. 空间连接操作有哪几种主要方法？你认为哪些方法比较好？

7. 举例说明查询优化的过程。为什么要进行空间查询优化？

第7章 时态空间数据库

空间数据库必须能够有效地管理空间位置相关的数据。然而，现实世界的数据不仅与空间相关，而且与时间相关。在许多应用领域，如环境监测、抢险救灾、交通管理等，相关数据随着时间变化而变化。如何处理数据随时间变化的动态特性，是空间数据库面临的新课题。

大多空间数据库不具有处理数据的时间动态性的功能，而只是描述数据的一个瞬态（Snapshot）。当数据发生变化时，用新数据代替旧数据，系统成为另一个瞬态，旧数据不复存在，因而无法对数据变化的历史进行分析，更无法预测未来的趋势。这类空间数据库亦称为静态空间数据库。

许多应用领域要求空间数据库能提供完善的时序分析功能，高效地回答与时间相关的各类问题，有效地处理与时间相关的空间信息，即所谓时态数据库（Temporal Database）。时态数据库作为空间数据库研究和应用的一个新领域，由于其巨大的应用驱动力，正受到普遍的关注，而且，随着存储和高效技术的飞速进步，为大容量的时态数据的存储和高效处理提供了必要的物质条件，使时态数据库的研究和应用成为可能。

7.1 地理信息的时空分析

7.1.1 地理世界的时间

1. 时间概念

任何事物的发生或演变都有其时间特性。时间，作为一种只能从其对自然变化的影响中才能觉察到的现象，一开始就困扰着学术界。关于时间的本质，在哲学、科学及心理学领域里，至今仍是一个在探索中的课题。例如，时间是否有开始和结束（哲学问题），时间是连续的还是离散的（科学问题），如何最好地描述"现在"这个概念（心理学问题）。从地理信息系统的角度来观察，时间在逻辑上可以是一条没有端点、向过去和未来无限延伸的坐标轴——时间轴，在每一设定的时间分辨率的坐标点上，都可以扩展其三维空间数据。它是现实世界的第四维，除了与三维空间一样具有通用性、连续性和可量测性外，还具有运动的不可逆性或称单向性。时间和空间不可分割地联系在一起。在一般的空间数据应用中，一些与时间关系极其密切的应用，如环境监测、地籍管理等，时间应该是不可缺少的一维，它不仅仅作为数据的一个组成部分，而且与空间数据相互关联地存在着。

在时空数据模型研究中，我们的目的不仅仅是了解时间和空间的本质，更重要的是将精力集中在我们要解决的问题上，即在目前具有普遍意义的时空观基础上作些合理的假设，与 GIS 所处的特定地理关键时刻结合起来，进而确立一种指导 GIS 数据建模的合理时空概念模型。有两种基本的时空观点：一种是将时间理解为一种特殊含义的度量尺度，则可以将时间、空间和属性平等地作为地理空间对象的三种数据成分或一个基本特征；另一种观点是将时间理解为事件序列的表现形式，或者说将变化作为时间的深层含义，则时间特征应居于空间特征和属性特征之上，即地理实体的时间特征由其空间特征变化和属性特征变化来共同表现（舒红和陈军，1998）。

2. 时间的结构

1）线性结构

该模型认为时间是一条没有端点，向过去和将来无限延伸的线轴，除了与空间一样具有通用性、连续性和可量测性外，还具有运动的不可逆性（或称单向性）和全序性。在单向线性时间模型中，一般都是指向将来的延伸，自然界的万事万物是不断向前发展的，新生事物不断地涌现，新的思想不断地形成，每天都有新的婴儿在世界的各个地方出生，世界向着我们所期待的美好未来发展。正如我们的宇宙以一种线性方式不断地向前进化，单向线性时间模型所揭示的人类生存社会是一个不断发展的世界，如图 7-1 所示。

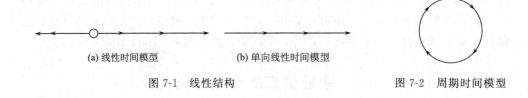

(a) 线性时间模型　　　　(b) 单向线性时间模型

图 7-1　线性结构　　　　　　　　　　　图 7-2　周期时间模型

2）循环结构

该模型反映了时间的周期性、稳定性，与时间的线性结构不可分割，相辅相成，形成了现实世界在继承中的发展。和单向线性时间模型相比，周期时间模型相对较为古老些。它来源于先人对自然交替现象的观察。例如，日、月、年、季节的周而复始，日出日落、昼夜和年岁的交替，万物的出生、成长、衰败、死亡的生命循环自然规律等。周期时间模型所揭示的世界是一个周期变化、生死轮回的世界，如图 7-2 所示。

3）分支结构

分支结构分为单向分支结构和双向分支结构，分别反映了具有不同的历史时间结构和未来时间结构的多个目标现象的时间结构，其中各分支具有两两相交性。分支时间模型可以用来解释事件多种可能变化的现象，每一种变化都将拥有自己的历史和未来。分支时间模型又有三种情况：一种是时间从过去到现在是线性递增的，但从现在到将来有许多可能，如图 7-3（a）所示；第二种情况是时间从过去到现在有许多种可能，但从现在到将来是单调递增的，即只有一种可能，如图 7-3（b）所示；第三种情况是，时间从过去到现在有多种可能变化，而且从现在到将来也有多种可能变化，有人也将其称为网状时间模型，如图 7-3（c）所示。

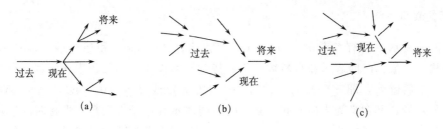

图 7-3　分支时间模型

4）多维结构

同一目标的演变经历，从不同时间角度来看，体现为时间的多维结构。用于处理单一事件或对象历史的多面性，具体到空间数据库中，主要是指有效时间、数据库时间和用户定义时间。

（1）有效时间（Valid Time）：空间目标经历了产生到消亡的过程，有效时间是指一个对象在现实世界中发生并保持的那段时间，即它在现实世界中存在的时间区间，或者该对象在现实世界中为真的时间段，有时也称为对象时间、数据时间、世界时间、外界时间和逻辑时间。如果理论模型允许目标消亡后再生，则有效时间是多个不相交的时间区间的并。

（2）数据库时间（Database Time）：指目标数据录入数据库系统的时间，也就是事实处于数据库系统中的时间段，又称事务时间（Transaction Time）、物理时间、执行时间、系统时间。

（3）用户定义时间（User-defined Time）：指用户根据需要自己为目标标注的时间，数据库管理系统将它与库中其他一般数据同等对待。只有用户知道其语义，DBMS 不能解释，具体语义由相应具体应用来确定。

时间从本质上讲是一维的。在研究中，我们常常把时间和空间进行对比分析。任何一个空间对象在空间上都用三维坐标系进行描述，而时间对空间对象来说只是一维的，即任何一个空间对象只有一维的实际存在时间或发生时间。但在数据库中，对象的存在或发生的时间是用数据库记录的，这些对象又有一个在数据库中记录的时间，即数据库时间。这两个时间对对象来说是相互独立的，即数据库时间可以是在实际时间之前、相等（同时）或之后，因此，对数据库中的任意对象来说，其时间属性是二维的（实际存在或发生的时间与数据库记录的时间）。

考虑数据库系统中的时间问题，我们必须区分系统中测量的时间和现实世界中观察到的时间。有效时间段是一个真实世界中的概念，它不能自动产生而必须提供给系统，图 7-4 阐明了多维时间模型的情况，另外，还有决策时间、观察时间等，由于涉及具体的专题性应用，针对性强，所以暂不列入地理信息的考虑范围。

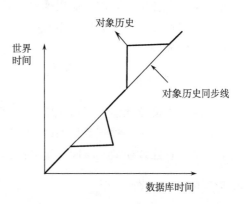

图 7-4　多维时间模型

3. 时间的表示

时间的表示主要有离散的（Discrete）、紧凑的（Dense）和连续的（Continuous）三种结构。离散的时间表示和自然数相似，将时间看作非负整数的集合，每一个时刻之后都有一个后继者，即 $T = \{0, 1, 2, \cdots, NOW\}$ 或 $T = \{0, NOW\}$。NOW 是可以改变的常量，其含义为当前时间。紧凑的时间表示类似于有理数，即将时间模拟为有理数的集合，在任意两个时刻中间都可插入一个时间点。连续的时间类似于实数，即将时间模拟为实数的集合。在连续时间表示中，对于任意两个时间点 t_1、t_2，存在 $t_1 < t_2$，总能找到第三个时间点 t_3，且满足：$t_1 < t_3 < t_2$。在这几种方式中，以采用离散的时刻表示时间居多，如 12：40：10（虽然时间本身是连续的）。

GIS 研究的对象是存在于地球表面及其附近空间中，与空间和时间关联，并不断变化的客观实体，因此，必须围绕地理实体这个中心来研究和表达时间。

4. 时间粒度（时间的多标度性）

现实世界的时间是无限的，没有开始也没有结束，它可看成是两段无限的实数轴，轴上的每一点代表所处的某一时刻，从某一时刻到另一时刻看成是一段时间，用于度量时间的尺度具有多样性。具有相同长度的时间段，称之为时间粒度（Granularity），也称为时间分辨率或时间标度。在我们日常生活中，常用的时间粒度是秒、分、小时、日和周。严格地讲，月、季度和年并不能作为时间粒度，因为它们不具备有等长的特性，但在要求不太严密的场合，也可作为时间粒度使用。时间粒度有粗细之分，粒度越细，表示的时间精度越精确。粗时间粒度向细时间粒度转化称为细化（Specialization），存在一定的不确定性。例如，基于月粒度下的时间点"2000 年 6 月"转化为基于日粒度下的时间点时，就只能表示为"2000 年 6 月 1 日至 2000 年 6 月 30 日的某一天"，这里的某一天意味着不确定性，为了消除这种不确定性，最好事先约定或假定转化方案是行之有效的方法。细粒度时间在向粗粒度时间转化时称为时间的概括（Generalization），概括的结果是确定的。例如，将基于日粒度的时间点"2000 年 6 月 10 日"转化为基于月粒度的时间点"2000 年 6 月"，概括的结果是确定的。

不同的时间粒度形成的集合称为时间粒度体系，采用什么样的时间粒度体系，应视具体应用情况而定。不同的应用领域，及同一应用领域中的不同应用范围，都可能采用不同的时间标度。空间数据库中时间标度的选择存在着理想的时间精度和节约内存开销相互权衡的问题。

5. 时间的密度特性

时间的密度特性体现为以下模型：离散模型，时间与自然数同构，每个自然数对应一个时间粒子，是一种较常用的结构；紧凑模型，时间与有理数同构，每个实数对应时间上一个点；连续模型，时间与实数同构，每个实数对应时间上一个点。

6. 时间的不确定性

空间数据库中的数据在空间、非空间属性上都具有不确定性，同样在时态性上也存在着不确定性。某事件发生是已知的，何时发生是未知的，则称该事件是时态非确定的。

（1）微粒过小：在大多数情况下，数据库时间计时单位与计算事件发生的时间尺寸不吻合。例如，数据库里计时单位为秒，而实际事件是以天来计算的。

（2）计时的不精确性：即使数据库的计时单位和实际事件发生的时间相一致，但大多数计时设备是不精确的。

（3）预测的不精确性：绝大多数系统的预测时间是不精确的。

（4）事件时间的不确定性：有时实际事件发生的时间是不确定的日期。

时间的不确定性导致了时间数据库模型的复杂性，对于时态非确定性的事件，往往需要引入模糊性机制处理不精确的时态数据，并要求提供高效方便的模糊查询能力，关于不确定性时态的表示、处理问题，很多专家已进行了许多的研究，提出了如构造"不确定性面"等各种方法，但在目前的应用系统中，不确定时间模型仍很少见（王英杰等，2003）。

7. 事件与状态

事件的发生和事物状态的改变是人类对时间最直观的感知，因而，事件和状态是时间数据库中最重要的一对基本概念之一。一个对象在其生命周期（Life-span）里有不同的状态，事件是对象从一个状态到另外一个状态的质变过程，而状态可以认为是对象逐渐进化的过程。一般来说，在数据库中事件采用时刻的方式表示，而状态则采用时间段表示，和空间数据库中的点和线的关系一样，事件和状态之间的关系可用图 7-5 来表示（唐新明和吴岚，1999；王英杰等，2003）。

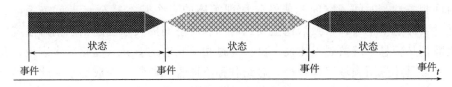

图 7-5　事件和状态之间的关系

在数据库中，事件和状态的这种区分并不是绝对的。当一个事件用一个更小的计时单位表达时，事件变成了一个状态。例如，在地籍信息系统中，如果一块宗地的变更登记（包括初审、复查、登记等）是在一天里完成的，且数据库的计时单位为天，则可视登记为一个事件；如果数据库的计时单位为秒，则登记变成了一个状态，可将宗地在此时的状态称为宗地处于登记状态；若计时单位为小时，也可以将登记事件分解为几个事件和状态。在上例中，可将一块宗地的登记过程分解为初审事件、初审状态、二审事件、二审状态、登记事件、登记状态等。计时单位的大小是由具体的应用所决定的，但一旦确定了计时单位的大小之后，一般不轻易更改计时单位和事件的定义。

在现实世界中，事物的变化有时不能用这种简单的事件和状态来表达。当一个物体连续变化时，如云块的连续变化，我们可以定义云块的每一次状态的变化均由事件引起。但在实际应用中这种定义并不一定适合，而将云的连续变化定义为一种连续变化的状态。

状态是在一定的时间下，地理实体客观存在的形式，是对象相对稳定的一个过程。时空对象的状态可分为属性状态、空间状态，而空间状态又可分为空间拓扑状态、空间几何状态，如图7-6所示。

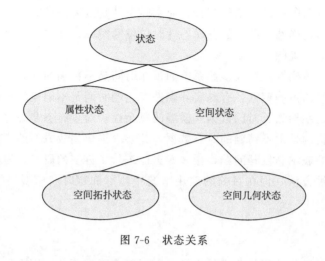

图 7-6 状态关系

7.1.2 地理世界时空域

1. 时空域概念

时间和空间是运动物质存在的两种基本形式。在地理信息系统中，空间刻画了地理实体的空间位置、空间分布与空间相关性；时间刻画了地理实体的存在时间、变化状况、时间相关性。时间、空间和属性是地理实体的三个基本特征（王英杰等，2003）。脱离地学实体这个中心，单独谈论空间、时间和时空间的关系已超出了信息系统设计的思考范畴。从信息系统的观点出发，事件通过相关状态的差异（变化）来表现，其含义由用户结合具体应用领域解释获得。总结各种不同含义地学事件或地学变化类型是一项很有意义的工作，是以事件序列的时间概念的地学对象模拟与推理为基础，其意义如同认识地学实体的空间分布特性和地球表面的空间组织规律有助于空间数据模型的建立一样。

空间是地学中的基本概念，人们常从空间的视角进行地学研究。空间数据被定义为其中的元素和实体在二维、三维或 n 维空间中有确定位置的数据，其位置可以用某系统的坐标值直接或间接地表示。点数据对应于单个数据元素，在某一尺度下对应于一个位置，如城市的位置；线数据由一系列空间坐标来表示，可以是不相关的独立的线（如断层线），或树型结构（如河流水系），或网络结构（如道路体系）；面数据对应于特定空间的区域面，面数据的位置用闭合的空间坐标组来表示。Abler 等基于动态过程始末的空间结构给出了一种对动态现象的语义分类，形象鲜明地展示了动态的基本空间维，不同的动态现象可看作相似的空间形式（如站台上人流的变化和建筑物周围的供水体系有着相似的传输形式），框架提供了一个实用的地学视图，有助于对地学空间中动态现象的描述和理解，但要全面理解动态现象，必须要考虑时间因素。

和空间一样，时间是地学变化不可或缺的一方面。地学中时间的作用有以下四个方面：①描述当前状态；②描述变化的方向和频率；③为理解地理现象提供历史背景；④解释地表特征发展变化的因果。时间的度量不同于空间，通过感知获取，通常概念化为两种形式：连续的"机械时间"（如钟表、日历、季节）和离散的"体时间"（如小时、年代、世纪）。时间的特性包括方向、距离和频率。信息系统里的时间尺度一般是有限的、有向的及离散的。

2. 时空变化

空间和时间是客观事物存在的形式，两者之间是互相联系而不能分割的，地理时空变化规律是地理信息系统的中心研究内容，时空数据建模应考虑不同类型的时空过程和应用。变化是地理实体和现象的基本特征之一，研究变化的类型或地理实体和现象的基本变化规律有助于我们更深刻地把握数据模型的时间语义。根据事物变化过程的快慢、周期的长短，可将地理变化分为：超长期的（如地壳运动）、长期的（如水土流失、城市化等）、中期的（如土地利用、作物估产等）、短期的（如江河洪水、作物长势等）、超短期的（如台风、地震）。根据变化程度，实体随时间的变化从形式上可分为实体进化和实体存亡。地理实体的存亡由地理实体的本质特征引起，而本质特征常常为用户感兴趣或着重强调的特征，有可能是某种属性特征，也可能是某种空间特征。根据变化节奏划分，存在离散变化和连续变化。离散变化又称突变，不同时刻的状态无规律可循。连续变化又称渐变，连续变化的实体状态值依据一定的规律约束不间断变化。变化的这种划分对时间尺度有一定依赖关系。离散变化在某种大时间尺度下可近似认为是一种连续变化，反之，连续变化在小时间尺度下考察可认为是一种离散变化。地理信息的这种动态变化特征，一方面要求信息及时获取并定期更新，重视自然历史过程的积累和对未来的预测和预报，以免使用过时的信息导致决策的失误，或者缺乏可靠的动态数据而不能对变化中的地理事件或现象作出合乎逻辑的预测预报和科学论证；另一方面要求对地学变化的基本属性有更充分的理解，需要对与时空变化相关的本质特征有一个全面的认识。地理信息系统及空间数据库技术将帮助我们更好地分析多维动态地学现象，在多种地理尺度下准确、完整地理解复杂的动态过程。通过分析自然现象本质时空特性，剖析地学变化现象的内在时空特性，对时空变化进行分类，有助于对同类型其他变化过程的理解，加深对地学现象基本时空特性的认识。时空变化的分类为理解动态过程提供了一个基础框架，将有助于当前和未来的时空数据模型及时空可视化系统的研究。

目前，主要的时空分类方法有以下几种。

1）根据一个对象在时间、空间和属性三方面的变化特性分类

Yuan（1996）总结出六种时间和空间的变化类型，它们是：
（1）属性变化（Attribute Changes）。
（2）静态空间分布（Static Spatial Distribution）。
（3）静态时间变化（Static Temporal Changes）。
（4）动态空间变化（Dynamic Spatial Changes）。
（5）过程的转换（Mutation of a Process）。
（6）实体的运动（Movement of an Entity）。

2）根据一个对象变化的突然性和渐变性分类

根据一个对象（包括时间、空间和属性），以及变化的突然性（Abrupt）和渐变性（Evolving），将变化分为八种类型（唐新明和吴岚，1999）：

（1）属性的突然变化：在这种变化中，位置不变，属性随时间的变化而突然改变，如地名的修改等。

（2）属性的渐进变化，而位置不变：在这种变化中，位置不变，属性随时间的变化而逐渐改变。例如，某一行政区域内人口、资源在不断变化，而行政区划相对稳定。

（3）位置的突然变化：在这种变化中，属性不变，位置随时间的变化而突然改变，如土壤类型的变化、道路改线等。

（4）位置的渐进变化，而属性不变：在这种变化中，属性不变，位置随时间的变化而逐渐改变。例如，云块的变化；汽车在路上移动，汽车的位置在不断的变化，而形状和属性没有发生改变。

（5）位置和属性的突然变化：在这种变化中，位置和属性随时间的变化而突然变化，如地籍变更。

（6）位置和属性的渐进变化：在这种变化中，位置和属性随时间的变化逐渐变化。例如，暴风雨不断的移动，而它的形状和性质也在不断发生改变。

（7）属性的突然变化而位置的渐进变化。

（8）属性的渐进变化而位置的突然变化。

3）根据变化现象在时空方面的特性分类

我们通过研究地学现象在时空上变化的方式将其进行分类。分类中并不针对地学目标本身，而关注我们感兴趣的地学目标动态变化的时空模式。分类的意图不是针对地学实体，而是为动态地学现象定义时空框架。任何动态地学现象可根据其时空变化模式归为分类体系中的一类。传统空间数据分为点、线、面、体，并已证实了在空间现象研究中的实用性。时间维上，若地学现象不间断变化，那么说它是连续的；若是不连续的，当变化是零散、不可预期时，称该现象在时间维上是间断的；当变化是规则、可预期时，称该现象在时间维上是周期的。Nancy等利用时间维上的三类变化（连续的、间断的和周期的）和空间维上的四类描述（点、线、面、体），提出了对地学变化的 12 种概念分类（Nancy，1999），如图 7-7 所示。地学变化分别从时空的不同度量尺度进行分析。分类与研究对象相应的时空度量尺度和对其观测视角密切相关。我们常以规则的时空结构来分析和表示复杂不规则的地学现象，尽管各种地学变化现象的具体量度各不相同，但它们都有相似的时空结构。对地学现象的研究视角采用了传统中一般地学模型所采用的观测视角，但某些地学现象的观测视角是多角度的，包括在时间维或空间维上，其相应的归类也应属于多类别的（如区域边界变化）。这样的现象称为多类型的。

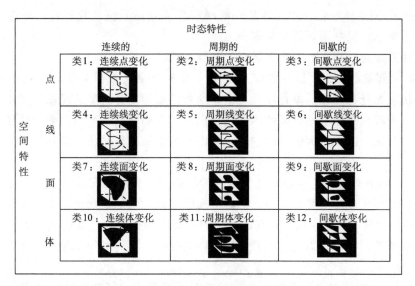

图 7-7　地学变化的 12 种概念分类（Nancy，1999）

下面分别对图 7-7 中的 12 类地学变化现象进行描述：

（1）连续变化：当某对象或现象在时间上不间断变化，表示为从起点到终点的连续变化。

类 1——连续点变化。是点到点连续变化，其中只有变化的起止点是主要的。可利用 GPS 技术对目标变化的起止点进行精确定位。车辆行驶和监控的人、动物及车辆的动态过程属于该类变化。

类 4——连续线变化。是实体的空间位置沿某线路连续变化，变化的形状在时空上是一条不间断的线，如人行道、河道或公路等。该类变化中地学现象在空间上经历了线性的模式，包括电子通信、气流、水渠、飓风及地球绕太阳的旋转。

类 7——连续面变化。指那些在时间上连续、空间上以辐射面方式变化的地学现象，如染料的扩散，变化是连续的，扩散停止时，变化区域是以起点为圆心的辐射区域。这类变化包括居住地、创新文化和疾病的扩散、同化；某些形式的区域边界变化或森林火势的蔓延等。

类 10——连续体变化。主要包括地球变化过程，因为多数地学中体元素指自然物质：土壤、水分和气流，如地球生物圈中的水分循环、大气循环，地球岩石圈中的大陆漂移、火山喷发、地震、冰川、岩体移动、土壤流失等都是典型的连续体变化。

（2）周期变化：当地学现象以规则或可预期的频率变化时，称为周期变化。

类 2——周期点变化。标识空间中两个或多个点间的联系或交互。大多数人类的活动属于周期点变化，包括动物迁徙、工人劳作、人们的出入活动等周期性时空变化过程。通常人类的重复性活动还可根据周期长短，如日、周、月、季等进行细分。

类 5——周期线变化。指那些在时间上以规则频率变化，在空间上以线性沿某路径变化的地学现象。这类变化包括台风和运输网络上各种规模的定期的人流、物流与服务流。

类 8——周期面变化。指那些在时间上周期性变化，在空间上涉及大片连续区域的地学变化现象。例如，区域边界的变化、疾病发作等，变化的周期可以从几天到千百年。

类11——周期体变化。主要涉及一些周期性大自然系统变化过程，如潮汐、厄尔尼诺现象、洪水、某些形式的污染等。

（3）间歇变化：指在时空上无规则的间歇变化。

类3——间歇点变化。是在空间上与两个或多个位置点相关联的点到点的间歇变化，如移民、搬迁、游牧、旅行以及火山、地震活动等都是典型的间歇点变化。尽管单独的火山喷发或地震被看做连续的体变化，但在较大的时空尺度下，整个世界是一个在千百万年时间域上的、巨大的活动空间，火山和地震被看作是从一点到另一点的间歇性变化。

类6——间歇线变化。常指一些间歇性传输活动，如临时家政服务、公用设施服务等。另外，对历史现象的解释活动，如航海探险、新大陆的发现也属于间歇线变化。

类9——间歇面变化。指在连续区域上的不规则间歇变化，如区域边界变化、沙漠化、军事撤离等活动。这类变化不同于周期性面变化，它的时间变化模式是无规则不可预期的。

类12——间歇体变化。指在时空上无规则不可预期的复杂时空变化现象，如某些形式的污染、大量浪费等。

7.1.3 时态关系

时间可以区分为绝对时间位置和相对时间关系，其中，绝对时间是标识事件的起始和终止的时刻位置，相对时间关系主要指时间方向、时间距离和时空事件的时态拓扑关系。时态拓扑关系的语义侧重点是事件发生的同时不变性，而时间方向关系的语义侧重点是事件发生的次序不变性。含义上，时态拓扑关系强调的是事件 I、J 是否永远相继发生（不顾及谁先谁后），即事件发生的同时不变性。事件的不可逆性决定了时间的单方向性（或次序性、顺序性）：从"过去"经过"现在"向"未来"无限伸展。研究时态地学数据模型既要强调地学实体的绝对时间位置和相对时间关系，还要强调地学状态的变化分析。地学事件序列直接表达了地学实体的时间语义，记录或分析时态关系不仅隐式反映了地学事件，而且更深层地表明了地学事件间的制约关系。地学事件由地学状态的差异隐式表现，其语义还需具体应用领域解释，可以直接将各种不同地学状态按出现先后次序排序来表现时态关系，也可根据地学状态的时间标记来计算时态关系。地学状态间的时态关系部分程度上显式表现了地学事件间的时态关系，所以，我们称时空数据模型里研究的时间关系，即时态关系，为地学事件间的关系（王英杰等，2003）。

1. 时间方向关系

时间方向关系有"先 before"、"后 after"和"同时 equal"，如 before (I, J) 表示事件 I 先于事件 J 出现（或称 $I \leqslant J$），而 after (I, J) 则表示事件 I 后于事件 J 出现（或称 $J \leqslant I$）。时间方向关系作用在时态目标内部有："起始时刻 T_{snode}"、"终止时刻 T_{enode}"之分，如图 7-8 所示，事件 I 的起始时刻 T_{snode} 可以描述为 Begin $(I) = T_{snode}$，而其终止时刻 T_{enode} 则可以描述为 End $(I) = T_{enode}$。事件发生的先后时间方向关系有时甚至比事件发生的同时性拓扑时间关系更重要，它在某种特定场合暗示着事件之间的因果联系。

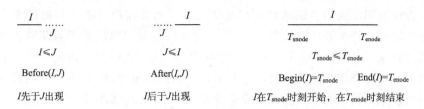

图 7-8　两时态目标间的时间方向关系

2. 时态拓扑关系

时态拓扑关系，又称为时间拓扑关系，主要有"相离"、"相遇"（meet）、"叠加"（overlap）、"覆盖"、"被覆盖"、"相等"、"内部"、"包含"等。拓扑关系的核心为物体连续形变（不撕裂、不粘合）下维持的邻域不变性，并由邻域不变引出若干拓扑不变量。"时态拓扑关系"里的"拓扑"概念源于拓扑学里的"拓扑"概念，时态拓扑关系的核心思想是两个相邻发生的事件永远相邻发生，即事件发生的同时性保持不变。

根据 Max Egenhofer 等提出的空间拓扑关系点集理论描述框架（Egenhofer，1990），舒红等（1997）将时态目标所处的时间背景称为时间全集 T，并将时间全集 T 模拟成带"≤"全序关系的一维实数欧氏空间 IR^1（一维实数轴），采用九元组加维数扩展框架（9I+DEM）作为空间拓扑关系描述框架，并具体参照空间拓扑关系给出了基于点集理论的时态拓扑关系描述四元组框架（4I）。I、J 为两个不同的时态目标（标记两个不同地学状态或两个不同的地学事件的时间区间），则 I、J 间的基于点集理论的时态拓扑关系 T_{Top}（I，J）的 4I 描述框架为

$$T_{Top}(I,J) = \begin{bmatrix} \partial I \cap \partial J & \partial I \cap J^0 \\ I^0 \cap \partial J & I^0 \cap J^0 \end{bmatrix} 或 \tag{7-1}$$

$$T_{Top}(I,J) = (\partial I \cap \partial J, \partial I \cap J^0, I^0 \cap \partial I, I^0 \cap J^0)$$

四元组的每一项可以为空 $\varnothing$（Dim（$\varnothing$）=-1）或非空-$\varnothing$（Dim（-$\varnothing$）=1）。因此，四元组共有 2^4=16 种可能的取值情况，即有 16 种可能的时态拓扑关系情形。舒红等（1997）根据时间全集和时态目标的实际情况，剔除了 8 种不能成立的情形，剩下 8 种时态拓扑关系情形（吴立新和史文中，2003a），见表 7-1。

表 7-1　两时态目标间的时态拓扑关系（舒红等，1997；Allen，1983）

图示	$\dfrac{I}{\ \ J}$	$\dfrac{I}{\ \ J}$	$\dfrac{I}{\ \ J}$	$\dfrac{I}{\ J}$	$\dfrac{\ \ I}{\ J}$	$\dfrac{I}{\ J}$	$\dfrac{\ I}{\ J}$ ...	$\dfrac{I}{\ J}$ ...
矩阵	$\begin{bmatrix} \varnothing & \varnothing \\ \varnothing & \varnothing \end{bmatrix}$	$\begin{bmatrix} -\varnothing & \varnothing \\ \varnothing & \varnothing \end{bmatrix}$	$\begin{bmatrix} -\varnothing & -\varnothing \\ -\varnothing & -\varnothing \end{bmatrix}$	$\begin{bmatrix} -\varnothing & \varnothing \\ -\varnothing & -\varnothing \end{bmatrix}$	$\begin{bmatrix} -\varnothing & -\varnothing \\ \varnothing & -\varnothing \end{bmatrix}$	$\begin{bmatrix} -\varnothing & \varnothing \\ \varnothing & -\varnothing \end{bmatrix}$	$\begin{bmatrix} -\varnothing & -\varnothing \\ \varnothing & -\varnothing \end{bmatrix}$	$\begin{bmatrix} -\varnothing & \varnothing \\ -\varnothing & \varnothing \end{bmatrix}$
谓词	$T_{disjoint}$	T_{meet}	$T_{overlap}$	T_{cover}	$T_{coveredby}$	T_{equal}	T_{inside}	$T_{contain}$
语义	IJ 间隔出现	IJ 相遇出现	IJ 部分同时出现	I 变化期间 J 出现	J 变化期间 I 出现	IJ 完全同时出现	I 在 J 出现过程中出现	J 在 I 出现的过程中出现

它一方面有利于人们更细致地认识地学世界（尤其在用户不关心时间方向关系查询，而注重时态拓扑关系查询的场合）；另一方面同较为成熟的基于点集理论的空间拓扑关系描述框架 $9I+DEM$ 建立在同一数学基础上，为发展时空一体化的 GIS 建立了统一的时空关系理论基础。点集理论的时态拓扑关系描述框架 $4I$ 具有一定的合理性和完整性，为时空数据模型的形式化提供理论参考，但是，在数据结构里，如何不同程度的显式表达时间语义和时空拓扑关系还有待进一步深入研究。

3. 时间区间关系

过去，人们常将时态拓扑关系和时间方向关系结合起来研究，J. F. Allen 所提出的 12 种时间区间关系（当时未考虑 Equal）即是其中的典型，见表 7-2。

表 7-2　时间区间关系（Allen，1983）

图示	I J	I J	I J	I J	I J
区间关系	Before (I, J)	Meet (I, J)	Overlap (I, J)	Start (I, J)	Startedby (I, J)
图示	J I	J I	J I	I J	I J
区间关系	After (I, J)	MetBy (I, J)	OverlappedBy (I, J)	Finish (I, J)	Finishedby (I, J)
图示	I J	I J	I J		
区间关系	Equal (I, J)	During (I, J)	Contain (I, J)		

4. 时态拓扑关系与时态关系（时间区间关系）比较

过去，人们常将时态拓扑关系和时间方向关系结合起来研究，J. F Allen. 的 13 种时间区间关系即是这样（Allen，1983）。表 7-3 是将 J. F Allen. 的时态关系基于点集理论的时态拓扑关系作一比较。

表 7-3　时态关系与时态拓扑关系比较

Allen's	I J After (I,J)	I J Metby (I,J)	I J Overlappedby (I,J)	I J Startedby (I,J)	I J Start (I,J)			
	I J Before (I,J)	I J Meet (I,J)	I J Overlap (I,J)	I J Finishedby (I,J)	I J Finish (I,J)	I J During (I,J)	I J Equal (I,J)	I J Include (I,J)
Topology	$T_{disjoint}$	T_{meet}	$T_{overlap}$	T_{cover}	$T_{coveredby}$	T_{inside}	T_{equal}	$T_{contain}$

从表 7-3 中可看出，若对时态关系先进行时态拓扑关系分类，再进一步按时间方向关系划分，则"$T_{disjoint}$"可细分为"Before"、"After"；"T_{meet}"可细分为"Meet"、

"MetBy"；"T_{overlap}"可细分为"Overlap（I，J）"、"Overlappedby（I，J）"；"T_{cover}"细分为"FinishedBy"、"StartedBy"；"T_{coverby}"可细分为"Finish"、"Start"。

总之，对于时态关系，目前众说纷纭尚无定论，作为时态数据模型的研究基础，时态关系的研究正在努力之中。

7.2 时态数据库

7.2.1 时态数据库概述

虽然某些地理现象或地理事件并不一定需要记录和存储其时间数据，但如果空间数据库具有支持时间的功能，能将时间变量加入到空间分析过程中去，则将具有更大的应用范围。时态数据库是指能支持现实世界中与时间有关的数据的存储与操作的数据库。Silberschatz 在 *Database System Concepts* 一书给出了时态数据库的定义：存储现实世界的时间经历状态信息的数据叫做时态数据库（西尔伯沙茨，2003）。传统的数据管理系统（层次、网状和关系数据库）对时态数据未作专门的处理和对待，而只作为一般的属性值，作为用户定义时间进行存储和管理。因此，传统数据库只反映了一个对象的发展全过程中在某一个时刻的状态（快照），不能很好地反映、存储其过去和未来。传统的数据库对其外部现实世界中的某些方面的状态进行建模。一般而言，数据库只对现实时间的一个状态——当前状态建模，不会保存有关过去状态的信息，除非用做审计跟踪。当现实世界的状态改变了，数据库被更新，有关过去状态的信息就丢失了。但是，在许多应用中，保存和检索过去状态的信息非常重要。例如，一个病人数据库必须保存每个病人的病例信息，一个工人监视系统可能要保存工厂中传感器当前和过去的工人数据。随着需求的发展和数据的应用，人们从两个方面提出了管理时态信息的要求。①要求管理被处理时间的历史性信息。例如，与自然灾害（地震、气象、水文、洪涝等）有关的历史资料，认识、财务、金融方面的历史资料。这些数据反映了事物发展的本质规律。②要求管理数据库系统中元时间的时态信息。例如，数据库被查删改的时刻、时间区间，多用户系统中对锁定排队以及资源竞争协调的时标等。这些数据有助于提高数据库系统的可靠性和效率。

针对传统数据库技术不能提供时间方面模拟的缺陷，计算机科学界很早就开始关注和重视时态数据库（通常考虑的是非空间的时态数据库）的研究和应用，主要集中研究：①时态数据模型；②时态查询语言；③时态存储结构；④时态实现技术。这些研究大多数基于关系环境，这是因为关系数据库更为人们所熟知，理论简单，功效高，所以许多研究都直接或间接基于关系理论和技术扩展时态性。但由于关系模型语义受限，表达能力差，人们也在探讨其他的方法，如 CAD 中支持对象版本的方法、支持文档版本的超文本的扩展方法（Delisle and Schwartz，1986）、利用层次模型描述时态性的方法（Schiel，1983）、面向对象方法、基于知识模型和语义数据模型等方法。随着空间数据库研究与应用的不断深入，时态数据库的研究已成为空间数据库理论与技术研究的前沿领域和热点之一。要研究时态数据库，首先必须了解时态数据库的基本概念、特征或术语。

元组时刻标记（Instant-stamping of Tuples）。每个元组含有一个时间值分量，时间值指明该元组为当前元组的开始时刻。这里，"元组"相当于"记录"。

元组时区标记（Interval-stamping of Tuples）。每个元组含有两个时间值，这两个时间值分别指明该元组为当前元组的开始和结束时间。

元组时态元素标记（Temporal-element-stamping of Tuples）。每个元组含有一个时态元素，时态元素指明该元组的真的时间。

属性时刻标记（Instant-stamping of Attributes）。元组的每个属性值附加一个时间值，它指明该属性值的真的开始时刻。

属性时区标记（Interval-stamping of Attributes）。元组的每个属性值附加两个时间值，这两个时间值分别指明该属性值的真的开始和结束时间。

属性时态元素标记（Temporal-element-stamping of Attributes）。元组的每个属性值附加一个时态元素，时态元素指明该属性的真的时间。

时空数据库版本。时空数据库的一个元组的有效时间区段，通过版本间的时空关系数据组织结构，查询历史数据。

7.2.2　时态数据库基本类型

迄今人们建立的时态数据库种类主要有以下几种类型：

1. 根据数据库处理时间的能力分类

根据数据库处理时间的能力，时态数据库可分为：静态数据库（Static Database）、回滚式数据库（Rollback Database）、历史数据库（Historical Database）、双时序数据库（Bitemporal Database），见表 7-4。

表 7-4　各种时态数据库

项目	静态数据库	回滚式数据库	历史数据库	双时序数据库
实际时间	×	×	√	√
系统时间	×	√	×	√

注：×为不支持，√为支持。

（1）静态数据库：或称快照数据库（Snapshot Database），仅记录当前数据状态的数据库，反映现实中的一个片段，使用删除、替换对数据库状态进行数据更新的一系列系统活动。数据更新后，旧数据或变化值不再保留，导致数据库的过去状态丢失。

（2）回滚式数据库：根据事务时间在系统中保存对象的所有过去历史，所有过去的状态均以时间索引形式存储，因此可以用"回滚"的方式对过去的数据进行检索和分析，并能对库中任何数据作更新操作。这种数据库的问题是使用了事务时间而非有效时间，只可对最近进入数据库的内容作更新，而且效率也不高。

（3）历史数据库：根据有效时间在系统中保存对象的所有历史状态，并能对库中任何数据作更新操作。

（4）双时序数据库：保存目标的历史时间，有效时间和事务时间都作为参照，还加入了用户定义时间。

有时将上述的后两种数据库不加区分地通称为时态数据库（Temporal DB）。根据有效时间和事务时间在系统中分别保存对象历史和数据库状态，如图 7-9 所示。

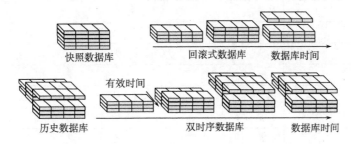

图 7-9　根据处理时间能力分类的各种时态数据库（王英杰等，2003）

2. 根据数据库存放的内容分类

根据数据库存放的内容，时态数据库可分历史数据库、实时数据库和预测数据库。这是由对象在时间上的二维性所导致的对时态数据库的分类。

（1）历史数据库（Historical）：在数据库中，若主体对象的数据库时间都有大于实际时间的情形，则可称此数据库为历史数据库。

（2）实时数据库（Real-time Database）：若实际时间都有和数据库时间相等（或非常接近）的情形，可称此数据库为实时数据库。

（3）预测数据库（Predicative Database）：若实际时间小于数据库时间，可称其数据库为预测数据库。

3. 根据数据库中对象的时间结构分类

根据数据库中对象的时间结构，时态数据库可分为：

（1）线性数据库（Linear Database）：其中时间从过去、现在到将来是线性递增的，这种结构是一种全序集（Totally Ordered Set）。

（2）分支数据库（Branching Database）：分支模型有两种情况：一是时间从过去到现在是线性递增的，从现在到将来有许多可能；二是时间从过去到现在有许多可能，而从现在到将来的变化是单调递增的，它们都是偏序集。

（3）周期数据库（Cyclical Database）：在线性和分支结构中，老对象和新对象不会重复。而在周期结构中，对象在一个周期内将返回原来状态。

4. 根据对象的状态和时间分类

根据对象的状态和时间，时态数据库可分为基于状态的数据库、基于事件的数据库两种类型。这来自于哲学和认知学的两种时间观点：事件序列的时间观与数量尺度的时间观。根据这两种观点可发展两种空间数据库中的时态数据模型：事件驱动的（基于事件的）时态数据模型与时间标记（基于状态的）时态数据模型。基于事件的模型用时刻表示事件的发生或结束，基于状态的模型用一个时间片段（Time-slice）来表示状态的整个过程。这两种形式的表达各有相应的优点。表 7-5 是这两种表达优缺点的简单描述。

表 7-5　基于事件和基于状态的时态数据库模型的比较

时间表达	基于事件	基于状态
表示事件的效率	高	高
表示状态的效率	较差	高
存储空间大小	小	大
处理连续变化的对象	不能	可能
数据更新效率	高	稍差
错误检查	不能	能
完整性检查	不能	能
时间连接效率	高	稍差
时间片段的映像能力	稍差	好
时间点的映像能力	好	稍差
时间的索引效率	高	稍差

　　在基于事件的数据库模型中，表示事件的效率高但表示状态的效率较低，一般要采用两个数据库记录表示一个状态。但在基于状态的模型中，事件可以用时间片段为零的状态表示。存储容量则基于事件的模型要高于基于状态的模型。基于事件的模型不能处理连续变化的物体，除非每一个连续变化的过程均采用事件表示。基于状态的模型中，连续变化的状态可能采用一个或一组公式或其他形式来描述。对数据库更新来说，基于事件的模型的数据记录更改要比基于状态的模型的数据记录更改稍为复杂，因为后者的更改涉及对上条记录的检查。数据的错误检查和完整性检查是基于状态模型所特有的优点，因为每一次更新均需对原来的状态进行检查，这样便保持了数据的完整性，并避免了数据库中事件相矛盾的情形。时间连接（Temporal Join）是时序数据库中的一种连接，它有几种形式，一般来说，基于事件的模型比基于状态的模型连接效率稍高，因为基于事件的模型本身有时间点存储，因此，对于时间点的映射比时间片段的映射效率要高，同样，建立时间点的索引效率也高。

　　上述两种模型均有优缺点，它们在实际中均有应用。Snodgrass（1987）、Gadia（1988）等提出的数据模型 TQuel 是基于状态的，而在 1996 年 Roshannejad 等提出的模型则是基于事件的。事实上，一个系统到底采用何种模型和实际应用有很大关系。

　　时态数据库的研究已有 20 多年的历史，由于其广阔而现实的应用前景受到普遍关注和重视，但由于时间特有的性质，以及数据本身的复杂结构，时态数据的处理就更加困难。因此，尽管有许多学者从不同的角度以不同方式在研究时态数据库，并已取得一些成果，但尚未取得一个较一致的完整认识，可以说，时态数据库的理论研究仍处于探索阶段。

7.3　时空数据模型

　　时空数据模型（时空一体化数据模型）是时空信息系统及时空地学可视化的基础。

时空数据模型能有效组织和管理时态地学数据，是一种属性、空间和时间的语义更完整的地学数据模型。在对时空模型的研究过程中，各国学者提出了不同的时空模型，根据模型的特性也做了不同的分类。例如，在 Paul A. Longley 与 Michael F. Goodchild 等编著的《地理信息系统（上卷）——原理与技术》（第二版）把各种时空模型归纳为四大类。①基于位置的时空数据表达，主要有快照模型，以及 1990 年 Langran 提出的修正 GIS 网格模型。②基于空间实体的时空数据表达，如现在研究较多的"矢量修正模型"与 M. F. Worboys 提出的面向对象的时空模型等，这些模型的特点是它们都显式记录空间随时间变化，这些模型都与特定地理实体关联而不是与位置关联（Langran，1992）。③基于时间的时空数据表达，该类的模型比较少，不太常用，主要有 Peuqent 和 Duan 提出的基于时间的表达模型。④时空的综合表达方法，把增加的空间信息与独立实体关联起来，提供了记录事件历史的方式，它可以轻松地跟踪和比较事件历史和事件类型，主要有时空复合模型。而国内由吴立新与史文中编著的《地理信息原理与算法》一书中将时态 GIS 中的时空数据模型分为五类。①时间附加型，主要包括第一范式（1NF）模型、非第一范式（N1NF）模型和时空复合模型。②时间新维型，主要包括立方体模型、系列快照模型以及基态修正模型。③面向对象型，借鉴程序设计中的面向对象技术所形成的时空模型。④基于状态与变化的统一模型。⑤其他时空数据模型。

7.3.1　序列快照模型

序列快照模型（Sequent Snapshots），也称时间片快照模型（Time-slice Snap-shots），图 7-10 给出了序列快照模型的图形表示。序列快照模型的基本思想是将某一时间段内地理现象的变化过程，用一系列时间片段的序列快照保存起来，反映整个空间特征的状态，根据需要对指定时间片段的现实片段进行播放，快照间的时间间隔不一定相同。

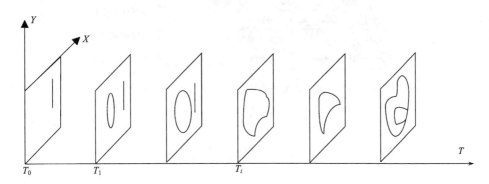

图 7-10　序列快照模型

序列快照模型的优点是非常直观和简单，容易理解，容易实现，甚至可以直接在当前的地理信息系统软件中实现。快照模型是地理现象随时间变化的原始表达，当前的数据库总是处于有效状态。在这种模型下确定 T_i 状态下的地理现象特征是相当容易的。但是该模型的不足之处在于：由于快照将未发生变化的时间片段的所有状态数据重复进行存储，造成大量的数据冗余，当应用模型变化频繁且数据量较大时，系统效率急剧下降。该模型只描述两个特定时间点上地理现象的状态，而没有表达地理现象中空间对象快照间的联系，其对数据的内部逻辑或完整性错误的捕获能力较差，要确定 T_i 状态到 T_j 状态下地理现象包含的某个空间对象的局部特征变化，则必须要经过大量的快照特征比较，派生出相应的变化信息。因此不能用于直接查询地学现象的变化，而间接检索变化时，只适合查询某一给定位置的变化，而无法进行面向整个区域的查询。连续快照模型不表达单一的时空对象，较难处理时空对象间的时态关系。这种快照图像仅代表地理现象的瞬时状态，缺乏对现象所包含的对象变化的明确表现，时间信息没有包括在数据模型中，而是采用独立存储的方式，因此，它不能确定地理现象所包含的对象之间在时间上的拓扑联系。在查询跟踪能力方面，由于没有时间维拓扑联系的存在，这一模型将无法实施按时间联系而确立的查询跟踪规则。

7.3.2　离散网格单元列表模型

Langran（1990）提出的离散网格单元列表模型在一定程度上避免了时间快照序列模型的数据冗余问题。该模型将网格单元及其变化以变长列表形式存储，每个网格单元列表的一个元素对应于该位置上的一次时空变化。因此，网格单元列表存储对应于该单元位置的真实世界状态的完整序列。这样，若想获得当前状态，只需提取每个网格单元列表的每一个元素，还可以通过变化的累加，恢复地学现象的变化过程。图 7-11 是离散网格单元列表模型的图示。这种模型虽然解决了数据冗余的问题，但由于它仍是基于位置的模型，因此，对于上述基于时间的查询，仍需查询所有位置。

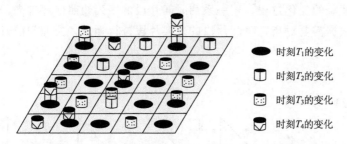

图 7-11　离散网格单元列表模型（Langran，1990）

7.3.3　基态修正模型

基态修正模型（Base State with Amendments）也称之为底图叠加模型（Base Map with Overlap），它按事先设定的时间间隔采样，不存储研究区域中每个状态的全部信息，只存储某个时间的数据状态（称为基态），以及相对于基态的变化量，避免连续快照模型将每张未发生变化部分的快照特征重复进行记录。基态修正的每个对象只需存储一次，每变化一次，只有很小的数据量需要记录，数据量可大大减小；同时，只有在事件发生或对象发生变化时才存入系统中，时态分辨率值与事件发生的时刻完全对应。基态修正模型不存储每个对象不同时间段的所有信息，只记录一个数据基态和相对于基态的变化值，提高了时态分辨率，减少了数据冗余量。它保证了地学对象的完整性，地学对象的组分及空间关系随时间的变化也被存储，这意味着可直接检索反映一个或一组地学对象变化的历史。在基态修正法中，检索最频繁的状态作为基态（一般的用户最关注的是"现在"时，即系统最后一次更新的数据状态）。其缺点仍是难以适应基于时间的时空查询，目标在空间和时空上的内在联系反映不直接，会给时空分析带来困难。

如图 7-12 是城市化过程用基态修正模型表示的结果。其基本思想是先确定出地理现象的初始状态，然后按一定的时间间隔记录发生变化的区域，通过对每次变化内容的叠加，即可得到每次变化的状态（快照）。增加了时间维的时空数据要比没有时间维的纯空间数据要庞大得多，只存储地理现象变化过的区域而不是整个地理现象的快照，可以显著减少这种庞大的时空数据负担，大大地节约计算机的存储空间。

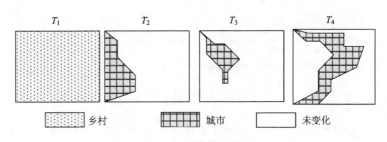

图 7-12　基态修正模型

每一次变化实际上意味着一次事件的发生，而每一次叠加又意味着一次状态的变化，因而基态修正模型是基于事件的，它用事件数据来构造状态数据。在这一模型中，明确地描述了地理现象中空间对象在前后状态的形态或版本信息，它包含了空间对象在时间维上的拓扑特征，因此其实现时间维查询和分析都较为简单和高效，并有利于获得空间对象的变化规律，从而捕获数据中的不一致性和不完整性错误。需要指出的是，该模型较为适合以栅格数据为基础的空间数据库。

由于在多数应用中，地理现象的现实或最近状态将比其历史信息具有更大的存取频度，人们自然地想到能否以现实状态作为基态，通过修正反向获取地理现象的历史状态（Langran，1992）。为了进行优化，可以用快照的方式保存若干中间基态图形。图 7-13是多种改进的基态修正模型（刘仁义等，2000）。

7.3.4　时空复合模型

时空复合模型（Space-time Composite）是由 G. Langran 在前人研究的基础上加以发展的（Langran，1992）。时空复合模型将空间分隔成具有相同时空过程的最大的公共时空单元，称为时空单元，在存储上，每个时空单元被看成是静态的空间单元，并将该时空单元中的时空过程作为属性关系表来存储。每次时空对象的变化都将在整个空间内产生一个新的对象。对象把在整个空间内的变化部分作为它的空间属性，变化部分的

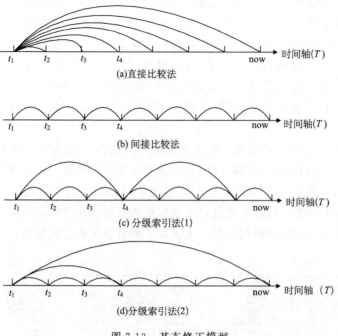

图 7-13　基态修正模型

历史作为它的时态属性。时空复合模型将系统空间分割为若干时空单元，若时空单元发生分裂，则用新增的元组来反映新增的空间单元；时空过程每变化一次，即在关系表中新增一列时间段来表达。

该模型实现了用静态的属性表来表达动态的时空变化过程。一方面，继承了基态修正模型的优点；另一方面，其基于空间和属性的表达形式和 GIS 的表达手段相似，易于用在矢量数据的 GIS 中。在该数据模型中，地理实体的每一次变化都单独存储，因而对时空数据的提取、分析非常方便，其存储容量也得到了更多的压缩。该模型的缺点是数据库中的对象标识符的修改比较复杂，必须对标识符逐一进行回退修改，当涉及的关系链层次较多时，更显麻烦。由于每一变化都会引起地理实体的碎分，过碎的复合图形单元带来了地理实体历史状态检索时大量复合图形单元搜索和低效的全局状态重构。总的看来，时空复合模型偏重于时空数据的存储组织而弱化了时空的语义建模（舒红和陈军，1998）。

图 7-12 是城市化过程用基态修正模型表示的结果，而这个城市化过程用时空复合模型表示的结果如图 7-14 所示。

7.3.5　时空立方体模型

时空立方体模型（Space-time Cube）最早由 Hagerstrand 于 1970 年提出，后来 Rucker、Szego 等进一步对其进行了探讨。时空立方体模型用二维坐标轴来表示现实世界的平面空间，用一维的时间轴来表示平面位置沿时间的变化，如图 7-15 所示。这样，由二维的几何位置和一维的时间就组成了一个三维的立方体。任意给定一个时间点，就

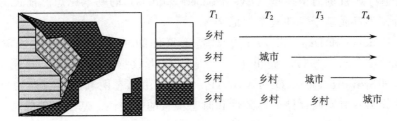

图 7-14　时空复合模型

可从三维的立方体中获取相应的截面，即现实世界的平面几何状态。时间立方体模型也可以扩展用以表达三维空间的时间变化过程。该模型的优点是对时间语义的表达非常直观；缺点是随着数据量的增加，对立方体的操作会变得越来越复杂，以至于最终变得无法处理。

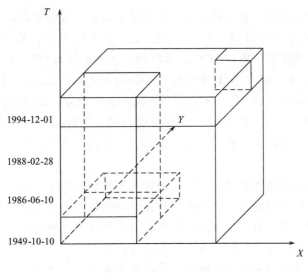

图 7-15　时空立方体模型

7.3.6　时间体素模型

时间体素模型则将时空划分为时间体素（Chrono-Voxel）：$(i, [x, y, z, t])$，而将时空对象描述为由具有相同属性和特征的一个或多个相联的时间体素构成的特征对象：Object（$\{$Chrono-voxel $(i, [x, y, z, t])\}$，[property]，[attribute]）。

7.3.7　基于事件的时空模型

由于基于状态或地理现象的时空模型（如序列快照模型）很难表达地理实体的个性变化或事件发生的时间特征，人们就想到用显式的方式来直接描述事件的时间变化特征，这就是基于事件的时空模型（Event-based Models）的基本思想。前述的基态修正和时空复合模型都属基于事件模型的范畴。

另外，Peuquet 和 Duan 在 1995 年对基于事件的时空模型进行了较深入的研究（Peuquet and Duan，1995），提出了一个基于栅格数据的面向事件的模型 ESTDM（Event-based Spatiotemporal Data Model）。该模型由基态图和压缩存储的事件变化序列组成。该模型具有空间存储的高效性和时态检索的方便性。基于事件的时空模型非常适合诸如"在某一时间段某一地理区域中发生了什么事件"这类问题的查询，同时具有很好的数据内部一致性和较小数据冗余度。

7.4　时空数据库

7.4.1　时空数据库的概念

将空间分析的问题进一步拓展为时空分析的范畴，已成为地理信息系统的重要组成部分。时空数据库是一种四维（X，Y，Z，T）或（S，T）的信息系统，其中（X，Y，Z）或（S）表示空间系统，（T）表示时间，这是一种具有时空复合分析功能和多维信息可视化的系统。时空数据库（Spatio-temporal Database，STDB）是时态 GIS（TGIS）的组织核心。STDB 是时态数据与空间数据的结合，即对空间数据库赋予时态特征。通过将时间概念引入到 GIS 中，分析空间信息随时间的变换，描述系统在某时刻、时段或沿时间轴变化的过程，可以重现过去或预测未来的状态，挖掘和发现系统沿时间变化的规律。

时空数据库系统或数据处理技术，其内容主要表现为三个方面。

（1）空间时态数据的表达。空间时态数据表达的目的在于建立空间时态一体化数据模型。它涉及时间标志、空间时态版本的标识、空间变化类型的定义、空间拓扑与时态拓扑、空间时态数据的存储结构以及存取策略等内容。

（2）空间时态数据的更新。空间时态数据的更新研究空间数据更新的类型、操作方法，更新对时空数据库中空间和时态拓扑的影响，以及拓扑重建等问题。

（3）空间时态数据的查询。空间时态数据的查询探讨空间时态数据的各种跟踪算法，多维信息的复合、分析、可视化等。

7.4.2　扩展关系型时空数据库

传统关系模型具有丰富的语义、较完善的理论和许多高效灵活的实现机制。扩展关系模型中，总的来说是将时间视为一般属性，根据时间序列组织时空数据库。在传统空间关系模型中加入时间维，扩充关系模型、关系代数及查询语言，模拟处理时态数据，增强存储管理功能，实现时空数据存取的高效索引技术，从而直接或间接地基于关系模型支持时空数据的存储、表示和处理（王英杰等，2003）。

1. 关系级方法

关系级方法是通过一系列沿时间维的关系快照，模拟整个关系中各目标的历史。其中包括对关系以固定时间粒度进行备份的归档保存和以随变化而定的时间粒度进行备份的时间片（Time-slice）方法。

归档保存是一种支持时态数据的最原始、最简单的方法，以规则的时间粒度备份所有存储在库中的数据。其弊端在于：①发生在备份间（固定时间粒度大小）的变化信息未被记录，致使部分信息丢失；②对归档信息的搜索费时费力；③大量数据重复归档，数据冗余太大。为改进这些不足，Clifford 提出了不以固定时间间隔而只在发生变化时存储数据的时间片方法（Clifford，1983）。其实现机制是：当关系发生变化时，即关系中至少有一个记录，至少有一个元素随时间变动时，将当前状态表存储起来，并赋予一个时间戳，然后复制一个并更新为变化后的新状态。与归档保存比较起来，这种方法在效率上有了改善。关系级方法具有共同的特点：概念简单、易于理解，但数据高度冗余，单个目标对象的历史状况表达模糊。

2. 元组级方法

元组级方法是基于传统关系模型，用几个元组模拟一个目标的历史，这种方法是将时间戳作用于元组（或记录）级，而非整个关系。其实现过程是当发生事件时，将当前记录标记时间戳，然后建立一个具有变化后新属性值的记录，加入表中。新记录的加入可以有三种不同的方法：

（1）最简单低效的方法是把新记录加在表的末尾。这将得到一个规整的时序视图，但意味着需要频繁地顺序搜索来查询。

（2）采用聚类的思想将相关的记录依时序组织在一起。这样方便了对目标生命期的查询，但增加了每次数据更新时需要重新组织记录的系统开销，而且对同一时刻的多个目标的检索也不方便（Beller et al.，1991）。

（3）对每一时间片以相同的方式对表中记录排序。这种方法的问题在于当某记录没有发生变化时，仍需复制或以空白填充它。

所有这些方法的共同缺陷是关系表会随时间迅速增长，导致应答时间的下降。

问题的存在，吸引着人们不断思索和探讨，新的想法和方案不断涌现。

Lum 等提出了一种链式元组级方法，采用两个关系表来表示时态实体，一个关系表用于存储当前状态，每当事件发生时被更新；另一个关系表用链式保存所有的历史记录，历史表中，每个元组有一个指针域，依时序指向下一个记录。事件发生时，即原有数据状态发生变化，则将当前状态表中的相关记录依时序链入历史表中，并在当前状态表中建立新数据。这种链式方法，在相关元组间建立了简单的遍历存取路径，提高了效率，而且删除记录非常容易，但需要整个记录的状况时并不方便。

一种改进的方法是分离元组中的时变属性和非时变属性，从而节省内存开销。历史数据存取快速，减少了更新费用，但时变属性和非时变属性的分离带来了新的相关问题。

Zarine 等基于类似的原理，利用"阴影"历史表和中间连接表的关联，记录目标空间属性的演变。分析表明，这种方法只在空间变化频率较低，对历史状况检索要求较少的应用中更为合适。

总的看来，元组级方法比关系级方法有更好的时间分辨率、较低的存储开销，而且可利用大多数原有的关系理论、关系代数，但存在着数据表达性问题和时间的一致性、关联性等问题。

3. 属性级方法

这种方法认为时间应当是属性的而不是元组的一部分。Clifford 和 Tansel 提出了这种观点，并分析了建立这种观点的理由。基于属性级处理时间，意味着模型中的关系不再是以前的正规形式，而是属性随时间变化的非 1NF 关系，可采用一个时间戳，也可采用两个时间戳，并允许非时变属性共存，定义了压缩、非压缩等新的操作，以及非 1NF 与 1NF 之间的转换。

与元组级方法相比较，属性级方法处理时间更为直观，只需用一个时态元组就可表达一个目标的历史，并以嵌套的数据组织方式较好地体现了时间的结构和特性，但这在技术上存在着许多新的困难，因为它不能像元组级方法一样，可直接利用已有的关系理论、关系代数，而且需要 1NF 和非 1NF 间的扩展和压缩也会导致严重的时间开销。非 1NF 关系时空数据模型仅注意到地学实体的时变序列数据结构特点，对时态属性数据建模较为有效，但它忽略了空间数据的层次性、变长字节存储性和空间有序性特点，支持时态空间数据建模能力有限。

7.4.3 面向对象的时空数据库

可以说关系模型的数据类型简单，缺少表达能力，GIS 中的许多实体和结构很难映射到关系模型中。对复杂的时间信息，当今大部分基于关系模型的 GIS 是通过大量元组牵强地表示，对一些无法表示的语义属性只能在外部描述。近年来，许多研究工作已开始探索如何以更自然的方式表示复杂的地理信息。其中 OO 方法已引起时态 GIS 设计者的很大兴趣。面向对象的模型是基于面向对象的思想来设计的。在 OO 模型中，提供了广泛化、特例化、聚合和关联等机制，易于支持时态 GIS 中各种形式的时空数据，其中可以使用矢量数据或栅格数据，也可以是不同数据类型的集成。数据结构和方法的封装便于数据对象不同表示间的转换。在处理时空不确定性方面，OO 技术也体现了优越性。近年来在程序设计、工程开发等许多方面显示出了其建模的巨大优越性，包括 GIS 领域。使用面向对象技术，使得将同一个空间对象的不同历史版本集成在一个实体记录中成为可能。在面向对象的时空模型方面，人们做了大量的研究，其中比较有代表性的是 Michael F. Worboys 提出的基于三维时空特征 (x, y, t) 的对象时空模型（Worboys，1992a, b）。其基本思想是：空间对象（只考虑平面维）加上其时间轴信息，即构成了一个完整的三维时空对象（ST-objects），如图 7-16 所示。Michael F. Worboys、Donna J. Peuquet 等首先关注面向对象（Object-oriented, OO）技术在时空数据建模中的应用。Mncler 1993 年提出了把时空图集合看作一个时态图集对象，体现了高效、方便的优点。Beller 等 1991 年也在他们的时态 GIS 中实现了类似的方法。尽管面向对象技术在建模概念、理论基础和实现技术上还没有达成共识，不够成熟，但它以更自然的方式对复杂的时空信息模型化，是支持时空复杂对象建模的最有效手段。它的最基本优

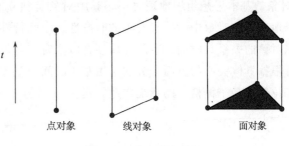

图 7-16　基本时空对象

点是打破关系模型范式的限制，直接支持对象的嵌套和变长记录。近年来，面向对象技术已越来越引起时空数据研究者们的兴趣。在面向对象的时态 GIS 研究中，产生一系列较为典型的成果。

Zmith OO 模型提供了唯一的对象标识，将对象完全封装起来，用灵活的相关语义说明内部对象的关联（Kemp and Oxborrow，1992）。版本化的实现是通过使用 has-version 关系，将当前状态中的对象与过去不同时刻的对象状态相关联，每个版本又使用 Predecessor/Suclessor 关系与其前后的版本相连接。这一机制方便了对象的版本集合或某个版本的存取。时态维的实现是通过在对象结构的适当层次上附加时间成为的方式，可在线性版本序列或版本树中描述时态拓扑关系。

OSAM∗/T 模型使用了对象时间戳方法，记录对象、对象实例的历史和对象间关联的历史，使历史数据和当前数据在物理上、逻辑上分离，历史区可采用分布式存储或静态存储（Su and Chen，1991）。该模型的不足之处在于未能对物理时间给予支持。

Monia 和 Richard 提出的一个基本 OO 语义的时空数据模型通过对象和事件在数据模型中相互作用的方法，集成了空间和时间维。

基于对多种时空数据模型的总结分析，曹志月和刘岳（2001）提出了一个基于面向对象设计思想的时空数据模型，其基本框架如图 7-17 所示。该模型的核心，是以面向

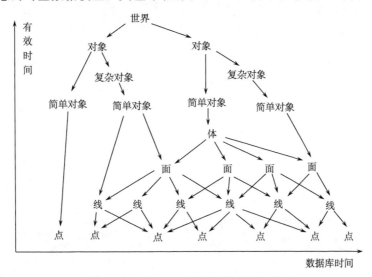

图 7-17　面向对象时空数据模型基本框架

对象的基本思想组织地理时空，其中对象是独立封装的具有唯一标识的概念实体，每个地理时空对象中封装了对象的时态性、空间特性、属性特性和相关的行为操作及与其他对象的关系。时间、空间及属性在每个时空对象中具有同等重要的地位，不同的应用可根据具体关心的方面，分别采用基于时间（基于事件）、基于对象（基于矢量）或基于位置（基于栅格）的系统构建方式。

思 考 题

1. 解释地理世界的时间概念。时间结构有哪些规律？
2. 解释地理世界的时空域概念。时空变化如何进行分类？
3. 时态关系有哪些主要类型？试比较时态拓扑关系与时态关系。
4. 时态数据库的定义是什么，时态数据库有哪些主要类型？
5. 时空数据有哪些主要模型？它们各自有什么优缺点？
6. 时空数据库的定义是什么，时空数据库怎么实现的？

第8章　空间数据元数据与空间数据共享

8.1　空间数据元数据

随着空间数据共享日渐普遍，管理和访问大型数据集的复杂性也成为数据生产者和用户面临的突出问题。数据生产者需要有效的数据管理和维护方法；用户需要找到更快、更加全面和有效的方法，以便发现、访问、获取和使用现势性强、精度高、易管理和易访问的地理空间数据。在这种情况下，空间数据的内容、质量、状况等元数据信息就变得更加重要，地理信息元数据作为信息资源管理和应用的重要手段，也被人们越来越重视。地理信息元数据标准和操作工具也已成为国家空间数据基础设施的一个重要组成部分。

8.1.1　空间数据元数据概念与分类

1. 空间数据元数据基本概念

元数据（Metadata）是随着计算机技术和 GIS 的发展而出现的外来词，是关于数据的数据，用于描述数据的内容、质量、表示方式、空间参照系、管理方式、数据的所有者、数据的提供方式以及数据集的其他特征。为用户回答已经存在什么内容的信息（What）、覆盖哪些区域范围（Where）、跨越的时间范围（When）、找什么人联系（Who）或通过什么方式可以获取（How）。其实元数据的应用并非始于今日。例如，早期的地图就已有图例内容，其中包括图名、投影、比例尺以及各种符号等。在图书馆中则广泛使用卡片、目录、用户手册以及各种说明书等进行分类，人们只有借助于这些图例、目录或说明书，才能进入知识的海洋中进行自由的遨游。

对于空间元数据标准内容的研究，目前欧洲标准化委员会（CEN/TC 287）、美国联邦地理数据委员会（FGDC）和国际标准化组织地理信息/地球信息技术委员会（ISO/TC 211）等组织对空间元数据标准内容进行了研究。关于空间元数据的定义，欧洲标准化委员会认为空间元数据是"描述地理信息数据集内容、表示、空间参考、质量以及管理的数据"，而美国联邦地理数据委员会和国际标准化组织地理信息/地球信息委员会则认为：空间元数据是"关于数据的内容、质量、条件以及其他特征的数据"（赵水平，1998）。空间元数据可以帮助人们有效地定位、评价、获取和使用地理相关数据，实现地理空间数据集成共享。

地理空间元数据与数据字典的主要区别在于：元数据是对关于数据集本身及其内容的全面分层次规范化的描述，且任何数据集的元数据描述格式和内容都是相同的，因而可以用相同的管理系统对所有数据集的元数据进行管理和维护；而数据字典只是描述数据集中的部分内容，且没有统一的规范和标准，不同数据集生产者只是根据不同需求对

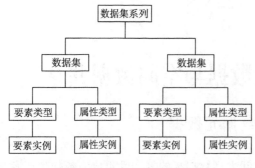

图 8-1　Metadata 类别结构图

数据集内容作出描述或说明，因此不可用相同的管理系统进行统一的管理和维护。

2. 空间数据元数据的分类

按照 Metadata 所描述的数据内容，Metadata 可分为数据集系列 Metadata、数据集 Metadata、要素类型和要素实例 Metadata、属性类型和属性实例 Metadata，如图 8-1 所示。

1）数据集系列 Metadata

数据集系列 Metadata 是指一系列拥有共同主题、日期、分辨率以及方法等特征的空间数据系列或集合，它也是用户用于概括性查询数据集的主要内容。通常，数据集系列的定义由数据集生产者具体定义。例如，航空摄影时，飞机在一条航带上用同一摄影机和相同参数拍摄的一系列航片，或按照行政区划组成的国家资源环境数据库中的某一区域库等内容，都是组成数据集系列的数据集。

在软件实现上，如果拥有数据集系列 Metadata 模块，则既可以使数据集生产者方便地描述宏观数据集，而且也可以使用户很容易地查询到数据集的相关内容，以实现空间信息资源的共享。当然，要获取数据集的详细信息，还需通过数据集 Metadata 来实现。

2）数据集 Metadata

数据集 Metadata 模块是整个 Metadata 标准软件的核心，它既可以作为数据集系列 Metadata 的组成部分，也可以作为后面数据集属性以及要素等内容的父代 Metadata 数据集系列。在 Metadata 软件标准设计的初级阶段，通过该模块便可以全面反映数据集的内容。当然随着数据集的变化，为避免重复记录 Metadata 元素内容以及保持 Metadata 元素的实时性，它便可通过继承关系仅仅只需更新变化了的信息，这时 Metadata 软件系统的层次性便显得异常重要。

3）要素类型和要素实例 Metadata

要素类型在数据集内容中相对比较容易理解，是指由一系列几何对象组成的具有相似特征的集合，如数据集中的道路层、植被层等，便是具体的要素类型。

要素实例或具体要素是具体的要素实体，用于描述数据集中的典型要素，而且通过它可以直接获取有关具体地理对象的信息。该模块是 Metadata 体系中详细描述现实世界的重要组成部分，也是未来数字地球中走向多级分辨率查询的依据。例如，武汉长江大桥便是一个具体要素。因此，我们通过数据集系列、数据集、要素类型等层次步骤，便可以逐级对地理世界进行描述，用户也可以按照这一步骤，沿网络获取详细的数据集内容信息。

4）属性类型和属性实例 Metadata

属性类型是用于描述空间要素某一相似特征的参数，比如桥梁的跨度便是一个属性类型；属性实例则是要素实例的属性，比如某一桥梁穿越某一道路的跨度属性类型和属性实例是与要素类型和要素实例对应的模块，它们是地理数据集软件层次结构或继承关系的组成部分，也是 Metadata 软件系统的高级阶段内容。

8.1.2　空间数据元数据的主要内容

描述空间信息的空间元数据内容按照部分、复合元素和数据元素来组织，如图 8-2 所示。

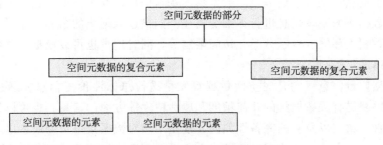

图 8-2　空间元数据内容组织示意图

空间元数据标准体系的内容具体分为 8 个基本内容部分和 4 个引用部分，共由 12 个部分组成，具体的标准化内容以及它们之间的相互关系，如图 8-3 所示。

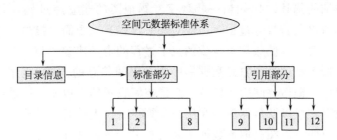

图 8-3　空间元数据内容标准的组织框架

空间元数据标准由两层组成，其中第一层是目录层，它提供的空间元数据复合元素和数据元素是数字地球中查询空间信息的目录信息，它相对概括了第二层中的一些选项信息，是空间元数据体系内容中比较宏观的信息；第二层是空间元数据标准的主体，它由 8 个标准部分和 4 个引用部分组成，包括了全面描述地理空间信息的必选项、条件可选项以及可选项的内容（胡志勇和何建邦，2000）。

下面对元数据本身及其组成地理空间元数据的各个部分做较为详细的说明。

1）空间元数据

空间元数据是关于数据集内容、质量、表示方式、空间参考、管理方式以及数据集的其他特征的数据，它位于整个标准体系的最上段，属于复合元素，由两个层次组成。

在构成空间元数据标准内容的两个层次中，第一层目录信息主要用于对数据集信息进行宏观描述，适合在数字地球的国家级空间信息交换中心或区域以及全球范围内管理和查询空间信息时使用；第二层则作为详细或全面描述地理空间信息的空间元数据标准内容，是数据集生产者在提供数据集时必须提供的信息。

2）标准部分

标准部分有 8 个内容，它们分别是：

（1）标识信息。是关于地理空间数据集的基本信息。通过标识信息，数据集生产者可以对有关数据集的基本信息进行详细的描述，如描述数据集的名称、作者信息、所采用的语言、数据集环境、专题分类、访问限制等，同时用户也可以根据这些内容对数据集有一个总体的了解。

（2）数据质量信息。它是对空间数据集质量进行总体评价的信息。通过这部分内容，用户可以获得有关数据集的几何精度和属性精度等方面的信息，也可以知道数据集在逻辑上是否一致，以及它的完备性如何，这是用户对数据集进行判断，以及决定数据集是否满足他们需求的主要依据。数据集生产者也可以通过这部分对数据集的质量评价方法和过程进行详细的描述。

（3）数据集继承信息。它是建立该数据集时所涉及的有关事件、参数、数据源等的信息，以及负责这些数据集的组织机构信息。通过这部分信息便可以对建立数据集的中间过程有一个详细的描述。比如当一幅数字专题地图的建立经过航片判读、清绘、扫描、数字地图编辑以及验收等过程时，应对每一过程有一个简要描述，使用户对数据集的建立过程比较了解，也使数据集生成的每一过程的责任比较清楚。

（4）空间数据表示信息。它是数据集中表示空间信息的方式。它由空间表示类型、矢量空间表示信息、栅格空间表示信息、影像空间表示信息以及传感器波段信息等内容组成，是决定数据转换以及数据能否在用户计算机平台上运行的必须信息。利用空间数据表示信息，用户便可以在获取该数据集后对它进行各种处理或分析。

（5）空间参照系信息。它是有关数据集中坐标的参考框架以及编码方式的描述，是反映现实世界与地理数字世界之间关系的通道，如地理标识参照系统、水平坐标系统、垂直坐标系统以及大地模型等。通过空间参照系中的各元素，可以知道地理实体转换成数字对象的过程以及各相关的计算参数，使数字信息成为可以度量和决策的依据。当然，它的逆过程也是成立的，即可以由数字信息反映出现实世界的特征。

（6）实体和属性信息。它是关于数据集信息内容的信息，包括实体类型、实体属性、属性值、域值等方面的信息。通过该部分内容，数据集生产者可以详细地描述数据集中各实体的名称、标识码以及含义等内容，也可以使用户知道各地理要素属性码的名称、含义以及权威来源等。

在实体和属性信息中，数据集生产者可以根据自己数据的特点，在详细描述和概括描述之间选择其一，以描述数据集的属性等特征。

（7）发行信息。它是关于数据集发行及其获取方法的信息，包括发行部门、数据资源描述、发行部门责任、订购程序、用户订购过程以及使用数据集的技术要求等内容。通过发行信息，用户可以了解到数据集在何处、怎样获取、获取介质以及获取费用等信息。

（8）空间元数据参考信息。它是有关空间元数据当前现状及其负责部门的信息，包括空间元数据日期信息、联系地址、标准信息、限制条件、安全信息以及空间元数据扩展信息等内容，是当前数据集进行空间元数据描述的依据。通过该空间元数据描述，用户便可以了解到所使用的描述方法的实时性等信息，从而加深了对数据集内容的理解。

3）引用部分

以下 4 部分内容作为地理空间元数据的引用部分，自己不单独使用，而是被标准（1～8）部分所引用。这 4 部分内容在整个元数据标准规范中多次重复出现，为了减少本标准规范的冗余度，增强组成规范的内容的层次性和独立性，所以对这 4 部分内容单独处理。在具体实现某一数据集的元数据时，该 4 部分内容会多次出现在标准（1～8）部分中。

（1）引用信息。它是引用或参考该数据集所需要的简要信息，自己从不单独使用，而是被标准内容部分有关元素引用。它主要由标题、作者信息、参考时间、版本等信息组成。

（2）时间范围信息。它是关于有关事件的日期和时间的信息。该部分是引用标准内容部分有关元素时要用到的信息，它自己不单独使用。

（3）联系信息。它是与数据集有关的个人和组织联系时所需要的信息，包括联系人的姓名、性别、所属单位等信息。该部分是引用标准内容部分有关元素时要用到的信息，自己不单独使用。

（4）地址信息。它是同组织或个人通讯的地址信息，包括邮政地址、电子邮件地址、电话等信息。该部分是描述有关地址元素的引用信息，自己不单独使用。

8.1.3 空间数据元数据的主要作用及功能

地理信息元数据具有多要素多层次的结构体系，相应的地理信息元数据的功能或作用也就可以从不同方面、不同角度来分析（何建邦等，2003）。

1. 元数据对数据生产者和用户的作用

地理信息元数据可以用来辅助地理空间数据，帮助数据生产者和用户解决下列问题：

（1）帮助数据生产单位有效地管理和维护空间数据，建立数据文档，并保证即使其主要工作人员退休或调离时，也不会失去对数据情况的了解。

（2）提供有关数据生产单位数据存储、数据分类、数据内容、数据质量、数据交换网络及数据销售等方面的信息，便于用户查询、检索地理空间数据。

（3）提供通过网络对数据进行查询、检索的方法或途径，以及与数据交换和传输有关的辅助信息。

（4）帮助用户了解数据，以便就数据是否能满足其要求作出正确的判断。

（5）提供有关信息，以便用户处理和转换有用的数据。

（6）帮助数据所有者查询所需空间信息。例如，它可以按照不同的地理区间、指定的语言以及具体的时间段来查找空间信息资源。

2. 元数据对地理信息共享的作用

传统的地理信息系统从体系结构到数据格式都存在封闭性的缺点，即不同的地理信息系统，它们的数据存储格式不同，针对不同的应用，人们所关心的属性也不同，从而形成地理数据不具有互操作性。纯粹的地理空间信息一旦离开了它的开发环境，就不被理解和识别，数据的使用者甚至不能准确获知数据集的内容，此外，用户也无从知道数据的开发时间和数据质量等特点，因而也无法判断该数据集是否可以满足用户的特定应用需求。这就是说地理信息共享离不开地理信息的元数据，离不开元数据标准。从地理信息共享的角度上看，元数据可以为所有用户提供包括数据内容、质量、状态及相关特性的数据编目，并且当数据转换时，元数据可以提供处理和解释数据所必需的信息。总之，元数据及其标准为地理信息共享提供了指示路标和入门的钥匙。

3. 元数据操作工具的作用

地理信息元数据操作工具建立在地理信息系统的分布式数据库基础上，其主要功能包括如下几个方面：

（1）指导用户编写元数据，并把用户编写的元数据输入到元数据库中。

（2）提供对元数据的查询、检索功能，提供友好的查询用户界面。

（3）实现对元数据的维护、管理以及表示等功能。

4. 元数据库的作用

元数据库的主要作用有：

（1）对各地理信息数据库来说，元数据库的各种信息有助于数据库的维护与管理。

（2）对地理信息共享示范来说，信息管理中心主结点的一级元数据及操作工具可以从宏观上引导用户发现所需的信息，提供更详细信息的线索，通过各个分结点的二级数据库进一步了解信息，确定需要获取的数据内容以及获取途径和方法，并支持通过网络传输查询结果。

（3）对内部用户来说，通过元数据库及其操作工具，既可查询、检索其他站点的信息，也可维护、管理自己的元数据库。

（4）对外部用户来说，通过元数据库及其浏览工具可以发现信息、概括或详细地了解信息，并通过适当途径获取信息。

8.1.4 空间数据元数据的标准及实例

伴随人类对数字地理信息重要性认识的加深，元数据标准化这一问题便逐渐成为共享地学信息的瓶颈之一。同一般数据相比，地理空间数据是一种结构比较复杂的数据类型，既涉及对于空间特征的描述，也涉及对于属性特征以及它们之间关系的描述。因此，地理空间数据的元数据标准的建立比一般数据复杂，并且由于种种原因，某些数据组织或数据用户开发出来的空间数据元数据标准很难为地学界广泛接受。但是，空间数据元数据标准必须建立，这是空间数据标准化的前提和保证，只有建立起规范的空间数据元数据，才能有效利用和共享空间数据。目前，空间数据元数据已形成了一些区域性或部门性的标准。表 8-1 列出了有关空间数据元数据的几个现有主要标准（刘南和刘仁义，2002）。

表 8-1　现有的空间数据元数据标准

元数据标准名称	建立标准的组织
CSDGM 地球空间数据元数据内容标准	FGDC，美国联邦空间数据委员会
GDDD 数据集描述方法	MEGRIN，欧洲地图事务组织
CGSB 空间数据集描述	CSC，加拿大标准委员会
CEN 地学信息—数据描述—元数据	CEN/TC287
DIF 目录交换格式	NASA
ISO 地理信息	ISO/TC211

1. 美国 FGDC 元数据标准

美国联邦空间数据委员会的地理空间数据元数据标准是影响较大的标准之一，于 1992 年 7 月开始起草，于 1994 年通过，并发布该标准的第一版，1997 年完成第二版。FGDC 的元数据标准自 1995 年开始在美国国内执行，加拿大、印度等国也已采用它作为自己的国家标准，ISO/TC211 则基于该标准，研究制定相应的国际标准。

FGDC 的地理空间数据的元数据内容标准（Content Standards for Digital Geographic Metadata，CSDGM）其实是一个参考文件，说明一组地理空间数据的元数据的信息内容，提供与元数据有关的术语和定义，说明哪些元数据是必需的、可选的、重复出现的，或者是按 CSDGM 产生规则编码的，等等，向用户说明数据获取、使用和评价过程中需要知道的事情。

第二版 CSDGM 打印文本有 83 页，包含 7 个主要子集和 3 个次要子集，见表 8-2，460 个元数据实例（含复合实体）和元数据元素。

表 8-2　CSDGM 子集一览表

主要子集	次要子集
标识信息	引用文献信息
数据质量信息	时间信息
地理空间数据组织信息	联系信息
地理空间参照系统信息	
实体及属性信息	
发行信息	
元数据参考信息	

2. ISO/TC211 的元数据标准

　　ISO/TC211 于 1994 年成立，编号为 ISO15046，专门从事研究和建立地理信息标准。ISO15046 由 5 个工作组组成，这些工作组又分为 20 个工作小组，标准制定工作便由各小组来完成。地理信息元数据被列为其首批研制的 20 个国际标准之一，ISO 元数据标准的研究是由第二工作组总第 15 工作小组完成，即 ISO15046-15，地理信息元数据工作组。目前正在研制 35 个地理信息国际标准，其中，元数据标准的编号为 ISO19115。参加该项标准研制的第三工作组专家，经过艰苦的努力，于 1996 年 3 月完成第一版工作草案，先后完成近 10 个更新版本。1998 年 5 月完成的最后一版工作草案（WDV4.4）已提交 ISO/TC211 各成员团体征求意见。

　　ISO/TC211 地理信息元数据标准的目的是提供一个描述地理空间数据集的过程，以便用户能够定位和访问地理数据，并确定所拥有数据的适宜性。具体方法为通过建立一个元数据术语、定义及扩展的公用集合，使地理数据的管理、检索和使用更加有效，为那些不熟悉地理空间数据的人们很方便地提供表征他们地理数据的所需信息。

　　该标准以 FGDC 等现有标准为基础，按照国际标准化组织制定的标准规则要求制订。其工作范围是：定义说明地理信息和服务所需要的信息，提供有关地理数据标识、覆盖范围、质量、空间和时间模式、空间参照系统、发行等信息。该标准适用于数据集编目、数据交换网络，以及数据集的详尽说明。适用于地理数据集、数据集系列、地理要素和属性。

　　该标准确定了两级元数据：①一级元数据：编目信息，包含数据集编目所需的最少的元数据内容；②二级元数据：包含 8 个子集和 3 个可重复的实体。见表 8-3。标准定义了每个元数据子集、实体和元素的 8 个特征，即名称、标识码、定义、性质、条件、最大出现次数、数据类型和值域。

表 8-3　ISO/TC211 二级数据

8 个子集	3 个可重复实体
标识信息	文献引用信息实体
数据质量信息	负责单位信息实体
数据集继承信息	地址信息实体
空间数据表示信息	
空间参照系统信息	
应用要素分类信息	
发行信息	
元数据参考信息	

3. CEN/TC287 元数据标准

早在 1992 年，CEN/TC287 就开始了有关数字地理信息标准化方面的工作，并成立了 4 个工作组，从地理信息标准化框架（WG1）、地理信息模型和应用（WG2）、地理信息传输（WG3）、地理信息定位参考系统（WG4）等方面开始标准的制定工作，见表 8-4。其目的是通过建立一系列结构化标准来建立一种用于定义、描述、传输和表现现实世界的方法，以促进地理数字信息的使用。其中，地理元数据标准的研究由 WG2 中的第 9 小组来执行，该小组所提交的地理信息元数据标准（CEN/TC287）将元数据分为标识信息、数据集综述信息、数据集质量信息、空间参照信息、范围信息、数据定义、分类信息、管理信息、元数据参考及元数据语言 10 部分，以此来描述数据集。

表 8-4　第二版 CSDGM 主要内容

WG1：地理信息标准化框架	287001　参考模型
	287002　综述
	287003　定义
	287005　数据描述技术
	287013　查询与更新
WG2：地理信息模型和应用	287006　应用模式规则
	287007　空间模式
	287008　质量
	287009　元数据
WG3：地理信息传输	287010　传输
WG4：地理信息定位参考系统	287011　位置
	287014　间接定位系统

8.1.5　空间数据元数据组织和管理

1. 空间数据元数据库

元数据描述的最基本数据组织形式是数据集，也可以扩展到数据集系列和数据集内的要素和属性。数据集有一般数据集和空间数据集两种。一般数据集结构比较简单，分为文本文件或二维表，元数据可以描述到文件、数据集系列、数据集或数据项；空间数据集相对比较复杂，一般既有记录空间定位信息的数据文件，又有与该文件连接的属性文件，空间信息之间可能还有拓扑关系。总之，元数据内容繁多，涉及数据集系列、数据集、要素或属性多种类型。此外，网络系统中的数据库有简也有繁，简单的可能是一个一般数据集，复杂的可能是多个空间数据库和一般数据集的集合。因此，描述简单的数据集可以以文件的形式，但是复杂的大型数据库则需要建立元数据库。

2. 空间数据元数据组织

GIS 应用系统中，对于空间数据、属性数据和知识可以按系统的要求规定适当的层次，如高层元数据可对应数据库，中层元数据可对应表，底层元数据可对应数据项（苏理宏和黄裕霞，2001；闾国年等，2003）。

数据和元数据应以地理单元为逻辑组织，物理存储按"层"来组织。层根据数据代表的专题性质来组织，以利于查询检索和分析。可以用面向对象的技术实现以地理单元为主线的层次结构元数据管理树，树的叶结点连接数据物理存储的"层"，面向地理单元的空间操作通过元数据管理树作用于图层，如图 8-4 所示。

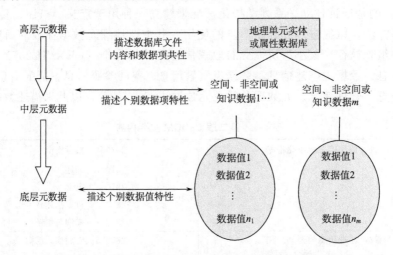

图 8-4　狭义数据的元数据层次结构及其与地理单元实体或属性数据库的关系

3. 空间数据元数据存储

显而易见，不同层次的地理空间元数据存储的状况是有差异的，系统层元数据应随数据库存在，且由分布式网络数据库管理系统统一管理；数据集层次元数据可以随数据库存在也可随数据集存在；数据特征层次的元数据只能随数据集存在。

概括起来，元数据存储有两种形式（闾国年等，2003）：其一是以数据集为基础，即每一个数据集有一个对应的元数据文档，每一个元数据文件中包含对相应数据集的元数据内容，如美国地质调查局（USGS）提供的空间数据元数据就是采用这种形式。另一种存在方式是以数据库为基础，一个地理空间数据库有一个元数据文件，该文件为一表格数据，由若干项组成，每一项表示元数据的一个要素。该文件记录为每一个数据集的元数据内容，如图 8-5 所示。

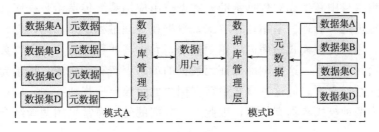

图 8-5　地学元数据存在的两种模式示意图

两种存储方式各有优缺点，对于第一种存储模式，其好处是调用数据时，其相应的元数据也作为一个独立的文件被传输，相对数据库有较强的独立性，在对元数据进行检索时可以利用原地理空间数据库的功能，也可以将元数据文件调到其他数据库系统中进行操作。其问题是每一数据集都有一个元数据文档，那么在规模巨大的数据库中则会有大量的元数据文件，管理上极为不便。在第二种存储模式中，由于库中只有一个元数据文件，管理极其方便。

4. 空间数据元数据管理

空间元数据的管理包括对描述数据的空间特征及相关的属性特征静态状况元数据的管理，也包括对数据进行的各种操作（如数据获取、数据处理、数据存储、数据分析、更新等）过程中数据变化的动态元数据的管理。

1）地理空间元数据管理模型

广义的地理空间元数据管理涉及各个层次的元数据，管理的内容包括元数据的获取、元数据的更新、面向应用项目的元数据的使用处理等多个方面。空间元数据的管理涉及数据库、地理空间数据处理软件、数据使用系统、面向应用的地理空间数据分析等与地理空间数据使用相关的各个环节。以下是一种普通意义上的以元数据信息系统为基础的元数据管理模式（闾国年等，2003），如图 8-6 所示。

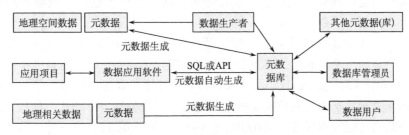

图 8-6　地理空间元数据管理信息系统框图

通常意义上的元数据管理是指元数据通过各种途径形成后，对其内容的添加、删除、更新等涉及内容改变的操作和元数据内容检索、查询、放置、组织等常规性元数据操作，可以通过两种方式实现，即系统管理模式和用户管理模式。系统管理模式是面向数据库的，由数据库系统管理专业人员完成，数据用户只有使用权，没有元数据的操作权。数据应用项目中新生成的数据集的元数据也由应用系统传递给数据库管理员，然后由数据库管理员统一管理。采用这种方式，数据在处理过程中形成的动态元数据很难及时记录下来。用户管理模式是面向应用项目的，允许某些数据用户可以将数据的变动信息直接反馈给元数据库，这样则能保证元数据的动态更新和新生成数据集元数据的及时捕获及写入元数据文件，但这种模式中数据用户的权限要适当地控制，以避免数据库的破坏。正因为两种模式各具有优点，因此对元数据的管理通常采用两者结合的模式。

2）NGDC 中地理空间元数据管理模型的设计

美国国家地理空间数据交换中心（NGDC）是一个地理空间信息服务发布系统，其实质是一个将地理空间数据的生产者、管理者及用户通过电子线路连接的分布式网络系统。它除了对地理空间数据信息进行管理和维护外，同时还要维护与之相应的元数据信息（包括制定元数据规范，登记并管理元数据），从而更有效地为地理空间信息用户服务（张立和龚健雅，2000）。在 NGDC，元数据有两个功能：①查找相应的数据集以确定得到它们的方式和途经；②将数据集的内容、精度和特点存档，以此构成该数据集的描述信息。

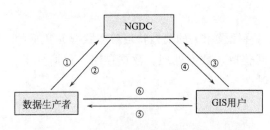

图 8-7　NGDC 中地理空间元数据管理模型
①提交地理空间数据及其元数据信息；②确认信息；③发出元数据查询请求；④返回元数据查询结果；⑤发出地理空间数据产品需求请求；⑥发行地理空间数据产品（张立和龚健雅，2000）

在 NGDC 中，地理空间元数据管理模型如图 8-7 所示：①地理空间数据的生产者在提供数据产品的同时，将该产品相对应的元数据信息递交给 NGDC；②当地理空间数据产品特征有所变化时，数据的生产者负责完成地理空间元数据的更新并提交到 NGDC；③NGDC 负责对这些地理空间元数据信息进行组织和管理，包括基本的地理空间元数据维护；④用户通过网络访问 NGDC 的站点，由 NGDC 提供地理空间元数据的信息查询服务；⑤用户根据查询结果选择感兴趣的地理空间数据产品，并通过网络文件下载方式或数据产品邮寄方式，从其生产者获得该数据产品。

一般的，空间元数据管理系统可以采用客户/服务器（Client/Server，C/S）结构，并要求具有严格的与平台和操作系统的无关性。用户无论是 PC 机还是工作站，也无论是运行于 Windows 环境还是 UNIX 或 Macintosh 环境，都能使用该系统。基于分布式的空间数据库集成共享的空间数据交换中心的元数据服务器与分布式空间数据之间，可以采用星型结构实现网络连接，采用 IE、Netscape 或 Communicator 等通用浏览器来进行数据浏览。

5. MAPGIS 空间数据元数据组织与管理

空间元数据是地理空间数据的描述信息，主要用于海量、分布式信息数据的检索。

MapGIS7.0中空间元数据管理系统主要由元数据采集器和元数据服务器组成，其设计面向元数据的建库及管理、网络发布及分布式检索，基于 XML 和 J2EE 技术构建，具有分布式、跨平台、能兼容异构数据源等特点，提供如下主要功能，如图 8-8 所示。

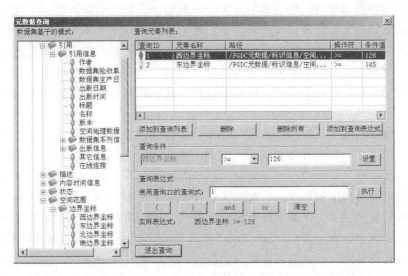

图 8-8　MAPGIS 空间数据元数据管理

（1）数据模式管理：元数据的标准由元数据模式来描述；系统提供元数据模式的注册、注销及根据模式校验元数据有效性等功能。

（2）元数据建库：元数据库的基本数据组织单位是符合某一元数据模式的元数据集合。系统提供元数据库的创建、删除、备份及导出等功能。

（3）元数据录入编辑：不管是基于 FGDC 元数据标准，还是用户自定义的元数据标准，所有的元数据编辑都采用统一的元数据编辑界面。通过元数据采集器可对元数据进行编辑，根据元数据模式动态调整录入界面，确保数据与模式的一致性。支持对元数据结构的编辑。

（4）数据缓冲管理：元数据服务器提供元数据及其摘要的缓冲管理，提高元数据查询和 Web 发布等操作的性能。

（5）分布式检索查询：支持新一代 Z3950 协议（ZING）的检索服务 SRW（Search/Retrieve Web Service），实现分布式检索。支持元数据的简单查询和复合查询，支持元数据与地理实体的互查，可根据元数据查询地理实体，也可根据地理实体查询元数据。

8.2　空间数据共享

随着信息技术的发展，不同部门、不同地区间的信息交流逐步增加，计算机网络技术的发展为信息传输提供了保障。当大量的空间数据出现在网络上，面对多种多样的数据格式，怎样才能有效地利用它们，这就是空间数据共享的问题。简单地说，数据共享就是让在不同地方、使用不同计算机、不同软件的用户能够读取他人的数据并进行各种操作运算和分析。传统的数据共享一直将数据格式和数据标准放在首位，但是，要做到完全统一的数据标准和数据格式几乎是不可能的。随着 Internet 技术的飞速发展，通过网络进行地理信息共享是大势所趋。GIS 互操作是地理信息共享的最高级形式，代表着地理信息共享的发展方向。

实现空间数据共享可以使更多的人更充分地使用已有的数据资源，并且减少资料收集、数据采集等重复劳动和相应费用，而把精力重点放在开发新的应用程序及系统集成上。由于不同用户提供的数据可能来自不同的途径，其数据内容、数据格式和数据质量千差万别，因而给数据共享带来了很大困难，有时甚至会遇到数据格式不能转换或数据转换格式后丢失信息的棘手问题，严重地阻碍了数据在各部门和各软件系统中的流动与共享。

数据共享的程度可反映一个地区、一个国家的信息发展水平，数据共享程度越高，信息发展水平越高。要实现数据共享，首先，应建立一套统一的、法定的数据交换标准，如规范数据格式，使用户尽可能采用规定的数据标准。例如，美国、加拿大等国家都有自己的空间数据交换标准，目前我国正在抓紧研究制定国家的空间数据交换标准，包括矢量数据交换格式、栅格影像数据交换格式、数字高程模型的数据交换格式及元数据格式。该标准建立后，将对我国 GIS 产业的发展产生积极影响。其次，要建立相应的数据使用管理办法，制定出相应的数据版权保护、产权保护规定，各部门间签订数据使用协议，这样才能打破部门、地区间的信息保护，做到真正的信息共享。

空间数据作为一种数据，同普通数据一样需要经过从分散到统一的过程。在计算机的发展过程中，起初是数据去适应系统，每一个系统都倾向于拥有自己的数据格式。随着数据量的增多，数据库系统应运而生。随着时代的发展，信息共享的需求越来越多，不同数据库之间的数据交换就成了瓶颈。

8.2.1 空间数据共享标准

1. 空间数据转换标准

空间数据转换标准（Spatial Data Transfer Standard，SDTS），是由美国地质测量协会（USES）制定，在 1992 年 7 月被美国确认为联邦信息处理标准（Federal Information Processing Standard，FIPS）。在 1994 年 6 月进行了第一次修改，往标准中加入了拓扑矢量规范（Topological Vector Profile）。FIPS173 已作为美国联邦机构和美国各州和地方政府、研究和技术组织以及私人部门等的空间数据转换机制，后来，又增加了二维栅格数据规范、运输网络规范，其他规范仍在发展中。

SDTS 是一种空间数据在不同计算机系统上转换的标准。它主要是为了促进空间数据（包括地理和制图数据等）的交换和共享，功能强大，是目前美国许多政府部门和商业组织所采用的交换格式标准。SDTS 是一个分层的数据转换模型，定义了数据转换的概念、逻辑和格式三个层次，同时采用元数据来辅助数据转换和评价。

概念层建立了地理要素及其特征的模型，可以是矢量数据也可以是栅格数据，提供了地理要素的标准实体和属性的定义。逻辑层将概念化的地理要素转换成为逻辑化的模型、记录、数据项和子项，提供了各种空间数据类型和关系的基础内容。SDTS 的物理格式层定义了与标准相符合的文件格式，以进行空间数据的转换。

SDTS 使得任意两种空间数据可以相互转换，并保证最小的信息损失，对于 NSDI（国家空间数据基础设施）的实现起到了决定性的意义。

2. ISO/TC211 地理信息标准

ISO/TC211 地理信息/地球信息科学专业委员会成立于 1994 年 3 月，其目的是为了促进全球地理信息资源的开发、利用和共享，即制定 ISO/TC211 地理信息/地球信息科学标准，它是对与地球上位置直接或间接有关的物体或现象信息的结构化标准。该标准共分为 25 个部分（截至 2000 年 5 月），主要针对地理信息的内容和相关的方法，各种数据管理的工具和服务及有关的请求、处理、分析、获取、表达，在不同的用户、系统平台和位置上进行数据的转换。该标准主要包括：参考模型（Reference Model）、综述（Overview）、概念化模式语言（Conceptual Schema Language）、术语定义（Terminology）、一致性和测试（Conformance and Testmg）、专用标准（Profiles）、空间模式（Spatial Schema）、时间尺度子模式（Temporal Subschema）、应用模式规则（Rules for Application Schema）、要素分类方法（Feature Cataloguing Methodology）、坐标空间参照系统（Spatial Referencing by Coordinates）、基于地理标识的间接参考系统（Spatial Referencing by Geographic Identifiers）、质量原则（Quality Principles）、质量评价过程（Quality Evaluation Procedures）、元数据（Metadata）、空间信息定位服务（Positioning Service）、地理信息描述（Portrayal）、编码（Encoding）、服务（Service）、功能标准（Functional Standards）、图像和栅格数据（Imagery and Gridded Data）、职员的资格认证（Qualifications and Certification of Personnel）、覆盖几何和功能的模式（Schema for Coverage Geometry and Functions）、图像和栅格数据的成分（Imagery and Gridded Data Components）、简单要素的访问 SQL 选项（Simple Feature Access-SQL Option）。

3. 数字图形信息交换标准

数字图形信息交换标准（Digital Geographic Information Exchange Standard，DIGEST）是 Digital Geographic Information Working Group（DGIWG）制定的。DGIWG 由 NATO 北大西洋公约组织的一些成员国组成。DIGEST 可以处理栅格、矩阵和矢量数据的转换（包括拓扑结构）。DIGEST 把数据传输分为 5 个层次：①卷层次；②数据集层次；③特征层次；④拓扑/空间记录层次；⑤属性层次。

4. OpenGIS 及其规范

为了研究和开发开放式地理信息系统技术，1996 年在美国成立了开放地理信息联合会（OGC OpenGIS Consortium），OGC 是一个非营利性组织，目的是促进采用新的技术和商业方式来提高地理信息处理的互操作性（Interoperablity），OGC 会员主要包括 GIS 相关的计算机硬件和软件制造商（包括 ESRI、Intergraph、MapInfo 等知名 GIS 软件开发商），数据生产商以及一些高等院校、政府部门等，其技术委员会负责具体标准的制定工作。现有十几个国家 100 多个成员包括软件技术公司、硬件技术公司、政府机构、大学及重点实验室、企业集成系统、销售商、图像信息产品制造商等。Open

GIS 由美国 OGC 提出。实质上是在传统 GIS 软件以及高宽带的异构地学处理环境中架起一座桥梁，也是在计算机和网络环境下，根据行业标准和接口（Interface）所建立起来的 GIS。OGIS 是为了寻找一种方式将 GIS 技术、分布处理技术、面向对象方法、数据库设计及实时信息获取方法更有效地结合起来。在 OpenGIS 系统中，不同厂商的 GIS 软件及异构分布数据库之间可以通过接口互相交互数据，并将它们结合在一个集成式的操作环境中，通过实时动态机制实现数据存储结构不同的 GIS 之间的连接。因此，在 OpenGIS 环境中，可以实现不同空间数据之间、数据处理功能之间的相互操作及不同系统或部门之间的信息共享。

OGIS 的主要目标是制定一个统一的规范，使用户能开发出基于分布计算技术的、标准化的公共接口，将地理空间数据和地理处理资源完全集成到主流计算中，并实现交互式的、商品化的地理数据处理和地理数据分析的软件系统，并使之在 Internet 上得到广泛的应用，使用户和开发者能进行互操作，使得应用系统开发者可以在单一的环境和单一的工作流中，使用分布于网上的任何地理数据和地理处理。与传统的地理信息处理技术相比，基于该规范的 GIS 软件将具有很好的可扩展性、可升级性、可移植性、开放性、互操作性和易用性。OGIS 类似于 API，但和 API 又有区别。API 通常需要在一个特定的操作系统和程序语言环境下才能使用，而 OGIS 中的规范是在更高层次上的抽象，它独立于具体的分布式平台、操作系统和程序语言，使软件开发者建立的地学应用软件能在当今任何分布式计算平台上进行互操作。

OpenGIS 规范主要定义了以下三个模型（张新长和马林兵，2005）。

1）开放的地理数据（Open Geodata）模型

定义了一个概括的、公用的基本地理信息类型集合，该集合可以被应用于特定领域的地理数据建模。OpenGIS 将现实世界抽象成为两类基本对象：要素和存储层（coverage），前者描述现实世界中的实体对象，后者描述现实世界中的现象。对于要素，将与空间坐标相关的属性抽取出来，称为几何（geometry）。同时，OpenGIS 又定义了要素的时空参照系统、语义（Semantics）以及元数据来对要素进行描述，以便于共享和互操作。

2）OpenGIS 服务

定义了一个服务的集合，该集合用于访问地理数据模型中定义的地理类型，提供了同一信息团体（Information Community）内不同用户之间，或者不同信息团体之间的地理数据共享能力。

服务模型中的主要组成为：①要素实例（Feature Instance）的创建过程；②获取地理数据的方法；③时空参照系统的获取和转换；④语义转换。

3）信息团体模型

信息团体模型的目的是建立一种途径，使得信息团体或用户维护对数据进行分类和共享所遵循的定义，实现一种有效的、更为精确的方式，使不同信息团体之间可以共享数据，尽管他们并不熟悉对方的地理要素定义。信息团体模型定义了一种转换模式，使得不同信息团体的"地理要素辞典"可以自动"翻译"。

OpenGIS 规范包括抽象（Abstract）规范、实现（Implementation）规范以及具体领域（Specific Domain）的互操作性问题，其中抽象规范是 OpenGIS 的基础，也是 OpenGIS 的主体；实现规范定义了抽象规范在不同分布计算平台上的实现，目前 OGC 已经定义了针对 CORBA，OLE/COM 和 SQL 的简单要素访问的实现规范；针对领域的互操作性研究通过提取领域的互操作性用例（use case），检验抽象规范能否满足该领域的需求，它是抽象规范的扩展。

5. 空间档案和交换格式

空间档案和交换格式（Spatial Archive and Interchange Format，SAIF）由 the Government of British of Canada 提出。它既是一种地理数据模型化的语言，也是一个存储和分发数据的中间格式。作为一种共享地理空间数据的手段，SAIF 的设计满足互操作性，尤其是数据交换。SAIF 把地理数据仅仅当作是另一种数据处理；SAIF 遵循一个多继承、面向对象的范例。

SAIF 提供一种机制来转换数据，使用一种文件格式"SAIF/ZIP"。数据通过 SAIF/ZIP 可以从许多大量商业 GIS 和数据库产品中转出或转入。在这里多种格式的数据能通过 SAIF 转成其他格式。

传统的转换器经常被设计成特定的数据集操作。使用 SAIF 方法，只要一个转换器就可以处理大范围类的数据，而且能被用户直接控制。

Safe Software 公司还提供了一个 SAIF 工具包。该工具包可以被加入到应用而不需版税或许可证。SAIF 和 SAIF 工具包的培训和咨询也可以得到。同时，一种解释性的面向对象语言 TCL 也在建立之中。

8.2.2　空间数据互操作

在 GIS 领域，对互操作有着不同的理解。在《计算机辞典》中，将互操作定义为两个或多个系统交换信息并相互使用已交换信息的能力。它是衡量软件质量的一个重要指标，指一个系统接收和处理另一系统发送消息的能力，反映该系统是否易于与另一软件系统快速接口。1996 年 UCGIS 则认为互操作通常指自底向上将已有系统和应用集成在一起，不是简单集成而是系统地组合，并需要多种 DBMS 和应用程序的支撑。ISO/TC211 认为若两个实体 X 和 Y 能相互操作，则 X 和 Y 对处理请求 R_i 具有共同理解，并且如果 X 向 Y 提出处理请求 R_i，Y 能对 R_i 作出正确反应，并将结果 S_i 返回给 X。OGIS 互操作性的定义是指系统或系统的构件的可扩展性以及互相应用和协作处理的能力。实际上互操作就是指异构环境下两个或两个以上的对象，尽管它们实现的语言、执行的环境和基于的模型不同，但是它们能够在相互理解的基础上互相通信和协作，能够透明地获取所需的信息，以完成某一特定的任务。地理信息系统互操作技术现已成为一种新的数据共享的途径。

为了使不同 GIS 能实现互操作，一种最理想的方法是通过共同接口来实现。接口相当于一种规程，是大家都遵守并达成统一的标准。在接口中不仅要考虑数据格式、数据处理，还要提供对数据处理应采用的协议。各个系统通过公共的接口相互联系，而且允许各自系统内部的数据结构和数据处理可相互不同。可以从不同角度来理解 GIS 互操作性，从狭义上说，它是在保持信息不丢失的前提下，从一个系统到另一个系统的信息交换能力；从广义上讲，GIS 互操作是指不同应用（包括软硬件）之间能动态地相互调用，并且不同数据集之间有一个稳定的接口。互操作强调在相互理解的基础上将具有不同数据结构和数据格式的数据和软件系统集成在一起，共同工作。和传统的地理信息共享策略不一样，GIS 互操作不再是数据集层次上的操作，也就是说，不再需要用户直接面对低层的数据模型和数据结构，而是支持对多种数据资源和处理过程的透明访问，这是一种地理信息共享的理想模式，也是当前地理信息共享研究的主要方向。互操作技术是实现空间信息共享和空间信息服务，提高空间信息利用率，消除空间信息"孤岛"的关键技术。

互操作是随着 GIS 应用的深入和普及而被提出。Internet 的发展为 GIS 互操作提供了技术基础。分布式计算、面向对象技术、互联网络技术、开放式数据库技术、组件技术、XML 技术、GIS 互操作协议和标准的完善和推广为空间数据互操作奠定了基础，使我们构建空间数据互操作应用系统成为可能。GIS 互操作是 GIS 发展的必然趋势。

8.2.3 空间数据交换

1. 空间数据交换概念

数据交换是将一种数据格式转换成为另外某种数据格式的技术。简单地说，它是一种专门的中间媒介转换系统。这类标准往往涉及环境要素的描述、分类、编码等方面的内容，但是在具体的应用和实施过程中，由于空间数据的格式、结构、应用和软硬件的复杂多样性，制定这类标准的难度非常大。空间数据格式转换的内容包括三个方面的内容：①空间定位信息，即几何信息，主要是实体的坐标；②空间关系信息，几何实体之间的拓扑或几何关系数据；③属性信息，几何实体的属性说明数据。

2. 空间数据交换方式

地理空间数据不同于一般事务管理的数据，一般的事务数据或者说属性数据仅有几种固定的数据模型，而且一般关系数据库管理系统直接提供读写数据的函数，数据的转换问题比较简单。但是地理信息系统的空间数据与之不同，由于对空间现象理解的不同，对空间对象的定义、表达、存储方式亦各有不同，给信息共享带来了极大的不便，解决多格式数据交换一直是近年来 GIS 应用系统开发中需要解决的重要问题。目前国内外实现数据交换的方式大致有以下四种。

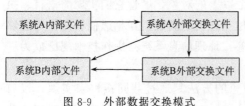

图 8-9　外部数据交换模式

1）外部数据交换模式

外部数据交换是指直接读写其他软件的内部格式、外部格式或由其转出的某种标准格式，如图 8-9 所示。它是一种间接数据交换方式，其他数据格式经专门的数据转换程序进行格式转换后，复制到当前系统中的数据库或文件中。这是当前 GIS 系统数据交换的主要方法，目前国内基本上还是采用这种方法。许多地理信息系统软件为了实现与其他软件交换数据，制定了明码的交换格式，如 ESRI 公司的 Arc/Info 的 E00 格式，Arc View 的 Shape 格式，AutoDesk 的 DXF、DWG 格式，MapInfo 的 MIF、MID 格式，Intergraph 的 DNG 格式等。通过这些交换格式可以实现不同软件之间的数据转换。

为了规范和统一起见，许多国家和行业部门制定了自己的外部数据文件交换标准，要求在一个国家或部门采用公共的数据交换格式。我国也颁布了自己的国家空间数据转换标准（CNSDTF）。空间数据转换标准在一定程度上解决了不同数据格式之间缺乏统一的空间数据描述基础的问题。但从一种软件到另一种软件的数据转换一般必须经过从源数据到标准数据和从标准数据到目标数据的两次转换，可能产生大量的冗余数据，增加磁盘负载，所以它并不是最好的数据转换方法。

2）直接数据访问模式

直接数据访问是指 GIS 的商用软件带有大量的数据格式转换工具，通过这些工具直接读取其他格式的数据，实现对其他软件数据格式的直接访问，即把一个系统的内部数据文件直接转换成另一种系统的内部数据文件，如图 8-10 所示，用户可以使用单个 GIS 软件存取多种数据格式。直接数据访问不仅避免了冗繁的数据转换，而且在一个 GIS 软件中访问某种软件的数据格式不要求用户拥有该数据格式的宿主软件，更不需要该软件运行。直接数据访问提供了一种更为经济实用的数据交换模式。目前使用直接数据访问模式实现数据交换的 GIS 软件主要有两个：Intergraph 推出的 GeoMedia 系列软件和中国科学院地理信息产业发展中心研制的 SuperMap。但是，面对纷繁多样的数据格式，为每一种数据格式都提供直接数据访问在一定时期内是不可能的。此外还必须知道每一个 GIS 的内部数据结构，这对商用 GIS 而言是困难的。

图 8-10　直接数据访问模式

3）基于空间数据转换标准的转换

数据交换标准是一种能容纳所有数据模型和结构的标准，所有数据通过这个标准进行转换，但是统一的数据交换标准很难制定。

为此，需采用一种空间数据的转换标准来实现空间数据的转换。在系统之间进行数据格式转换的另一种解决方案是：定义标准的空间数据交换文件标准。转换标准是一个大家都遵守，并且很全面的一系列规则，是一种能容纳所有数据模型和结构的标准。每个系统都按这个标准提供外部交换格式，并且提供读入标准格式的软件。所有不同系统中的数据通过这个中间桥梁进行转换，转换成统一的标准格式，供其他系统调用，这样系统之间的数据交换经过二次转换即可完成，如图 8-11 所示。为了实现转换，空间数据的转换标准必须能够表示现实世界空间实体的一系列属性和关系，同时它必须提供转换机制，以保证对这些属性和关系的描述结构不会改变，并能被接收者正确地调用。同时它还具有以下功能特点：

（1）具有处理矢量、栅格、网格、属性数据及其他辅助数据的能力。

（2）实现的方法必须独立于系统，且可以扩展，以便在需要时能包括新的空间信息。

图 8-11　基于空间数据转换标准的转换

数据转换方法仅仅是从数据角度考虑互操作，是数据的集成，而没有考虑数据处理。因此还不能达到真正的互操作。真正的互操作是在异构数据库和分布计算的情况下出现的。对系统而言，系统能彼此更安全地获取和处理对方的信息。对用户而言，用户能方便地查询到所需的信息，并能方便地使用各种不同类型和格式的数据；对信息管理者来说，他们能很好地管理信息，为用户服务，并将资源充分地提供给用户。

4）空间数据互操作模式

目前的 GIS 软件一般都不能直接操纵其他 GIS 软件的数据，所以需要经过数据转换。而数据互操作模式，是 OpenGIS Consortium 制定的规范，如图 8-12 所示。GIS 互操作是指在异构数据库和分布计算的情况下，GIS 用户在相互理解的基础上，能透明地获取所需的信息。OGC 颁布的规范，可以把提供数据源的软件称为数据服务器（Data Servers），把使用数据的软件称为数据客户（Data Client）。数据客户使用某种数据的过程就是发出数据请求，由数据服务器提供服务的过程，其最终目的是使数据客户能读取任意数据服务器提供的空间数据。OGC 规范基于 OMG 的 CORBA、Microsoft 的 OLE/COM 以及 SQL 等，为实现不同平台间服务器和客户端之间数据请求和服务提供了统一的协议。OGC 规范正得到 OMG 和 ISO 的承认，从而逐渐成为一种国际标准，将被越来越多的 GIS 软件以及研究者所接受和采纳。但目前，还没有商业化 GIS 软件完全支持这一种规范。

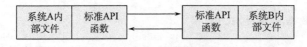

图 8-12　空间数据互操作模式

数据互操作为数据交换提供了崭新的思路和规范。它将 GIS 带入了开放的时代，从而为空间数据集中式管理和分布存储与共享提供了操作的依据。但这一模式在应用中存在一定局限性。

（1）为真正实现各种格式数据之间的互操作，需要每种格式的宿主软件都按照统一的规范实现数据访问接口，在一定时期内还不能实现。

（2）一个软件访问其他软件的数据格式是通过数据服务器实现的，这个数据服务器实际上就是被访问数据格式的宿主软件，也就是说，用户必须同时拥有这两个 GIS 软件，并且同时运行，才能完成数据互操作过程。

（3）OGC 标准更多考虑到采用了 OpenGIS 协议的空间数据服务软件和空间数据客户软件，对于那些历史存在的大量非 OpenGIS 标准的空间数据格式的处理方法还缺乏标准的规范。而从目前看来，非 OpenGIS 标准的空间数据格式仍然占据已有数据的主体。

（4）由于各种 GIS 软件存储的空间信息不尽相同，为顾全大局，所定义的 API 函数提供的信息可能是最小的。

（5）各种 GIS 软件之间虽然可以相互操纵数据，但一般各种软件所作的工程数据还是以它自己的系统进行管理，这样仍然会出现数据的不一致性和影响现时性的问题。

数据格式的转换过程是以数据单元作为基本单位的，在转换过程中，只处理各数据单元在整个存储结构中的排列组合顺序，不涉及数据单元内部。因此，这一转换过程转换了作为数据组织形式基础的形式系统，数据单元赖以形成的地理信息分类体系并没有自动转换。所以，数据格式转换技术不是将原始 GIS 所表达的空间概念作为整体进行处理的，而是将系统组织结构所表达的空间概念和地理信息分类编码所形成的空间概念分别进行处理，割裂了空间概念的完整性，影响了共享过程中的语义完整性。同时，数据转换方法没有考虑到 GIS 系统开发者和 GIS 用户在地理认知方面的差异，而正是由于地理认知差异的存在，即使通过数据转换方法真正将原始 GIS 的空间概念传输到用户，用户也会由于不能正确地理解这一空间概念而给数据的正确使用带来困难。

8.2.4　地理信息 Web 服务

Web 服务是建立在 HTTP 协议、SOAP 和 UDDI 等标准以及 XML 等技术之上的，其最大优势是允许在不同平台上，以不同语言编写的各种程序，以基于标准的方式相互通信，通过 HTTP 协议极大地扩展了传统应用软件地服务范围，并通过 SOAP、UDDI 和 XML 等标准和技术为应用软件提供了基于 Web 的统一应用标准，屏蔽了应用软件底层具体的实现技术。传统的中间件平台（RMI、CORBA、DCOM 等）虽然也能够在某种程序上允许位于不同平台，以不同语言编写程序通信，但是这些中间件与 Web 服务相比，往往存在不足。地理信息 Web 服务是以 GIS 相关理论和技术支撑为主要基础，以计算机网络及其他通信设备等基础设施为操作平台，融合了 Web 服务、网络计算等最新发展成果，以满足用户地理信息相关需求为核心的地理信息服务理论和技术系统。它代表了一个具有革命性的、基于标准的框架结构，允许各种在线的空间数据处理系统与基于网络的地理信息服务之间无缝的集成，支撑分布式的空间数据处理系统使用新技术，提供了与厂商无关的、可互操作的框架结构来对多源、异构的空间数据进行基于 Web 的数据发现、处理、集成、分析、决策支持和可视化表现。因此，地理信息 Web 服务真正使 GIS 走向网络化、标准化、社会化、个性化、简单化。

分布式计算技术的发展，特别是 Web 服务的出现，为地理信息服务的广泛共享提供了技术支撑。目前，将 Web 服务技术综合应用于地理信息服务领域已经成为一种趋势。甚至还有人认为：地理信息服务的基本内涵就是在 GIS 领域引入一种新模式，即基于 Web 服务的应用模式和集成模式，以解决传统 GIS 存在的问题。作为全球最大的空间信息、互操作规范的制定者和倡议者，OGC 已经认识到在地理信息领域中引入 Web 服务技术的重要性和紧迫性，对地理信息服务制定了一系列的规范，主要有矢量数据服务（Web Feature Service，WFS）、栅格数据服务（Web Coverage Service，WCS）、地图服务（Web Map Service，WMS）、发布注册服务（Web Register Service）等地理信息服务的相关规范。可见，Web 服务模式的广泛应用在客观上将为地理信息服务真正融入 IT 领域，更好地服务于人类的日常生活提供了良好的机制。同时，采用 XML 技术来解决传统的 Web 语言对于复杂的地理信息描述和表现不足的问题也得到广泛的认同。但是，目前国内这方面的研究还处于起步阶段，没有一个较为成熟的产品。在实际应用中，基于 XML、Web 服务的地理信息服务集成方案还较难实现。在研究上，主要集中在面向 Web 服务的空间数据包装器的实现和系统整体体系结构搭建上，对于服务体系结构下重要的空间服务资源发现与选取、基于服务的空间信息查询与处理、性能优化等方面的研究还很少。目前大多数仍然属于传统的 WebGIS 应用范畴，基于服务的集成来构建空间信息应用或新的空间信息服务的研究还比较少。因此，开展基于 XML、Web 服务的地理信息服务的研究具有现实意义。

思 考 题

1. 什么叫做元数据？什么叫做空间数据元数据？
2. 空间数据元数据有哪些主要类型？涉及哪些主要内容？
3. 空间数据元数据有什么作用和功能？
4. 举例说明空间数据元数据标准？
5. 空间数据共享的主要标准有哪些？各自的主要特征是什么？
6. 什么叫做空间数据交换？空间数据交换的方式有哪几种？各有什么特征？
7. 阐述空间数据共享问题，除技术因素外，还主要存在哪些方面问题？

第9章 空间数据库设计

本章重点讨论空间数据库设计的原则、内容和过程。

人们在进行空间信息系统（如 GIS）的开发过程中，越来越重视空间数据库设计的问题。不论是小型单事务处理系统，还是大型复杂的 GIS 系统，都要用到先进的空间数据库技术来保证系统数据的独立性、共享性、安全性和完整性等。可以说，空间数据库建设的规模（个数、种类）和质量是衡量空间信息系统的重要指标之一。

9.1 空间数据库设计概述

在实际应用中，空间数据库系统的设计既要考虑存储空间数据，又要考虑属性数据，其设计过程相当复杂、繁琐。所以，一个好的空间数据库设计应该严格按照软件工程的方法有目标、分层次的过程进行设计。

9.1.1 空间数据库设计原则

随着空间信息技术的发展，空间数据库所能表达的空间对象日益复杂，用户功能日益集成化，从而对空间数据库的设计提出了更高的要求。许多早期的空间数据库设计着重强调的是数据库的物理实现，注重于数据记录的存储和存取方法。而现在，要求空间数据库设计者能根据用户要求、当前的经济技术条件和已有的软、硬件实践经验，选择行之有效的设计方法与技术等。目前，对空间数据库的设计已提出许多准则，其中包括：

1) 空间数据库设计与应用系统设计相结合的原则

空间数据库设计应该和应用系统设计相结合。即整个设计过程中要将空间数据库结构设计和对数据的处理设计紧密结合起来，并将此作为空间数据库设计的重要原则。

2) 数据独立性原则

数据独立性分为数据的物理独立和数据的逻辑独立。

数据的物理独立是指数据的存取与程序分离，这样可以保证数据存储结构与存取方法的改变不一定要求修改程序。使初步数据共享成为可能，只要知道数据存取结构，不同程序可共用同一数据文件。

数据的逻辑独立是指数据的使用与数据的逻辑结构相分离，通过建立对数据逻辑结构即数据之间联系关系的描述文件、应用程序服务等方法实现。这样可以保证当全局数据逻辑结构改变时，不一定要求修改程序，程序对数据使用的改变也不一定要求修改全局数据结构，使进一步实现深层次数据共享成为可能。

3）共享度高、冗余度低原则

在设计空间数据库时，要充分考虑"数据库从整体角度看待和描述数据"这一特点，即数据不再面向某一个应用而是面向整个系统，因此数据可以被多个用户、多个应用共享使用（即以最优的方式服务于一个或多个应用程序）。同时，数据共享还能够避免数据之间的不相容与不一致。

数据共享可以大大减少数据冗余，节约存储空间。因为同一系统包含大量重复数据，不但浪费大量存储空间，还有潜在不一致的危险，即同一记录在不同文件中可能不一样（如修改某个文件中某个数据而没有在另外的文件中作相应的修改）。所以，在数据库中数据共享，减少了由于数据冗余造成的数据不一致现象。

但是，有时为了某种需要（如缩短访问时间或简化寻址方法），系统也需要一定量的冗余数据。所以，在设计数据库时，要遵守最小冗余度原则（即数据尽可能不重复），而不能要求消除一切冗余数据。

4）用户与系统的接口简单性原则

用户与系统的接口简单，可以及时满足用户访问空间数据的需求，并能高效地提供用户所需的空间数据查询结果。同时，能满足用户容易掌握、方便使用系统，使其能更有效地通过非过程化的 SQL 语句查询、更新、管理系统。

5）系统可靠性、安全性与完整性原则

一个数据库系统的可靠性体现在它的软、硬件故障率小，运行可靠，出了故障时能迅速恢复到可用状态。

数据的安全性是指系统对数据的保护能力，防止非法的使用造成数据的泄密和破坏。即对数据进行控制，使用户按系统规定的规则访问数据，防止数据有意或无意地泄露。

完整性是指数据的正确性、有效性和相容性。完整性检查将数据控制在有效的范围内，或保证数据之间满足一定的关系。通常设置各种完整约束条件来解决这一问题。

6）系统具有重新组织、可修改与可扩充性原则

系统为了适应数据访问率的变化，提高系统性能，改善数据组织的零乱和时空性能差，需要改变文件的结构或物理布局，即改变数据的存储结构或移动它们在数据库中的存储位置，这种改变称为数据的重新组织。一般通过数据库系统自动来完成该任务。

要充分考虑到一个数据库通常不是一次性建立起来的，而是通过分期、分批逐步建立起来的。因此，整个系统在结构和组织技术上应该是容易修改和扩充的，即设计数据库时要考虑与未来应用接口的问题，以防将来系统有所变化而使整个数据库设计推倒重来或使已经建成的数据库系统不能正常工作。当然，修改和扩充后的系统，不必修改和重写原有的应用程序，也不应影响所有用户的使用。

总之，设计的系统应该是弹性较大、容易扩充、有较强的适应性、能不断满足新的需求。

9.1.2 空间数据库设计过程

空间数据库的设计是一件相当复杂的任务，为有效地完成这一任务特别需要一些合适的技术，同时还要求将这些设计技术正确组织起来，构成一个有序的设计过程。

设计技术和设计过程是有区别的。设计技术是指数据库设计者所使用的设计工具，其中包括各种算法、文本化方法、用户组织的图形表示法、各种转化规则、数据库定义的方法及编程技术；而设计过程则确定了这些技术的使用顺序。例如，在一个规范的设计过程中，可能要求设计人员首先用图形表示用户数据，再使用转换规则生成数据库结构，下一步再用某些确定的算法优化这一结构，这些工作完成后，就可进行数据库的定义工作和程序开发工作。即考虑按照规范化的设计方法设计空间数据库，一般分为需求分析、概念设计、逻辑设计、物理设计、数据库的实现、数据库运行和维护六个阶段（图 9-1）。

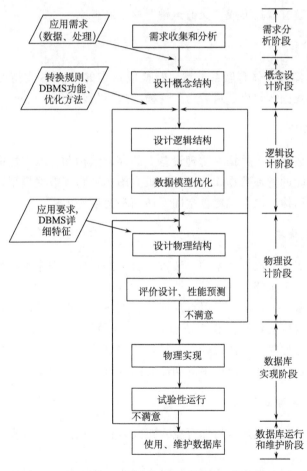

图 9-1　数据库设计步骤

1) 需求分析阶段

需求分析是整个过程中最基础、最困难、最耗时的一步。主要通过收集空间数据库设计涉及的用户信息内容和处理要求，并加以规格化和分析。一般采用数据流分析法，分析结果以数据流图（Data Flow Diagram，DFD）表示。DFD 同时也可以作为自顶向下逐步细化的描述工具。

2) 概念设计阶段

概念结构设计是整个空间数据库设计的关键，通过对用户需求进行综合、归纳与抽象，形成局部概念模式（局部视图）和全局概念模式（全局视图）。

概念设计时常用的数据抽象方法是"聚集"和"概括"。聚集将若干对象和它们之间的联系组合成一个新对象，而"概括"则将一组具有某些共同特性的对象合并成更高一层意义上的对象。例如，对于汽车、货物、道路及沿线两座城市这组对象，我们可以通过定义一个新的对象"运载"；对于公路运输、水路运输、航空运输和管道运输等这组对象，我们可能通过概括形成"交通运输"这个新概念。

3) 逻辑设计阶段

除了要把 E-R 图的实体和联系类型，转换成选定的 DBMS 支持的数据类型，还要设计子模式并对模式进行评价，最后为了使模式适应信息的不同表示，需要优化模式。

4) 物理设计阶段

主要任务是对数据库中数据在物理设备上的存放结构和存取方法进行设计，从而建立一个具有较好性能的物理数据库。这一阶段实施构造物理数据模型，包含所有的物理实施细节，如文件结构、内存和磁盘空间、访问和速度等因素。

5) 数据库实现阶段

主要分为建立实际的数据库结构、装入试验数据对应用程序进行测试、装入实际数据建立实际数据库三个步骤。

这不是瀑布模型，每一步都可以有反馈。以上各步不仅有反馈、有反复，还有并行处理。另外，在数据库的设计过程中还包括一些其他设计，如数据库的安全性、完整性、一致性和可恢复性等方面的设计，不过，这些设计总是以牺牲效率为代价的，设计人员的任务就是要在效率和尽可能多的功能之间进行合理的权衡。

6) 数据库运行与维护阶段

空间数据库系统经过试运行后即可投入正式运行。在其运行过程中必须不断地进行评价、调整与修改。

设计一个完善的空间数据库应用系统是不可能一蹴而就的，往往是上述六个阶段的不断反复。该过程既是空间数据库设计的过程，也包括了应用系统的设计过程。在设计过程中把空间数据库的设计和对空间数据库中空间数据处理的设计紧密结合起来，将这两个方面的需求分析、抽象、设计、实现在各个阶段同时进行，相互参照，相互补充，以完善两方面的设计。事实上，如果不了解应用环境对空间数据的处理要求，或没有考虑如何去实现这些处理要求，是不可能设计一个良好的数据库结构的。

9.2 需 求 分 析

需求分析是信息系统开发过程中最重要的环节之一。需求（Requirement）来源于用户的需要（Need），这些需要被汇总、分类、评估、筛选和确认后，形成完整的文档，详细地说明了项目必须或应当做什么，这个过程叫做用户需求分析。用户需求仅仅是用户需要的一个子集，往往是用户需要的一小部分。透过需求分析，系统开发人员掌握组织和用户的基本需要，为项目设定目标和范围（孔云峰和林晖，2005）。不进行需求分析，就难于了解用户需求，也就无法确定项目是什么、应该做什么。对于用户需求的理解、把握和管理，不仅对于项目立项、项目规划和系统设计至关重要，而且影响到系统的实施与变更是否顺利和成功。

需求分析的重要性是显而易见的。据 CAAOS 发布的调查报告，美国 1995 年在 IT 上花费 2500 亿用于 175 000 个软件项目，但其中 31％的项目在完成前被取消，53％的项目成本为原始估计的 189％，仅仅 16％软件项目按时、按预算完成。统计发现，造成这种现象的最主要原因是缺乏用户的参与、不完全或含糊的需求、更改需求和规格说明，三者都与用户需求管理密切相关。国内软件业也存在一个不正常的现象：用户和技术人员并不清楚究竟该做什么，却在一直忙碌不停地开发（林锐等，2002），造成这种现象的原因是多样的，最根本的原因是对于软件技术知识的缺乏，也不理解究竟什么是用户需求。国内关于软件项目成功与失败的研究比较少，但失败项目的比例可能不比美国低。

需求分析的主要参与者是系统分析员和用户。系统分析员希望透过需求分析，认识、理解和掌握组织与用户的基本需要；而用户是希望通过项目实施引进技术，从而达到自己的目的。在需求分析初期，开发人员对于用户需求的理解和用户的技术期望之间可能存在较大的差距，但随着需求分析的展开，用户与系统分析人员之间的交流越来越多，双方逐步获得共识，筛选出合理的、可行的用户需求（孔云峰和林晖，2005），其过程如图 9.1 所示。

9.2.1 需求分析的任务与方法

空间数据需求分析是一项技术性很强的工作，应该由有经验的专业技术人员完成，同时用户的积极参与也是十分重要的。

空间数据需求分析归纳起来主要包括三个方面的内容：一是用户基本需求调研；二是分析空间数据现状；三是系统环境/功能分析。每个方面又包含一些具体的工作，如图 9-2 所示。通常采用的调研方法有：①跟班作业；②开调查会；③请专人介绍；④询问；⑤设计调查表请用户填写；⑥查阅记录。各种方法的使用视具体情况而定。

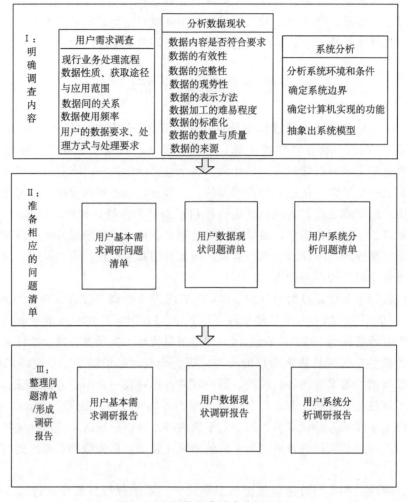

图 9-2 空间数据库需求分析过程

1）用户基本需求调研

用户需求调研在空间数据需求分析中具有重要地位，其目的是了解用户特点和要求，取得设计者与用户对需求的一致看法。主要工作内容：①要了解用户业务的真实情况，包括用户的组织结构、业务流程、业务数据和数据间的关系等；②要了解数据的性质、获取途径、使用范围、使用频度；③重点了解用户对数据的处理要求、处理方式等。

在开展用户基本需求调研之前，应事先准备好一些问题（清单），以备与用户面对面讨论时用，如图 9-3 所示。在讨论过程中，要特别注意询问用户如何看待未来需求变化，让客户解释其需求，而且随着开发的继续，还要经常询问客户，保证其需求仍然在开发的目的之中。本次讨论完毕后，根据问题的结论，将相应的内容写入需求分析调研报告中，如图 9-4 所示。

2		
3		..项目组20071231会议纪要
4	会议时间: 20071231	
5	参与人员: ….	
6	讨论主题:	
7	问题1:	
8	描述:	逻辑数据, 配线的维护终端问题。目前分局终端配置很差, 不能运行图形化配置功能
9		
10	讨论:	…, 终端配置调查
11		测量室: P1 (CPU: 133,166; 内存: 2M; 硬盘: 2G, 4G), P2 (CPU: 400; 内存: 64M; 硬盘: 10G)
12		查询
13		工单
14		管理: P3, P4
15		
16	结论:	对P1, P2的终端进行批量更新
17		
18	问题2:	
19	描述:	数据第一轮比对结果已经出来, 有了初步的分析数据, 可以对数据清查部署
20		
21	讨论:	目前主要提供97有, GIS中没有的线路数据
22		线箱数据可以进行数据清查
23		主干和配线线序提供号码, 分局, 97编码等信息
24		线盒提供地址, 容量, 成端, 分局等信息
25		
26	结论:	…提供需要的核查数据, …根据数据制定核查方案
27		数据清查和补录进行小范围的试验, 以江干分局来进行数据核查
28		
29	问题3:	
30	描述:	Web割接功能, 界面上的操作需要和用户进行交流, 目前没有找到相关的人员。

图 9-3   需求调研问题清单

- 1. "×××空间数据库系统"项目背景
  - **1.1 简介**
  - 1.2 立项背景
  - 1.3 现有资料基础
- 2. 调研工作
  - 2.1 目的和范围
  - 2.2 参考资料
  - 2.3 调研的准备工作
  - 2.4 调研的访问行程
  - 2.5 调研记录的管理
  - 3. 系统的建设目标
- 4. 对系统的总体要求
  - 4.1 系统的数据及功能的总体要求
  - 4.2 各基层单位管理的数据内容
  - 4.3 系统需管理的数据内容
    - 4.3.1 地形图基础地理信息数据内容
    - 4.3.2 附属设施及管网设施数据内容
  - 4.4 对数据分层要求
    - 4.4.1 数据分层标准
    - 4.4.2 数据分层
- 5. 对系统功能的规定
  - 5.1 基础地理信息地图管理
  - 5.2 设施与管线管理要求
  - 5.3 与生产系统的挂接
  - 5.4 与设备系统的挂接
  - 5.5 与档案室的交流
- 6. 系统数据动态更新
  - 6.1 系统数据更新保障
  - 6.2 数据格式标准
  - 6.3 数据更新方法
  - 7. 数据的集中管理
  - 8. 权限分配
- 附件一:

图 9-4   需求分析调研报告

2）空间数据现状分析

空间数据现状分析要求包括信息需求（信息内容、特征、需要存储的数据）、信息加工处理要求（如响应时间）、完整性与安全性要求等。

重视输入输出。在定义数据库表和字段需求（输入）时，首先应检查现有的或者已经设计出的报表、查询和视图（输出），以决定为了支持这些输出哪些是必要的表和字段。

定义标准的对象命名规范。数据库各种对象的命名必须规范。

3）系统环境/功能分析

业务调查是了解用户业务的第一步。在这个调查中与用户共同确定描述组织机构的系统/功能分解树及描述业务流程的事件流程图。根据需求收集和分析结果，得到数据字典描述的数据需求和数据流图描述的处理需求。

用户的业务组织结构是我们认识了解其业务的最佳向导，可以用系统/功能分解树来表示它在软件系统分析与设计工作中的重要作用。调查组织机构情况、调查各部门的业务活动情况、协助用户明确对新系统的各种要求、确定新系统的边界。

最后，将多次讨论的问题整理成一份详尽的"用户基本需求调研报告"。至此，用户基本需求调研工作告一段落。

9.2.2　数据流图与数据字典

以上空间数据库需求分析过程必须借助一定的方法和工具，通常使用数据流图和数据字典加以描述。下面就空间数据需求分析中常用的数据流图和数据字典分别加以介绍。

数据流图 DFD 是 SA（Structured Analysis）方法中用于表示系统逻辑模型的一种重要工具。它以图形的方式描绘数据在系统中流动和处理的过程。它的作用有两点：一是它给出了系统整体的概念；二是它划分了系统的边界。数据流程图描述了数据流动、存储、处理的逻辑关系，也称为逻辑数据流程图。

1. 数据流图的基本成分

如表 9-1 所示，GIS 数据流图包括加工、外部实体、数据流、数据存储文件及基本成分备注。

表 9-1　数据流图的基本组成

基本成分	名称	备注
⬭	加工	输入数据在此进行变换产生输出数据，要注明加工的名字
▭	外部实体	数据输入的源点或数据输出的汇点，要注明源点和汇点的名字
→	数据流	被加工的数据与流向，应给出数据流名字，可用名词或动词性短语命名
↘ 或 标识 名字	数据存储文件	需用名词或名词性短语命名

2. 数据流图分层

图 9-5 给出的只是最高层次抽象的系统概貌，要反映更详细的内容，可将处理功能分解为若干子功能，每个子功能还可以继续分解，直到把系统过程表示清楚为止。在处理功能逐步分解的同时，它们所用的数据也逐步分解，形成分层数据流图（李满春等，2003；王珊和萨师煊，2005），如图 9-6 所示。

为了表达数据处理过程的数据加工情况，用一个数据流图往往是不够的。稍为复杂的实际问题，在数据流图上常常出现十几个甚至几十个加工。这样的数据流图看起来很不清楚。层次结构的数据流图能很好地解决这一问题。按照系统的层次结构进行逐步分解，并以分层的数据流图反映这种结构关系，能清楚地表达和容易理解整个系统。

数据处理 S 包括三个子系统：1、2 和 3。顶层下面的第一层数据流图为 DFD/Ll。第二层数据流图 DFD/L2.1、DFD/L2.2 及 DFD/L2.3 分别是子系统 1、2 和 3 的细化。对任何一层数据流图来说，我们称它的上层图为父图，在它下一层的图则称为子图，如图 9-6 所示。

图 9-5　系统高层抽象图

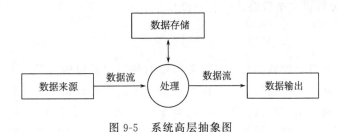

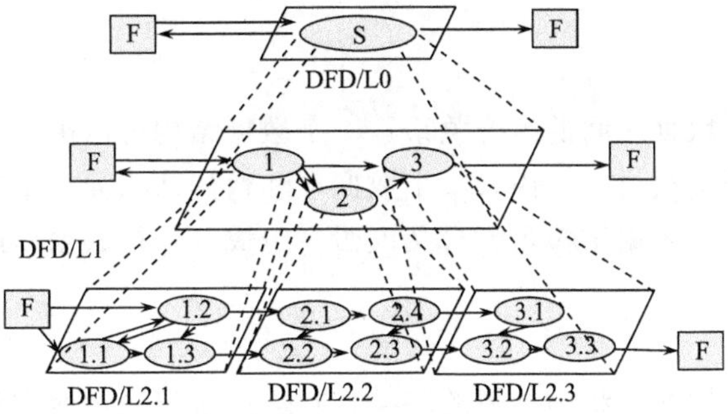

图 9-6　分层数据流图示意图

3. 数据字典

数据字典（Data Dictionary，DD）是用来定义数据流图中的各个成分的具体含义，是关于数据信息的集合。它是数据流图中所有要素严格定义的场所，这些要素包括数据流、数据流的组成、文件、加工说明等其他应进入字典的一切数据，其中每个要素对应数据字典中的一个条目。

数据字典最重要的用途是作为分析阶段的工具。在数据字典中建立严格一致的定义有助于增进分析员和用户之间的交流，从而避免许多误解的发生。数据字典也有助于增进不同开发人员或不同开发小组之间的交流。同样，将数据流图和数据流图中的每个要素的精确定义放在一起，就构成了系统的、完整的系统规格说明。数据字典和数据流图一起构成信息系统的逻辑模型。没有数据字典，数据就不严格；没有数据流图，数据字典也没有作用。

实现数据字典的常见方法有三种：全人工过程、全自动过程和混合过程。全自动过程一般依赖数据字典处理软件。混合过程是指利用已有的使用程序（如正文编辑程序、报告生成程序等）来辅助人工过程。空间数据库数据字典的任务是对空间数据库数据流图中出现的所有被命名的图形要素在数据字典中作为一个词条加以定义，使得每一个图形要素的名字都有一个确切的解释。因此，空间数据库数据字典中所有的定义必须是严密的、精确的，不可有半点含糊和二义性。空间数据库数据字典的主要内容包括数据流图中每个图形要素的名字、别名、分类、描述、定义、位置等。

在先前需求调研报告的基础上，借助数据流图和数据字典可以形象、准确地分析、描述用户的空间数据需求。在这个过程中形成的各种图表和文字，可作为整个信息系统（如 GIS）需求分析说明书最终成果的一部分。

1）数据项

数据项是不可再分的数据单位。对数据项的描述通常包括以下内容：数据项名，数据项含义说明，别名，数据类型，长度，取值范围，取值含义，与其他数据项的逻辑关系，数据项之间的联系"取值范围"，"与其他数据项的逻辑关系"，例如，该数据项等于另几个数据项的和或者该数据项值等于另一个数据项的值等定义数据的完整性约束条件，是设计数据检验功能的依据。

2）数据结构

数据结构反映了数据之间的组合关系。一个数据结构可以由若干个数据项组成，也可以由若干个数据结构组成，或由若干个数据项和数据结构混合组成。对数据结构的描述通常包括以下内容：数据结构名、含义说明、组成（包括数据项或数据结构）。

3）数据流

数据流是数据结构在系统内传播的路径。对数据流的描述通常包括以下内容：数据流名、说明、数据流来源、数据流去向、数据流组成（包括数据项或数据结构）。数据流名就是数据流的名称；"说明"用来简要介绍数据流产生的原因和结果；"数据流来源"是说明该数据流来自哪个过程；"数据流去向"是说明该数据流将到哪个过程去；"数据流组成"包括数据结构、平均流量、高峰期流量，"平均流量"是指在单位时间（每天、每周、每月等）里的传输次数；"高峰期流量"则是指在高峰期的数据流量。

4）数据存储

数据存储是数据结构停留或保存的地方，也是数据流的来源和去向之一。它可以是手工文档或手工凭单，也可以是计算机文档。对数据存储的描述通常包括以下内容：数据存储名、说明、编号、输入的数据流、输出的数据流数据结构、数据量、存取频度、存取方式。其中，"存取频度"指每小时或每天或每周存取几次、每次存取多少数据等信息；"存取方式"包括是批处理还是联机处理、是检索还是更新、是顺序检索还是随机检索等；另外，"输入的数据流"要指出其来源，"输出的数据流"要指出其去向。

5）处理过程

处理过程的具体处理逻辑一般用判定表或判定树来描述。数据字典中只需要描述处理过程的说明性信息，通常包括以下内容：处理过程名、说明、输入、输出、处理等。

可见，数据字典是关于数据库中数据的描述，即元数据，而不是数据本身。数据字典是在需求分析阶段建立，在数据库设计过程中不断修改、充实和完善的。

明确地把需求收集和分析作为数据库设计的第一阶段是十分重要的。这一阶段收集到的基础数据（用数据字典来表达）和一组数据流程图 DFD 是下一步进行概念设计的基础（王珊和萨师煊，2005）。

最后，要强调两点：

（1）需求分析阶段的一个重要而困难的任务是收集将来应用所涉及的数据，设计人员应充分考虑到可能的扩充和改变，使设计易于更改，系统易于扩充。

（2）必须强调用户的参与，这是数据库应用系统设计的特点。数据库应用系统和广泛的用户有密切的联系，许多人要使用数据库。数据库的设计和建立又可能对更多人的工作环境产生重要影响，因此用户的参与是数据库设计不可分割的一部分。在数据分析阶段，任何调查研究没有用户的积极参与是寸步难行的。设计人员应该和用户取得共同的语言，帮助不熟悉计算机的用户建立数据库环境下的共同概念，并对设计工作的最后结果承担共同的责任。

9.3 概念结构设计

概念结构设计，是对用户信息需求的综合分析、归纳，形成一个不依赖于空间数据库管理系统的信息结构设计。它是从用户的角度对现实世界的一种信息描述，因而它不依赖于任何空间数据库软件和硬件环境。由于概念模型（Conceptual Model，CM）是一种信息结构，所以它由现实世界的基本元素以及这些元素之间的联系信息所组成。

概念数据模型是地理实体和现象的抽象概念集，是逻辑数据模型的基础，也是地理数据的语义解释。从计算机的角度看，概念数据模型是抽象的最高层，是对现实世界的数据内容与结构的描述，它与计算机无关。构造概念数据模型应该遵循的基本原则：语义表达能力强；作为用户与空间信息系统软件之间交流的形式化语言，应易于用户理解；独立于具体物理实现；最好与逻辑数据模型有同一的表达形式，不需要任何转换，或容易向数据模型转换。

对于概念模型来说，有许多可用的设计工具，比较流行的建模工具有 E-R 模型（实体-关系模型）和 UML 模型，同时提出一种新的概念模型的建模方式——面向实体模型。

9.3.1 E-R 模型设计

1. E-R 模型

1）实体

实体（Entity），有广义和狭义的两种理解。广义的实体是指现实世界中客观存在的，并可相互区别的事物。实体可以指个体，也可以指总体，即个体的集合。例如，一个人是一个实体，银行账户可看作一个实体；狭义的实体是指现实生活中的地理特征和地理现象，可根据各自的特征加以区分。实体的特征至少有空间位置参考信息和非空间位置信息两个组成部分。空间特征描述实体的位置、形状，在模型中表现为一组几何实体；非空间特征描述的是实体的名字、长度等与空间位置无关的属性。

2）属性

属性（Attribute）是用来描述实体性质，并通过联系互相关联。实体是物理上或者概念上独立存在的事物或对象。在 State-Park 例子中，Forest、River、Forest-stand Road 以及 Fire-station 都是实体。

实体由属性来刻画性质。例如，Name 是实体 Forest 的属性。唯一标识实体实例的属性（或属性集）称为码（Key）。在我们的例子中，假定任意两条道路均不能同名的话，实体 Road 的 Name 属性就是一个码。本例中数据库的所有 Road 实例都有唯一的名称。尽管这不是概念设计的问题，但 DBMS 中必须有一个机制来保证这种约束。

属性可以是单值或多值的。Species（树种）是 Forest-stand 的单值属性。我们利用本例的情况来解释多值属性。Facility 实体有一个 Pointid 属性，它是该实体实例空间位置的唯一标识。我们假定，由于地图比例尺的缘故，所有 Facility 实例都要用点来表示。一个给定的设施可能会跨越两个点对应的位置，这时 Pointid 属性就是多值的。其他实体也会有类似情况。属性：实体所具有的特性。例如，账号和余额（属性）描述了银行中一个特定的账户（实体）。

假设要存储有关 Forest 的 Elevation（高程）信息，由于 Elevation 的值在 Forest 实体内部会变化，不支持场数据类型，我们将该属性作为多值属性。

3）联系

除了实体和属性外，构成 ER 模型的第三个要素是联系（Relationship）。客观事物联系可概括成两种：实体内部各属性之间的联系，反映在数据上是记录内部联系；实体之间的联系，反映在数据上则是记录之间的联系。实体之间通过联系相互作用和关联。设有两个均包含有若干个体的总体 A、B，其间建立了某种联系。可将联系方式分为 $1:1$、$1:M$、$M:N$ 三种情况，如图 9-8～图 9-10 所示：

（1）一对一（$1:1$）

如果总体 A 中的任一个体至多对应于总体 B 中的一个个体，反之，B 中的任一个体至多对应于 A 中的一个个体，则称 A 对 B 是一对一联系，记为 1∶1，如图 9-7 所示。

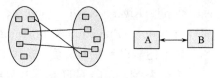

图 9-7　一对一联系

在一对一的联系中，一个实体中每个实例只能与其他参与实体的一个实例相联系。例如，实体 Manager 和 Forest 之间的联系就是一个一对一的联系，即一个 Forest 只能有一处 Manager，而一个 Manager 只能管理一个 Forest。观众与座位之间，车票与乘客之间都是 1∶1 的联系，

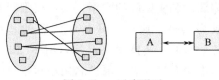

图 9-8　一对多联系

（2）一对多联系（1∶M）

如果总体 A 中至少有一个个体对应于总体 B 中一个以上个体，反之，B 中任一个体至多对应于 A 中一个个体，则称 A 对 B 是一对多联系，记为 1∶M，如图 9-8 所示。

多对一联系可将一个实体的多个实例与另一个参与该联系的实体的一个实例相连接。Belongs-to 是实体 Facility 与 Forest 之间的一个多对一联系，这里假定每个设施仅仅属于一个森林，但每个森林可以有多个设施。父亲对子女，省对县之间都是 1∶M 的联系。

（3）多对多（M∶N）

如果总体 A 中至少有一个个体对应于总体 B 中一个以上个体，反之，B 中也至少有一个个体对应于 A 中一个以上个体，则称 A 对 B 是多对多联系，记为 M∶N。有时候一个实体的多个实例会与另一个参与该联系的实体的多个实例相联系。实体 River 和 Facility 之间的联系 Supplies-water-to 正是这样的一个联系。有时候，联系也可以拥有属性。Supplies-water-to 有一个 Volume 属性，用来跟踪一条河流向一个设施供水的水量。学生与课程，商店与顾客是 M∶N 的联系。实体间的联系可用图 9-9 表示。

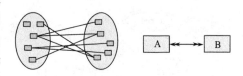

图 9-9　多对多联系

实际上，1∶1 联系是 1∶M 联系的特例，1∶M 又是 M∶N 联系的特例，它们之间的关系是包含关系。

4）E-R 图

E-R 模型是一种概念简单、易于接受的概念模型。E-R 模型将现实世界理解为由许多实体组成的有机体，模型重点关注实体及其相互关系，实体则通过实体属性表达实质内容，是一种面向实体属性及其相互关系的模型。

与 E-R 模型相关的是 E-R 图，E-R 图为概念模型提供了图形化的表示方法，E-R 图直观地表示模式的内部联系。E-R 图主要由实体、属性、联系和关联的基数（Cardinality）组成。实体用矩形框表示，框中有实体名；属性表示为椭圆，椭圆框中含有属性名，并用直线与表示实体的矩形相连；联系则表示为菱形。联系的基数（Cardinality）（包括 1∶1、1∶M 或 M∶N）标注在菱形的旁边。码的属性加下划线，而多值属性用双椭圆表示。State-Park 例子的 ER 图如图 9-10 所示，其中有 8 个实体，即 Forest- stand、River、Road、Facility、Forest、Fire、Station 和 Manager。实体 Forest 的属性有 Name、Elevation 和 Polygonid。Name 是唯一的标识，即每片森林有唯一的名称。图中还给出了 8 个联系。实体 Forest 参与了 6 个联系，而实体 Fire-Station 只参与了一个名为 Monitors 的联系。基数约束表明每个消防站只监控一片森林，但一片森林可被许多消防站监控。有些联系是空间上固有的，包括 Cross（穿过）、Within（在内部）和 Part-of（部分），而图中许多其他空间联系是隐含的。例如，一条河流穿过一条道路在图中是标明的，而一条河流穿过一片森林则是隐含的。

实体模型图捕捉并记录数据设计的实体、实体属性和实体间的联系。实体模型图直观地表示模式的内部联系。实体模型图主要组成为实体、属性、联系和关联的基数（Cardinality）。实体用矩形框表示，框中有实体名。例如，实体道路可用含有 Road 一词的矩形框表示。实体的属性用椭圆表示，椭圆框中含有属性名。属性名用小写字母书写，如图 9-10 所示。实体模型图中用连线表示联系。

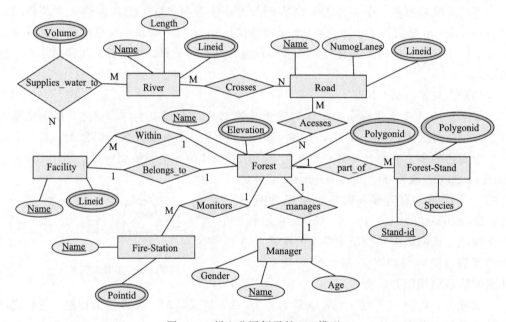

图 9-10　州立公园例子的 ER 模型

在直观上，ER 模型不能表达空间建模中的特定语义。具体来说，ER 模型的不足之处在于：

（1）ER 模型的最初设计隐含了基于对象模型的假设。因此，场模型无法用 ER 模型进行自然的映射。

（2）在传统的 ER 模型中，实体之间的关系由所要开发的应用来导出，而在空间建模中，空间对象之间总会有内在的联系。例如，所有拓扑关系都是两个空间实体之间联系的有效实例。如何将这些联系整合到 ER 模型中，而又不使 ER 图变得复杂呢？

（3）建模空间对象所使用的实体类型和"地图"的比例尺有关。一个城市是用点还是用多边形表示和地图的分辨率有关。在概念模型中，如何表达同一个对象的多种表现形式？

2. 空间 E-R 模型

由于 E-R 模型强调实体属性，忽略实体的空间特性，所以只能通过属性表达实体的简单空间特性，如实体的中心坐标、具有空间含义的编码或名称等；而对于复杂的空间特性，如实体的空间分布、形状、空间关系（如相对方位、相互距离、重叠和分离程度）等，则难于表达。GIS 是强调空间特性及其表达的信息系统，因此必须研究具有强大的空间表达能力来表达现实世界的空间数据抽象模型，以及面向计算机的空间数据组织模型。根据空间数据的空间特性对基本 E-R 方法和扩展 E-R 方法进行改进，这种方法便称之为空间 E-R 方法，最初由 Calkins 提出，在 GIS 中具有较成功的应用。下面介绍空间 E-R 方法。

1）空间实体及其表达

空间数据描述的实体（空间实体）与一般实体不同之处是它具有空间特性，即它除了作为一般实体的普通属性外，还具有不同于一般实体的空间属性。空间属性一般用点、线、面或 Grid-cell、Tin、Image 像元表示。

Calkins 定义了三种空间实体关型：有空间属性对应的一般实体；有空间属性对应的需用多种空间尺度（类型）表达的实体，如道路在一些 GIS 中既表达为线，又表达为面；有空间属性对应的需表达多时段的实体，如十年的土地利用。在基本 E-R 方法中或一般扩展 E-R 方法中，用矩形表达实体，只能描述和表达地理实体的一个层面，即只能表达物理/概念实体或只能表达空间实体。Calkins 在 1996 年将物理/概念实体名称和空间实体类型同时表达在一个特定的矩形框中，对上面三种空间实体分别用单个特定矩形框、两个交叠的特定矩形框、三个重叠的特定矩形框表示。

2）空间实体的关系及其表达

与空间实体一样，空间实体间的关系也具有双重性，既具有一般实体间的关系，如拥有/属于关系，父、子关系等，也具有空间实体所特有的关系，如拓扑关系（包括点与点的相离、相等，点与线的相离、相接、包含于，面与面的分离、交叠、相接、包含、包含于、相等、覆盖、被覆盖等）。Calkins 把空间实体间的关系归纳为三类：①一般关系（一般数据库均具有）；②拓扑关系（相邻、联结、包含）；③空间操作导出的关系（邻近、交叠、空间位置的一致性），并分别用菱形、六边形、双线六边形表示（李满春等，2003）。

图 9-11 是用空间 E-R 方法建立 GIS 支持下的海洋渔业数据库中的渔政管理 E-R 图的实例。图中矩形框代的是实体，如"渔业公司"、"渔政局"、"渔船"、"共管区"等，其中，普通矩形框代表的是一般实体，如"渔业公司"；带有空间实体类型、坐标和拓扑关系的是空间实体，如"共管区"实体，该空间实体的空间实体类型是多边形，G 存放的是该实体空间坐标，T 存放的是该实体的拓扑关系。图中的菱形框、六边形框和双线六边形框是表示实体间的关系，其中，菱形代表实体间的一般关系，如"管理"；六边形代表的是空间实体间的拓扑关系，如"包含于"；双线六边形代表空间操作导出的关系，如"重叠"。

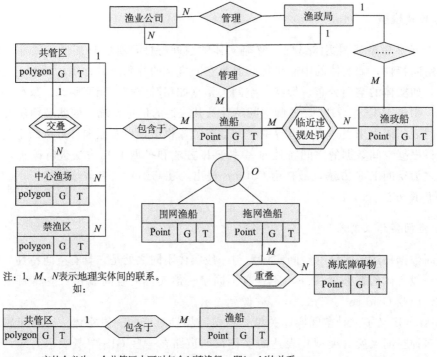

注: 1、*M*、*N*表示地理实体间的联系。
　　如:

它的含义为一个共管区内可以包含*M*艘渔船,即1: *M*的关系

图 9-11　空间 E-R 方法建立 GIS 支持下的海洋渔业数据库中的渔政管理 E-R 图

（邵全琴等,1998）

3. 利用象形图扩展 E-R 模型

　　为了使空间应用的概念建模更加简单和直观,提出了许多对 E-R 模型进行扩展的方法。其主要思想是增加某种结构来接受和表达空间推理的语义,同时保持图形表示的简洁性。最近,提出了用象形图（Pictogram）来注释和扩展 E-R 图的方法（Shekhar and Chawla,2004）。

　　空间联系（包括拓扑的、方位的和度量的联系）隐含在任何两个具有空间成分的实体之间。例如,在实体 Forest 和 River 之间很自然会考虑拓扑关系——Cross。在 E-R 图中包含这种 Cross 联系并不能转达更多有关该应用建模的结构信息。

　　下面将说明如何用象形图来表达空间数据类型、比例尺以及空间实体的隐含关系。我们将以 BNF（Bachus-Naur form）的语法符号来表示象形图的扩展。

1) 实体象形图

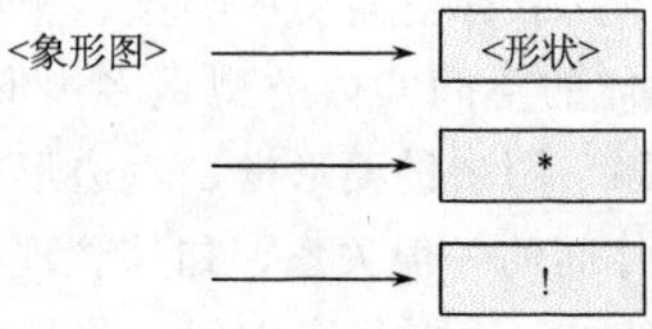

<象形图> ⟶ <形状>

⟶ *

⟶ !

图 9-12　象形图的语法

（1）象形图

　　象形图是一种将对象插在方框内的微缩图表示,这些微缩图用来扩展 E-R 图,并插到实体矩形框中的适当位置。一个象形图可以是基本的形状,也可以是用户自定义的形状（图 9-12）。

（2）形状

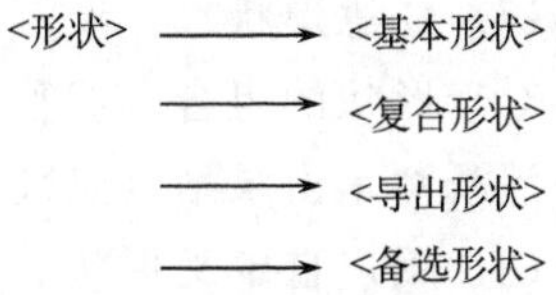

形状是象形图中的基本图形元素，代表着空间数据模型中的元素。一个模型元素可以是基本形状、复合形状、导出形状或备选形状。许多对象具有简单的基本形状（图 9-13）。

<形状> ——— <基本形状>
——— <复合形状>
——— <导出形状>
——— <备选形状>

图 9-13　形状的语法

（3）基本形状

在一个矢量模型中，基本元素有点、线和多边形。在一般的应用中，大多数空间实体是用简单形状来表示。在森林的例子中，我们把设施表示成点（0 维），把河流或道路网表示成线（1 维），把森林区域表示成多边形（2 维）（图 9-14）。

（4）复合形状

为了处理那些不能用某个基本形状表示的对象，我们定义了一组聚合的形状，并用基数来量化这些复合形状。例如，河流网可以用线的象形图的连接表示且其基数为 n。类似地，对于一些无法在某个给定比例尺下描绘的要素，我们用 0 作为其基数（图 9-15）。

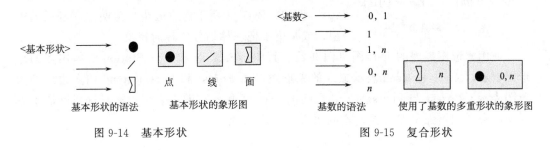

图 9-14　基本形状　　　　　　　　　图 9-15　复合形状

（5）导出形状

如果一个对象的形状是由其他对象的形状导出的，那么就用斜体形式来表示这个象形图。例如，我们可以从美国的州界形状导出美国的形状（图 9-16）。

图 9-16　导出形状

（6）备选形状

备选形状可以用于表示某种条件下的同一个对象（图 9-17）。例如，根据比例尺，一条河流可以表示成一个多边形或一条线。

图 9-17　备选形状

（7）任意形状

对于形状的组合，我们用通配符（＊）表示，它表示各种形状（图9-18）。例如，一个灌溉网是由泵站（点）、水渠（线）以及水库（多边形）组成的。

（8）用户自定义形状

除了点、线和多边形这些基本形状外，用户还可以定义自己的形状（图9-19）。例如，为了表达更多的信息，用户可能更愿意使用感叹号之类的象形图来表示灌溉网。

图 9-18　任意可能的形状图　　　　　　　图 9-19　用户自定义形状图

Part_of（网络）　　Part_of（分区）

图 9-20　联系象形图

2）联系象形图

联系象形图用来构建实体间联系的模型（图9-20）。例如，Part-of 用于构建道路与路网之间联系的模型，或是用于把森林划分成林的建模。

使用象形图扩展的 E-R 图见图 9-21。其中，Facility 和 Fire-Station 实体用点的象形图表示，River 和 Road 表示成线的象形图，而 Forest 和 Forest-stand 用多边形的象形图表示。Forest 与 Forest-stand 之间的 part-of 联系在图中表示出来。这张图清楚地反映出象形图增强了 E-R 图对空间语义的表达能力。

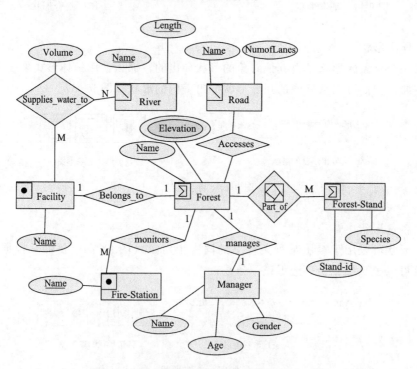

图 9-21　州立公园例子的带象形符号的 ER 图

Part_of（分区）象形图暗含有三个空间完整性约束：

（1）Forest-stand 在空间上彼此"分离"，即空间中任意一点至多属于一个 Forest-stand。

（2）Forest-stand 在空间上位于森林"内部"，是森林的一部分（Part_of）。

（3）所有 Forest-stand 的几何并集在空间上"覆盖"它们所属的森林。

这些空间完整性约束了空间的集合分区（Set-partition）语义。

比较图 9-21 与图 9-10，可以看出象形图增强 E-R 模型的优势。值得注意的是，图 9-21 并不显得杂乱，因为这里只有很少的显式联系和属性。空间联系和属性是隐含的。其次，图 9-21 显示了在空间联系上的更多信息。例如，尽管图 9-21 没有显示列出"河流穿过森林"和"消防站在森林之中"这些联系，但是从图中可以看出这些隐含的联系。Part-of（分区）象形图所暗含的空间完整性约束也是原来没有的。最后，图 9-21 的关系模式要比图 9-10 的关系模式更为简单，由 $M:N$ 的空间联系生成的关系和空间数据类型都被省略。

4. 利用 E-R 模型设计的步骤

数据库概念模型（Conceptual Model）是数据库的全局逻辑数据视图，是数据库管理员所看到的实体、实体属性和实体间的联系，概念数据库设计的任务包括两方面：概念数据库模式设计和事务设计。其中，概念数据库模式设计是以需求分析阶段所提出的数据要求为基础，对用户需求描述的现实世界通过对其中信息的分类、聚集和概括，建立抽象的高级数据模型（如 E-R 模型），形成概念数据库模式；事务设计是考察需求分析阶段提出的数据库操作任务，形成数据库事务的高级说明。图 9-22 是一般数据库概念模型设计示意图。

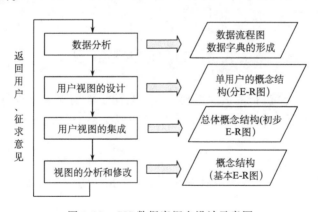

图 9-22 GIS 数据库概念设计示意图

对于空间数据库的概念模型设计主要采用空间 E-R 方法来进行。图 9-23 显示了利用空间 E-R 方法建立空间数据库概念模型的步骤。

利用空间 E-R 方法建立空间数据库的概念模型可以分为以下步骤：

第一步，通过用户需求调查与分析，提取和抽象出空间数据库中所有的实体，包括一般实体和空间实体。

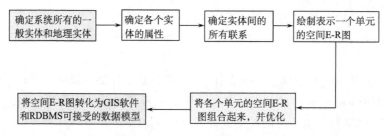

图 9-23　利用 E-R 方法建立 GIS 空间数据库概念模型

第二步，对提取和抽象出来的实体通过定制其属性来进行界定，即确定各个实体的属性。要求尽可能减少数据冗余，方便数据存取和操作，并能实现正确无歧义地表达实体。

第三步，根据系统数据流程图及实体的特征正确定义实体间的关系，这一步骤是保证空间数据正确处理和操作的关键，因此，在定义过程中要仔细求证，确保无误。

第四步，根据提取、抽象和概括出的系统实体、实体属性以及实体关系绘制空间E-R图。

第五步，因为空间 E-R 图涉及的实体、属性及关系复杂，在实际应用中，往往需要根据数据的关联程度将它们划分成许多小的单元，分别绘制 E-R 图。因此，最后需要根据划分的标准和原则对这些单元的 E-R 图进行综合，并对其进行调整和优化，使其能够无缝地形成为一个整体。

第六步，将空间 E-R 图转化为适合 GIS 软件和数据库管理信息系统的数据模型，如关系模型、网络模型、层次模型或特殊的空间数据模型等。空间 E-R 模型是面向现实世界的，要将其在空间数据库中进行实现，必须转化成相关的 GIS 软件和数据库支持的模型。

9.3.2　UML 模型设计

UML 模型是另一个流行的概念建模工具，是用于面向对象软件设计的概念层建模的新兴标准之一。它是一种综合型语言，用于在概念层对结构化模式和动态行为进行建模。

UML 是一种通用的可视化建模语言，用于对软件进行描述、可视化处理理解、构造和建立软件制品的文档。作为一种建模语言，UML 的定义包括 UML 语义和 UML 表示法两个部分。

（1）UML 语义，描述基于 UML 的精确元模型定义。元模型为 UML 的所有元素在语法和语义上提供了简单、一致、通用的定义性说明，使开发者能在语义上取得一致，消除了因人而异的最佳表达方法所造成的影响。

（2）UML 表示法，定义 UML 符号的表示法，为开发者或开发工具使用这些图形符号和文本语法和为系统建模提供了标准。这些图形符号和文字所表达的是应用级的模型，在语义上它是 UML 元模型的实例。UML 包含六类图：用例图、静态图、对象图、行为图、交互图和实现图。这里我们采用静态图中的类图。

UML 类图描述系统中类的静态结构。定义系统中的类，不仅表示类之间的联系如关联、依赖等，也包括类的内部结构（类的属性和操作）。类图描述的是一种静态关系，在系统的整个生命周期都是有效的，如表 9-2 所示。

表 9-2　UML 类图表示法

关系		说明	表示法
关联	普通关联	类与类之间联接的描述	示例类A ——— 示例类B
	递归关联	类与它本身之间的关联关系	示例类A *　* 自相关
	限定关联	使用限定词将关联中多的那一端具体对象分成对象集	示例类A 限定条件　限定关联　示例类B
	关联类	与一个关联关系相连的类	关联类　示例类A ----- 示例类B
	聚合	表明类与类之间的关系具有整体与部分的特点	示例类A ◇——— 0..* 示例类B
	组成	在聚合关系中，构成整体的部分类，完全隶属于整体类	示例类A ◆——— 0..* 示例类B　1
通用化		一个类的所有信息被另一个类继承，继承某个类的类中不仅可以有属于自己的信息，而且还拥有了被继承类中的信息，这种机制就是通用化，通用化也称继承	示例类A △ 示例类B
实现		对同一事物的两种描述建立在不同的抽象层上，体现说明和现实之间的关系	示例类A ◁----- <Realize> 示例类B
依赖		两个模型元素间的关系	示例类A ◁----- 示例类B

需要注意的是，虽然在系统设计的不同阶段都使用类图，但这些类图表示了不同层次的抽象。在概念抽象阶段，类图描述研究领域的概念；在设计阶段，类图描述类与类之间的接口；而在实现阶段，类图描述软件系统中类的实现。类图的三种层次和模型中的概念模型、逻辑模型和物理模型相对应。

E-R 模型中的"实体"的概念和 UML 模型中的"类"概念相近。实体和类都有属性，并且都参与到诸如继承和聚合这样的联系中。但是类除了属性之外还包括方法。方法是封装了逻辑和计算代码的过程或者函数，而 E-R 模型的实体一般不会包含方法。类图可以对类的属性和方法进行建模，这种概念建模方式可以直接映射到面向对象的语言中，能够降低阻抗失配，即从概念模型转化到逻辑层次模型时遇到的困难。图 9-24就是一个"贵州本地网管线资源管理系统"中使用 Sybase. Power Designer 设计的一个局部 UML 图。

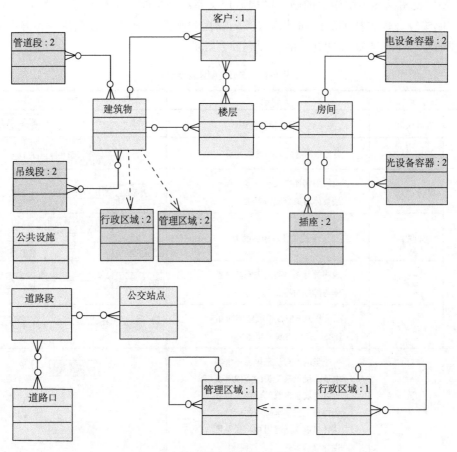

图 9-24   "贵州本地网管线资源管理系统"中的局部 UML 图

9.4 逻辑结构设计

数据库逻辑设计的任务是把数据库概念设计阶段产生的概念数据库模式变换为逻辑数据库模式，即适应于某种特定数据库管理信息系统所支持的逻辑模型，数据库逻辑设计依赖于逻辑数据模型和数据库管理信息系统。数据模型可以分为传统的数据模型、面向对象数据模型以及针对空间数据的特征而设计的空间数据模型等，下面对这些模型和数据库管理信息系统进行分别介绍（李满春等，2003）。

逻辑数据模型只描述数据库数据内容与结构，是数据抽象的中间层，由概念数据模型转换而来（崔铁军，2007）。关系数据模型、网络数据模型和层次数据模型是常见的逻辑数据模型。空间逻辑数据模型是用户通过 GIS 看到的现实世界地理空间，也是数据的系统表示。因此，它既要考虑用户容易理解，又要考虑便于物理实现、易于转换成物理数据模型。

根据概念模型所列举的内容，建立逻辑模型，旨在用逻辑数据结构来表达概念模型中所提出的各种信息结构问题。通过对目前流行的 GIS 软件体系结构的分析和研究，目前 GIS 流行的逻辑数据模型归纳起来大体上有三种逻辑数据模型，即混合数据模型、集成数据模型和地理关系数据模型。

逻辑设计的目的是从概念模型导出特定的数据库管理系统可处理的数据库逻辑结构（数据库的模式和外模式），这些模式在功能、性能、完整性和一致性约束及数据库可扩充性等方面均应满足用户提出的要求（黄杏元等，2001）。

9.4.1 关系数据模型

用一个二维表格表示实体和实体之间联系的模型，称为关系模型。关系模型由三部分组成：数据结构、关系操作集合和关系的完整性。

1）关系数据结构

用关系（表格数据）表示实体和实体之间联系的模型称为关系模型。通俗地讲，关系就是二维表格。

2）关系操作

关系操作采用集合操作方式，即操作的对象和结果都是集合。这种操作方式也称为一次一个集合的方式。关系模型中常用的关系操作包括选择、投影、连接、除、并、交、差等查询操作和增、删、改操作两大部分。查询的表达能力是其中最重要的部分。

关系模型的基本思想是用二维表形式表示实体及其联系。二维表中的每一列对应实体的一个属性，其中给出相应的属性值，每一行形成一个，由多种属性组成的多元组，或称元组（Tupple），与一特定实体相对应。实体间联系和各二维表间联系采用关系描述或通过关系直接运算建立。元组（或记录）是由一个或多个属性（数据项）来标识，这一个或一组属性称为关键字，一个关系表的关键字称为主关键字，各关键字中的属性称为元属性。关系模型可由多张二维表形式组成，每张二维表的"表头"称为关系框架，故关系模型即是若干关系框架组成的集合。如图 9-25 所示的多边形地图，可用如下所示关系表示多边形与边界及结点之间的关系。

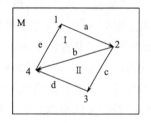

图 9-25　地图 M 及其空间实体ⅠⅡ

关系 1：边界关系

多边形号（P）	边号（E）	边长
Ⅰ	a	30
Ⅰ	b	40
Ⅰ	c	30
Ⅱ	b	40
Ⅱ	c	25
Ⅱ	d	28

关系 2：边界-结点关系

边号（E）	起结点号（SN）	终结点号（EN）
a	1	2
b	2	4
c	2	3
d	3	4
e	4	1

关系 3：结点坐标关系

结点号（N）	X	Y
1	19.8	34.2
2	38.6	25.0
3	26.7	8.2
4	9.5	15.7

关系模型中应遵循以下条件：

（1）二维表中同一列的属性是相同的。

（2）赋予表中各列不同名字（属性名）。

（3）二维表中各列的次序是无关紧要的。

（4）没有相同内容的元组，即无重复元组。

（5）元组在二维表中的次序是无关紧要的。

关系数据库结构的最大优点是它的结构特别灵活，可满足所有用布尔逻辑运算和数学运算规则形成的询问要求；关系数据还能搜索、组合和比较不同类型的数据，加入和删除数据都非常方便。关系模型用于设计地理属性数据的模型较为适宜。因为在目前，地理要素之间的相互联系是难以描述的，只能独立地建立多个关系表。例如，地形关系，包含的属性有高度、坡度、坡向，其基本存储单元可以是栅格方式或地形表面的三角面；人口关系，包含的属性有人的数量、男女人口数、劳动力和抚养人口数等。基本存储单元通常是对应于某一级的行政区划单元。

关系数据库的缺点是许多操作都要求在文件中顺序查找满足特定关系的数据，如果数据库很大，这一查找过程要花很多时间。搜索速度是关系数据库的主要技术标准，也是建立关系数据库花费高的主要原因。

9.4.2　E-R 模型向关系模型转换

关系模型是由 E. F. Codd 20 世纪 70 年代初首次引入到数据库领域中的（张新长和马林兵，2005）。关系数据模型是一种数学化的模型，用数学方法研究数据库的结构和定义数据库的操作，具有坚实的数学基础。与网状模型和层次模型相比，关系模型具有模型结构简单、数据的表示方法统一、语言表述一体化、数据独立性强等特点（张新长和马林兵，2005）。把数据的逻辑结构归结为满足一定条件的二维表中的元素，这种表就称为关系。关系的集合就构成为关系模型。

E-R 模型可以向现有的各种数据库模型转换，E-R 模型向数据模型的转换是逻辑数据设计阶段的重要步骤之一。这种转换要遵循一定的规则，对不同的数据库模型有不同的转换规则（黄杏元等，2001；毕硕本等，2003）。将 E-R 模型转换为关系模型实际上就是要将实体、实体的属性和实体之间的联系转化为关系模式，这种转换一般遵循如下原则（崔铁军，2007）：

（1）一个实体型转换为一个关系模式。实体的属性就是关系的属性，实体的码就是关系的码。

（2）一个 $M:N$ 联系转换为一个关系模式。与该联系相连的各实体的码以及联系本身的属性均转换为关系的属性。而关系的码为各实体码的组合。

（3）一个 $1:M$ 联系可以转换为一个独立的关系模式，也可以与 n 端对应的关系模式合并。如果转换为一个独立的关系模式，则与该联系相连的各实体的码以及联系本身的属性均转换为关系的属性，而关系的码为 n 端实体的码。

（4）一个 $1:M$ 联系可以转换为一个独立的关系模式，也可以与任意一端对应的关系模式合并。

（5）三个或三个以上实体间的一个多元联系转换为一个关系模式。与该多元联系相连的各实体的码以及联系本身的属性均转换为关系的属性。而关系的码为各实体码的组合。

（6）同一实体集的实体间的联系，即自联系，也可按上述 $1:1$、$1:M$ 和 $M:N$ 三种情况分别处理。

（7）具有相同码的关系模式可合并。

为了进一步提高数据库应用系统的性能，通常以规范化理论为指导，还应该适当地修改、调整数据模型的结构，这就是数据模型的优化，确定数据依赖，消除冗余的联系。确定各关系模式分别属于第几范式，确定是否要对它们进行合并或分解。一般来说将关系分解为 3NF 的标准，即：

（1）表内的每一个值都只能被表达一次。

（2）表内的每一行都应该被唯一的标识（有唯一键）。

（3）表内不应该存储依赖于其他键的非键信息。

图 9-26、图 9-27 就是一个将 E-R 模型转换成关系模型的实例。

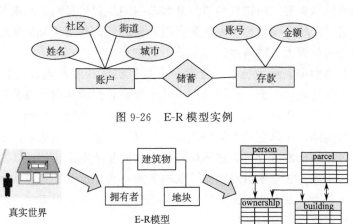

图 9-26　E-R 模型实例

图 9-27　E-R 模型与关系数据模型

9.4.3　面向实体的逻辑模型设计

逻辑模型即模型中对象的意义和关系。它是在概念数据模型的基础上定义、标准化、规格化实体。也就是根据前述概念数据模型确定的空间数据库信息内容（空间实体及相互关系），具体地表达数据项，记录之间的关系，因而可以有若干不同的实现方法。一般的，可以将空间逻辑数据模型分为结构化模型和面向操作的模型两大类（Vijlbrief and van Oosterom，1992）。

结构化模型的本质是一种显式表达数据实体之间关系的数据结构，有层次数据模型和网络数据模型两种。其中，层次数据模型是按照树形结构组织数据记录以反映数据之间的隶属或层次关系；网络数据模型是层次数据模型的一种广义形式，是若干层次结构的合并，虽然复杂，但是能够反映显示生活中极为常见的多对多的联系。

面向操作的逻辑数据模型是一种关系数据模型，这种模型用二维表格表达数据实体之间的关系，用关系操作提取或查询数据实体之间的关系，因此，称之为面向操作的逻辑数据模型。这种逻辑数据模型灵活简单，但是表示复杂关系时比其他数据模型困难。

在逻辑模型的构建过程中，研究的重点是如何在概念模型中空间实体及相互关系的基础上具体地表达数据项和记录之间的关系。应该对空间对象进行更加详细的建模，并对其元素对象的属性和方法进行定义，将概念模型更进一步地贴近最终计算机的内部表达，定义出清晰的内部成员属性以及方法。

在面向地理实体的空间数据模型当中，抽象概念集当中的概念较多，下面将对几个比较重要的对象建模进行详细的阐述。

1. 要素类的建模与表达

为了能真实地模拟整个真实世界，本节设计的空间数据模型是面向地理实体的，即根据语义而不是根据几何表示的复杂性来划分实体。

什么是实体？实体就是现实生活中的地理特征和地理现象，可根据各自的特征加以区分。实体的特征至少有空间位置参考信息和非空间位置信息两个组成部分。空间特征描述实体的位置、形状，在模型中表现为一组几何实体；非空间特征描述的是实体的名字、长度等与空间位置无关的属性。

地理实体在模型中表示为要素。要素是由几何实体和属性组成的。它包括简单类型，例如，一个界址点、一个行政界线、一块土地。它们的几何形态分别为简单点、简单线和简单区。还有一些复杂类型的实体，如一个河流的流域，它的几何特性对应的是多种形态的几何实体，所以它的几何特性是一个复合类型。换句话说，通过原子几何实体（点、线、区）的任意组合可表达和描述任意几何复杂度的实体。

什么是几何实体？它是地理对象的外观特征或可视化形状。地理实体可以用三种几何实体表示在地图上：点、线、多边形。继续细分下去，几何形态包括单点、多点、单弧段、多弧段和多边形等。

所有的几何实体都是由更为基本的点和弧段组成的，我们将点和弧段叫做空间数据，也就是说几何实体是由空间数据和图形信息组成的。要素类的建模如图 9-28 所示。

1）要素的表示结构

要素主要由几何形态和属性两部分组成，除此之外，要素还包括要素类型、显示优先级等其他的属性。其结构定义如图 9-29 所示。要素的类型按照要素的几何形态划分，包括点、线、区以及复合（没有具体形态）类型。要素的几何形态由 $1 \sim n$ 个几何实体组成，每个几何实体的信息由一个 GEOM_REF 结构表示，如图 9-30 所示。因此，要素的几何形态表示为 GEOM_REF 结构的序列。GEOM_REF 结构包括四个部分的内容：几何实体所在的要素类的 ID、几何实体 ID、几何实体类型以及图形信息 ID。

2）几何的表示结构

要素类中所有的几何形成了该要素类的几何实体集。几何实体是具有特定形态的实体，所有类型的几何实体都是引用空间数据中的弧段或点。几何实体存储形式为"弧段

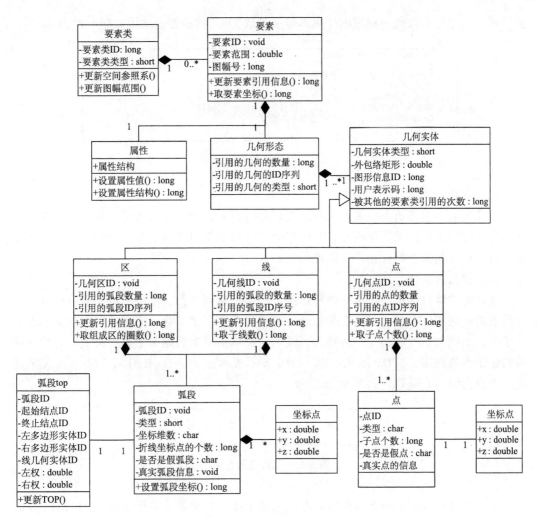

图 9-28 要素类建模图

```
typedef struct      Feature_Stru
    {
    _int64    FID,               /*标识ID*/
    Char      FTYPE,             /*要素类型*/
    Short     DipLevel,          /*显示优先级*/
    Long      GeomNum,           /*要素引用的几何实体个数*/
    GEOM_REF* Geom_RefLst,       /*要素引用的几何实体的具体信息*/
    BLOB      Att                /*要素的属性*/
    };
```

图 9-29　要素信息组成

```
typedef struct GEOM_REF_stru
    {
    char      geomType;          /*几何实体类型：点、线、区*/
    long      fclsID;            /*该几何实体所在的要素类ID*/
    __int64   geomID;            /*该几何实体的ID*/
    long      infID;             /*图形信息ID*/
    }GEOM_REF;
```

图 9-30　要素引用信息结构

号"或"点号"的数组和相应的"图形显示参数"。几何的数据结构如图 9-31 所示。

```
typedef struct    Geometry_stru
    {
    _int64   GeomID,           /*标识ID */
    Char   TYPE,               /*几何类型：点、线、区*/
    Long   DatNum,             /*几何引用的空间实体个数*/
    BLOB   DatRefLst,          /*几何引用的空间实体的具体信息*/
    Long   InfoID              /*图形显示参数*/
    };
```

图 9-31 几何实体信息结构

（1）点几何实体

点几何实体包括单点和多点两种形态，有特定的位置，是维数为 0 的空间组分。点几何实体引用的是空间数据的点，其引用数据存放的是组成该点几何实体引用的点号序列。每个点几何实体都有相应的图形信息。

（2）线几何实体

线几何实体包括单线和多线两种形态，是由一系列坐标表示的 1 维的空间组分。多线形态的几何实体存在"子线"的概念，单线只存在一个子线，而多线则存在两个以上的子线，子线与子线之间是不连续的。线几何实体由空间数据中的弧段组成。它的存储结构记录为弧段序列。DatRefLst $[i]>0$ 表示弧段正向，DatRefLst $[i]<0$ 表示反向。子线之间用 0 隔开，如图 9-32 所示。

| 1 | −10 | 15 | 0 | −33 | 12 |

图 9-32 弧段序列存储

表示该几何线由五条弧段组成，存在两条子线。其中第一条子线由 1、10、15 号弧段组成，第二条子线由 33 和 12 号弧段组成，第 10 和第 33 号弧段反向。弧段方向与子线方向一致用正数，否则用负数。

（3）区几何实体

可以包含单环组成的区、多环组成的区。每一个环可能由一条弧段或者多条弧段组成，是二维空间组分。区几何实体也是由空间数据中的弧段组成的。区几何实体的边界各环之间用 0 隔开（与几何线的表示类似）；在数据中与区方向一致的线用正数表示，与区方向相反的线则用负数表示。

3）空间数据的表示结构

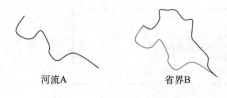

河流A   省界B

图 9-33 空间边界共享机制

空间数据描述与要素类相关的空间坐标数据及其拓扑数据，空间数据包括点和弧段两种类型。根据是否依赖于其他要素类中的空间数据，点和弧段又可以是"假点"和"假弧段"，假点和假弧段记录了要素类之间空间数据的依赖关系，是实现空间边界共享的机制，如图 9-33 所示，省界要素类中的元素 B 依赖于河流要素类中的元素 A，在面向实体的空间数据模型中，省界要素类中的元素 B 可记录为"假弧段"，并将该"假弧段"指向元素 A。这样，河流在地质运动下产生变化时，省界也会随着变化。

假点和假弧段不能修改其空间位置，对应的点位置、弧段位置只能由拥有"真实点"和"真实弧段"的要素类修改。

（1）点

表示单个坐标点，有一般点、实结点、虚结点和假点四种类型。

一般点只存有空间坐标信息的点。实结点具有拓扑连接意义，是结点，同时也表示该结点具有地理含义（如界碑）。系统进行自动拓扑处理时不能修改和删除它。例如，在结点平差时不能移动实结点，而是应该移动其他的虚结点向实结点靠齐。实结点与拓扑信息一一对应。虚结点仅仅具有拓扑连接意义，系统可以自动对它进行修改和删除。每个虚结点也有对应的拓扑信息，即虚结点没有地理意义，且精度低于实结点。假点是引用别的要素类中的一般点或者实结点的点。点数据结构如图 9-34 所示。

```
typedef struct   Dot_stru
{
_int64  DotID,        /* 标识ID */
char    TYPE          /* 点类型 */
long    RefFlag,      /* 引用标志 */
double  X,            /* 点的X坐标值 */
double  Y,            /* 点的Y坐标值 */
double  Z,            /* 点的Z坐标值 */
long    RefFclsID,    /* 原始点所在的要素类ID*/
long    RefDotID;     /* 原始点的ID */
};
```

图 9-34　点信息结构

引用标志 0/−1/>0 分别表示未被引用的真点、假点、被引用的真点；原始点的 ID 用于定位真实点的信息，它包括两部分：原始点所在的要素类 ID＋原始点的 ID。

（2）弧段

弧段具有拓扑连接意义，可以构成线几何实体和区几何实体。弧段从表示形式上可以分为折线和解析弧段。解析弧段包括：圆（三点圆、圆心半径圆）、椭圆、弧（三点弧、圆心起始角终止角）、矩形（对角点＋角度、单点＋长度宽度＋角度）、样条、Bezier 曲线。弧段的数据结构如图 9-35 所示。

```
typedef struct  Arc_stru
{
_int64    ArcID,        /*标识ID */
char      TYPE,         /*弧段类型 */
long      RefFlag,      /*引用标志 */
char      Dim,          /*弧段的维数 */
long      dotNum,       /*坐标点数 */
BLOB      Dat,          /*坐标数据＋解析线参数*/
Long      RefFclsID,    /*原始弧段所在的要素类ID*/
Long      RefArcID      /*原始弧段的ID */
};
```

图 9-35　弧段信息结构

其中弧段类型包括折线和解析线的类型。引用标志使用－1、0、＞0 分别表示假弧段、未被引用的真弧段、被引用的真弧段，原始弧段 ID 同样包括两个部分。

2. 注记类的建模与表达

在地图上，表现地理现象的地理要素除了有几何形状和空间位置外，还有一些描述文本。例如，表示城市的要素类具有与其名称相关的文本，通常将这些文本称为注释。在本节的地理数据库中的注记是在制图显示时用来标注要素的文本，它可以确定位置或者识别要素。注记按类型分为静态注记、属性注记和维注记三种。注记类的建模如图 9-36 所示。

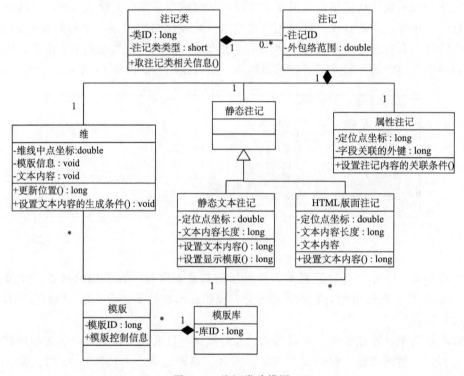

图 9-36　注记类建模图

静态注记的文字内容和注记位置均由用户输入。根据版式的不同，静态注记又分为静态文本注记和 HTML 版面注记。

静态文本注记主要是对于地图上实体信息的简单描述，文本形式为单行。其数据结构如图 9-37 所示。存储的内容包括字体、字形、表现方式等控制参数，文本内容，定位点坐标和显示模版的 ID。

HTML 版面注记是另外一种静态注记，可以用来描述地图上某些现象的信息。HTML 所代表的意义是静态超文本标记语言，是全球广域网上描述网页内容和外观的标准。标记描述了每个网页上的组件，如文本段落、表格或图像。对于地图上需要用一段文字描述的信息，就可以用 HTML 版面注记来标注，用 HTML 方便的控制版面的格式。HTML 版面注记的数据结构，如图 9-38 所示。它包括定位点坐标、HTML 的

```
typedef struct Ann_STR_Stru
    {
    _int64 annID;              /*标识*/
    D_DOT dot;                 /*定位点*/
    BLOB  txtDat;              /*文本内容*/
    Long  libID;               /*显示模版ID*/
    float heitWid[2];          /*高度、宽度*/
    float space;               /*间隔*/
    float fontang;             /*字角度*/
    float strang;              /*字串角度*/
    short ifnt;                /*字体*/
    char  ifnx;                /*字形*/
    char  ovprnt;              /*覆盖方式*/
    }ANN_STR_INFO;
```

图 9-37　静态文本注记信息结构

文本内容（其中包括版面的控制信息）和其他一部分可视化信息。

```
typedef struct Ann_HTML_Stru
    {
    _int64 annID;          /* 标识*/
    D_DOT dot;             /* 定位点*/
    BLOB  txtDat ;         /*HTML文本*/
    float height;          /* 高度*/
    float width;           /* 宽度*/
    }ANN_HTML_INFO;
```

图 9-38　HTML 注记信息结构

属性注记是地理数据库中与要素属性字段相关联的注记。属性注记所在的注记类与同一个要素数据集下的一个（且只能是一个）要素类相关联，每一个属性注记和要素类中的一个要素相关联。属性注记的文本可以是要素属性表中的一个字段或者多个字段合成的文本信息，用户可以设定关联条件的字符串。属性注记的信息结构如图 9-39 所示。

```
typedef struct  Ann_ATT_Stru
    {
    _int64 annID;                /* 标识*/
    D_DOT   dot;                 /* 定位点*/
    TYPE_FID fID;                /* 字段关联的外键*/
    char    *ConCondition;       /*关联条件*/
    }ANN_ATT_INFO;
```

图 9-39　属性注记信息结构

维是一种特殊的地图注记，用来表示地图上的长度或者距离，一个维注记可能表示一个建筑或小区某一边界的长度，或者表示两个要素之间的距离。例如，一个消火栓到某一建筑拐角的距离。维的信息结构如图 9-40 所示。维的描述信息用 ANN-DIM-INFO

```
typedef struct    Ann_DIM_Stru
    {
    _int64        annID;     /* 标识*/
    D_DOT        dot;        /* 维线中点坐标*/
    l ong        libID;      /* 模版信息*/
    ANN_DIM_INFO dat;        /* 维描述结构*/
    }ANN_DIM;
```

图 9-40　维注记信息结构

结构描述，如图 9-41 所示。其中维的类型包括简单平行维、平行维、线性维和旋转线性维等。

```
typedef struct
{
D_DOT          begPoint;          /* 起始点*/
D_DOT          endPoint;          /* 终止点*/
D_DOT          dimPoint;          /* 维线的起始点*/
double         dimType;           /* 维的类型*/
double         extangle;          /* 扩展线的旋转角*/
short          userCustomLength;  /* 维的文本值方式*/
double         customLength;      /* 用户输入的文本值*/
short          dimDisplay;        /*dimLine的显示情况*/
short          extDisplay;        /*extension的显示情况*/
short          markedDisplay;     /* 维线end arrow的显示情况*/
double         textAngle;         /* 文本角度*/
}ANN_DIM_INFO;
```

图 9-41　维描述信息结构

3. 关系类的建模与表达

关系是指地理数据库中两个或多个对象之间的联系（Association）或连接（Link）。它可以存在于空间对象之间、非空间对象之间、空间和非空间对象之间。关系的集合称为关系类。关系类的建模如图 9-42 所示。

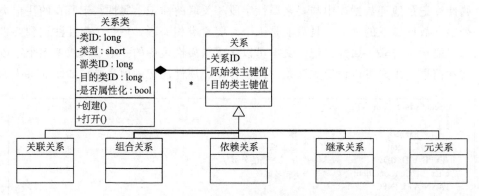

图 9-42　关系类建模图

空间关系是与实体的空间位置或形态引起的空间拓扑关系，包括分离、包含、相接、相等、相交和覆盖等九种。

非空间关系是对象的语义引起的关系，包括关联（一般）、继承（完全、部分）、组合（聚集、组成）和依赖（引用）。

关系类是用于存放多个关系记录的。用于描述关系类的信息项包括关系类名称、关系类型、源类 ID、目的类 ID、通知方式以及是否属性化信息，等等。具体信息表达项如图 9-43 所示。"是否属性化"是关系类的重要特性。非属性化的关系由主键和外键负责管理，创建关系时，目的对象类中的外键字段填写的是原始对象的 id 值。对于 N-M 或属性化的关系，其关系存储在关系表中，创建或删除关系则是对关系表中记录的添加和删除。

```
typedef struct     Rcls_Stru
{
Long        id ;                                     /*关系类标识*/
char        name[MAX_XCLS_NAME_LEN];                 /*名称*/
char        owner[MAX_OWNER_LEN];                    /*所有者*/
long        dsID;                                    /*原始类和目的类所属的数据集*/
long        origClsID;                               /*原始类ID*/
long        destClsID;                               /*目的类ID*/
short       origClsType;                             /*原始类类型*/
short       destClsType;                             /*目的类类型*/
char        fwardLabel[MAX_LABEL_LEN];               /*向前标签*/
char        bwardLabel[MAX_LABEL_LEN];               /*向后标签*/
short       cardinality;                             /*映射*/
long        notification;                            /*通知消息*/
short       relType;                                 /*关系类型*/
short       isAttributed;                            /*是否属性关系*/
char        origPKey[MAX_FLD_NAME_LEN];                  /*原始类主键*/
char        destPKey[MAX_FLD_NAME_LEN];                  /*目的类主键*/
char        origFKey[MAX_FLD_NAME_LEN];                  /*原始类外键*/
char        destFKey[MAX_FLD_NAME_LEN];                  /*目的类外键*/
char        isView;                                  /*是否视图标志*/
}X_CLS_RCLS;
```

图 9-43　关系类描述信息结构

4. 规则的建模与表达

针对要素数据集中不同的类型，有各种不同的规则与之对应。面向实体的空间数据模型中，支持五种有效性规则，分别是属性规则、关系规则、拓扑规则、网络连接规则和空间规则。规则的建模如图 9-44 所示。

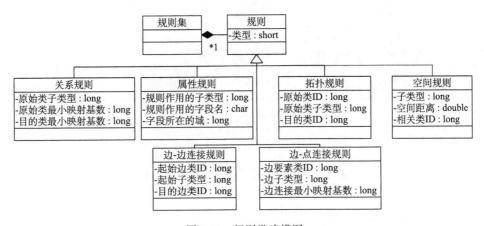

图 9-44　规则类建模图

用于描述规则的信息包括规则类型、规则作用的要素类或对象类 ID 等，如图 9-45 所示。下面就主要的两类规则——属性规则和关系规则的逻辑模型进行详细介绍。

（1）属性规则。属性规则是对属性表中属性值的一种约束。属性规则包括两个部分，属性表的某一个字段和域。域也是地理数据库中一个独立的对象，主要是为属性值定义合法的取值范围。属性表中的属性字段有不同的类型，根据类型的不同可以定义不同的域。当域对象作用到属性表的字段上时，就形成了属性规则。属性规则的信息描述结构如图 9-46 所示。

（2）关系规则。关系规则主要是对地理数据库中关系类映射关系的一种限制。关系

```
typedef struct
{
TYPE_XCLS_ID id;
char          name[MAX_XCLS_NAME_LEN];       /*名称*/
short         type;                          /*类型*/
TYPE_XCLS_IDclsID;                           /*规则作用的类ID*/
long          category;                      /*规则类别*/
}X_CLS_RULE;
```

图 9-45　规则类描述信息结构

```
typedef struct      Att_Rule_Stru
{
long      ruleID;                            /*规则ID*/
long      subType;                           /*子类型编码值*/
char      fieldname [MAX_FLD_NAME_LEN];      /*字段名*/
long      dmnID;                             /*域名ID */
}Att_Rule_INFO;
```

图 9-46　属性规则描述信息结构

主要是用来描述地理实体之间的联系。关系规则的描述信息包括原始类的子类型、原始类的最大最小映射数以及目的类的相应信息，如图 9-47 所示。

```
typedef struct      Rel_Rule_Stru
{
long      ruleID;               /*规则ID*/
long      originsubtype;        /*原始类的子类型*/
long      originmincard;        /*原始类的最小映射基数*/
long      originmaxcard;        /*原始类的最大映射基数*/
long      destsubtype;          /*目的类的子类型*/
long      destmincard;          /*目的类的最小映射基数*/
long      destmaxcard;          /*目的类的最大映射基数*/
}Rel_Rule_INFO;
```

图 9-47　关系规则描述信息结构

9.5　空间数据库物理设计

空间数据库物理设计包括：

（1）物理表示组织。层次模型的物理表示方法有物理邻接法、表结构法、目录法。网络模型的物理表示方法有变长指针法、位图法和目录法等。关系模型的物理表示通常用关系表来完成。物理组织主要是考虑如何在外存储器上以最优的形式存储数据，通常要考虑操作效率、响应时间、空间利用和总的开销等因素。

（2）空间数据的存取。常用的空间数据存取方法主要有文件结构法、索引文件和点索引结构三种。文件结构法包括顺序结构、表结构和随机结构。

本节主要从空间数据库的存储策略和空间数据库中的关系模式设计两个方面来展开。空间数据库的存储策略主要阐述本节所提出的空间数据模型在计算机中从数据存储层到地理数据库层、从底层数据到对外表现的实现策略。第二小节将描述空间数据库当中的主要类的关系模式设计。

9.5.1 空间数据库存储策略

空间数据具有空间特征、非结构化特征、空间关系特征以及海量数据管理特征等。对其管理的方法目前有：文件和关系数据库混合管理、全关系型数据库管理、对象-关系数据库管理和面向对象空间数据库管理。目前的 GIS 系统使用较多的管理方法，以第一种和第三种比较常见。本节采用对象-关系数据库管理，基于商业数据库进行存储。其存储策略如图 9-48 所示。

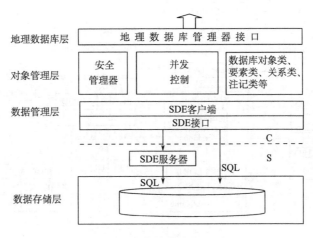

图 9-48 存储策略概念图

空间数据库引擎（SDE）是地理数据库的基础，负责处理空间数据模型与关系数据模型之间的映射，地理数据库则在空间数据库引擎的基础上实现对象分类、子类型、关系、定义域和有效性规则等语义的表达，实现面向实体的空间数据模型。

SDE 分服务器端和客户端，服务器端位于 RDBMS 之上，为客户提供空间数据的查询和分析服务。SDE 客户端是应用软件的基础，为上层应用软件提供 SDE 接口，客户端对 SDE 所有功能的调用都是通过这个接口来完成，SDE 接口提供给用户标准的空间查询和分析函数。SDE 服务器执行客户端的请求，将客户端按照空间数据模型提出的请求转换成 SQL 请求，在服务器端执行所有空间搜索和数据提取工作，将满足空间和属性搜索条件的数据在服务器端缓冲存放并发回到客户端。

9.5.2 空间数据库关系模式设计

对象—关系数据库是关系模型和对象模型结合的产物。它既保持了 RDBMS 的所有功能和优势，同时通过使用抽象数据类型可以封装任意复杂的内部结构和属性，以表示空间对象。所以在设计和实现基于对象-关系数据库的面向实体的空间数据模型时，仍需要按照传统关系数据库的设计方法，设计数据库表的关系模式。

空间数据库主要包含空间数据和元数据信息两个部分。空间数据以"地理数据库—要素数据集—类"的层次进行组织。例如，类层次的对象有要素类、注记类、对象类、关系类和规则等，每一种对象在空间数据库当中需要用一个表集来描述其信息和内部关系。元数据信息则描述前面所有空间数据的元数据信息，使用数据字典进行表达。

1. 地理数据库数据字典表关系

数据字典描述地理数据库中提出的所有对象信息的集合，是地理数据库中所有对象信息的高层次目录，在设计中占据重要地位。图 9-49 列出了本模型的数据字典关系表。

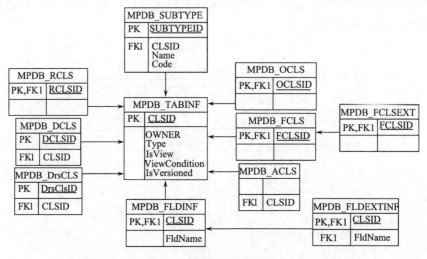

图 9-49　数据字典表关系图

地理数据库中存储的所有对象都有各自的数据字典表。例如，要素类字典表 MP-DB＿FCLS，对象类数据字典表 MPDB＿OCLS，关系类字典表 MPDB＿RCLS 等。而 MPDB＿TABINF 表负责存储属性结构信息，因此所有存在属性的类都与该表相关联。

2. 要素类的关系模式

一个空间要素类由一种或多种几何元素集、属性信息表集和图形信息表集构成，由于要素类按照三个层次进行组织，所以要素类的表集包括 MF 表（表 9-3）、MG 表（表 9-4）、MSP 表（表 9-5）、MSA 表（表 9-6）、MTA 表（表 9-7）、MIP 表（表 9-8）、MIL 表（表 9-9）和 MIR 表（表 9-10）。MF 表记录要素的基本信息，MG 表记录几何实体的信息，MSP 表记录点信息，MSA 表记录弧段信息，MTA 表记录弧段的拓扑信息，MIP 表记录点的图形信息，MIL 表记录线的图形信息，MIR 表记录区的图形信息。图 9-50 描述了其整体的表关系图。

表 9-3　要素类信息关系表说明

字段名称	字段类型	说明
FID	NUMBER（20）	要素 ID（关键字）
FTYPE	NUMBER（3）	要素类型：混合、点、线、区类型
XMIN	NUMBER	要素外包络矩形框 X 最小值

字段名称	字段类型	说明
YMIN	NUMBER	要素外包络矩形框 Y 最小值
XMAX	NUMBER	要素外包络矩形框 X 最大值
YMAX	NUMBER	要素外包络矩形框 Y 最大值
DISPLEVEL	NUMBER（3）	显示级别
MODTIME	DATE	最近修改时间
GEOMNUM	NUMBER（5）	组成要素的几何实体的个数
GEOMREF	BLOB	组成要素的几何实体信息
EDGELEN	NUMBER（10）	冗余边界几何数据长度
EDGEDAT	BLOB	冗余边界几何数据

表 9-4 几何实体信息关系表说明

字段名称	字段类型	说明
GEOMID	NUMBER（20）	几何实体 ID
GEOMTYPE	NUMBER（3）	几何实体类型：点、线、区类型
INFID	NUMBER（8）	图形信息 ID
XMIN	NUMBER	外包络矩形框 X 最小值
YMIN	NUMBER	外包络矩形框 Y 最小值
XMAX	NUMBER	外包络矩形框 X 最大值
YMAX	NUMBER	外包络矩形框 Y 最大值
DATLEN	NUMBER（5）	引用数据项数（个数）
DAT	BLOB	几何引用数据（序号数组）
DOTDIM	NUMBER（1）	冗余坐标数据维数
DOTLEN	NUMBER（10）	冗余坐标数据长度
DOTDAT	BLOB	冗余坐标数据
REFFLAG	NUMBER（1）	引用计数，＞＝0（被其他类引用次数）
USERCODE	NUMBER（8）	用户标识（有效编码＞0）
FIDNum	NUMBER（2）	FIDs 的项数
FIDs	BLOB	被要素类内部引用的要素 ID

表 9-5 点信息关系表说明

字段名称	字段类型	说明
DOTID	NUMBER（20）	点的 ID
TYPE	NUMBER（1）	点类型：一般点、实结点、虚结点
REFFLAG	NUMBER（2）	－1（引用别的），＞＝0（被其他类引用次数）
XMIN	NUMBER	外包络矩形框 X 最小值
YMIN	NUMBER	外包络矩形框 Y 最小值
XMAX	NUMBER	外包络矩形框 X 最大值
YMAX	NUMBER	外包络矩形框 Y 最大值
X	NUMBER	点的坐标位置（真实点或假点）

字段名称	字段类型	说明
Y	NUMBER	点的坐标位置
Z	NUMBER	点的坐标位置
DatLen	NUMBER（5）	Dat 的项数
Dat	BLOB	结点连接的弧段数据
REFFCLSID	NUMBER（10）	REFFLAG＝－1 时，引用的点所在的要素类 ID
REFDOTID	NUMBER（20）	REFFLAG＝－1 时，引用的点的 ID
USERCODE	NUMBER（10）	用户标识（有效编码＞0）
GeomIDNum	NUMBER（2）	GeomIDs 的项数
GeomIDs	BLOB	被几何实体引用的点几何实体 ID

表 9-6　弧段信息关系表说明

字段名称	字段类型	说明
ARCID	NUMBER（20）	弧段 ID
TYPE	NUMBER（2）	弧段类型：折线、三点圆…
REFFLAG	NUMBER（2）	－1（引用别的），＞＝0（被其他类引用次数）
DIM	NUMBER（1）	坐标维数
XMIN	NUMBER	外包络矩形框 X 最小值
YMIN	NUMBER	外包络矩形框 Y 最小值
XMAX	NUMBER	外包络矩形框 X 最大值
YMAX	NUMBER	外包络矩形框 Y 最大值
DOTNUM	NUMBER（10）	折线坐标点数
DAT	BLOB	弧段数据（坐标数据＋解析线参数）
REFFCLSID	NUMBER（10）	REFFLAG＝－1 时，引用的弧段所在要素类 ID
REFARCID	NUMBER（20）	REFFLAG＝－1 时，引用的弧段的 ID
UserCode	NUMBER（8）	编码值（有效编码＞0）
GeomIDNum	NUMBER（3）	GeomIDs 的项数
GeomIDs	BLOB	弧段可以被 2 个以上的区或 1 条以上的线引用时，全部的 GeomID

表 9-7　弧段拓扑信息关系表说明

字段名称	字段类型	说明
ARCID	NUMBER（20）	弧段 ID
STNOD	NUMBER（20）	起始结点 ID
ENDNOD	NUMBER（20）	终止结点 ID
LPOLY	NUMBER（20）	左多边形实体 ID
RPOLY	NUMBER（20）	右多边形实体 ID
LineID	NUMBER（20）	线几何实体 ID
LWEIGH	NUMBER	左权
RWEIGH	NUMBER	右权

表 9-8　点图形参数关系表说明

字段名称	字段类型	说明
INFID	NUMBER	点图形信息 ID
libID	NUMBER（2）	点类型
ovprnt	NUMBER（2）	覆盖方式
infoDx	NUMBER	点参数偏移 dx
infoDy	NUMBER	点参数偏移 dy
iclr	NUMBER（10）	颜色号
linNo	NUMBER（10）	点所属的线号
layer	NUMBER（5）	图层
Info	RAW（40）	

表 9-9　线图形参数关系表说明

字段名称	字段类型	说明
INFID	NUMBER	线图形信息 ID
libID	NUMBER（10）	线型号
patID	NUMBER（3）	辅助线型号
OVPRNT	NUMBER（3）	覆盖方式
LCLR	NUMBER（10）	线颜色号
LW	NUMBER	线宽
LCLASS	NUMBER（3）	线种类（0-折线 1-贝塞尔曲线）
XSCALE	NUMBER	X 系数
YSCALE	NUMBER	Y 系数
FCLR	NUMBER（10）	辅助色
LAYER	NUMBER（5）	图层

表 9-10　区图形参数关系表说明

字段名称	字段类型	说明
INFID	NUMBER（8）	区图形信息 ID
libID	NUMBER（5）	库编号
patID	NUMBER（10）	符号编号
ovprnt	NUMBER（3）	覆盖方式
fillmode	NUMBER（5）	填充模式
fillclr	NUMBER（10）	区域填充色，渐变填充时为起始色
endclr	NUMBER（10）	结束填充色，渐变填充时的结束色
pathei	NUMBER	图案高
patwid	NUMBER	图案宽
Ang	NUMBER	图案角度
patclr	NUMBER（10）	图案颜色，图案颜色固定，即使渐变填充时也不变
outpenw	NUMBER	图案笔宽
fullpatflg	NUMBER（3）	是否需要完整图案填充

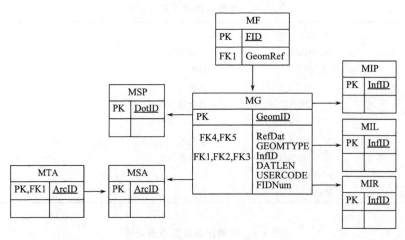

图 9-50 要素类表关系图

3. 注记类的关系模式

注记类是由注记的集合构成，注记类关系模式设计是空间数据库关系模式设计的重要内容，可采用表 9-11 注记信息关系表描述。

表 9-11 注记信息关系表说明

字段名称	字段类型	说明
AnnID	NUMBER（20）	注记 ID
Type	NUMBER（3）	注记类型
X	NUMBER	注记定位点的 X 坐标
Y	NUMBER	注记定位点的 Y 坐标
XMIN	NUMBER	矩形范围 X 最小值
YMIN	NUMBER	矩形范围 Y 最小值
XMAX	NUMBER	矩形范围 X 最大值
YMAX	NUMBER	矩形范围 Y 最大值
ModTime	DATE	创建或最后修改时间
Dat	BLOB	注记的结构信息＋模板信息＋注记的文本内容
DatLen	NUMBER（10）	注记文本内容的长度
LibID	NUMBER（10）	模板库的 ID
TmplID	NUMBER（20）	模板的 ID（注记模板 ID 或者维模板 ID）
FID	NUMBER（20）	与要素类关联时的外键（作为属性字段存储）
Dat	BLOB	注记的结构信息＋ 模板控制数据
DatLen	NUMBER（10）	Dat 的长度
TmplCtldat	BLOB	模板控制数据
TmplCtldatLen	NUMBER（10）	模板控制数据长度

4. 关系类的关系模式

联系是客观世界普遍存在的现象，空间关系复杂多变，在空间数据存储中，需要对各种关系类进行描述，见表 9-12。

表 9-12　关系类信息关系表说明

字段名称	字段类型	说明
RCLSID	NUMBER（10）	关系类 ID
Name	VARCHAR2（128）	关系类名称
Owner	VARCHAR2（30）	关系类拥有者
DSID	NUMBER（10）	关系类所属数据集
OrigClsID	NUMBER（10）	原始对象类 ID
DestClsID	NUMBER（10）	目的对象类 ID
ORIGCLSTYPE	NUMBER（5）	原始对象类类型
DESTCLSTYPE	NUMBER（5）	目的对象类类型
Flabel	VARCHAR2（256）	前向标签
Blabel	VARCHAR2（256）	后向标签
N2MTYPE	NUMBER（5）	映射类型
NOTIFICATION	NUMBER（5）	通知类型
RefType	NUMBER（3）	关系类型（一般，组合，继承等类型）
IsAtt	NUMBER（3）	是否在关系中添加属性
OrigPKey	VARCHAR2（20）	原始对象类的主键
DestPKey	VARCHAR2（20）	目的对象类的主键
OrigFKey	VARCHAR2（20）	指向原始对象类的外键
DestFKey	VARCHAR2（20）	指向目的对象类的外键

5. 规则的关系模式

在规则存储中，分别使用不同的表记录相应类型的规则。例如，使用 MPDB＿ATTRULE 记录属性规则。

（1）有效规则信息的关系表达（MPDB＿VALIDRULE 表）（表 9-13）。

表 9-13　有效规则关系表说明

字段名称	字段类型	说明
RuleID	NUMBER（10）	规则 ID
Ruletype	NUMBER（2）	规则类型
ClsID	NUMBER（10）	规则作用的对象/要素类 ID
RuleCat	NUMBER（10）	规则类别
Helpstring	VARCHAR2（128）	规则的描述

（2）属性规则信息的关系表达（MPDB_ATTRULE 表）（表 9-14）。

表 9-14　属性规则关系表说明

字段名称	字段类型	说明
RuleID	NUMBER（10）	规则 ID
SubType	NUMBER（10）	子类型编码值
FieldName	VARCHAR2（20）	字段名
DmnID	NUMBER（10）	域名 ID

（3）关系规则信息的关系表达（MPDB_RELRULE 表）（表 9-15）。

表 9-15　关系规则关系表说明

字段名称	字段类型	说明
RuleID	NUMBER（10）	有效性规则的 ID
originsubtype	NUMBER（10）	原始对象类的子类型
originmincard	NUMBER（10）	原始对象类的最小映射基数
originmaxcard	NUMBER（10）	原始对象类的最大映射基数
destsubtype	NUMBER（10）	目的对象类的子类型
destmincard	NUMBER（10）	目的对象类的最小映射基数
destmaxcard	NUMBER（10）	目的对象类的最大映射基数

（4）拓扑规则信息的关系表达（MPDB_TOPRULE 表）（表 9-16）。

表 9-16　拓扑规则关系表说明

字段名称	字段类型	说明
RuleID	NUMBER（10）	拓扑规则 ID
originClsID	NUMBER（10）	源要素类 ID
originSubType	NUMBER（10）	源要素类子类型（长整形值）
destClsID	NUMBER（10）	目的要素类 ID
destSubType	NUMBER（10）	目的要素类子类型
topType	NUMBER（10）	拓扑类型
name	VARCHAR2	拓扑规则名字
Guid	VARCHAR2	拓扑规则唯一的 ID

（5）空间规则信息的关系表达（MPDB_SPARULE表）（表9-17）。

表9-17　空间规则关系表说明

字段名称	字段类型	说明
RuleID	NUMBER（10）	空间规则 ID
subType	NUMBER（10）	子类型
spaRel	NUMBER（10）	空间关系
distance	NUMBER（15，5）	距离值
refClsID	NUMBER（10）	相关类 ID
refSubType	NUMBER（10）	相关子类型

9.6　空间数据库的实施和维护

9.6.1　空间数据库系统实施

空间数据库的概念设计、逻辑设计和物理设计修改以后，便可以开始正式地进行数据库实施了。实施的过程，应当以实施计划为指南，尽量按照计划实施。但是再好的计划也是不可能完全准确的，在实施过程中常常需要对实施计划做或多或少的改动。任何方面的改动都应当以书面形式备案，做到有案可查（吴信才等，2002）。空间数据库的实施一般过程如下：

（1）数据录入：数据录入的数据源应包括系统设计的各类源数据，以检测各输出软件的可行性和数据转换格式的正确性。

（2）数据编辑：对录入的数据在进入数据库以前的编辑和预处理要尽可能测试各种编辑功能和操作，检测其安全性和可操作性。

（3）数据库建立：应保证所选择的试验小区的数据足以建立一个完整的空间数据库和属性数据库，以检测其结构的合理性和拓扑关系的正确性以及数据连接的正确性等，同时对数据库管理系统的功能也应进行全面测试。

（4）数据分析与处理：利用所建立的数据库的数据对应用型 GIS 的基本分析功能，特别是对应用模型进行测试，检查模型的正确性和可靠性。

（5）数据输出：输出结果能否满足所设计的要求和用户的需要。

9.6.2　空间数据库系统维护

1. 维护的内容

系统维护包括以下几个方面的工作。

1）程序的维护

在系统维护阶段，会有一部分程序需要改动。根据运行记录，发现程序的错误，这时需要改正；或者随着用户对系统的熟悉，用户有更高的要求，部分程序需要改进；或者环境发生变化，部分程序需要修改。

2）数据文件的维护

业务发生了变化，从而需要建立新文件，或者对现有文件的结构进行修改。

3）代码的维护

随着环境的变化，旧的代码不能适应新的要求，必须进行改造，制定新的代码或修改旧的代码体系。代码维护的困难主要是新代码的贯彻，因此各个部门要有专人负责代码管理。

4）机器、设备的维护

包括机器、设备的日常维护与管理。一旦发生小故障，要有专人进行修理，保证系统的正常运行。

2. 维护的类型

依据应用型地理信息系统需要维护的原因不同，系统维护工作可以分为四种类型（吴信才等，2002）。

1）更正性维护

这是指由于发现系统中的错误而引起的维护。工作内容包括诊断问题与修正错误。

2）适应性维护

这是指为了适应外界环境的变化而增加或修改系统部分功能的维护工作。例如，新的硬件系统问世，操作系统版本更新，应用范围扩大。为适应这些变化，应用型地理信息系统需要进行维护。

3）完善性维护

这是指为了改善系统功能或应用户的需要而增加新的功能的维护工作。系统经过一个时期的运行之后，某些地方效率需要提高，或者使用的方便性还可以提高，或者需要增加某些安全措施，等等。这类工作占整个维护工作的绝大部分。

4）预防性维护

这是主动性的预防措施。对一些使用寿命较长，目前尚能正常运行，但可能要发生变化的部分进行维护，以适应将来的修改或调整。例如，将专用报表功能改成通用报表生成功能，以适应将来报表格式的变化。

9.7　空间数据库建库

空间数据库建立是一个费时间、费人力、成本高的工作，通常会耗费员工们大量的精力。一般要经过资料准备和预处理、数据采集、数据处理、数据库建库等阶段。每个阶段又可分若干详细步骤，具体流程如图 9-51 所示。

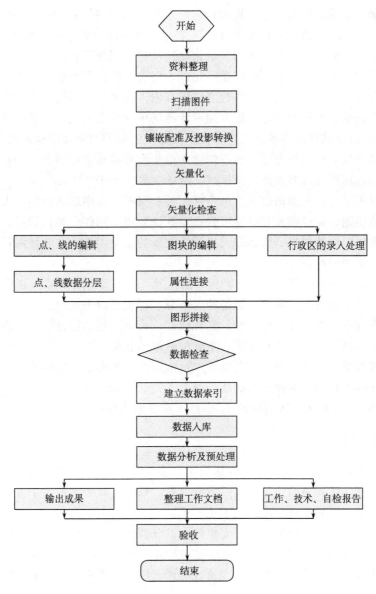

图 9-51　空间数据库建库流程

9.7.1 资料准备和预处理

1. 资料准备

图像数据是 GIS 空间数据的重要组成部分，图像数据的收集实际上就是数字化的过程，一般有扫描数字化和手扶跟踪数字化两种数字化方法（黎夏和刘凯，2006；邱冬生，2001；李满春等，2003；张新长和马林兵，2005）。扫描数字化是使用扫描仪直接把图形（地形图、专题图等）和图像（航空像片、卫星像片等）扫描输入到计算机中，以像元信息进行存储表示，然后采用矢量化软件从栅格图像上自动或半自动生成矢量数据；手扶跟踪数字化是使用手扶跟踪数字化仪，将已有图件作为底图，对某些需要的信息进行跟踪数字化。一般来讲，扫描数字化因其输入速度快、不受人为因素的影响、操作简单而越来越受到大家的欢迎。而且随着计算机硬件的发展（计算机运算速度、存储容量的提高），以及软件的不断改善，使得扫描输入已成为图形数据输入的主要方法。

资料要具有权威性，内容要全面，精度和现势性要满足应用需求，坐标系统要一致（或易于转换），用图面控制点作原图形纠正后，误差应小于 0.1mm。

尽可能收集工作区范围内已取得的全部图件和资料，选用最新成果。大致包括：各种比例尺的地质图、矿产图及其文字报告；专题研究成果图件资料；物探、化探和遥感成果图件和报告；原始数据；天然和人工重新测量的成果图件和鉴定数据；同位素地质年龄样品分析数据资料；等等。

GIS 的数据类型随应用领域的不同而有所差异，但与管理信息系统相比都有数据类型繁多、数据量大的特点。从数据源的种类来分，可包括以下几种：

（1）实测数据。如野外实地勘测、量算数据，台站的观测记录数据，遥测数据等。

（2）分析数据。利用物理和化学方法分析获取的数据。

（3）图形数据。各种类型的专题地图以及地形图的图形记录资料等。

（4）统计调查数据。各种类型的统计报告、社会调查数据等。

（5）遥感/GPS 数据。利用遥感/GPS 技术获得的大量模拟或数字资料等。

2. 对建库资料的要求

数据源的质量对 GIS 数据库的数据质量有重大影响。不论建设何种 GIS 数据库，都需要保证建库基础资料的质量，包括数据内容、精度、现势性等各个方面。以土地利用数据库建设为例，建库资料应满足下述要求。

（1）资料内容：选择内容详尽、完整的标准分幅图，具有标准分幅图图廓点和千米网格点控制的分乡图以及图、数统一的表格等原始资料。与外业调查同步建库的可以采用经过内部验收合格后的图件资料，土地资源调查结束后建库的必须采用经过正式验收合格后的图件资料。

（2）资料精度：数据精度必须满足建库要求。新建设的大比例尺土地利用数据库往往要求开展新的土地详查，以获取高精度的土地利用数据。另外，要求图纸变形小，选择图幅控制点对原始图形进行纠正后，纠正中误差应小于 0.1mm。

（3）资料现势性：与数据库建设要求的时期一致。

（4）资料介质：图形资料优先选择变形小的聚酯薄膜介质的，纸介质的次之，也可根据情况选用正射影像图。

（5）资料形式：优先选择数字形式的资料，非数字的次之。

3. 资料分析

资料分析要从以下几个方面着手：

（1）地图资料要查明地图的出版机关、出版年代、比例尺、成图方法、精度、采用资料的来源、数学基础（包括坐标系、高程系、等高距）、各要素内容与现状的符合程度、采用的图式及特点说明等。

（2）航片、卫片和影像资料要查明摄影参数。

（3）对参考资料分析着重研究资料来源的可信度、内容的现势性和完整性，以确定这些资料的使用程度，补充或修改原图的内容。

（4）对补充资料分析着重研究出版机关、年代和特点及转标这些内容的方法，如政区图、交通图、水利图等现势资料。

（5）掌握成图区域的地理景观和地理特征，通过对文字、图表及样图的分析，规定一些处理原则，使作业人员掌握成图区域特点，以保证数字地形图数据模型与实地地理特点相适应及各要素层的合理表达。

4. 资料预处理

对于数字化资料、现有数据或数据库的预处理，需要根据土地利用规划管理信息系统设计，对现有数据库的数据项进行选择，对数据项项名、类型、字长等定义进行调整，对数据记录格式进行转换等。

对于图形数据有时可能还需要做投影转换。对于遥感数据还需要进行几何校正和分类处理。

对于非数字化的资料，预处理工作的内容根据所选资料本身的情况而定，主要内容包括以下几方面。

1) 图面预处理

在数字化前，需进行必要的图面处理，如将不清晰或遗漏的图廓角点标绘清楚，为数据的精确配准奠定基础，将模糊不清的各种线状图件进行加工，以减少数字化和数据编辑处理的工作量。主要包括以下内容：

（1）检查相邻图幅的接边情况，保证图形相接、注记一致。

（2）添补不完整的线划，将模糊不清或因模拟形式的局限而中断的各种线状图形进行加工。例如，被注记符号等压盖而间断的线划，境界线以双线河、湖泊为界的部分，道路遇居民地中断部分，均以线划连接，以便作为一条连续完整的线来采集。

（3）标出同一条线上具有不同属性内容线段的分界点等，以便数字化时赋予不同的属性值。

（4）将不清晰或遗漏的图廓角点标绘清楚，以便于图幅配准。

（5）对图面上的各种注记标示清楚，包括图廓内外各种注记。例如，土地利用图中有文字注记、地类注记、水系注记、道路注记、地形注记和图廓注记等。

（6）检查多边形界线是否闭合，按背景要素进行闭合处理。

（7）检查地理要素之间的关系是否正确。例如，等高线是否连续、相接，与水系的关系是否正确等。

（8）将图面预处理中发现的重大问题及处理意见记录在图历簿中。

2）属性数据处理

属性数据的预处理主要包括碎部面积量算表、基础台账和各种统计簿的整理、数据项名称、度量单位的统一、关键字段设计等。

总之，所选择的数据源资料，一般要经过预处理才能借助数字化或其他途径转换成空间数据库可用的数据。预处理工作的内容应视数据源本身的情况而定，包括对源数据的取舍、增强、分离、证实、加工以及再生产。

9.7.2　数据采集

对于数字化资料，要根据数据库标准，对原数据库进行补充和转换，防止数据转换中的数据丢失和误差，并及时给予纠正。

地理空间数据获取主要是矢量结构的地理空间数据获取，包括空间位置数据和属性数据的获取（崔铁军，2007；李满春等，2003）。文字、数字形式的属性数据与一般计算机数据一样，不用解释。在空间位置数据中，采用不同设备的技术，对各种来源的空间数据进行录入，并对数据实施编辑，获取原始的空间数据。空间数据获取包括四个方面的功能：利用扫描数字化地图进行空间数据自动或半自动采集；利用遥感影像提取空间数据来建立数据库；利用卫星定位系统和测量仪器外业数据采集；利用空间数据编辑处理功能以人机交互方式采集空间数据同时录入必要的属性数据。

1. 数据采集工艺流程

数据采集是一项复杂的工程，劳动强度大，过程繁琐，不同的专业应用有着不同的工业流程，例如，土地利用规划数据采集作业有 10 项工作内容，数据采集工艺流程如图 9-52 所示。

2. 数字化方式

目前，较常使用的数字化方式有手扶跟踪数字化、扫描数字化和屏幕数字化三种。表 9-18 从设备要求、使用要求和使用时的注意事项三个方面对三种数字化方式进行比较。

表 9-18　三种常用数字化方式的比较

项目	扫描数字化	手扶跟踪数字化	屏幕数字化
设备要求	需要一定的扫描设备和配套的栅格编辑和矢量化软件	要求特定的手扶跟踪数字化仪器	扫描数字化设备以及屏幕数字化软件
使用特点	速度快、精度高、劳动强度低	处理简单图形效率较高；也适用于更新和补充少量内容	精度较高，劳动强度较低
注意事项	需要规定最低分辨率和采点密度。扫描影像时，应考虑软硬件的承受能力和查询显示速度	分为点方式和流方式，应结合图形特点分别选用，一般多采用点方式	选择适当比例进行数字化，在精度要求下尽量减少数字化的工作量

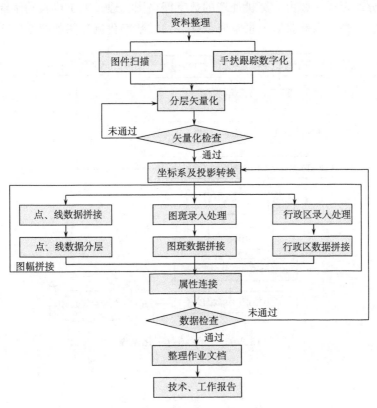

图 9-52　数据采集工艺流程

3. 手扶跟踪数字化

图形数字化成矢量数据。数字化仪输入方式，按划分好的图层和已标识的用户标识号顺序逐一数字化。具体如何操作和注意事项见相应的操作说明。

4. 扫描数字化

利用扫描数字化地图进行空间数据自动或半自动采集，将扫描数字化地图（以栅格格式）作为地图图像层中的图像块进行存储，输入必要的控制点信息，进行配准和图像式样调整等处理，在地图图像层的基础上进行空间数据采集。

利用遥感影像提取空间数据来更新数据库，将遥感影像进行正射影像改正，以正射影像形式作为图像块背景进行存储，输入必要的控制点信息，进行配准和图像式样调整等处理。在遥感影像基础上进行空间数据提取。

在显示扫描数字化地图和遥感影像条件下利用地理数据编辑与处理功能以人机交互方式采集空间数据，同时录入必要的属性数据。

在扫描数字化地图和遥感影像为底图背景显示的基础上，利用点、线、面地理空间实体进行空间数据采集，采集的数据作为一个矢量数据层来存储。

原始资料采用分版地形图，若无分版地形图，可用纸质地形图来代替。通过扫描仪的 CCD 线阵传感器对图形进行扫描分割，生成二维阵列像元，经图像处理，图幅定向、几何校正、分块形成一幅由计算机处理的数字栅格图。通过人工或自动跟踪矢量化、空间关系建立、属性输入等获取矢量空间数据。扫描数字化流程图如图 9-53 所示。

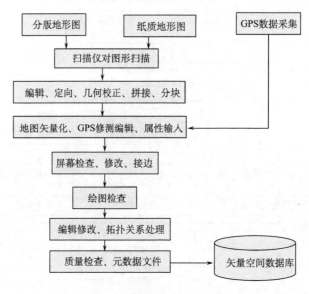

图 9-53　地形图数字化流程

9.7.3　数据处理

如何根据原始地理空间数据正确、自动、快速地建立地理实体之间拓扑关系，是空间数据库管理系统的重要功能之一。所获取的点、线、面地理实体数据的空间关系建立，可采用手工编辑和自动生成两种方法（崔铁军，2007；张新长和马林兵，2005）。复杂的空间关系，一般采用人工输入方法；在二维平面上简单的点-线，线-面拓扑关系可以基于数学算法计算机自动生成。

编辑内容主要包括扫描影像图数据的编辑处理，包括彩色校正、几何纠正等；空间数据的精度检查、影像图数据的匹配、结点平差、图幅拼接、拐点匹配、行政界编辑、权属编辑、地类界编辑、数据的几何校正、投影变换、接边处理和要素分层等；属性数据的记录完整性和正确性检查与修改等；在数据编辑处理阶段，应该建立和完善图形数据与属性数据之间的对应连接关系。

1. 错误检查与编辑

分幅数字化完成后，作业员对完成的图幅进行检查，及时编辑改正发现的错误。

图形要素和注记中可能存在的错误类型主要有：

（1）线要素遗漏、采集不完整或重复。不完整的表现包括线要素未闭合到边界或者有间断。改正方法是补充采集遗漏的线要素、填补不完整的线划、删除重复的线划或者重复的部分。

（2）线要素的位置不正确。产生的原因可能是拷贝错了附近的一条线，或者手工绘制时定位不准。改正方法是重新数字化。在 ArcGIS 中可使用 reshape 选项重新数字化一条位置正确的线划。

（3）线要素的要素代码不正确。改为正确的要素代码。

（4）变形。采用扫描数字化或手扶数字化时，图纸变形会导致数据误差。应采用控制点纠正变形。

（5）注记遗漏、重复或参照比例尺不正确。

（6）注记的要素代码不正确。改为正确的要素代码。

（7）注记的字体、大小、颜色和间距不正确。我们使用自编程序根据要素代码自动纠正。

无论采用哪种数字化方式，上述错误都不可能完全避免。因此，数据检查与错误改正是非常必要的。上述错误的检查方法为：

（1）在屏幕上用地图要素对应的符号显示数字化的结果，对照原图检查错误。

（2）把数字化的结果绘图输出在透明材料上，然后与原图叠加以便发现错漏。

（3）使用不同符号区分要素代码不同的线要素，以检查线要素的要素代码赋值是否正确。

（4）对于等高线，依据等高距关系，编制软件来检查高程的赋值是否正确。

（5）对于面状要素，使用拓扑检查工具来检查其是否闭合。

（6）对于注记要素，检查其参照比例尺是否正确，或者观察它在设定的比例尺下是否有正确的字体大小。

（7）注记要素的要素代码检查，通过关闭所有其他要素代码值的注记来发现错误。因为注记的属性决定了它的显示特征，其显示特征不能随意调整，因此只能逐个注记类进行检查。

2. 几何纠正

图形数据在进入地理数据库之前还需进行几何纠正，以纠正由纸张变形所引起的数字化数据的误差。几何纠正要以控制点的理论坐标和数字化坐标为依据来进行，最后应显示平差结果。现有的几种商业 GIS 软件一般都具有仿射变换/相似变换、二次变换等几何纠正功能。仿射变换是 GIS 数据处理中使用最多的一种几何纠正方法。它的主要特性为：同时考虑到 x 和 y 方向上的变形，因此，纠正后的坐标数据在不同方向上的长度比将发生变化。

（1）由于受地形图介质及存放条件等因素的影响，使地形图的实际尺寸发生变形。

（2）在扫描过程中，工作人员的操作会产生一定的误差，如扫描时地形图或遥感影像没被压紧、产生斜置或扫描参数的设置等因素都会使被扫入的地形图或遥感影像产生变形，直接影响扫描质量和精度。

（3）遥感影像本身就存在着几何变形。

（4）由于所需地图图幅的投影与资料的投影不同，或需将遥感影像的中心投影或多中心投影转换为正射投影等。

（5）由于扫描时，受扫描仪幅面大小的影响，有时需将一幅地形图或遥感影像分成几块扫描，这样会使地形图或遥感影像在拼接时难以保证精度。对扫描得到的图像进行纠正，主要是建立要纠正的图像与标准的地形图或地形图的理论数值或纠正过的正射影像之间的变换关系。目前，主要的变换函数有：双线性变换、平方变换、双平方变换、立方变换、四阶多项式变换等，具体采用哪一种，则要根据纠正图像的变形情况、所在区域的地理特征及所选点数来决定。

3. 地图投影转换

当系统使用的数据来自不同地图投影的图幅时，需要将所有图幅统一到系统所采用的某种地图投影。另外，图幅的投影不符合规定时也需进行投影变换。例如，按国家规范要求，县（市）级土地利用数据库的数据投影方式采用 3°分带的高斯投影。其中，当行政区域跨过两个以上 3°带时需平移中央经线，取整得 3°分带的高斯投影。如果数据源的投影方式与要求不吻合，则需要进行投影转换。

投影转换可以采用以下几种方法。

1）正解变换

通过建立一种投影变换为另一种投影的严密或近似的解析关系式，直接由一种投影的数字化坐标 x，y 变换到另一种投影的直角坐标 X，Y。

2）反解变换

即由一种投影的坐标反解出地理坐标 $(x, y \rightarrow B, L)$，然后再将地理坐标代入另一种投影的坐标公式中 $(B, L \rightarrow X, Y)$，从而实现由一种投影的坐标到另一种投影坐标的变换 $(x, y \rightarrow X, Y)$。

3）数值变换

根据两种投影在变换区内的若干同名数字化点，采用插值法、有限差分法、最小二乘法、有限元法或待定系数法等，从而实现由一种投影的坐标到另一种投影坐标的变换。

4. 图像解译

1）图像解译内容

（1）研究地理区域。
（2）运用经验和技能对影像分析。
（3）深入理解影像特征。
（4）图像增强处理。

2）图像解译过程

建立在对图像及其解译区域进行系统研究的基础之上，具体包括图像的成像原理、图像的成像时间、图像的解译标志、成像地区的地理特征和地图等各种信息。

3）图像的解译标志

图像的解译标志包括图像的色调或色彩、大小、形状、纹理、阴影、位置及地物之间的相互关系等。

5. 投影转换

同一工作区可能利用不同比例、不同投影的图件，在拼接图层之前应先进行投影转换，使最终形成的图层均投影到一个坐标系统。

6. 图幅拼接

图幅拼接的目的是保持图面数据连续性。工作区有多幅图构成，按上述步骤每幅图分层建立起图层之后，要对各相邻图幅分层进行拼接。各图层中线图元或面图元拼接后其图元编号要进行改变，在右边图幅中的图元拼接后用左边图幅内的图元编号，下边图幅的图元改用上边图幅的图元编号。其属性数据也合并为一个。属性数据不相同的图元（线或面）不能乱拼接。对于一些图面标注的内容也做相应的调整。这就基本完成了图形库的建立。拼接完成后，仍按图幅分开储存与管理。

图幅拼接的具体步骤如下。

1）逻辑一致性的处理

由于人工操作的失误，两个相邻图幅的空间数据库在接合处可能出现逻辑裂隙，如一个多边形在一幅图层中具有属性 A，而在另一幅图层中属性为 B。此时，必须使用交互编辑的方法，使两相邻图斑的属性相同，取得逻辑一致性（张新长和马林兵，2005）。

2）识别和检索相邻图幅

将待拼接的图幅数据按图幅进行编号。当进行横向图幅拼接时，将十位数编号相同的图幅数据收集在一起；进行纵向图幅拼接时，将个位数编号相同的图幅数据收集在一起。图幅数据的边缘匹配处理主要是针对跨越相邻图幅的线段或弧段的，为了减少数据容量，提高处理速度，一般只提取图幅边界 2cm 范围内的数据作为匹配和处理的目标。同时要求，图幅内空间实体的坐标数据已经进行过投影转换。

3）相邻图幅边界点坐标数据的匹配

相邻图幅边界点坐标数据的匹配采用追踪拼接法。追踪拼接有四种情况，只要符合下列条件，两条线段或弧段即可匹配衔接。相邻图幅边界两条线段或弧段的左右码各自相同或相反；相邻图幅同名边界点坐标在某一允许值范围内。匹配衔接时是以一条弧或线段作为处理的单元，因此，当边界点位于两个结点之间时，须分别取出相关的两个结点，然后按照结点之间线段方向一致性的原则进行数据的记录和存储。

4）相同属性多边形公共边界的删除

当图幅内图形数据完成拼接后，相邻图斑会有相同属性。此时，应将相同属性的两个或多个相邻图斑组合成一个图斑，即消除公共边界，并对共同属性进行合并。多边形公共界线的删除，可以通过构成每一面域的线段坐标链，删去其中共同的线段，然后重新建立合并多边形的线段链表。对于多边形的属性表，除多边形的面积和周长需重新计算外，其余属性保留其中之一图斑的属性即可。

7. 拓扑关系生成

矢量化后的各图层，利用 GIS 软件提供的功能建立拓扑关系，在建拓扑关系时会发现图形数据错误，要进行编辑、修改，再重新建立拓扑关系，这一过程可能做多次，直到数据正确为止。

1）拓扑检查与编辑

空间客体除具有位置、形状等图形特征外，还有重要的空间关系特点，必须使用软件功能对空间对象的拓扑特征进行检查，消除不合理的悬挂弧段，对多边形边界进行闭合处理。以土地利用图为例，行政区划、权属区、图斑界线应该完全闭合，没有欠头或出头的悬挂弧段。ArcGIS 8.3 集成了拓扑功能，可以在建立拓扑的基础上，验证拓扑关系并标出所有拓扑错误。在 ArcCatalog 环境下建立拓扑，在 ArcMap 环境下显示并纠正拓扑错误。除线状地物外，行政区划、权属区、图斑界线都不允许有悬挂弧段。隐藏线状地物之后，显示出的其他拓扑错误必须全部纠正。Arc/Info 等其他软件也能进行拓扑关系的检查和处理。

2）多边形生成

地图数字化过程中通常不直接生成多边形，而是采集多边形的边界线，生成要素层。在拓扑检查并闭合多边形边界线的基础上，可以使用软件功能由边界线生成多边形。ArcGIS8.3 可以方便地使用已有的线要素类，生成新的多边形要素类。土地利用数据库建设中，多边形生成应在完成拓扑检查和数据分层（线状地物应分离出去）之后进行。每个多边形要素层可以使用若干个线要素层来创建。例如，如果行政区划、权属区和图斑界线三个要素类单独存在，生成图斑多边形要素类时应该使用这三个线要素类来生成。线状地物、图廓外线要素不参与多边形生成，应事先分离出去。生成多边形之前，应事先进行拓扑处理，纠正所有拓扑错误，以保证生成多边形的质量。通过拓扑编辑处理，消除所有不合理的出头或欠头的悬挂弧段，使多边形严格闭合，然后生成多边形。

多边形生成的技术要点是：
（1）设置编辑环境，显示所有悬挂弧段。
（2）删除所有弧段出头造成的悬挂弧段。
（3）延伸所有短的弧段欠头造成的悬挂弧段，使其闭合到其他边线。
（4）使用拓扑处理命令建立多边形。

3）点-线拓扑关系生成

点-线拓扑关系是最常用的要素拓扑关系，如道路网络拓扑关系，也是建立线-多边形关系的基础。建立点-线关系常见的方法是结点匹配算法。首先根据地理空间数据的精度选择合适的匹配限差（如0.1m），计算机自动把满足匹配限差的线段首末点归结为一点，然后建立点与线段的拓扑关系。

4）线-多边形拓扑关系生成

多边形是地理空间数据中基本图形类型，常用来描述面状分布的地理要素。平面上一条不相交的有向封闭线所形成的图形为多边形，该线即为多边形的边界。按左手法则，若边界的前进方向左侧为多边形区域，则该方向为多边形边界的正向。如果线的采集方向与多边形边界的正向一致，线段方向记为正，反之记为负。一般情况下，一条线分别为两个不同多边形的边界，在这个多边形中为正，在另外一个多边形中肯定为负。

多边形自动生成是空间数据组织管理的重要功能。多边形生成的基本思想是：从点与线段的拓扑关系中的第一结点对应的第一线段开始，沿逆时针方向搜索它所对应的多边形，通过对该线段下一结点所对应的其他线段的计算方位角的判断，确定该多边形的下一后继线段；再以该后继线段的下一结点判断其后继线段，直到回到起始结点。然后跳转点与线段的拓扑关系中的第一结点所对应的下一线段，重新开始搜索另一多边形，直到第一结点所对应的线段全部搜索完毕。在转入点与线段的拓扑关系中的下一个结点，按上述规则重新开始，直到生成了完整而不重复的线-多边形拓扑关系。

5）拓扑关系检查

由于空间位置数据采集误差和匹配失误（匹配限差选择不当），出现部分线段的首末点与其他线段无邻接关系，导致某些多边形不封闭。这些误差最有效的检查手段是图形可视化。"连通性搜索"可完成拓扑连接的初步或概略检查；"显示结点的度"可完成拓扑连接的精确检查；"指定点"、"搜索最短路"可计算任意两点间最短路径，用以对照图形进行检查。利用可视化方法检查空间拓扑关系。

通过拓扑检查或其他检查方式发现的问题，要对相应的图形进行编辑和修改，修改后的图形必须重新进行拓扑。对拓扑的结果还需进行再次细致检查，此过程要反复多次，直至基本无问题。另外还要通过图形编辑，如加内点、移内点等操作对照底图图像做进一步修饰，使图形达到既有精度又尽量美观的效果。

8. 属性数据录入

通常在数据分层和拓扑处理之后录入属性数据。对于多边形空间对象，显然只有在多边形生成之后才可能录入其属性数据。键入法和光学识别技术是属性录入的两种基本方法。键入法最常用，大多数属性数据都是手工录入的（张新长和马林兵，2005）。

属性数据一般采用批量录入的方式，分要素类批量录入该要素的各个实体的属性信息，然后使用关键字（如图斑编号）连接图形对象与属性记录，其作业效率相对较高。

例如，对于土地利用数据库，在图斑多边形生成之后，以镇、街道办事处为单位，以外业调绘记录表为依据批量录入各个地类图斑的属性数据，然后使用关键字连接图形和属性信息。

9.7.4 空间数据库建库

以土地利用规划数据库为例，其以记录坐标的方式来表示点、线、面、体的位置及其空间关系，包括了空间数据库和属性数据库，两者可通过内部唯一的标识码进行连接。具体涉及了土地利用规划数据库内容、存储方式、交换格式、土地利用规划信息的分类与代码、规划数据文件的命名规则、规划要素的分层、数据结构及元数据等方面利用所选 GIS 基础软件提供的数据库管理功能，将经过编辑处理的图形数据进行入库处理，建成数据库实体（毕硕本等，2003、张新长和马林兵，2005）。库体内容包括：数据字典、数据索引、分层数据。其中，数据字典和数据索引是辅助数据，分层数据是主体。

建库过程可分为五个步骤：

（1）数据字典和数据索引的生成。数据字典是关于数据库中的各个表的所有属性字段的名称、字段值、数据描述的定义数据库。建立数据字典的目的是保证数据的规范性、高效性和可维护性，方便数据管理。

数据索引是指对土地利用数据库建立的空间索引，目的是为了提高数据检索的效率。数据索引可分为分幅索引和分行政区索引，以方便对各个图幅内数据检索和对各个行政区划单元的数据检索。

（2）图形与属性数据库的建立。通过入库处理，将分层数据导入到目标数据库中。根据数据库设计要求，按空间单元划分（分幅或者分行政单元）存储单元建立各个子数据库，或者将所有数据合并为一个存储单元建立无缝数据库。

（3）设立用户密码、规定用户使用权限。为保证数据的安全和保密，在建立数据库实体时，应当同时建立密码和设定权限，控制对数据库的读、写、修改等操作。

（4）软件系统与数据的融合检查。

（5）数据库系统试运行测试。

9.8 武汉市江夏区土地利用规划空间数据库设计

9.8.1 概　述

江夏区位于长江中游南岸，江汉平原向鄂南丘陵延伸的过渡地带，是素有九省通衢的武汉市的南大门。随着江夏经济建设飞速发展，城市化进程不断加快，传统的手工管理方式已不能满足土地资源动态管理的需要，这就迫切需要采用现代化的手段，实施科学、有效的管理，以实现土地资源管理，尤其是土地利用规划管理的信息化。

"江夏区土地利用规划管理信息系统"的建设，是江夏区国土资源信息化的重要组成部分，是提高江夏区土地利用规划管理工作水平的重要措施。系统的建设将以国土资源部《关于试行〈县（市）级土地利用规划数据库标准〉和〈县（市）级土地利用规划管理信息系统建设指南〉的通知》（国土资发〔2002〕193 号）为指导，根据国土资源部"关于开展土地利用规划管理信息系统建设工作的通知"文件的要求，结合江夏区土地利用规划的业务实际，逐步开展实施。

该项目是国土资源部"数字国土工程"，是全国县（市）级土地利用规划管理信息系统试点示范工程，是由国土资源部批准、湖北省国土资源厅组织实施、江夏区国土资源管理局和武汉中地数码科技有限公司共同研发的。

"武汉市江夏区土地利用规划空间数据库"是"江夏区土地利用规划管理信息系统"项目的重要组成部分，是实现整个系统的关键，下面就系统功能体系结构、空间数据组织和空间数据结构分别加以阐述。

9.8.2 功能体系结构

依据国土资源部《国土资源信息化工作标准（县市级土地利用规划管理信息系统建设指南）》以及县市级土地利用规划管理的业务实际，土地利用规划管理系统可以分为规划辅助编制、规划成果管理和规划实施管理三大模块，系统结构如图9-54所示。

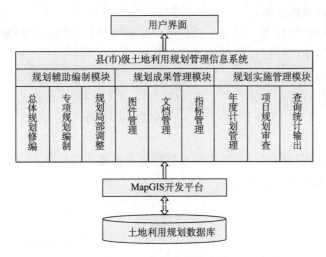

图 9-54　系统功能结构图

县（市）级土地利用规划信息系统的图形和属性数据共享，可以方便土地利用规划部门以外的地籍、耕地保护、监察等相关业务主管科（室）负责人能及时掌握最新规划成果，以便指导工作。整个系统采用流行的三层结构设计，即数据服务层、业务逻辑层和应用层，相对应的软件配置分别是数据库管理系统、组件及其他中间件和开发的应用程序。利用 MapGIS SDE 技术，实现图形数据和属性数据的统一存储、管理。为满足土地利用规划业务的需求，系统把业务实现和业务表现分开，客户端专门实现业务表现，业务逻辑部分使用组件、动态连接库完成土地规划业务数据处理和管理，实现客户端对数据层的访问。

1）用户服务层的实现

采用以 Visual C++编写的应用系统作为客户端，充当用户服务层。多视图结构，充分利用窗口资源，操作简单、明了，最大限度降低用户服务层的数据处理工作，专注于用户的交互功能。

2）业务服务层的实现

业务服务层的服务主要依靠 MapGIS 平台提供的动态连接库，其中封装了处理空间数据所需的所有功能。作为 MapGIS 地理信息系统平台的提供者，开发以该平台为基础的应用系统，更能够保证业务服务层与用户服务层的协同工作，发挥空间数据处理的优势。

3）数据服务层的实现

数据服务层的服务主要由 Oracle 9i 以上版本或 SQL Server2000 数据库管理系统实现，性能优良的数据库后端和 Microsoft 系统平台及开发工具有更强的兼容性，同时具备出色的稳定性。

县（市）级土地利用规划数据库用于存储和管理以下几类数据：

（1）土地利用现状数据；

（2）土地利用规划数据：包括土地利用总体规划和各专题规划数据；

（3）土地利用年度计划数据以及项目审查数据；

（4）土地利用规划档案数据：包括扫描图件和文档，作为档案进行保存。

9.8.3 空间数据组织

县（市）级土地利用规划数据库中的数据按存在形式可以分为空间数据、属性数据和文档类数据三大类（图 9-55）。

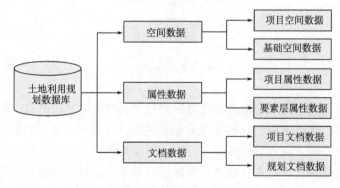

图 9-55 空间数据组织图

（1）空间数据可以分为基础空间数据和项目数据。基础空间数据包括土地利用现状图、土地利用总体规划和专项规划图以及土地利用年度计划图；项目空间数据主要指建设用地图、补充耕地图。

（2）属性数据包括项目的属性数据、各要素层的属性数据（土地利用总体规划图即包含多个要素层）。

（3）文档类数据：主要有规划文档资料（包含规划文档、规划调整文档等）、土地利用年度计划文档以及建设用地项目与补充耕地项目的文档资料。以文字文档和扫描图件文档形式存在。

以上这几类数据通过索引有机地连接起来。可以用图 9-55 来表示数据之间的联系。

9.8.4 空间数据结构

1. 空间数据逻辑结构

规划数据库存放的空间数据主要有地形图、土地利用现状数据、土地利用规划数据和各专项规划数据等（图 9-56），空间数据的分层组织结构如表 9-19 所示。

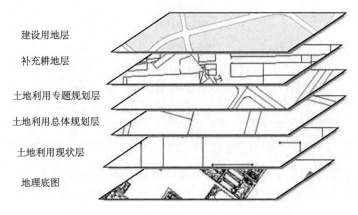

图 9-56 土地利用规划空间数据层次结构图

表 9-19 土地利用规划空间数据层次详细分类表

大类	小类	分层	简称	说明
现状	现状	地类图斑	DLTB	
		线状地物	XZDW	
		零星地物	LXDW	
基期规划	土地用途分类 （B10）	面状用地	MZYD	
		线状用地	XZYD	
		点状用地	DZYD	
	旅游资源 （B20）	面状旅游资源	MZLY	
		线状旅游资源	XZLY	
		点状旅游资源	DZLY	
	基础设施 （B30）	面状基础设施	MZJC	
		线状基础设施	XZJC	
		点状基础设施	DZJC	
	主要矿产储藏区	主要矿产储藏区	ZYKCCC	
	蓄洪、滞洪区	蓄洪、滞洪区	XHZH	
	地质灾害易发区	地质灾害易发区	DZZH	

大类	小类		分层	简称	说明
修编规划	总体规划		面状规划	MZGH	
			线状规划	XZGH	
			点状规划	DZGH	
	专题规划	土地利用活动	基本农田保护	JBNT	
			土地整理	TDZL	
			土地复垦	TDFK	
			土地开发	TDKF	
			生态环境建设	STHJ	
		建设项目	面状建设项目	MZXM	
			线状建设项目	XZXM	
			点状建设项目	DZXM	
	用途分区		土地用途分区	YTFQ	
地理底图	行政区划		行政区划	XZQH	
	注记		符号注记	FHZJ	

所有空间专题数据通过空间数据库引擎，放在 SQLServer 或 Oracle 数据库中进行管理，能支持存放在数据库中或文件形式存放的大型空间数据库的导入、叠置显示、查询管理。

1）建设用地层

建设用地数据入库时应进行投影变换统一为经纬度，以保证在坐标空间上连续，同时保持较高精度方式及空间拓扑连续。这一层数据应包括界桩数据（结点方式管理）、界限数据（弧段方式管理）、地块数据（区的方式管理）及这三层分别的属性信息。

2）补充耕地层

补充耕地数据入库时应进行投影变换统一为经纬度，以保证在坐标空间上连续，同时保持较高精度方式及空间拓扑连续。补充耕地地块注重面积的准确，对于形状没有太高要求，这一层可以不存储界桩数据，所以这一层数据应包括界限数据（弧段方式管理）、地块数据（区的方式管理）及其属性信息。

3）规划专题层

规划数据入库时应进行投影变换统一为经纬度，以保证在坐标空间上连续，同时保持较高精度方式及空间拓扑连续。这一层数据着重起到参照的作用，所以这一层数据应包括地块数据（区的方式管理）及其属性信息。

4）土地利用现状层

土地利用现状数据入库时应进行投影变换统一为经纬度，以保证在坐标空间上连续，同时保持较高精度方式及空间拓扑连续。土地利用现状地块注重面积的准确，这一层可以不存储界桩数据，所以这一层数据应包括界限数据、地块数据及这两层分别的属性信息。

2. 属性数据及编码结构

土地利用规划数据库存储的数据种类和数量很多，数据结构复杂，详见附录，这里列举出比较重要的几个表格（表 9-20～表 9-24）。

表 9-20　行政区划要素基本属性结构表

序号	字段名	字段类型	长度	小数位	说明
1	行政区划代码	Char	8		行政区国标代码＋2位顺序码
2	行政区划名称	Char	30		
3	总人口	Int	6		
4	总面积	Float	6	2	

表 9-21　土地用途面状用地要素基本属性结构表

序号	字段名	字段类型	字段长度	小数位	说明
1	图斑编号	Char	6		
2	行政区划代码	Char	8		
3	土地用途分类代码	Char	7		
4	面积	Float	5	2	

表 9-22　土地用途线状用地要素基本属性结构表

序号	字段名	字段类型	字段长度	小数位	说明
1	地物编号	Char	6		
2	行政区划代码	Char	8		
3	土地用途分类代码	Char	7		
4	长度	Float	7	2	

表 9-23　土地用途点状用地要素基本属性结构表

序号	字段名	字段类型	字段长度	小数位	说明
1	地物编号	Char	6		
2	行政区划代码	Char	8		
3	土地用途分类代码	Char	7		
4	面积	Float	5	2	

表 9-24　建设用地层属性结构表

序号	字段名	字段类型	字段长度	小数位	说明
1	地块编号	Char	80		
2	地块权属	Char	200		
3	地块名称	Char	200		
4	毛面积	Float	8	3	

思 考 题

1. 空间数据库的设计原则是什么?
2. 空间数据设计一般要经过哪些步骤?
3. 空间数据需求分析主要包括哪几个方面的内容?
4. 什么是数据流图? 其基本组成成分是什么?
5. 什么是数据字典? 其有什么用途?

第10章　空间数据库新发展

地理信息系统是采集、管理、分析和显示空间对象数据的计算机系统，是以空间数据为研究对象。空间数据库技术也就成为地理信息系统的一个重要技术之一。随着地理信息系统的发展，空间数据库技术也得到了很大的发展，并出现了很多新的空间数据库技术。

10.1　分布式空间数据库技术

10.1.1　分布式空间数据库概述

分布式空间数据库（Distributed Spatial DataBase，DSDB）是使用计算机网络把面向物理上分散，而管理和控制又需要不同程度集中的空间数据库连接起来，共同组成一个统一的数据库的空间数据管理系统。这只是分布式空间数据库的通俗定义，还存在着其他多种定义，但现在还没有一个令人满意或者能够被所有人接受的。也可以简单地把分布式空间数据库看成是空间数据库和计算机网络的总和。但是它绝对不是两者的简单结合，而是把物理上分散的空间数据库组织成为一个逻辑上单一的空间数据库系统；同时，又保持了单个物理空间数据库的自治性（宋海朝等，2004）。

分布式空间数据库系统是由若干个站点（或结点）集合而成，它们通过网络连接在一起，每个站点都是一个独立的空间数据库系统，它们都拥有各自的数据库和相应的管理系统及其分析工具。整个数据库在物理上存储于不同的设备，而在逻辑上是一个统一的空间数据库。分布式空间数据库系统如图10-1所示。

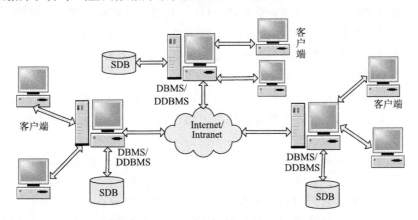

图 10-1　分布式空间数据库管理系统示意图

其中，SDB 为空间数据库，DDBMS 为分布式数据库管理系统。

从以上可以总结出分布式空间数据库系统的特点：

分布式数据库（DDB）是数据库技术与计算机网络技术的统一。数据库技术是一种抽象的集中数据管理方法。它通过集中实现数据共享，通过抽象实现数据的独立性，给用户提供一个总的、聚合的、唯一的数据集合及其统一的管理方法。另外，计算机网络是一种分散的计算机系统，在利用通信线路相互连接的计算机之间分布数据与程序，以适应用户地域分散的需要。因此，分布式数据库是集中和分散的统一。它通过结合这两个表面上矛盾的方法，实现了前所未有的功能和优点，具体概括如下（欧阳，2004）：

　　（1）可靠性：在 DDB 中，单一部件的失效，不一定使整个系统失效，这比集中式数据库的一个部件的损坏而导致整个系统的崩溃好得多，也就是可靠性提高了很多。而且，在 DDB 中，因为在不同的结点上可能有数据的副本，因此可以通过多个版本的副本恢复失效的数据。

　　（2）自治性：DDB 允许每个场所有各自的自主权，允许机构的各个组织对其自身的数据实施局部控制，有局部的责任制，使它们较少地依赖某些远程数据处理中心。

　　（3）模块性：DDB 是一个类似于模块化的系统，因为增加一个新的结点，远比用一个更大的系统代替一个已有的集中式系统要容易得多。这使得整个系统的结构十分灵活，增加或减少处理能力比较容易，而且这种增减对系统的其他部分影响较小。模块性决定了 DDB 具有很强的升级能力和较低的投资费用。

　　（4）高效率、高可用性：在 DDB 中，通过合理的分布数据，使得数据存储在其常用的结点，这样既缩短了响应的时间，减少了通信费用，又提高了数据的可用性。并且，对常用数据的重复存储，也可以提高系统的响应速度和数据的可用性。

　　除了以上优点外，DDB 的结构和功能决定了它还有以下特点：

　　（1）数据的物理分布性和逻辑整体性：DDB 中的数据不是集中存储在一个地区的一台计算机上，而是分布在不同场地的计算机上，而每个计算机拥有相同的等级。虽然 DDB 在物理上是分布的，但这些数据并不是互不相关的，它们在逻辑上是相互联系的整体。

　　（2）数据的分布独立性（也称分布透明性）：从用户的视角来看，DDB 中整个数据库仍然是一个集中的数据库，用户不必关心数据的分布，也不必关心数据物理位置分布的细节，更不必关心数据副本的一致性，分布的实现完全由系统来完成。系统的操作者所看到的是一个整体的类似于集中式的数据库。

　　（3）数据的冗余存储：在这点上是与集中式数据库不同的，分布式数据库中应存在适当冗余以提高系统处理的效率和可靠性。因此，数据复制技术是分布式数据库的一项很重要的技术。

　　（4）场地自治和协调：系统中的每个结点都具有独立性，能执行局部的应用请求；同时，每个结点又是整个系统的一部分，可通过网络处理全局的应用请求。

　　DDB 采用了系统的分层结构，对用户的查询和事务有着较高的优化处理要求，优化的目标有两个：减少通信费用、缩短响应时间。对于数据的完整性、恢复和并行控制，DDB 有着更加复杂的要求。

　　在保密性和安全性方面，DDB 实现数据共享并不意味着完全放弃了保密性和安全性。首先，在具有高度结点自主性的结点的 DDB 中，局部数据拥有者感受到更强的保护，因为他们可以不依赖于中心数据库管理员而实现他们自己的保护；其次，安全问题对 DDB 来说是最根本的问题，因为通信网络对提供保护来说是个薄弱环节。

10.1.2　分布式空间数据库设计

分布式空间数据库（或称为全局数据库）是由若干个已经存在的相关空间数据库集成的。这些相关数据库（称为本地、参与或局部数据库）分布在由计算机网络连接起来的多个场地上，并且在加入到分布式空间数据库系统之后仍具有自治性。如果参与空间数据库之间存在异构性，则称之为异构型分布式空间数据库系统。分布式空间数据库系统在参与空间数据库之上为全局用户提供了一个统一存取空间数据的环境，使全局用户像使用一个空间数据库系统一样使用分布式空间数据库系统。

1. 设计目标和原则

分布式空间数据库的设计目标有以下几点：

（1）分布式空间数据库能够将已经存在的空间数据库集成，形成一个虚拟的数据库，被所有用户（全局用户）共享，即满足空间数据共享的要求。

（2）全局用户不需要知道数据的物理存储位置，也能够访问到数据，好像数据就存储在本场地上似的。

（3）所有"真实"的数据都是属于本地参与空间数据库的，即本地数据由本地拥有，即使他们可以被其他的场地访问；同时参与空间数据库对本地数据的所有操作，不受其他场地的控制，即使是全局的空间数据库系统。

（4）支持分布式查询处理，全局用户的一次查询可以涉及两个或两个以上场地的数据。

（5）分布式空间数据库系统对用户屏蔽了各个参与空间数据库系统的异构性，即支持异构空间数据库的集成。

（6）分布式空间数据库系统也对用户屏蔽了各个参与空间数据库系统异构的操作环境，包括计算机、操作系统与网络协议。

为了达到这个设计目标，我们也规定了分布式空间数据库系统的设计原则：

（1）禁止从一个空间数据库到另一个空间数据库之间的数据库转换和迁移。

（2）分布式空间数据库系统要求对参与空间数据库的软件不能做任何的改动。

（3）在没有明确要求修改数据时，全局应用不能够改变参与空间数据库上的原始数据。

（4）分布式空间数据库系统不能妨碍参与空间数据库原来的工作模式，即参与空间数据库上还可运行只使用本地资源的应用程序，而要访问多个参与空间数据库资源的应用，则需要在分布式空间数据库系统上运行。

（5）在分布式空间数据库系统中只使用一种统一的空间数据模型和一种统一的空间数据库语言。

2. 体系结构设计

分布式空间数据库的体系结构的设计目前还没有统一的标准，书中借鉴了文献（邵佩英，2000）中分布式数据库系统的体系结构，设计了一个分布式空间数据库体系结构，如图 10-2 所示。

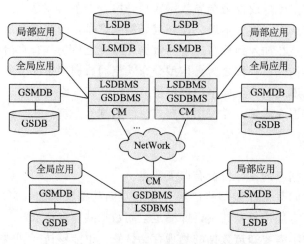

图 10-2　分布式空间数据库系统的体系结构

分布式空间数据库包括 GSDBMS（全局空间数据库管理系统）、LSDBMS（局部空间数据库管理系统）、CM（通信管理程序，不同结点之间的通信可以采用 TCP/IP、RPC、CORBA 等）、GSDB（全局空间数据库）、LSDB（局部空间数据库）、GSMDB 和 LSMDB（全局空间元数据库和局部空间元数据库，空间元数据不仅包含数据字典的全部内容，而且还包括对地理空间数据的内容、质量、条件、空间参考和其他特征的描述与说明）。

3. 空间数据的分割和分布

在分布式空间数据库设计中首先要解决两个问题（陈建荣等，1992）：①如何把空间数据分割成分配到不同结点的部分（这些部分称作碎片）；②如何分布这些碎片到各结点，使某一费用函数最小；是否冗余？哪些冗余？

以上第一个问题与系统的可用性、效率及查询处理有关。第二个问题与查询处理、并发控制及系统的可靠性有关。为了增加系统的可靠性，系统就必须使数据冗余，也就是系统将同时保持空间数据的多个副本，每个副本存储在不同的结点上，这样当系统中的某个结点出现故障时，由于在没有故障的结点上有它的副本，所以数据仍然是可用的。

同时，数据冗余还可以提高数据的并行性，提高查询速度。分布式空间数据设计的一个重要原则是使数据与应用程序实现最大限度的本地化，这样应用程序使用的数据大多数来自本地结点，只有少量的数据来自远程结点，减少了数据传输，加快了系统的速度。

空间数据有其自身的特点：①在空间数据的组织上，水平方向采用图幅（地理空间范围）方式，垂直方向采用专题方式；②空间数据的表示方式又有矢量方式和栅格方式之分；③空间数据又有空间和属性两种要素。基于这些空间数据的特点、上述的分布式空间数据库设计原则以及应用的需求，一般采用如下分割方法：

(1) 按照空间数据的表示方式，划分为矢量数据和栅格数据两部分。

(2) 按照地理范围，划分为多个图幅。

(3) 按照专题，划分为多个专题部分。

(4) 每一个专题对应于一个图层。

大多数 GIS 的应用是针对专题和区域进行的。一些 GIS 应用大多数情况下只用到一定区域内的一个专题，如北京市的电力部门，大多数情况下只会用到北京市范围内的线路空间数据，很少用到北京市以外的线路空间数据，且对于其他专题的数据只有在少数情况下才会用到；而有些 GIS 应用会用到多个区域多个专题的数据，如北京市城建部门会用到海淀区、朝阳区等多个区域的多个专题的数据（包括给水、电力、电信、煤气、供暖、交通等）。

10.1.3　分布式空间数据组织管理

由于地理信息本质上是分布的，而用户又需要对分布的地理信息完成浏览、查询、分析等操作。这就要求不同地域、不同行业的生产部门对应专门的数据服务器，通过对每一个数据服务器的及时更新，实现整个数据库更新。从这方面讲，地理信息必须是分布式存储的，即建立分布式空间数据库。

随着计算机网络技术的飞速发展和广泛应用，特别是 Internet 的普及，为数据的分布存储管理提供了基础，它可以将异地配置的若干个空间数据存储站点连接起来，实现不同站点之间空间数据库的透明连接。应用分布式空间数据库管理空间数据是一个更为有效的手段。

要建立一个分布式空间数据库的空间数据管理系统，主要有两种策略：一是完全从底层开始进行开发；二是在现有商业产品的基础上进行二次开发。

如果选择从底层开始开发，就要应用网络编程技术，采用 Visual C＋＋、VB、JAVA等开发工具，搭建分布式空间数据管理的各项功能。这种方法的优点是针对性强，能够根据实际应用开发具体的功能，方便地增加新的功能。其最大缺点是工作量大，开发周期长，需要耗费大量的人力、物力、财力，往往经过多年的测试，才能形成稳定的产品。因此，一般不采用这种策略。

Oracle 是目前最流行的客户机/服务器体系结构的数据库之一。它提供了分布式数据库能力和空间数据管理功能。Oracle Spatial Data Option 对数据存储进行了扩充，是目前唯一能够支持空间数据操作的关系数据库，提供了对大量空间数据的存储、管理和查询检索等功能。SDE 是 ESRI 公司推出的空间数据解决方案，SDE 的开放式数据访问模型，提供开放的开发环境，是目前比较成熟的空间数据库管理系统。由于 Oracle、SDE 等商用软件的分布式空间数据管理功能已经比较成熟，采用二次开发的方法在商用软件上进行集成，能够比较快地搭建比较完善的分布式空间数据管理平台。这种方法的优点是开发周期短，可以及时提供应用，是一种较为可行的开发策略。我们根据现有商用软件设计了分布式空间数据库管理的体系结构，如图 10-3 所示。

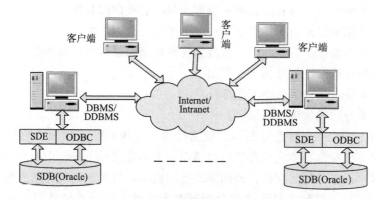

图 10-3　基于分布式数据库的空间数据库管理结构

其中，空间数据和属性数据全部存储在 Oracle 中，空间数据通过 SDE 调用，属性数据通过 ODBC 调用，用户通过客户端管理空间数据和属性数据。这种分布式空间数据管理结构较好地解决了海量数据的分布存储和管理问题以及空间数据和属性数据的一体化管理的问题，是空间数据管理的发展方向之一。

第一种是将所有数据存储在"数据中心"①，如图 10-4 所示。在这种策略中，将所有数据存储在数据中心，任何用户在任一时刻都访问数据中心，通过数据中心进行空间数据的交换、使用和共享。这种方法主要用于数据量不大的情况。

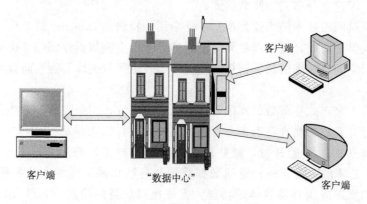

图 10-4　"数据中心"策略图

第二种是在不同地点存储不同的数据，如图 10-5 所示。在这种策略中，数据分布于不同的地点，不同数据及其元数据存储在不同的地点。这种策略在构建数据仓库时被广泛采用。

这两种策略各有优缺点，应根据数据的情况进行选择。作者认为，分布式策略是解决海量空间数据管理的一个有效的方式。

---

① 此处"数据中心"应理解为"数据堆场"，真正意义上的"数据中心"概念请参考 10.3 节。

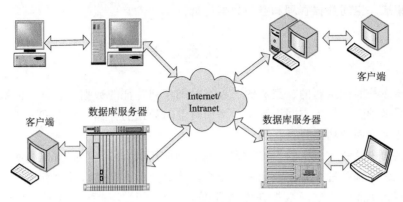

图 10-5 分布式策略图

10.2 空间数据仓库技术

10.2.1 空间数据仓库概念

数据仓库(Data Warehouse, DW)是 20 世纪 90 年代发展起来的一种数据存储、管理和处理的技术。目前数据仓库的定义是不统一的。公认的数据仓库之父 W. H. Inmon 将其定义为:"数据仓库是支持管理决策过程的、面向主题的、集成的、随时间而变的、持久的数据集合"(王珊和萨师煊,2005)。其中主题是一个较高层次上将数据归类的标准,每一个主题基本上对应一个宏观的分析领域(王珊和萨师煊,2005)。例如,在土地管理系统中其主题可能是土地利用、土地覆盖,而在面向应用系统中可能是按土地地籍、土地稽核等应用来组织。从本质上讲,数据仓库是从一种崭新的哲学观点来看待数据管理方法和技术的,是网络数据库及其管理系统与应用分析系统。具有在线事务处理功能,可以根据用户需求组织和提供面向主题的数据,对于海量信息提供不同层次上的概括和聚集机制并以易于用户理解的方式表达出来,具有由网络连接的无数分散的不同数据库的管理功能,对于从许多存储格式不同、版本不同、数据语义不同的数据库中取得的数据具有集成和关联机制,为 GIS 组织、海量数据存储提供了新的思路,是空间数据管理的发展方向之一。

空间数据仓库(Spatial Data Warehouse, SDW)是 20 世纪 90 年代发展起来的一种数据存储、管理和处理的技术,是在数据仓库的基础上提出的一个新的概念和新的技术,是 GIS 技术和数据仓库技术相结合的产物,是数据仓库的一种特殊形式。SDW 是面向主题的、集成的、随时间不断变化的和非易失性的空间和非空间数据集合,用于支持空间辅助决策(Spatial Decision Making, SDM)和空间数据挖掘(Spatial Data Mining, SDM)。空间数据仓库中除了非空间数据外还包含空间数据,如卫星影像、遥感影像和数字地图等。例如,在环境保护与可持续发展政策的制定、土地规划、交通监管、突发事件的处理、防灾减灾等工作的决策过程都需要分析信息的空间变化特性。空间数据仓库大大扩展了 GIS 的应用功能,当前已经成为 GIS 界研究的热点,被广泛应用于多源数据集成、空间数据管理和空间数据挖掘。

10.2.2 空间数据仓库特点

数据仓库是面向主题的、集成的、具有时间序列特征的数据集合，空间数据仓库在数据仓库的基础上，引入空间维数据，增加对空间数据的存储、管理和分析能力，主要具有以下几个方面的功能特征：

（1）面向主题的。传统的 GIS 数据库是面向应用的，GIS 空间数据仓库是面向主题的，它以主题为基础进行分类、加工、变换，从更高层次上进行综合利用。

（2）面向集成的。空间数据仓库的数据应该是尽可能全面、及时、准确。传统的 GIS 应用是其重要的数据源，为此空间数据仓库的数据应以各种面向应用的 GIS 系统为基础，通过元数据将它们集成起来，从中得到各种有用的数据。

（3）数据的变换和增值。空间数据仓库的数据来源于不同的面向应用 GIS 系统的数据，由于数据冗余及其标准和格式存在差异等一系列原因，不能把数据原封不动地存入数据仓库，应该按照主题对空间数据进行变换和增值，提高数据的可用性。

（4）空间序列的方位数据。自然界是一个立体的空间，任何事物都有自己的空间位置，彼此之间有相互的空间联系，因此任何信息也都应该具有空间标志。一般的数据仓库是没有空间维数的，不能做空间分析，不能反映自然界的空间变化趋势。进入 GIS 空间数据仓库的空间数据必须具有统一的坐标系和相同的比例尺。

（5）时间序列的历史数据。自然界是随时间变化的，地理数据库需要随环境的变化而不断更新，在研究、分析问题时可能需要了解过去的数据。数据仓库中的数据包含了数据的时间属性，因而 GIS 能管理不同时间的数据，满足用户数据版本管理的要求。

（6）基于空间数据仓库的 GIS 能将数据仓库中的数据以多种形式直观地呈现给用户，为决策人员提供面向主题的分析工具。

（7）由于空间数据仓库能从多个数据库中提取面向主题的数据，因而空间数据仓库中不必保存所有的数据，减轻了空间数据仓库的负担。

10.2.3 空间数据仓库实现方法

1. 空间联机分析

联机分析处理（Online Analysis Processing，OLAP）是使分析人员、管理人员或执行人员能够从多种角度对从原始数据中转化出来的、能够真正为用户所理解的、并真实反映企业特性的信息进行快速、一致、交互地存取，从而获得对数据的更深入了解的一类软件技术。OLAP 的技术核心是"维"这个概念，因此 OLAP 也可以说是多维数据分析工具的集合（王家耀，2001）。

多维方法基于维和度量。维表示分析轴，而度量是指针对不同维进行分析的数值属性。度量可视为因变量，维可视为自变量。由一系列维得到的一系列聚集度量形成了数据立方体（Gray，1996）。在数据立方体中，所有可能维组合上度量的聚集属性被有选择地预先计算。与传统关系和对象-关系数据库管理系统中的基于事务数据组织方式相比提高了数据查询与分析的效率。

OLAP 对多维分析过程中时间和空间维的模拟提供了较好的支持。但是对空间维也像其他维一样处理，没有考虑空间维本身的特性。OLAP 工具用于时空分析的不足也体现出来：无法实现空间数据可视化，不能进行空间分析，更不能实现基于地图的数据探索。为此，人们提出了空间联机分析（Spatial On-line Analytical Processing，SOLAP)的概念。

空间联机分析处理是包含空间维的 OLAP，是支持空间数据分析与探究的多维数据可视化分析工具。空间维可以用于制图可视化和图形显示，分为三类：非几何空间维、几何空间维和混合空间维。第一类空间维中使用定名数据（如地名）表示空间引用，没有几何表示或制图表示伴随维成员。这类空间维在传统的 OLAP 工具中经常使用，其他两种空间维包含几何形状（对地图的空间引用）。几何形状在几何空间维的所有层次上存在，在混合空间维的部分层次上存在。空间度量包含数值型度量和空间度量，其中空间度量又可分为三类：第一类空间度量包含一个或多个几何形状，通过多个几何空间维组合得到。需要注意的是几何度量与相应维成员的几何形状是不一样的，它是一个新几何形状或多个几何形状的集合。第二类空间度量来自空间量测的计算或拓扑操作，计算的结果存储在立方体单元中。第三类空间度量是一系列指向空间对象的指针。图 10-6 描述了 GIS 的应用领域和 SOLAP 的应用领域的区别。

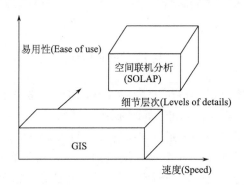

图 10-6　GIS 应用领域和 SOLAP 应用领域的区别

2. 空间数据立方体

空间数据立方体（Spatial Data Cube，SDC）是指按多维数据模型组织的空间数据。如果将各维正交地放置，就会形成类似于立方体的结构。在多维数据的每一维中选定一个层次以后，所得到的将是一个由度量在相应维层次上所有取值构成的小立方体，它对应于 Cube 中的一个结点，称之为 Cuboid。在选定维层次后，如果再选定维成员，那么将是度量的一个具体取值，它对应于 Cuboid 的一个结点，称之为 Cell。空间 Cube 与非空间 Cube 类似，但是在空间 Cube 中，维和度量都可以包含空间对象。空间维与空间度量采用空间对象的指针或指针集表示。

空间 Cube 中的所有 Cuboid 可以形成一个格（Lattice）。其中，最低层次的 Cuboid

（称为基点）代表所有一维的最低的抽象层次；最高层次的 Cuboid（称为顶点）则在最高的抽象层次上汇总了所有的维。这样，在这个格中上升/下降就对应于 roll-up/drill-down 操作。图 10-7 所示为一个三维 Cube 中的 Cuboid 构成的格。其中，A、B、C 代表维名，下标表示概念层次级别。注意，上卷（Roll-up）到一个维的最高层次"All"时等同于去除这个维。

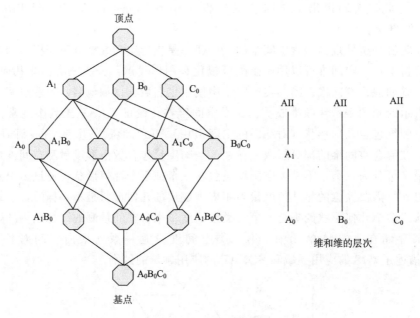

图 10-7 Cuboid 的格

地理空间数据立方体（Geospatial Data Cube，SDC）是一个面向对象的、集成的、以时间为变量的、持续采集空间与非空间数据的多维数据集合，组织和汇总成一个由一组维度和度量值定义的多维结构，用以支持地理空间数据挖掘技术和决策支持过程。地理空间数据立方体绝非仅在数据库上加一层空间外衣，而是真正地以空间数据库为基础，进行复杂的空间分析，反映不同时空尺度下的动态变化趋势，为决策者提供及时、准确的信息。地理空间数据立方体中的数据是经过选择、整理、集成等处理的，为空间数据挖掘提供了良好的数据基础，因而在地理空间数据立方体中进行数据挖掘比在原始数据库中更加有效。数据立方体法的基本思想是把那些经常被查询到的求和、求平均值、求最大最小值等成本较高的计算进行具体化，并将这些具体化的视图存储到数据立方体中，便于知识发现（刘湘南等，2005）。

所谓"立方体"并非指数据仅包含 3 个维度，事实上一个数据立方体可以包含 128 个维度。数据立方体在处理时预先计算好一些汇总数据，称为聚合。聚合提供了一种便于使用、快捷且响应时间一致的数据查询机制。数据立方体在逻辑上一般由一个事实数据表和多个维度表构成一种星形构架（图 10-8），其核心是事实数据表。事实数据表是数据立方体中度量值的源，维度表是数据立方体中维度的源。

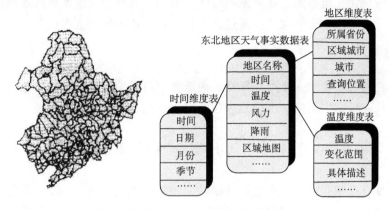

图 10-8　东北地区天气数据立方体星形构架

1）维度

维度是数据立方体的一种结构特性，是描述事实数据表中数据级别的有组织层次结构。这些级别通常描述相似成员的集合，用户根据它们进行分析。例如，某个地理维度可能包括国家、省以及城市等级别。在地理空间数据立方体中有三种维度类型（边馥苓，2006）。

（1）非空间维

非空间维只包含非空间数据。例如，在区域经济数据仓库中的产值、人口等维度。其中每个维均包含非空间数据，它们的概化也是非空间的，如"富"和"穷"。

（2）空间–非空间维

空间–非空间维是指初始数据是空间数据，但其概化值在一定的抽象级别则变成非空间的。例如，空间维"城市"是取自地图的地理数据。假设此维在"武汉"的空间值，概化为字符串"华中"，虽然"华中"是一个空间概念，但不是一个空间值，并且做进一步泛化仍然是非空间的，因此这时它可以作为非空间维进行处理了。

（3）空间–空间维

空间–空间维是指无论初始数据还是所有高级别的概化数据都是空间维的。例如，等温区域，就是一个空间数据，且它的所有泛化数据，诸如 0～5℃的区域、5～10℃区域等均为空间数据。

2）度量值

度量值是在数据立方体内基于该数据立方体的事实数据表中某列的一组值，它们通常是数字。度量值是进行聚合和分析的主要数值。空间数据立方体的度量值有两种类型。

（1）数字度量

数字度量仅包含数字数据。例如，在区域经济数据仓库中的一个度量可以为某地区的月收入，通过上卷（roll-up）可计算出按年、按省等收入。数字度量可进一步划分为分布的、代数的和整体的。

（2）空间度量

空间度量包含一组指向空间对象的指针。例如，具有相同温度和降水量的地区可以被聚合为同一个单元，所形成的度量包含了指向这一地区的一组指针。

3）成员属性

成员属性是维度表的一个可选特性，为最终用户提供成员的其他信息，仅从属于级别。成员属性在级别中创建，该级别应包含应用该成员属性的那些成员。

10.2.4 空间数据仓库的体系结构

空间数据仓库是存储、管理空间数据的一种组织形式（图10-9），其实质仍是计算机存储数据的系统，只是由于使用的目的不同，其存储的数据在量上和质上以及前端分析工具上与传统的 GIS 应用系统有所不同。GIS空间数据仓库体系按照功能可以分为以下几个部分。

1. 源数据

空间数据仓库为了支持高层次决策分析需要大量的源数据。源数据是指分布在不同的地理信息系统的应用系统之中，存储在不同的平台和不同的数据库之中的大量地理信息，是 GIS 数据仓库的物质基础。空间数据仓库的元数据是数据仓库的重要组成部分。SDB 是关于元数据和源数据的数据库，是空间数据仓库的数据源。

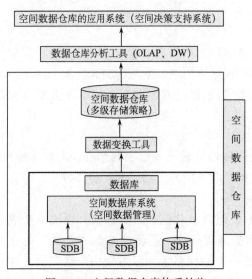

图 10-9 空间数据仓库体系结构

2. 数据变换工具

为了优化空间数据仓库的分析性能，源数据必须经过变换以最合适的方式进入空间数据仓库。从空间数据库或外部数据文件中通过空间数据引擎等各种数据变换工具抽取数据，在抽取数据的同时进行数据清理、数据提炼、数据过滤和空间变换等操作，使得进入空间数据仓库的数据是集成的、清洁的、简洁的和聚集的数据。数据转换工具为数据库和空间数据仓库之间架起了一座桥梁，使源数据得到了增值和统一，最大限度地满足了空间数据仓库高层次决策分析的需要。

3. 空间数据仓库

源数据经过变换进入空间数据仓库。空间数据仓库用多维数据库来实现，即以多维方式来组织和显示数据，包括多维空间数据立方体和数据仓库元数据库两部分。空间维和时间维是空间数据仓库反映现实世界动态变化的基础，它们的数据组织方式是整个空间数据仓库技术的关键。多维数据库数据模型主要是超立方体结构模型。在实际分析过程中，可以按照需要把任意一维和其他维进行组合，以多维的方式显示数据，让人们从不同的角度来认识世界。

4. 空间数据仓库分析工具

空间数据仓库系统的目标是提供决策支持，它不仅需要一般的地理信息查询和分析工具，更需要功能强大的分析和挖掘工具。空间数据仓库分析工具是空间数据仓库系统的重要组成部分，主要由报表查询工具、OLAP 工具、数据挖掘工具和分析过程与结果可视化工具四部分组成（图 10-9）。

10.3 数据中心

随着各行各业信息化建设的不断发展，各种空间信息资源存储、管理和发布的需求也越来越多（如用于城市规划、国土资源、电信、管网、房产土地、智能交通、物流配送等各种地理信息系统）。然而，由于这些系统分散在不同部门、不同地点，且 GIS 种类繁多，导致数据格式不统一，即使是同一个行业也有很多类型的GIS 数据格式并存。例如，国土资源部门应用 GIS 非常广泛，空间数据量巨大，有基础地理数据、各种土地专题数据和矿产资源数据等。但不同地方、不同类型的数据采用了不同的 GIS 软件建库，导致数据之间不能互相访问，使得这些资源无法共享，产生了许多信息孤岛。这样不仅不能为领导层提供正确的决策信息，还会出现重复建库、浪费资源、数据难以维护的局面。因此，要充分利用、管理和维护这些空间信息资源，需要在不同的数据之间建立联系，使得不同格式的数据之间实现同步更新，达到互联互通的目的。在 OGC 标准的规范下，提出数据中心理念、建设分布式异构多级数据中心是大势所趋。

10.3.1 数据中心概念

数据中心是由一个可以存储、管理多源异构数据的数据仓库、一个面向服务的构件仓库和一个可实现零编程的搭建平台组成。

实际上，计算机世界的数据中心与现实世界的物流中心有着惊人的相似之处，让我们回顾一下物流中心的构成及其运作模式。物流中心是由仓库、运输工具、配送平台构成的，通过机器手、传送带、分检系统对货物配置、目录管理、安全维护，可以根据需求配置物流，配置它的使用情况，如图 10-10 所示。仓库是分在各地的，货物堆在一起就叫堆场，库房放在一起就是货物堆场；库房是堆放物品的地方，是工具房、材料库，如图 10-11 所示。有很多企业有库房，库房把货物摆在一起，库房有什么货物，货物放在哪个货架上都有记录，要用的时候按照记录去库房领，这是手工操作，如图 10-12 所示。仓库不一样，仓库的目录是用计算机来记录的，其运送货物是自动化的。

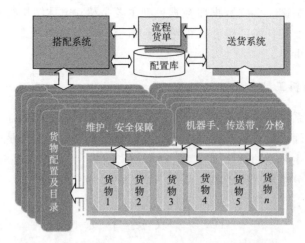

图 10-10　物流中心（仓库＋运输工具＋配送平台）

工具房、材料库(堆放物品的地方)

图 10-11　库房

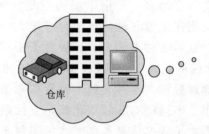

货物仓库、金库（货贺、目录、安全、运输……）

图 10-12　仓库

　　数据库和数据仓库与库房和仓库是类似的，数据库也是把相同的数据放在一个表里面，需要提取的时候编写程序，手工操作、检索提取，这是数据库的特点，数据库的目录是固定的，如图 10-13 所示。数据仓库的目录是可以重新变化、重新设置的。其可以按地区、类型、年度等类别来安排目录，也可任意变化。数据仓库中的数据维护，包括数据重写、数据上载、数据挖掘，有它自己的工具和服务方法，是全自动完成的，如图 10-14 所示。

　　需要强调的是，不能简单地认为能存放、管理很多数据的系统就是数据中心，其实它只是数据堆场（图 10-15），它不能进行有效地搭建和分检。只有把数据仓库和构件

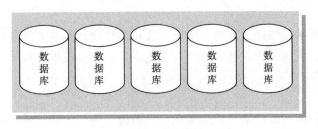

图 10-13　数据库

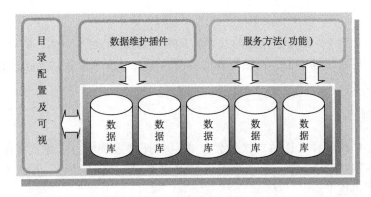

图 10-14　数据仓库

仓库放在一起才叫数据中心。物流中心必须加上配送平台，对物流进行配送，才能使其灵活、有效地运作。数据中心也一样，必须有搭建平台，对功能库进行可视化搭建，才能真正实现零编程开发模式理念。

　　总之，数据中心既是一个数据管理平台，也是一个提供面向服务二次开发平台；数据中心即是空间信息的管理者，又是空间信息的提供者。

(构件库+数据库)×n=数据堆场

图 10-15　数据堆物

10.3.2　数据中心特点

　　数据中心作为一个新生事物，具有以下几个方面的特点。

1. 先进性

　　数据中心概念体系的形成，引入了计算机、GIS 的许多先进技术，以此解决空间信息领域用户提出的许多新需求、新问题。可以说数据中心是当前处于国内外技术领先水平的系统平台。

2. 通用性原则

通用性表现在系统能提供合理、全面、实用的功能，能最大限度地满足自己特有的业务逻辑及生产、管理工作需要，做到人性化设计，操作简单、易于维护。

3. 规范化原则

以国家、行业部门的技术规程为基础，以国内外通用的软件系统为参考，确保数据中心所产生、管理的数据符合行业、国家标准和国际标准规范。

4. 安全性原则

数据中心达到 B2 级安全标准的技术，同时集成防火墙、VPN、数据备份与恢复、防病毒系统、网络传输安全、系统管理的身份认证安全技术体系，形成高安全性能的空间数据库中心平台。

5. 经济性原则

数据中心提供多种先进的二次开发技术（如插件式技术、搭建式技术和配置式技术），能迅速搭建运用系统，整个开发周期可以缩短 50%～80%，开放效率大幅度提高，开发成本迅速下降。

6. 可扩展性原则

数据中心的自定义表单包括一套通用插件库，这些插件提供企业应用的一般功能，对于特殊应用，用户可以根据需要自定义插件插入到系统中，成为有机组成部分。在界面制作方面，自定义表单兼容各种工具的 HTML 文档，只需将相应的文档拷贝到自定义表单中即可。数据中心基于开放性的标准，提供和其他信息系统无缝集成方案，为GIS 应用的进一步扩展提供了极大的可扩展空间。

7. 灵活性原则

数据中心的菜单、工具条、视图和目录树等都可以很容易地实现按用户的需求定制，灵活方便。

10.3.3　数据中心系统架构

数据中心系统是由用户层、框架层、功能插件层和构件仓库管理层四部分组成，如图 10-16 所示。

其中，构件仓库管理层负责管理多种文件资源（如 DOC、EXCEL、WORD、XML、HTML 等）、数据库资源（如 ACESS、ORACLE、MS SQL 等）和地理数据库资源（MapGIS 6.7 数据、MapGIS 7.0 数据、ArcGIS 数据、影像数据等）等，同时负责管理各种组件库和构件库，为功能插件层提供相应的数据和功能服务。

功能插件层包括基础 GIS 插件、业务逻辑插件和构件仓库接口与管理等。GIS 插件主

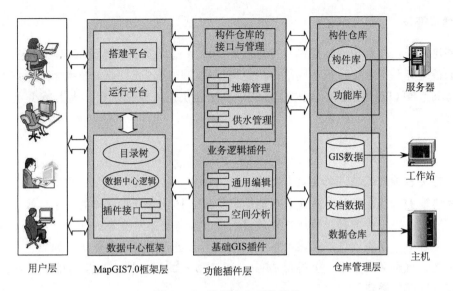

图 10-16　数据中心系统架构

要负责专门的 GIS 空间分析和通用功能的编辑等；业务逻辑插件包括各种业务（如供水、地籍等）插件；构件仓库接口与管理负责框架层与构件仓库管理层之间的交互、接口。

框架层包括数据中心框架、运行平台和搭建平台。数据中心的框架负责提供数据中心逻辑，并装载/卸载插件。插件是针对不同业务系统的特性而言；插件可以集成到框架中。通过专题激活，便可以使用插件功能。插件应该遵循框架的接口协议。针对已经存在的功能，用户可通过功能库进行配置，形成新的插件，所以数据中心的插件是可聚合的。

用户层是系统将用户所需的信息或请求处理结果返回给用户，满足不同用户的基于 C/S 和 B/S 结构的各种需求。

10.3.4　数据中心开发模式

综观 GIS 的发展历史，我们可以把 GIS 的发展阶段分为数据制图阶段、空间数据库建库阶段和大众化应用三个阶段。由于 GIS 是一个跨学科、跨行业的信息系统，随着应用面的不断扩展、系统需求不断增加，其实现难度也越来越大。面向对象、组件化技术已经不能适应当前 GIS 应用系统时间紧、任务重的需求，因此二次技术改革势在必行。

二次开发技术的发展分为三个阶段：①传统开发模式（传统开发模式经过内在结构化程序的开发，即 SOD 技术）；②面向对象组件化的开发（OOD 技术）；③新一代的面向搭建式的程序开发（FOD 技术）。

目前，大多数的系统都是使用面向组件的 OOD 技术。传统开发技术与新一代开发技术比较，传统开发技术的主要缺点是开发难度大，而新一代的搭建式开发模式，具有零编程开发技术特点，软件质量高，能实现低耦合、协同开发的特点。新一代的开发模式有三种层次的开发：搭建式开发、插件式开发、配置式开发。下面分别加以阐述。

1. 搭建式开发

搭建式开发技术包括：搭建及运行框架、业务流程搭建、界面搭建（自定义表单）和功能搭建等几个方面。基于此平台用户可以快速构建各个行业的政务管理系统及企业 ERP 系统，可以通过拖放的方式实现 GIS 功能的快速可视化搭建，大大减少了 GIS 开发的难度。

1）自定义表单

自定义表单系统是一个集页面制作、报表制作、数据访问存储、数据展示、数据验证、表单维护、数据库基本操作、功能插件管理、插件开发于一体的表单可视化开发环境。它彻底解决了传统方式下用户要通过编程才能进行表单开发的问题，实现了全部拖放式开发表单功能通过自定义表单系统，用户不必进行重复的数据访问编码。

总之，自定义表单是一个类似 Microsoft Word 的编辑器，只需简单设置和拖放就可以完成界面的搭建。

2）工作流管理系统

工作流管理系统提供了实现应用逻辑和过程逻辑分离的一种手段，这使得可以在不修改具体功能模块实现方式的情况下，通过修改过程模型来改进系统性能，实现对生产经营过程部分或全部的集成管理，提高软件的重用率，发挥系统的最大效能。工作流管理系统为企业的业务系统运行提供一个软件支撑环境，通过工作流可视化建模工具，用户可以灵活地定义出企业的业务流程。工作流引擎提供强大的流程控制能力，可以严格按照业务流程的定义驱动业务流程实例的运行，包括静态工作流，支持串行、并发、选择分支和汇聚等普通工作流模式，支持基于条件规则的路由；动态工作流，支持任意结点回退、撤销、子流程和窗口补证等多种复杂工作流模式；还提供批办、协办、督办、沉淀和超期提示等多种流程实例控制管理功能。为了适应业务流程的变化，工作流引擎还提供强大的流程模板版本管理、状态管理功能，实现流程模板 XPDL 格式的导入导出；如图 10-17 所示。

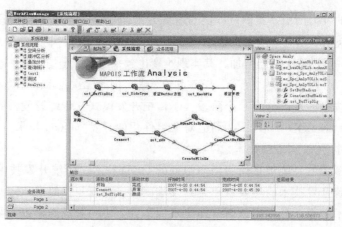

图 10-17　工作流管理系统

3）搭建及运行框架

搭建及运行框架集成了工作流管理系统、自定义表单管理系统、WebGIS 等系统，包括统一登录认证管理、业务流程管理、数据字典、权限管理、节假日管理、功能库管理、菜单项管理、规则库、页面工具集、动态审批语、定时服务、Excel 统计报表、Word 公文和短消息等功能，提供丰富的二次开发接口，具备完善的扩展机制，提供辅助开发配置工具。

系统包括功能模块、页面模块和流程模块等基础服务模块，在这些模块的基础上完成各子功能的封装，再由这些子功能的叠加复用，形成各个业务线，最终形成功能完整的业务系统。系统屏蔽了与应用业务不相干的技术细节，让项目组成员更多地专注于业务本身，项目组成员可以通过拖放的方式来快速构建应用，如图 10-18 所示。

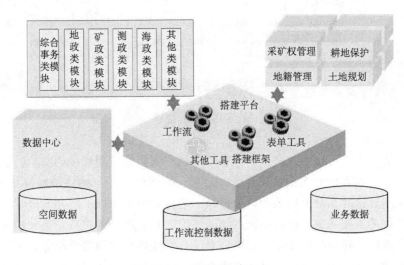

图 10-18 搭建及运行框架

4）功能搭建

功能库对 GIS 功能进行了统一管理，对外公布统一的接口，对功能可以本地或远程部署，每个功能点类似一个小积木块，用户不需要知道程序的开发，只需要了解“小积木块”的作用，在搭建系统时，将这些“小积木块”用工作流通过拖放的方式“拼装”起来即可，拼装后的“大积木块”可单独执行，也可放入应用程序中执行，或者再次注入功能库作为一个功能点供以后使用，功能库结合工作流实现功能的可视化搭建，使用户的工作中心由程序开发转移到业务分析和业务建模上来，如图 10-19 所示。

功能库为用户功能的积累、功能的复用、功能的部署和用户的可视化编程提供了有力的工具。

2. 插件式开发

插件技术，是一种基于组件技术的软件体系结构。基于插件的系统框架下，软件系统分为系统框架和功能插件两个部分。系统框架与功能插件能够相互通信，并且在系统

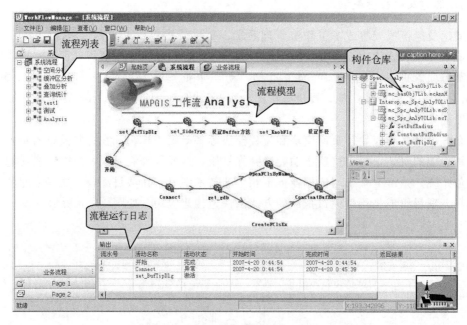

图 10-19　功能搭建

框架不变的情况下，可以通过增减插件或修改插件来调整应用程序的功能。插件技术作为软件复用的一种表现形式在更高的层次上实现了软件复用。插件是插件技术的核心，是在软件复用理论的基础上形成的，是遵循一定标准的，用以扩展和升级系统功能的软件模块。插件的本质是在不修改系统框架的情况下对软件功能进行加强和扩展，当插件的接口被公开时，任何公司或个人都可以自己开发插件来扩展系统功能，也就是实现真正意义上的"即插即用"软件开发。二次开发商或者最终用户可以根据自己的不同需求开发功能插件，方便灵活地集成到系统框架之中，使系统具有最大限度的灵活性和可扩展性。

1）插件框架

插件框架由应用框架层、应用界面层、框架接口层和插件模块层四大部分组成，其系统架构如图 10-20 所示。

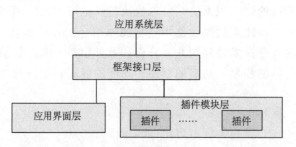

图 10-20　插件框架

应用系统层是整个框架系统的控制中心，协调管理应用框架的各个模块。

框架接口层是框架系统的核心部分，是定义公共的插件接口标准，是框架和插件模块层、应用界面层交互的通路。界面元素的增减，功能插件在框架环境下正常运行都依赖于框架接口层的工作。框架接口层中主要的接口及功能见表10-1。

表 10-1　框架接口层主要接口

接口	功能
IMPIApplication	插件的管理模块，实现插件之间的交互和配置
IMPIDocument	主要定义了文档操作的接口
IMPIEmbedView	视图类型插件的接口定义
IMPIResource	获取插件的资源
IMPIGroupTool	组工具类型插件接口的定义
IMPITool	工具接口的定义
IObjectCategory	插件识别，加载接口
IMPICommand	命令响应接口
IMessagePort	消息通道接口

2）插件类型

一般要提供基本的标准插件接口，如工具类插件、视图类插件和自定义图层类插件，如图10-21、图10-22所示。

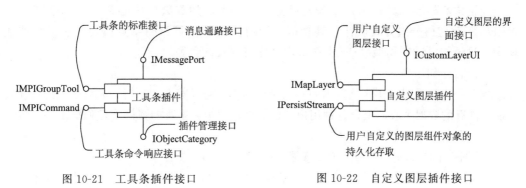

图 10-21　工具条插件接口　　　　图 10-22　自定义图层插件接口

3）工具条插件

工具条插件中 IObjectCategory 接口实现插件的管理功能，如插件加载卸载等。IMPIGroupTool 标准接口实现框架内 Windows 消息响应和设置工具条状态等方法。IMPICommand 接口实现工具条命令响应。IMessagePort 负责响应自定义的消息，如删除要素、更新图层等。

4）自定义图层插件

用户自定义的图层不仅可以和地图文档统一存取，还可以定制自己专有的界面及响应方法。用户通过支持 IMapLayer 接口，可以把任意的自定义图层加入到地图中；通过支持 IPersistStream 接口，可以使得用户定义的图层对象持久化（地图文档的存储采用复合文档的存储形式，使用户自定义图层存取具有很大的独立性）；通过支持 ICustomLayerUI 接口，用户可以定制与其自定义图层特性相关的各种界面，并且实现交互。

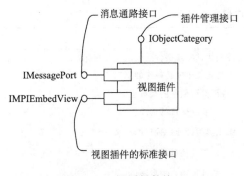

图 10-23　视图插件接口

5）视图插件

视图插件可以让用户灵活地表现自己的数据。IObjectCategory 接口实现插件的管理功能，IMPIEmbedView 负责自定义视图的创建、资源的获取等工作，如图 10-23 所示。

3．配置式开发

通过配置二次开发，可以配置资源、目录、工具箱、视图、菜单、程序模板、实例模板和引导式加载程序实例。

1）配置中心

原始的配置中心，即未经过配置、未加载功能插件的空白框架，主要有标准工具栏、目录树工作区和数据中心工具定义三部分组成。

（1）标准工具栏

配置中心标准工具栏包括目录树结点属性浏览、加载数据中心目录树和动态切换 Access 驱动建树分组方式按钮，其功能主要有数据中心目录树结点属性浏览、加载数据中心目录树、动态切换 Access 驱动建树分组方式按钮等。

（2）目录树工作区

配置中心目录树工作区是数据中心目录树操作和管理数据的场所，充分表现配置加载功能插件后的数据中心，聚合各种用户功能插件，集丰富多彩的数据管理和操作于一体。

（3）数据中心工具定义

"数据中心工具定义"菜单项即数据中心数据类型配置工具。

驱动配置管理器用于配置数据中心的驱动，通过配置驱动，数据中心可扩展多种多样的功能插件，从而使数据中心具有丰富多彩的数据表现能力和数据操作管理能力。驱动名遵循默认的命名规则，驱动类型目前只支持 subnodesystem，即子结点系统类型。驱动本质上是动态链接库。

2）创建地理数据库

基于数据中心的开发，不可避免地要处理各种各样的地理数据。所以创建好需要的地理数据库并加载数据是配置数据中心不可缺少的准备工作。"创建数据库"应提供地理数据库安装器向导。通过可视化界面完成数据库的创建和加载数据。

3）配置 XML 存储文件

要生成数据中心，首先要配置好数据中心的 XML 存储文件，大致有三种配置方式：通过 Access 分组建树驱动方式；遵循数据中心 XML 存储规范手动配置方式和通过数据中心提供的可视化配置工具——树设计器方式配置。

4）配置菜单

通过数据中心提供的可视化工具——菜单设计器，根据功能需求的不同将各个结点配以不同的功能菜单，包括拓扑分析配置菜单示例和网络分析菜单。

5）配置工具

在数据中心类型配置工具中，可以根据不同数据类型应用需求的不同为数据中心定义各种不同的工具，即界面角色。

在数据中心的树设计器中为结点配置了数据类型后，当加载相应的插件和数据时系统框架也相应加载不同的界面角色。

6）创建自定义驱动程序

在 Microsoft Visual Studio 2005 环境中，通过对话框设置用户自定义结点驱动程序、共享 MFC DLL 的规则等完成驱动程序框架创建，以及自定义各种函数和编码。

7）创建功能插件

（1）创建自定义插件

在 Microsoft Visual Studio 2005 环境中，通过对话框向导完成用户自定义插件的新建项目、添加类、应用程序设置、字符集设置、目录配置和版本配置等。

（2）创建显示功能插件

在上面创建的空白用户插件的基础上可以创建多种具有特定的一种或多种功能的用户插件。

思 考 题

1. 什么是分布式空间数据库系统？
2. 分布式空间数据库的设计目标和设计原则是什么？
3. 什么是空间数据仓库技术？
4. 什么是数据中心？
5. 数据中心的特点是什么？
6. 新一代的数据中心的开发模式有哪些？

第11章 MapGIS7.0空间数据库

11.1 概　　述

MapGIS 7.0是武汉中地数码科技有限公司开发的新一代面向网络超大型分布式地理信息系统基础软件平台。系统采用面向服务的设计思想、多层体系结构，实现了面向空间实体及其关系的数据组织、高效海量空间数据的存储与索引、大尺度多维动态空间信息数据库、三维实体建模和分析，具有 TB 级空间数据处理能力、可以支持局域和广域网络环境下空间数据的分布式计算、支持分布式空间信息分发与共享、网络化空间信息服务，能够支持海量、分布式的国家空间基础设施建设。

系统具有以下特点：

(1) 采用分布式跨平台的多层多级体系结构，采用面向"服务"的设计思想；

(2) 具有面向地理实体的空间数据模型，可描述任意几何复杂度的空间特征和非空间特征，完全表达空间、非空间、实体的空间共生性、多重性等关系；

(3) 具备海量空间数据存储与管理能力，矢量、栅格、影像、三维四位一体的海量数据存储，高效的空间索引；

(4) 采用版本与增量相结合的时空数据管理模型，"元组级基态＋增量修正法"的实施方案，可实现单个实体的时态演变；

(5) 具有版本管理和冲突检测机制的长事务处理机制；

(6) 基于网络拓扑数据模型的工作流管理与控制引擎，实现业务的灵活调整和定制，解决 GIS 和 OA 的无缝集成；

(7) 标准自适应的空间元数据管理系统，实现元数据的采集、存储、建库、查询和共享发布，支持 SRW 协议，具有分布检索能力；

(8) 支持真三维建模与可视化，能进行三维海量数据的有效存储和管理、三维专业模型的快速建立、三维数据的综合可视化和融合分析；

(9) 提供基于 SOAP 和 XML 的空间信息应用服务，遵循 OpenGIS 规范，支持 WMS、WFS、WCS、GML3。支持互联网和无线互联网，支持各种智能移动终端。

11.2 MapGIS 空间数据模型

11.2.1 概　　述

MapGIS7.0的空间数据模型将现实世界中的各种现象抽象为对象、关系和规则，各种行为（操作）基于对象、关系和规则，模型更接近人类面向实体的思维方式。该模型还综合了面向图形的空间数据模型的特点，使得模型表达能力强，广泛适应 GIS 的各种应用。该模型具有以下特点：

（1）真正地面向地理实体，全面支持对象、类、子类、子类型、关系、有效性规则、数据集、地理数据库等概念。

（2）对象类型覆盖 GIS 和 CAD 对模型的双重要求，包括要素类、对象类、关系类、注记类、修饰类、动态类和几何网络。

（3）具备类视图概念，可通过属性条件、空间条件和子类型条件定义要素类视图、对象类视图、注记类视图和动态类视图。

（4）要素可描述任意几何复杂度的实体，如水系。

（5）完善的关系定义，可表达实体间的空间关系、拓扑关系和非空间关系。空间关系按照九交模型定义；拓扑关系支持结构表达方式和空间规则表达方式；完整地支持四类非空间关系，包括关联关系、继承关系（完全继承或部分继承）、组合关系（聚集关系或组成关系）和依赖关系。

（6）支持关系多重性，包括 1-1、1-M、N-M。

（7）支持有效性规则的定义和维护，包括定义域规则、关系规则、拓扑规则、空间规则和网络连接规则。

（8）支持多层次数据组织，包括地理数据库、数据集、数据包、类、几何元素、几何实体、几何数据，如图 11-1 所示。

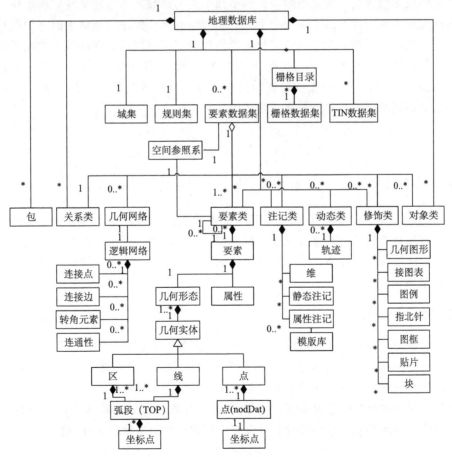

图 11-1　MAPGIS7 面向实体的空间数据模型

（9）几何数据支持向量表示法和解析表示法，包括折线、圆、椭圆、弧、矩形、样条和 bezier 曲线等形态，能够支持规划设计等应用领域。

11.2.2　空间参照系

空间参照系（Spatial Reference System）是平面坐标系和高程系的统称，用于确定地理目标的平面位置和高程，取决于两方面因素：一是在把大地水准面上的测量成果换算到椭球体面上的计算工作中，所采用的椭球的大小；二是椭球体与大地水准面的相关位置，位置不同，对同一点的地理坐标所计算的结果将有不同的值。因此，选定了一个一定大小的椭球体，并确定了它与大地水准面的相关位置，就确定了一个坐标系。

一个要素要进行定位，必须嵌入到一个空间参照系中。地面上任一点的位置，通常用经度和纬度来决定。经线和纬线是地球表面上两组正交（相交为 90°）的曲线，这两组正交的曲线构成的坐标，称为地理坐标系。因为 GIS 所描述的是位于地球表面的信息，所以根据地球椭球体建立的地理坐标（经纬网）可以作为所有要素的参照系统。

地球表面是不可展开的曲面，地理坐标是一种球面坐标，也就是说曲面上的各点不能直接表示在平面上。为了能够将其表面的内容显示在平面的显示器或纸面上，因此必须运用地图投影的方法，建立地球表面和平面上点的函数关系，使地球表面上任一点由地理坐标确定的点，在平面上必有一个与它相对应的点，即建立地球表面上的点与投影平面上点之间的一一对应关系。地图投影的使用保证了空间信息在地域上的联系和完整性，在各类地理信息系统的建立过程中，选择适当的地图投影系统是首先要考虑的问题。MapGIS7.0 提供了不同类型的地图投影以及相互转换的功能。使用者可根据需要的方便建立不同的坐标系并进行相互之间的转换。

11.2.3　实体表达及分类

1. 对象

在 MapGIS7.0 中，对象是现实世界中实体的表示。诸如房子、湖泊或顾客之类的实体，均可用对象表示。对象有属性、行为和一定的规则，以记录的形式存储对象。对象是各种实体一般性的抽象，特殊性对象包括要素、关系、注记、修饰符、轨迹、连接边和连接点等。

2. 对象类型、子类型

根据对象的行为和属性可以将对象划分成不同的类型，具有相同行为和属性的对象构成对象类，特殊的对象类包括要素类、关系类、注记类、修饰类、动态类和几何网络。不特别声明的情况下，对象类指没有空间特征的同类对象集。

子类型是对象类的轻量级分类，以表达相似对象，如供水管网中区分钢管、塑料管、水泥管。不同类或子类型的对象可以有不同的属性缺省值和属性域。

3. 对象类

对象类是具有相同行为和属性的对象的集合。在空间数据模型中，一般情况下，对象类是指没有几何特征的对象（如房屋所有者、表格记录等）的集合；在忽略对象特殊性的情况下，对象类可以指任意一种类型的对象集。

4. 要素类

要素是具有几何特征的对象，要素包括属性、几何元素和图示化信息，几何元素是点、线、多边形等几何实体的组合。要素类是具有相同属性的要素的集合，是一种特殊的对象类，往往用于表达某种类型的地理实体，如道路、学校等。

5. 关系类

现实世界中的各种现象是普遍联系的，而联系本身也是一种特殊现象，具有多种表现形式。在面向实体的空间数据模型中，对象之间的联系被称作关系，是一种特殊的对象。

房屋所有者和房屋之间的产权关系，具有公共边界的行政区之间的相邻关系，甲乙双方之间的合同关系，都是对象之间关系的实例。

在该模型中，关系被分为空间关系和非空间关系。其中：

（1）空间关系与对象的位置和形态等空间特性有关，包括距离关系和拓扑关系。拓扑关系如水管和阀门的连接关系、两条道路的相交关系；

（2）非空间关系是对象属性之间存在的关系，如甲乙方之间的合同关系。

关系类是关系的集合，一般在对象类、要素类、注记类和修饰类的任意两者之间建立关系类。

6. 注记类

注记是一种标识要素的描述性文本，分为静态注记、属性注记和维注记。其中：

（1）静态注记是一种内容和位置固定的注记，包括注记和版面。

（2）属性注记的内容来自要素的属性值，显示属性注记时，动态地将属性值填入注记模板。因此也称为动态注记，属性注记直接和它要标注的要素相关联，移动要素时，注记跟随移动，注记的生命期受该要素的生命期控制。

（3）维注记是一种特殊类型的地图注记，仅用来表示特定的长度和距离。维分为平行维和线性维，平行维与基线平行，表示真实距离；线性维可以是垂直、水平或旋转的，并不表示真实距离。

注记的集合构成注记类。

7. 修饰类

修饰类用于存储修饰地图或者辅助制图的要素，包括几何图形、接图表、图例、指北针、图框、比例尺、贴片和块。其中：

（1）几何图形包括点、线、多边形。线和多边形边界可以是下列类型之一：折线、弧线、圆、椭圆、弧、矩形、样条、bezier 曲线。几何图形主要考虑图面的要求、对平面拓扑和形态没有严格要求。例如，多边形的端点不要求严格重合，线可以自相交。

（2）图框分为内图框和外图框。

（3）贴片是一种带图示化信息的矩形框，用于遮盖不需要显示的图形。

（4）块是修饰类要素的组合，可以自由组合或拆散。

8. 动态类

动态类是一种特殊的对象类，是空间位置随时间变化的动态对象的集合。动态对象的位置随时间变化形成轨迹，动态类中记录轨迹的信息包括 x、y、z、t 和属性。

9. 几何网络

几何网络是边要素和点要素组成的集合，边要素和点要素相互联系，一条边连接两个点，一个点可以连接大量的边。边要素可以在二维空间交叉而不相交，如立交桥。几何网络中的要素表示网络地理实体，如道路、车站和航线等。

每一个几何网络都有一个逻辑网络与之对应，逻辑网络依附于几何网络，由边元素、结点元素、转角元素以及连通性元素组成。

逻辑网络中的元素没有空间特性，即没有坐标值。逻辑网络存储网络的连通信息是网络分析的基础。

11.2.4　要素类的数据组织方式

要素类由要素组成，每个要素包含属性、几何元素和图示化信息三部分内容。几何元素有两种数据组织方式。

（1）直接存储简单点、简单线、简单多边形。这种组织方式使得该模型与传统的简单要素模型兼容。

（2）按照几何元素-几何实体-几何数据三个层次组织和存储空间信息。这种组织方式使该模型与传统的拓扑数据模型兼容，但表达能力更强，可描述几何形态较为复杂的地理实体，如水系。在三个层次中，几何数据包含点和弧段，弧段可以是折线、圆、椭圆、弧、矩形、样条、bezier 曲线之一，是地理实体的特征点或边界线。

几何实体分为点状、线状、面状三种几何实体。点状几何实体由几何数据层的 1 个点或多个点组成；线状几何实体由 1 到多条弧段有序组成；面状几何实体由 1 到多条弧段有序构成的多边形表示。

几何元素由任意多个点状、线状和面状几何实体组成，共同表达要素的几何特征。

几何元素的这种组织方式使得用户能够在同一个要素类中存储空间重叠的不同要素，如"铁路"要素类中京汉线和京广线；使用户能够按照语义对要素进行分类和组织，而不是按照几何形态对要素进行分类和组织。

通过在要素类上施加空间规则，可以限制要素类中一条弧段是否只能有左右多边形各一个。

11.2.5 视 图

视图展现给用户的是对应类中的部分空间数据、部分属性数据，或者两者之一。MapGIS7.0 视图具有以下特点：

（1）MapGIS 提供要素类、对象类、注记类、动态类的视图；

（2）视图是根据给定的空间条件、属性条件在原始类中选择数据，但是这些数据本身并没有复制，仅仅是逻辑上的拷贝；

（3）视图本身仅存储创建这个视图的空间条件和属性条件。空间条件包括矩形范围、类和子类型，属性条件包括纵向条件和横向条件，纵向条件限制视图所包含的字段，横向条件通过条件表达式（如"面积＜500"）限制视图的记录范围；

（4）MapGIS7.0 将视图分为只读视图和可读写视图。

11.2.6 空间关系定义

根据空间相关性，可将关系划分为空间关系和非空间关系。关系可以仅仅表示对象之间的联系，除此之外，没有其他含义，即关系没有属性；关系也可以有特定的含义和属性，如合同关系中每一条关系都与一份合同对应。

MapGIS7.0 提供了完整的关系支持，包括齐全的空间关系和非空间关系，如图 11-2 所示。

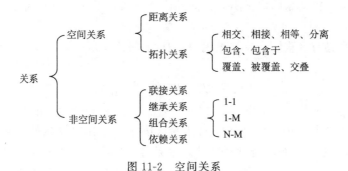

图 11-2　空间关系

1. 空间关系

1）距离关系

距离关系是最常见的空间关系之一，一般采用欧氏距离。

2）拓扑关系

拓扑关系是另一类空间关系，这种关系不随距离、角度的变化而变化，如相邻多边形与公共弧段之间的关系，几何网络中边-边的连接关系。

MapGIS7.0 按照九交模型定义拓扑关系，其中有现实意义的拓扑关系包括相交、相接、相等、分离、包含、包含于、覆盖、被覆盖、交叠等九种。

MapGIS7.0 完全支持基于数据结构和基于空间规则的拓扑关系表达方式。基于数据结构的拓扑关系表达方式只能表达要素类内部要素之间的平面拓扑关系，但比较适用于地籍管理等应用领域。基于空间规则的拓扑关系表达方式灵活，容易表达同类要素之间的关系，也容易表达不同要素类之间的拓扑关系。例如，县级行政区必须包含于省级行政区。

2. 非空间关系

非空间关系是对象属性之间存在的关系，与对象的语义有关，包括关联关系、继承关系、组合关系、依赖关系。

（1）关联关系是最一般的关系，关系两端的对象相互独立，不存在依赖。

（2）继承关系包括完全继承和部分继承，完全继承是指子类继承父类的所有属性，部分继承是指子类只继承父类的部分属性，实际应用中，子类往往是父类的特例，如某地区属于沉积岩，也属于砂岩，砂岩继承了沉积岩的属性。

（3）组合关系是部分与整体的关系，组合关系分为聚集和组成。聚集是指组合体与各部分具有不同的生命期；组成则是指组合体与各部分具有相同的生命期，也就是同生共死。聚集关系，如计算机和它的外围设备，一台计算机可能连接到零台或者多台打印机，即使没有所连接的计算机，那台打印机也可以生存；组成关系，如电线杆（原始对象）和变压器（目的对象）之间可以构成一对多的组成关系，一旦电线杆被删除，变压器也要被删除。

（4）依赖关系由对象的语义引起，如某段行政边界以河流中心线为准。依赖关系也称为引用关系。

非空间关系具有多重性，具体表现为 1-1、1-M、N-M。

11.2.7 有效性规则

对象特性的一个特殊表现是某些属性的取值往往存在边界条件，对象之间的关系（包括空间关系）甚至关系本身存在某种约束条件。所有这些限制条件统称为有效性规则。MapGIS7.0 中，有效性规则分为四种类型：属性规则、空间规则、连接规则、关系规则。有效性规则可以作用在类上，也可以作用在子类型上。

1. 属性规则与定义域

属性规则用于约定某个字段的缺省值，限定取值范围，设置合并和拆分策略。属性规则通过"定义域"来表达，取值范围分连续型和离散型，相应地把定义域分为范围域和编码域。

范围域适用于数值型、日期型、时间型等可连续取值的字段类型，编码域除了可以适用于连续取值类型外，还可用于字符串等类型的字段。

合并和拆分策略定义要素合并和拆分时属性字段的变化规则，合并策略包括缺省、累加和加权平均，拆分策略包括缺省、复制和按比例。例如，地块合并，合并后的要素属性"地价"可定义为"累加"策略。

2. 空间规则

空间规则作用于要素类或要素类之间，用于限定要素在某个空间参照系中的相互关系。空间规则如：

（1）要素类中每条弧段只能作为两个多边形的边界；

（2）要素类中多边形之间不能重叠；

（3）要素类中多边形之间不能有缝隙；

（4）"城镇"要素必须落在"行政区"要素内部；

（5）不能有悬挂线；

（6）线不能自相交；

（7）"阀门"必须与"水管"的端点重合。

3. 关系规则

关系规则随着关系的产生而产生，用于限定对象之间关系映射的数目。例如，原始类和目的类之间建立了 $N\text{-}M$ 的关系，则通过关系规则可以限定关系的原始对象数是 1-3，目的对象数是 1-5，即原始类中的每个对象与目的类中至少 1 个、最多 3 个对象建立关系；而目的类中的对象可以和原始对象没关系，但最多只能与 5 个原始对象有关系。

4. 连接规则

连接规则主要使用在几何网络中，用以约束可能和其他要素相连的网络要素的类型，以及可能和其他任何特殊类型相连的要素的数量。有两种类型的连接规则：边对边连接规则、点对边连接规则。

边对边连接规则约束了哪一种类型的边通过一组结点可以与另一种类型的边相连。

点对边连接规则约束了哪一种边类型可以和哪一种结点类型相连。

11.3　MapGIS空间数据管理

11.3.1　数 据 组 织

MapGIS7.0 按照"地理数据库-数据集-类"这几个层次组织数据，以满足不同应用领域对不同专题数据的组织和管理需要，如图 11-3 所示。

1. 地理数据库

地理数据库是面向实体空间数据模型的全局视图，完整地、一致地表达了被描述区域的地理模型。一个地理数据库包括一个全局的空间参照系、一个域集、一个规则集、多个数据集、多个数据包和各种对象类。

图 11-3　地理数据库数据组织

2. 数据集

数据集是地理数据库中若干不同对象类的集合，通过命名数据集提供了一种数据分类视图，便于数据组织、管理和授权。根据不同的用途，数据集分为要素数据集、栅格目录、栅格数据集和 TIN 数据集。

3. 类

地理数据库中最基础的数据组织形式是类，包括要素类、对象类、关系类、注记类、修饰类、动态类、几何网络和视图。从用户的观点看，类是可命名的对象集合，具有内在的完整性和一致性，以目录项为表现形式。

4. 存储策略

地理数据库存储和管理地理数据。MapGIS7.0 地理数据库采取基于文件和基于商业数据库两种存储策略。由于这两种存储策略支持相同的空间数据模型，因此在文件和数据库之间能够实现无损的平滑的数据迁移；同时，两种策略具有共同的平台，这使得上层软件不需要因为数据迁移而改变。

针对不同的应用规模和应用阶段，给用户提供了多种最佳的性价比和最大的投资收益率选择方案。例如，应用规模小的用户、二次开发团体、教学单位、数据累积规模较小的用户都可选择基于文件的存储策略，以节省昂贵的商业数据库费用；大型、超大型应用可选择基于商业数据库的存储策略；分多个阶段进行开发的应用，在前期阶段，数据规模较小，用户不多，在后期阶段数据规模大，用户多，则可先采用文件存储策略，再购买适当许可数的商业数据库和服务器设备，以后根据数据规模和业务情况再增加数据库许可数和服务器等软硬件设备。这不仅提高了用户的资金利用率，而且在软硬件性能迅速提高、价格江河日下的今天，让用户享受到多重好处。

MapGIS7.0 数据存储策略如图 11-4 所示，虚框部分是一个针对空间数据管理内建的中小型数据库。

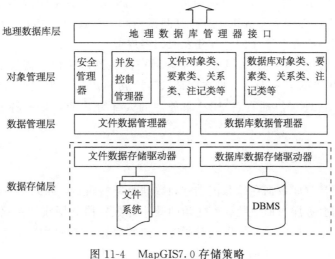

图 11-4　MapGIS7.0 存储策略

11.3.2　空间数据库引擎

MapGIS-SDE 是中地公司开发的海量空间数据库引擎，使大型商用数据库（如 Oracle、SQL Server、DB2、Informix、DM4、SyBase）能有效地存储管理空间数据。

MapGIS-SDE 达到太字节级的空间数存储与处理能力（单个物理数据库设计容量可达 32TB，实体数设计长度为 64 位）；企业服务器集群的设计架构使系统的数据容量不受限制；增量复制的多级服务器机制提高了用户访问海量空间数据的效率。

MapGIS-SDE 是 MapGIS 地理数据库的基础，空间数据库引擎负责处理空间数据模型与关系数据模型之间的映射，地理数据库则在空间数据库引擎的基础上实现对象分类、子类型、关系、定义域、有效性规则等语义的表达，实现面向实体的空间数据模型。

1. 体系结构

MapGIS-SDE 是一个界于 RDBMS 和地理数据库之间的中间件，其作用是使关系数据库能存储、管理和快速检索空间数据，体系结构如图 11-5 所示。

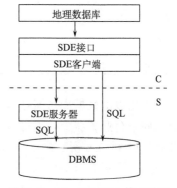

图 11-5　MapGIS-SDE 体系结构

2. 引擎机制

MapGIS-SDE 分服务器端和客户端，服务器端位于 RDBMS 之上，为客户提供空间数据的查询和分析服务。

MapGIS-SDE 客户端是应用软件的基础，为上层应用软件提供 SDE 接口，客户端对 SDE 所有功能的调用都是通过这个接口来完成，SDE 接口提供给用户标准的空间查询和分析函数。

MapGIS-SDE 服务器执行客户端的请求，将客户端按照空间数据模型提出的请求转换成 SQL 请求，在服务器端执行所有空间搜索和数据提取工作，将满足空间和属性搜索条件的数据在服务器端缓冲存放并发回到客户端。

在某些特殊应用中，客户端可以直接访问空间数据库，而不需要在服务器端安装 SDE 服务器，由 SDE 客户端直接把空间请求转换成 SQL 命令发送到 RDBMS 上，并解释返回的数据，这种客户端具备 SDE 服务器的大部分功能，是一种胖客户，但效率较高。

3. 接口技术

数据服务层是空间数据存储和提供空间数据服务的核心，因此空间数据服务层接口的一致性和数据服务层对商业数据库的访问效率是数据服务层实现策略中的核心问题。为了保持数据服务层的跨平台性以及对所有不同类型的客户的调用（请求空间数据服务的方式）一致性，SDE 对所有的数据服务层客户（应用服务器、Web 服务器、表示层的胖客户和瘦客户等）提供统一标准服务接口。

为了提供高效的空间数据服务，针对不同类型的商业数据库，MapGIS-SDE 采用访问效率最高的数据库访问接口，具体接口技术见表 11-1。

表 11-1　商用数据库接口选择表

商业数据库类型	SDE 与 DBMS 接口技术
MS SQL SERVER	ODBC，ADO
ORACLE	ODBC，OCI，OO4O，JDBC
IBM DB2	CLI，OLE DB，JDBC
SYBASE	ODBC，OLE DB
INFORMIX	ODBC，OLE DB
DM4	ODBC，JDBC
其他数据库	ODBC，OLEDB

采用以上数据库访问技术实现的 SDE，既可以和对应的数据库管理系统物理地部署在同一台服务器上，也可以分开部署在两台服务器上，这样可以减轻数据库服务器的负载，如图 11-6 所示。

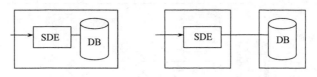

图 11-6　SDE 与 RDBMS 的部署关系图

11.3.3　空间索引

空间索引是地理数据库的关键技术之一，是快速、高效地查询、检索和显示地理空间数据的重要指标，它的优劣直接影响地理数据库和 GIS 系统的整体性能。

常见的空间索引技术包括外接矩形范围索引、R 树索引、网格索引和四叉树索引等。MapGIS7.0 支持外接矩形范围索引和 R 树索引，自主开发索引分割网格索引技术、空间编码四叉树编码索引，并能够根据索引数据量的大小，利用相同或不同的索引技术建立多级索引。

多级索引是将多个不同或相同的索引方法组合使用，对单级索引空间或者空间范围进行多级划分，解决超大型数据量的 GIS 系统检索、分析、显示的效率问题。多级索引由于其多级的结构特性，往往可以很好地利用计算机硬件资源的并行工作特性，如多 CPU、磁盘阵列等，来提高检索的效率。多级索引有效地避免了海量数据索引情况下由于单个索引表记录数过多造成检索性能急剧下降的问题。

11.3.4　分布式数据管理方案

MapGIS7.0 的分布式数据管理体系是采取"纵向多级、横向网格"的组网方案，如图 11-7 所示，在级与级之间、结点与结点之间的连接是采用一种"松耦合"方式。"松耦合"方式是互联网的最佳耦合方式，受网络环境影响最小。分布式数据的存取操作采取面向"服务"方式进行，就是把"进行数据存取操作"变为"请求数据存取服务"。"数据存取服务"是所有"服务"的特例，充分体现"面向服务"的最新设计思想。

MapGIS7.0 分布式数据管理的面向"地理实体"的增量式订阅和发布技术有效地支持分布式数据的增量更新与同步。由于采用面向"服务"设计思想和面向"地理实体"的数据模型相结合，克服了传统分布式数据库面向"记录"的增量式订阅和发布只能用于"同构数据库"的缺点，使网格结点之间、父结点与子结点之间，因不同操作系统、不同数据库平台、不同数据大小而产生的"异构数据库"可实现增量更新与同步。空间数据的增量更新与同步解决了"海量空间数据在互联网上调用速度问题"。

MapGIS7.0 分布式数据管理是跨平台的，按照"面向服务"的思想，每个结点上的数据"管理者"必须提供"服务"，在"谁管数据谁提供服务"的原则基础下，可解决网格结点之间、父结点与子结点之间、不同平台不同系统之间数据不通问题，因为从用户角度来说，它不考虑数据只要服务。因此，管理数据的软件必须提供数据服务，"应用端请求服务而不是直接操作数据"；"服务端提供服务而不是提供数据内部结构"。各个站点管理数据的软件、提供应用服务功能的软件都可以由不同的厂商提供。

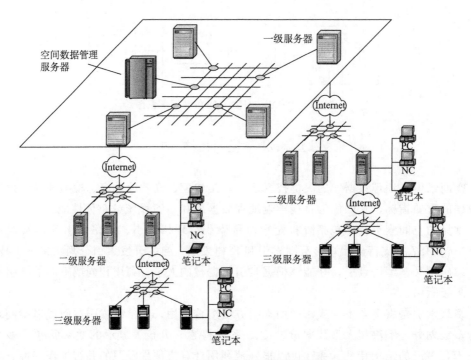

图 11-7　MapGIS7.0 分布式数据管理原理图

11.4　MapGIS 时空数据管理

11.4.1　常用方法

有效地存储和管理时态数据，是建立时态空间数据库的第一步，目前较有代表性的时空数据的组织方法有以下三种。

1）时间作为新的一维

这是在概念上最直观的方法，该方法把时间作为信息空间中新的一维。主要有两种表示方式：一是使用三维的地理矩阵，以位置、属性和时间分别作为矩阵的行、列和高；二是与 4 叉树、8 叉树类似，用 16 叉树表示时间-空间模型。因为目标的空间和属性的变化总是局部的，所以这种表示法数据冗余度极大。

2）基态修正法

不存储研究区域中每个状态的全部信息，只存储某个时刻的数据状态（称为基态），以及相对于基态的变化量。基态修正法可使时态数据量大大减小。在基态修正法中，一般把历史上某个历史事件后的状态作为"基态"，把用户最关注的"现在"状态，即系统最后一次更新的数据状态，作为"现状"。

3）时空复合法

将空间分割为具有相同的时空过程的最大单元，称为时空单元。每个时空单元在存储方法上被看成静态的空间单元，而该时空单元中的时空过程则作为属性来存储。

11.4.2 基本原理

MapGIS7.0 将现势性数据称为"现状"，"现状"以前的数据称为"历史"，对时态数据的管理就是对历史数据的管理。

MapGIS7.0 历史数据管理采用"元组级基态修正法"，该方法是在基态修正法的基础上改良得到的，具有以下特点。

1）历史数据记录的粒度可达元组级

历史数据的粒度可分为数据集、空间实体、元组、字段这四个级别，粒度越小，历史数据的冗余也越小，但实现的技术难度越大，历史数据管理成本（如历史数据索引）也越大。

MapGIS 历史数据管理建立在元组级，既能够有效控制和减少历史数据的冗余，又不会使历史数据管理太难。在 MapGIS 中，空间实体信息由多个元组构成，历史数据可记录各个元组的历史变化。例如，行政界线实体信息由"空间坐标信息"、"界线属性信息"、"界线图示化信息"和"界线多媒体信息"四个元组构成，当某条界线坐标变更后，只保存该界线的"空间坐标信息"的历史数据，其余三组信息保持不变。

2）基态＋增量修正法

MapGIS 历史数据是元组级的历史数据，系统只记录发生变化的元组的历史数据，对空间数据集而言，是局部增量。

MapGIS 在初始时刻记录完整的历史数据集，通过初始状态和元组集历史数据正向推演出任意历史时刻的数据集。完整的历史数据集是数据集在某一历史时刻的快照，为了不使任意时刻数据状态的推演过程太长，MapGIS 在历史数据记录累计到一定程度时，自动建立一个数据快照，过程如图 11-8 所示。

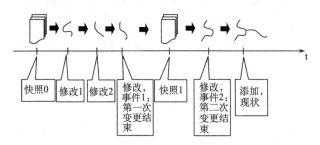

图 11-8　MapGIS 历史数据管理原理图

3）单个实体历史演变可追踪

MapGIS 元组历史数据中还记录了新的空间实体的父实体标识。空间数据的变更可分为添加、修改、删除、分解和合并五种操作，新的实体对应的父实体数有零个、一个、一个、一个和多个。通过记录父实体标识，可以动态建立实体的历史演变过程。MapGIS 历史数据管理只记录父实体标识，不记录子实体标识，目的是减少历史数据管理的系统开支。

4）"历史事件"作为历史追踪的参照点

MapGIS 历史数据管理建立在"历史事件"和"历史动作"这两个基本概念之上，历史事件作为历史的阶段性标识，历史动作则是产生历史数据的原因，历史事件是以历史动作为标志，历史追踪可追溯到某个历史事件前的状态。如图 11-8 所示，"装入第一次变更结束时的数据"则从最近的快照（快照 0）开始推演，一直推到事件 1，在推演过程中，可以在任何一个历史动作处结束，从而得到任意时刻的数据。

历史数据管理和历史追踪由数据管理层完成，其内部实现模块之间的关系和实现过程如图 11-9 所示。

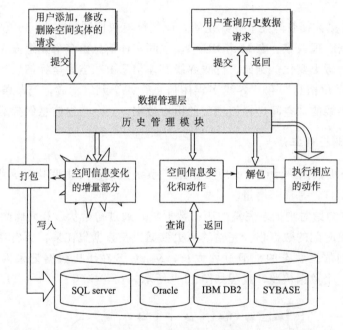

图 11-9　历史数据管理实现图

5）基于动作记录的历史数据保存

空间数据状态的变化都是由特定的操作产生的，如删除操作、修改操作等。有些操作还产生连锁的空间数据变更，如删除弧段，会触发系统修改前后结点的数据、修改拓扑信息等。这些产生历史数据的操作被称为历史动作。

为了使历史数据尽可能小，对历史数据的保存，MapGIS 不是保存历史状态对应的空间数据，而是保存促使状态发生变化的历史动作信息。历史动作信息包括动作类型（如快照、添加、修改、删除等）、动作对象类型（如点、线、区、网等）、动作对象子类型（如空间数据、属性数据、图形参数等）和动作数据（如删除线的线实体号）等；

要恢复某一时刻的历史状态，只要从最近的历史快照开始，顺序执行历史快照之后的历史动作，直到制定的历史时刻。

11.4.3　管理机制

MapGIS 通过建立历史数据索引表来管理历史数据，历史数据索引表分历史事件索引表和历史动作索引表，每个需要保存历史的数据集都有这两个索引表。索引表的主要内容及含义如下：

1. 历史动作索引表

(1) 动作标识符：历史动作的唯一标志；

(2) 动作类型：历史动作分类，如快照、添加、修改、删除等；

(3) 动作对象类型：说明动作对应的实体的元组，如点、线、区、网等；

(4) 动作对象子类型：（0：空间数据；1：属性数据；2：图形参数等）；

(5) 动作数据：完成"动作类型和子类型"规定的动作所需的数据；

(6) 动作日期：记录动作发生的日期和时间；

(7) 动作负责人：记录对该动作负直接责任的人员；

(8) 父实体数：记录该动作涉及的实体数。

上述内容中，所有字段都由 MAPGIS 根据用户登录信息和系统的当前操作状态自动生成。

2. 父实体索引表（按动作标识符聚族索引）

(1) 动作标识符：父实体对应的历史动作唯一标志；

(2) 父实体号：父实体标识符；

3. 历史事件索引表

(1) 事件标识符：历史事件的唯一标志；

(2) 事件类型 ：说明是"普通事件"还是"快照"；

(3) 事件描述 ：历史事件描述，如"第 1 次修编结束"；

(4) 动作标识符：历史事件对应的历史动作标识符；

(5) 事件日期 ：记录事件结束的日期和时间；

(6) 事件负责人：对该事件记录负直接责任的人员；

上述内容中，"事件描述"在记录历史事件时由用户输入，其余字段都由 MapGIS 根据用户登录信息和系统的当前状态自动生成。

MapGIS 历史数据管理不是保存历史状态，而是产生历史状态的"动作"和参数，回放历史时，通过历史动作和参数得到真实的历史状态。

11.4.4　管理功能

MapGIS 提供历史数据管理功能，并提供调用接口，使得应用层可控制时态数据的记录、追踪历史状态。

（1）开始记录历史：通知空间数据管理器开始根据应用层的操作自动记录历史。

（2）停止记录历史：通知空间数据管理器停止自动记录历史。停止自动记录历史后，后面的变化不再能够自动追踪，重新开始记录历史时，空间数据管理器自动添加一个快照作为新的基态。

（3）添加历史事件：往数据库的历史事件索引表中添加一条"事件"描述信息，作为历史追溯的阶段性标识。

（4）添加历史动作：往数据库的历史动作索引表中添加"动作"及其参数。

（5）取历史事件列表：根据全部、描述、给定的日期等不同条件检索从数据库中取得历史事件列表。

（6）取历史动作：根据全部、某个历史事件之前或之后、某个时间段等限定条件，从数据库中取得历史动作及其参数。

（7）装入某个历史事件结束时（或该事件前某个历史动作为止）的数据，即将数据历史回溯到指定的历史事件结束时的状态。

（8）取某个数据的历史状态：确认数据是否有对应的历史数据。

（9）开始追踪实体历史：开始进行单个实体的历史演变过程追踪，建立实体演变链。

（10）结束追踪实体历史：结束单个实体的历史演变过程追踪，释放实体演变链。

11.5　MapGIS 长事务处理

GIS 的许多应用都涉及长期的编辑工作，如规划设计领域，一次编辑可能历时数天，甚至数月，而且是许多人并发地编辑地理数据，这种长时间的编辑操作要求具有事务 ACID 特性，即原子型、一致性、独立性和持久性。长事务的特点往往表现为下列需求：从开始编辑到结束编辑，所有的编辑操作要么都取消、要么都提交，无论取消或提交，都不破坏数据的一致性和完整性。

所有的编辑只有编辑人员可见，在提交编辑之前，所有编辑结果都能够保存，但对其他人不可见；多人同时编辑，相互之间不受影响；商业数据库提供的短事务不能满足这种长时间并发访问的要求。

MapGIS7.0 通过一个称为版本化的数据管理框架，真正实现长事务处理机制，满足了这些应用需求。在长事务处理期间，可以自由地添加要素、执行分析、编辑地图，所有这些都不影响正常的地理数据库。当编辑完成时，如果编辑被实施，则把变更更新到地理数据库中，否则丢弃变更。

MapGIS7.0 版本管理具有版本创建、删除、归并和冲突解决等功能和机制。

11.5.1 长事务模型

长事务实现的数据管理方法称为乐观的并发性。这意味着当开始一个长事务时，没有任何锁加到要素上。在这种模式下允许引入编辑冲突，当提交事务时，检测冲突，并协调解决冲突。

乐观并发性是适于 GIS 应用的，因为相对于地理数据库大小来说，编辑的量是小的。在实际的工作流实践中，编辑冲突并不经常发生，并且比起长事务期间锁住要素来说，协调冲突的代价比较微小。

MapGIS7.0 长事务的实现机制基于状态和版本这两个概念，通过版本控制，让多个用户可以直接编辑某个地理数据库而不用明确地锁定要素或复制数据。版本和状态的关系如图 11-10、图 11-11 所示。

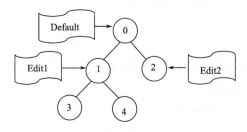
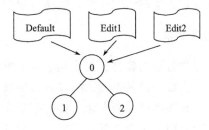

图 11-10　每个版本指向一个具体的状态　　　图 11-11　多个版本指向相同的状态

1. 状态

（1）状态是地理数据库变化过程中某一瞬间的标识；

（2）任何改变数据库的操作都产生新状态；

（3）数据库中的这些状态可以组织成一棵树，在这个树的线性结构中可以了解状态的父子关系。

2. 版本

（1）版本是被命名的数据标识，不同版本的数据逻辑上相互区分；

（2）版本总是对应某个数据状态，但状态不一定有对应的版本；

（3）数据库中始终有"缺省版本"，数据库压缩后，缺省版本的状态为 0；

（4）版本存在于数据库的众多状态中。数据库的每一个版本都明确地指向一个具体的状态；如果需要的话，多个版本也可以指向相同的状态；

（5）多个用户对同一个版本进行编辑，就产生各自的状态，如产生图 11-10 状态 3、4，且可能都处于打开状态，但同一用户进行新的操作，产生新状态时，该用户（会话）对应的老状态自动关闭；

（6）图 11-10 状态 3、4 的结果进行保存时，进行状态冲突检测。

11.5.2 版本工作原理

在实际应用中，相对于海量地理数据，编辑的量很小，所以 MapGIS7.0 使用乐观的并发性访问控制技术实现长事务机制，即一个长事务开始时，没有任何锁加到要素上。这种方式允许产生编辑冲突，当提交事务时，检测冲突，并协调解决冲突。在实际的工作流程实践中，编辑冲突并不经常发生，并且比起长事务期间锁住要素来说，协调冲突的代价比较小。

1. 创建版本

地理数据库创建的时候即创建一个"缺省"版本，它是以后创建的任何版本的父版本或者祖先版本。任何用户对"缺省"版本都可以编辑。用户可以根据需要创建版本，并且确定版本的访问权限。版本权限包括私有的、保护的和公有的。

2. 打开版本

用户打开对象类、要素类、关系类的时候可以指定打开哪个版本。

用户要编辑某个类的时候，需要具备以下条件：

（1）该类已经版本化。没有版本化，则需要注册版本。

（2）用户成功打开自己需要编辑的版本。

用户对版本化的类进行编辑（Append、Update、Delete）都会改变对应的地理数据库的状态，所以同一个类在不同的状态看上去的结果就不同。

3. 冲突检测

用户保存编辑结果时，下列两种情况存在冲突检测。

（1）多个用户打开并编辑同一个版本，当多个用户对同一个要素进行编辑，保存编辑结果时要进行冲突检测。

（2）多个用户分别打开不同的版本，并进行编辑，各自保存结果时不存在冲突，但合并版本时，需要检测同一个要素是否被多个用户编辑，编辑结果是否存在冲突。

冲突的类型有"更新-更新"冲突、"删除-更新"冲突、"更新-删除"冲突。

4. 解决冲突

产生冲突集后，用户可以选择交互方式解决冲突。用户可以选择保留当前的编辑结果，也可以是编辑之前的结果，还可以选择保留目标的结果。

冲突集中的冲突可以单个解决，也可以同时解决。

5. 提交

用户在解决完冲突后，将结果提交到当前版本或父版本。提交的过程同样会产生新的状态，所以用户看到的某个版本的类是数据库不同状态叠加的结果。

11.5.3 版本的使用

（1）可以定义地理数据库中的哪些空间对象被版本化，也可以有选择地指定哪些要素数据集、要素类和表格被版本化；

（2）当指定某个要素数据集被版本化时，数据集包含的所有表格和要素类都自动版本化；

（3）可以通过设置权限控制其他用户对某个版本的可见性；

（4）一个地理数据库可以有多个同时存在的版本；

（5）一个版本表示自从创建之后，就有了一个编辑那个版本的无缝的视图；

（6）从内部看，地理数据库用表格来保存每个版本被修改、添加、删除的要素的踪迹，但是用户使用版本时，它好像是地理数据库的一个整体拷贝；

（7）从缺省版本开始，可以创建任意数量的版本。除了缺省版本，每个版本都有一个确切的父版本；

（8）版本可以删除，但首先必须删除他们的子版本。在删除一个版本，变化可以被协调到其他版本，或者被丢弃。

思 考 题

1. 什么是空间参照系？

2. MapGIS7.0如何对空间实体进行分类，各有何主要特征？

3. MapGIS7.0空间关系有几种类型？请举例说明。

4. MapGIS7.0有哪些有效性规则？

5. 试述 MapGIS-SDE 体系结构和引擎机制。

6. MapGIS7.0时空数据管理方法主要有几种？

参 考 文 献

毕硕本，王桥，徐秀华. 2003. 地理信息系统软件工程的原理与方法. 北京：科学出版社

边馥苓. 2006. 空间信息导论. 北京：测绘出版社

曹加恒等. 1998a. 对象管理的空间连接策略与算法. 武汉大学学报（自然科学版），44（5）：585～588

曹加恒等. 1998b. 空间索引的新机制——G 树. 武汉大学学报（自然科学版），（1）：50～53

曹志月，刘岳. 2001. 一种面向对象的时空数据模型. 测绘学报，（1）：87～92

陈建荣，严隽永，叶天荣. 1992. 分布式数据库设计导论. 北京：清华大学出版社

崔铁军. 2007. 地理空间数据库原理. 北京：科学出版社

董鹏. 2003. 分布式空间信息的高效查询与分析系统研究. 中国科学院遥感应用研究所博士学位论文

范孝良，杜亚维. 2005. ERP 环境下关系数据库的性能优化. 东北电力技术，26（5）：52～54

龚健雅. 2001. 空间数据库管理系统的概念与发展趋势. 测绘科学，26（3）：4～10

顾军，吴长彬. 2001. 常用空间索引技术的分析. 微型电脑应用，17（12）：40～42

郭仁忠. 1997. 空间分析. 武汉：武汉测绘科技大学出版社

郭薇，郭菁，胡志勇. 2006. 空间数据库索引技术. 上海：上海交通大学出版社

何建邦，闾国年，吴平生. 2003. 地理信息系统共享的原理与方法. 北京：科学出版社

胡志勇，何建邦. 2000. 分布式地理信息共享形式及技术策略. 计算机工程与应用，36（12）：51～54

惠勒 A J 等. 1989. 块段模型和线框模型在地下采矿中的应用. 矿业工程，（2）：98～101

黄杏元，马劲松，汤勤. 2001. 地理信息系统概论. 北京：高等教育出版社

孔云峰，林珲. 2005. GIS 分析、设计与项目管理. 北京：科学出版社

黎夏，刘凯. 2006. GIS 与空间分析——原理与方法. 北京：科学出版社

李德仁，龚健雅，边馥苓. 1993. 地理信息系统导论. 北京：测绘出版社

李德仁，李清泉. 1977. 一种三维 GIS 混合数据结构研究. 测绘学报，26（2）：123～133

李满春，任建武，陈刚等. 2003. GIS 设计与实现. 北京：科学出版社

李清泉，李德仁. 1998. 三维空间数据模型集成的概念框架研究. 测绘学报，27（4）：325～329

林锐等. 2002. 高质量程序设计指南——C++/C 语言. 北京：电子工业出版社

刘明德，林杰斌. 2006. 地理信息系统 GIS 理论与务实. 北京：清华大学出版社

刘南，刘仁义. 2002. 地理信息系统. 北京：高等教育出版社

刘仁义，刘南，苏国中. 2000. 时空数据库基态修正模型的扩展. 浙江大学学报（理学版），（3）：196～199

刘湘南，黄方，王平等. 2005. GIS 空间分析原理与方法. 北京：科学出版社

刘学军. 2000. 三角网数字地面模型快速构建算法研究. 中国公路学报，13（2）：16～20

鲁学军. 2004. 空间认知模式研究. 地理信息世界，2（6）：10～13.

鲁学军，秦承志，张洪岩. 2005. 空间认知模式及其应用. 遥感学报，9（3）：277～285

闾国年，张书亮，龚敏霞等. 2003. 地理信息系统集成原理与方法. 北京：科学出版社

马荣华，黄杏元. 2005. GIS 认知与数据组织研究初步. 武汉大学学报（信息科学版），30（6）：539～542

欧阳. 2004. 空间数据的分布式管理. 中国人民解放军信息工程大学博士学位论文

邱冬生. 2001. 湖南省国土资源地学数据库模型与数据融合技术应用研究. 中南大学博士学位论文

萨师煊，王珊. 2000. 数据库系统概论. 北京：高等教育出版社

萨师煊，王珊. 2005. 数据库系统概论. 第三版. 北京：高等教育出版社

邵佩英. 2000. 分布式数据库系统及其应用. 北京：科学出版社

邵全琴. 2001. 海洋渔业地理信息系统研究与应用. 北京：科学出版社

舒红，陈军. 1998. 时空数据模型研究综述. 计算机科学，25（6）：70～74

舒红，陈军，杜道生等. 1997. 时态拓扑关系定义及时态拓扑关系描述. 测绘学报，26（4）：299～306

宋海朝，杨枉，周俭. 2004. 分布式空间数据库的研究与设计. 计算机工程与设计，25（11）：2046～2048

苏宏理，黄裕霞. 2001. 资源与环境信息系统的元数据组织与使用. 中国图形图象学报，6（10）：85～89

孙敏，陈军. 2000. 基于几何元素的 3D 景观实体建模研究. 武汉测绘科技大学学报，25（3）：233～237

孙敏，陈军，张学庄. 2000. 基于表面剖分的 3DCM 空间数据模型研究. 测绘学报，29（3）：257～265

唐新明，吴岚. 1999. 时空数据库模型和时间地理信息系统框架. 遥感信息，1（2）：4～8

唐译圣等. 1999. 三维数据场可视化. 北京：清华大学出版社

王家耀. 2001. 空间信息系统原理. 北京：科学出版社

王珊，萨师煊. 2005. 数据库系统概论. 第四版. 北京：高等教育出版社

王英杰，袁勘省，余卓渊. 2003. 多维动态地学信息可视化. 北京：科学出版社

邬伦等，2001. 地理信息系统——原理、方法和应用. 北京：科学出版社

毋河海. 1991. 地图数据库系统. 北京：测绘出版社

吴立新，史文中. 2003a. 地理信息系统原理与算法. 北京：科学出版社

吴立新，史文中，Christopher G M. 2003b. 3D GIS 与 3D GMS 中的空间构模技术. 地理与地理信息科学，19（1）：5～11

吴信才等. 2002. 地理信息系统原理与方法. 北京：电子工业出版社

武晓波，王世新，宵春生. 1999. Delaunay 三角网的生成算法研究. 测绘学报，28（1）：28～35

西尔伯沙茨等. 2003. 数据库系统概念. 杨冬青等译. 北京：机械工业出版社

易法令. 2001. 带特征约束的 Delaunay 三角剖分最优算法的研究及实现. 计算机工程，27（6）：32～34

袁博，邵进达. 2006. 地理信息系统基础与实践. 北京：国防工业出版社

张超. 2000. 地理信息系统实习教程. 北京：高等教育出版社

张立，龚健雅. 2000. 地理空间元数据管理的研究与实现. 武汉测绘科技大学学报，25（2）：127～131

张书亮，闾国年，李秀梅等. 2005. 网络地理信息系统. 北京：科学出版社

张新长，马林兵. 2005. 地理信息系统数据库. 北京：科学出版社

赵永平等. 1997. 地理信息数据描述中元数据标准化的研究. 中国标准化，(3)：6～9

朱庆. 1995. 分形理论及其在数字地形分析和地面仿真中的应用. 北方交通大学博士学位论文

Allen J F. 1983. Maintaining knowledge about temporal intervals. Communications of the ACM, 26 (11)：832～834

Brinkhoff T et al. 1994. Multi-step processing of spatial joins. Proc ACM Int'1 Conf on Management of Data（SIGMOD），237～246

Beckmann N, Kriegel H P, Schneider R et al. 1990. The R*-tree：an efficient and robust access method for points and rectangles. proc ACM SIGMOD Int Conf on Management of Management of Data, Atlantic City, N J. 322～331

Beller A et al. 1991. A temporal GIS prototype for global change research. Proceeding of GID/LIS'91（Atlanta G A），(2)：752～765

Bentley J L. 1975. Multidimensional binary search trees used for associative searching. Communications of the ACM, 18 (9)：509～517

Bentley J L. 1979. Multidimensional binary searching trees in database applications. IEEE Transactions on Software Engineering, 5 (4)：333～340

Blumenthal L M. 1970. Theory and Applications on Distance Geometry. 2th ed. New York：Springer-Verlag

Boston M A. 1984. R-tree：a dynamic index structure for spatial searching. Proceedings of the ACM-SIGMOD. 547～557

Brinkhoff T, Horn H, Kriegel H P et al. 1993. Efficient processing of spatial joins using r-trees. Proc ACM/SIGMOD Int Conf on Management of Data, Washington D C. 237～246

Brinkhoff T, Kriegel H P, Schneider R. 1993. Comparison of approximations of complex objects used for approximation-based query processing in spatial database systems. Proc-9th Int Conf on Data Engineering, Vienna, Austria. 40～49

Clementini E, Felice P D, van Oosterom P. 1993. A small set of formal topological relationships suitable for end-user interaction. In lecture Notes in Computer Science, 692, 277~295

Couclelis H, Gale N. 1986. Space and spaces. Geografiska Annaler, 68: 1~12

Dhage B C. 1992. Generalized metric spaces and mappings with fixed point. Bull Calcutta Math Soc, 84 : 329~336

Egenhofer M. 1990. Mathematical framework for the definition of topological relationships. Proceedings of the 4th International Symposium on Spatial Data Handling. 803~809

Egenhofer M. 1994. Spatial SQL: a query and presentation language. IEEE TKDE, 6 (1): 86~95

Faloutsos C, Roseman S. 1989. Fractals for secondary key retrieval. Proceedings of the ACM Conference on Principles of Database System. 247~252

Ferenc S. 1994. The gis concept and 3-dimensional modeling. Computers, Environment and Urban Systems, 18 (2): 111~121

Finkel R A, Bentley J L. 1974. Quadtree: a data structure for retrieval on compositive keys. Acta Informatic, (4): 1~9

Gadia S K. 1988. A homogeneous relational model and query languages for temporal database. ACM Transaction on Database Systems, 13 (4): 418~488

Gaede V, Gunther O. 1998. Multidimensional access methods. ACM Computing Surveys, 30 (2): 170~231

Green P J, Sibson R. 1978. Computing dirichlet tessellations in the plane. The Computer Journal, 21 (2): 168~173

Guttman A. 1984. R-tree: a dynamic index structure for spatial searching. Proceeding of 13th ACM SIGMOD Int. Conf on Management of Data, Boston. 47~57

Hutflesz A, Six H W, Widmayer P. 1990. The R-file: an efficient access structure for proximity queries. Proc 6th International Conference on Data Engineering. 372~379

Jagadish H V. 1990. Linear clustering of objects with multiple attributes. ACM SIGMOD Conf, 5: 332~342

Joe B. 1991. Construction of 3d delaunay triangulations using local transformations. Computer Aided Geometric Design, 8: 123~142

Kemp Z, Oxborrow E. 1992. An object model for distributed multimedia geographic data. Proc of EGIS'92, Third European Conference on Geographic Information System, Munich, Germany. 1294~1303

Kolountzakis M N, Kutulakos K N. 1992. Fast computation of Euclidean distance maps for binary images. Information processing letters, 43: 181~184

Langran G. 1990. Tracing temporal information in an automated nautical charting system. American Cartographer, 17 (4): 291~299

Langran G. 1992. Time in geographic information systems. Technical Issues in Geographic Information Systems Talor&Francis, 25 (3): 280~288

Langran G. 1993. Issues of implementing a spatio-temporal system. International Journal of Geographic Information System, 7 (4): 305~314

Lee D T, Schachter B J. 1980. Two algorithms for constructing a delaunay triangulation. Int J of Computer and Information Sciences, 9 (3): 162~168

Lewis B A, Robinson J S. 1978. Triangulation of planar regions with applications. The Computer Journal, 21 (4): 324~332

Lo M L, Ravishankar C V. 1996. Spatial hash-joins. Proc ACM/SIGMOD Int Conf On Management of Data, Washington D C. 247~258

Longley P A, Goodchild M F. 2004. 地理信息系统（上卷）——原理与技术. 第二版. 北京：电子工业出版社

Mamoulis N, Papadias D. 1999. Integration of spatial join algorithms for joining multiple inputs. Proc ACM SIGMOD Symp Conf on Management of Data. 1~12

Mei Po K. 2000. Interactive geovisualization of activity-travel patterns using three-dimensional geographical information systems: a methodological exploration with a large data set. Transportation Research Part C: Emerging Technologies, 8: 185~203

Molennar M A. 1992. Topology for 3D vector maps. ITC Journal, (1): 25~33

Monika R, Gunther G. 1997. GIS Datasets for 3D urban planning. Computers, Environment and Urban Systems, 21 (2): 159~173

Nancy J Y. 1999. Conceptualizing space and time: a classification of geographic movement. Cartography and Geographic Information System, 26 (2): 85~98

Patel J M, DeWitt D J. 1996. Partition based spatial-merge joins. Proceedings of the ACM. SIGMOD International Conference on Management of Data. 259~270

Peuquet D J, Duan N. 1995. An event-based spatiotemporal data model (ESTDM) for temporal analysis of geographical. Information Systems, (1): 7~24

Pilout M, Tempfli K, Molenaar M. 1994. A tetrahedron-based 3D vector data model for geoinformation. *In*: Molenaar M. Advanced Geographic Data Modelling. Sylvia De Hoop: Geodesy Press

Robinson J T. 1981. The K-D-B-tree: a search structure for large multidimensional dynamic indexs. Proc ACM SIGMOD Int Conf on Management of Data. 10~18

Shekhar S, Chawls S. 2004. 空间数据库. 谢昆青, 马修军, 杨冬青等译. 北京: 机械工业出版社

Schiel L K. 1983. An abstract introduction to the temporal-hierarchic data model. Proceedings of the Ninth Int Conf On Very Large Data Base held in Montreal Washington D. C. 323~330

SellisT, Roussopoulos N, Faloutsos C. 1987. The R+ tree: a dynamic index for multidimensional objects. The 13th International Conf. On VLDB, Brighton. 507~518

Shamos M I, Hoey D J. 1976. Geometric intersection problems. Proc 17th Annual Conf on Foundations of Computer Science. 208~215

Snodgrass R T. 1987. The temporal query language tquel. ACM Transaction on Database Systems, 12 (2): 274~298

Su S Y W, Chen H M. 1991. A temporal knowledge representation model OSAM/T and its query language OQL/T. Proc of the 17th Inter Conf on Very Large DataBases, Barcelona, USA, September, 431~441

Turner A K. 1991. Three Dimension GIS. Geobyte, 5 (1): 31~32

Victor J D, Alan P. 1993. Delaunay tetrahedral data modeling for 3d gis application. Proc GIS/LIS'93

Vijlbrief T, van Oosterom P. 1992. The GEO++ system: an extensible GIS. Proceedings of the 5th International Symposium on Spatial Data Handling, 40~50

Worboys M F. 1992a. Object-oriented models of spatio-temporal information. Proceedings of GIS/LIS'92. Atlanta GA: ACSM. 825~834

Worboys M F. 1992b. A model for spatio-temporal information. Proceedings of 5th Int. Symposium on Spatial Data Handlling. Charleston: IGU Commission on GIS. 602~611

Wu L X. 2002. A generalized tri-prism model for 3d geosciences modeling and topological description. *In*: Advanced Workshop on Spatial Information Technology. Hongkong, PolyU

Wu Y F, Winmayer P. 1987. Rectilinear shortest paths and minimum spanning trees in the presence of rectilinear obstacles. IEEE Transactions on Computers, 36 (3): 321~331

Yuan M. 1996. Temporal GIS and Spatialtemporal Modeling. http: // www. ncgia. ucsb. edu/conf santa-fecd-rom/ sf-papers/yan-may/may. html

附录 武汉市江夏区土地利用规划空间数据库结构表

1. 土地利用规划信息的基本内容和分类体系

附表 1 土地利用规划信息分类体系表

编号	门类	大类	小类	说明
A	基础地理信息	基础地理	行政区划 地形 其他	空间信息
B	土地利用规划基期信息	土地用途分类	农用地 建设用地 未利用地	空间信息
		环境要素	风景旅游资源 基础设施 主要矿产储藏区 蓄洪、滞洪区 地质灾害易发区 其他要素	空间信息
C	土地利用规划期信息	土地用途分区	基本农田保护区 一般农地区 林业用地区 牧业用地区 城镇建设用地区 村镇建设用地区 村镇建设控制区 工矿用地区 风景旅游用地区 自然和人文景观保护区 其他用地区	空间信息
		土地利用活动	基本农田保护 土地整理 土地复垦 土地开发 生态环境建设 其他活动	空间信息
		重点建设项目	规划新建铁路 规划改扩建铁路 规划新建公路 规划改扩建公路 规划管道运输用地 规划民用机场 规划港口码头 规划水利设施用地 规划水库用地 规划高压线走廊 其他重点建设项目	空间信息

编号	门类	大类	小类	说明
C	土地利用规划期信息	土地利用规划指标	土地利用结构调整指标 耕地保有量规划指标 建设用地控制指标 土地整理、复垦、开发面积指标 土地用途分区面积指标 重点建设项目用地规划指标 各类用地平衡指标 其他指标	数值信息
		土地利用规划文档资料	规划文本 规划说明 专题报告 其他文档	文本信息
D	注记信息及其他信息	注记要素	图面注记 地名注记 水系注记 交通注记 地形注记 地类注记 图例注记 其他注记	空间信息
		其他要素	图廓线 公里网格 比例尺符号 图示符号 其他	空间信息

附表 2 基础地理信息分类与编码表

代码	类目名称	说明
1000000	基础地理要素	
1010000	行政区划	
1010100	行政区域	
1010200	行政界线	
1010201	国界	
1010202	省、自治区、直辖市界	
1010203	自治州、地区、盟、地级市界	
1010204	县、自治县、旗、县级市界	
1010205	乡、镇、国营农场、林场、牧场界	
1010206	村界	乡（镇）级规划
1020000	地形	
1020100	等高线	
1020101	计曲线	
1020102	首曲线	
1020200	高程点	
1030000	其他	

代码	类目名称	说明
1	农用地	
11	耕地	
111	灌溉水田	
112	望天田	
113	水浇地	
114	旱地	
115	菜地	
12	园地	
121	果园	
122	桑园	
123	茶园	
124	橡胶园	
125	其他园地	
13	林地	
131	有林地	
132	灌木林	
133	疏林地	
134	未成林造林地	
135	迹地	
136	苗圃	
14	牧草地	
141	天然草地	
142	改良草地	
143	人工草地	
15	其他农用地	
151	畜禽饲养地	
152	设施农业用地	
153	农村道路	
154	坑塘水面	
155	养殖水面	
156	农田水利用地	
157	田坎	
158	晒谷场等用地	
2	建设用地	
20	居民点及独立工矿用地	
201	城市	

代码	类目名称	说明
202	建制镇	
203	农村居民点	
204	独立工矿用地	
205	盐田	
206	特殊用地	
26	交通运输用地	
261	铁路用地	
262	公路用地	
263	民用机场	
264	港口码头用地	
265	管道运输用地	
27	水利设施用地	
271	水库水面	
272	水工建筑用地	
3	未利用地	
31	未利用土地	
311	荒草地	
312	盐碱地	
313	沼泽地	
314	沙地	
315	裸土地	
316	裸岩石砾地	
317	其他未利用土地	
32	其他土地	
321	河流水面	
322	湖泊水面	
323	苇地	
324	滩涂	
325	冰川及永久积雪	
3000000	环境要素	
3010000	风景旅游资源	
3020000	基础设施	
3030000	主要矿产储藏区	
3040000	蓄洪、滞洪区	
3050000	地质灾害易发区	
3060000	其他要素	

代码	类目名称	说明
4000000	土地用途分区	
4010000	基本农田保护区	
4020000	一般农地区	
4030000	林业用地区	
4040000	牧业用地区	
4050000	城镇建设用地区	
4060000	村镇建设用地区	
4070000	村镇建设控制区	
4080000	工矿用地区	
4090000	风景旅游用地区	
4100000	自然和人文景观保护区	
4110000	其他用地区	
5000000	土地利用活动	
5010000	基本农田保护	
5020000	土地整理	
5030000	土地复垦	
5040000	土地开发	
5050000	生态环境建设	
5060000	规划水源地	
5070000	其他活动	
6000000	重点建设项目	
6010000	规划新建铁路	
6020000	规划改扩建铁路	
6030000	规划新建公路	
6040000	规划改扩建公路	
6050000	规划管道运输用地	
6060000	规划民用机场	
6070000	规划港口码头	
6080000	规划水利设施用地	
6090000	规划水库用地	
6100000	规划高压线走廊	
6110000	其他重点建设项目	
7000000	土地利用规划指标	
7010000	土地利用结构调整指标	
7020000	耕地保有量规划指标	
7030000	建设用地控制指标	
7040000	土地整理、复垦、开发面积指标	
7050000	土地用途分区面积指标	
7060000	重点建设项目用地规划指标	
7070000	各类用地平衡指标	
7080000	其他规划指标	

代码	类目名称	说明
8000000	注记要素	
8010000	图面注记	
8010100	图幅结合表文字注记	
8010200	图名注记	
8010210	规划名称注记	
8010220	规划期注记	
8010300	图号注记	
8010400	密级注记	
8010500	比例尺注记	
8010600	大地经纬度注记	
8010700	公里数注记	
8010800	百公里数注记	
8010900	图外文字注记	
8020000	地名注记	
8020100	国家级名称	
8020200	省级名称	
8020300	地（市）级名称	
8020400	县（市）级名称	
8020500	乡（镇）级名称	
8020600	村名称	
8030000	水域注记	
8030100	河流注记	
8030200	湖泊注记	
8030300	水库注记	
8030400	沟渠注记	
8030500	坑塘注记	
8040000	交通注记	
8040100	铁路注记	
8040200	公路注记	
8040300	管道运输用地注记	
8040400	机场注记	
8040500	港口码头注记	
8040600	交通附属设施注记	
8050000	地形注记	
8050100	等高线注记	
8050200	高程点注记	

代码	类目名称	说明
8060000	土地用途分类注记	
8060100	土地用途分类代码注记	
8060200	土地用途分类符号注记	
8070000	图例注记	
8080000	其他注记	
8080100	制图单位注记	
8080200	制图时间注记	
8080300	行政区划位置图注记	
8080400	风向玫瑰图注记	
9000000	其他要素	
9010000	图廓线	
9010100	内图廓线	
9010200	外图廓线	
9020000	公里网格	
9030000	比例尺符号	
9040000	图示符号	
9050000	其他	

附表 6　土地利用规划要素分层及定义

层名称	层代码	图层内容	要素特征
基础地理			
行政区划	A10		
行政区域	A11	乡、村级行政单元	Polygon
行政界线	A12	各级行政界线	Line
地形	A20		
等高线	A21	等高线	Line
高程点	A22	高程点	Point
土地用途			
面状用地	B11	面状用地类型	Polygon
线状用地	B12	线状用地类型	Line
点状用地	B13	点状用地类型	Point
环境要素			
风景旅游资源	B20		
面状旅游资源	B21	主要面状风景旅游资源、文物古迹	Polygon
线状旅游资源	B22	主要线状风景旅游资源、文物古迹	Line
点状旅游资源	B23	主要点状风景旅游资源、文物古迹	Point

层名称	层代码	图层内容	要素特征
基础设施	B30	高压走廊、区域性管道设施等	
面状基础设施	B31	面状设施	Polygon
线状基础设施	B32	线状设施	Line
点状基础设施	B33	点状设施	Point
主要矿产储藏区	B40	主要矿产储藏区	Polygon
蓄洪、滞洪区	B50	蓄洪、滞洪范围	Polygon
地质灾害易发区	B60	地质灾害易发范围	Polygon
土地用途分区			
土地用途分区	C10	土地用途区范围	Polygon
土地利用活动			
基本农田保护	C20	基本农田保护地块	Polygon
土地整理	C30	土地整理项目（区）范围	Polygon
土地复垦	C40	土地复垦项目（区）范围	Polygon
土地开发	C50	土地开发项目（区）范围	Polygon
生态环境建设	C60	生态环境建设项目（区）范围	Polygon
重点建设项目			
面状建设项目	C71	各类面状建设项目	Polygon
线状建设项目	C72	各类线状建设项目	Line
点状建设项目	C73	不宜采用图斑表示的建设项目	Point

附表7 注记及其他要素分层与定义表

层名称	层代码	要素名称	要素特征
注记层	D10		
图面注记层	D11	图面注记	Point
地名注记层	D12	地名注记	Point
水系注记层	D13	水系注记	Point
交通注记层	D14	交通注记	Point
地形注记层	D15	地形注记	Point
土地用途分类注记层	D16	土地用途分类注记	Point
图例层	D17	图例	Point
其他要素层	D20		
内图廓线层	D21	内图廓线	Line
外图廓线层	D22	外图廓线	Line
公里网格层	D23	公里网格	Line
图幅结合表线层	D24	图幅结合表线	Line
比例尺符号层	D25	比例尺符号	Line
图示符号层	D26	图示符号	Line，Point，Polygen

序号	要素类型代码	要素类型名称	几何类型	缺省颜色	文件名
1	B11	面状用地	Polygon		MZYD
2	B12	线状用地	Line		XZYD
3	B13	点状用地	Point		DZYD
4	B21	面状旅游资源	Polygon		MZLY
5	B22	线状旅游资源	Line		XZLY
6	B23	点状旅游资源	Point		DZLY
7	B31	面状基础设施	Polygon		MZJC
8	B32	线状基础设施	Line		XZJC
9	B33	点状基础设施	Point		DZJC
10	B40	主要矿产储藏区	Polygon		ZYKCCC
11	B50	蓄洪、滞洪区	Polygon		XHZH
12	B60	地质灾害易发区	Polygon		DZZH
13	C10	土地用途分区	Polygon		YTFQ
14	C20	基本农田保护	Polygon		JBNT
15	C30	土地整理	Polygon		TDZL
16	C40	土地复垦	Polygon		TDFK
17	C50	土地开发	Polygon		TDKF
18	C60	生态环境建设	Polygon		STHJ
19	C71	面状建设项目	Polygon		MZXM
20	C72	线状建设项目	Line		XZXM
21	C73	点状建设项目	Point		DZXM
22	C81	面状规划	Polygon		MZGH
23	C82	线状规划	Line		XZGH
24	C33	点状规划	Point		DZGH
25	D10	注记	Point		FHZJ

2. 土地利用规划信息属性表结构

附表 9　土地用途面状用地（MZYD）

序号	字段名称	字段代码	字段类型	字段长度	小数位	说明
1	图斑号		Char	10		
2	地类码		Char	10		
3	权属性质		Char	4		
4	权属代码		Char	16		
5	权属名称		Char	40		
6	毛面积		Double	8	3	

序号	字段名称	字段代码	字段类型	字段长度	小数位	说明
7	净面积		Double	8	3	
8	线状地物面积		Double	8	3	
9	零星地类面积		Double	8	3	
10	飞地代码		Char	60		
11	座落代码		Char	40	1	
12	座落名称		Char	40	1	
13	图幅号		Char	20		
14	地类名称		Char	20		
15	要素代码		Char	8		
16	混合地类		Char	20		
17	争议代码		Char	20		
18	坡度		Char	10		
19	田坎系数		Double	8	3	
20	田坎面积		Double	8	3	
21	图例名称		Char	20		
22	分区代码		Char	8		
23	是否标准地块		Char	2		

附表 10 土地用途线状用地 (XZYD)

序号	字段名称	字段代码	字段类型	字段长度	小数位	说 明
1	线地类码		Char	10		
2	宽度		Double	10		
3	线面积		Double	4		
4	线权属性质		Char	2		
5	线权属代码		Char	16		
6	线权属名称		Char	40		
7	线段号		Char	8		
8	座落代码		Char	16		
9	座落名称		Char	40		
10	扣除方式		Char	2		
11	所属图斑		Char	10	1	
12	图幅编号		Char	20	1	
13	要素代码		Char	20		
14	地类名称		Char	20		
15	线状编号		Char	10		
16	线状长度		Double	8	3	
17	线状类型		Char	4		
18	偏移参数		Double	8	3	
19	图例名称		Char	20		

附表 11 土地用途点状用地（DZYD）

序号	字段名称	字段代码	字段类型	字段长度	小数位	说明
1	点编号		Char	10		
2	点地类码		Char	10		
3	点面积		Double	8	3	
4	点所属图斑		Char	10		
5	点权属性质		Char	2		
6	点权属代码		Char	16		
7	线权属名称		Char	40		
8	座落代码		Char	16		
9	座落名称		Char	40		
10	要素代码		Char	8		
11	零星面积		Double	8	3	
12	项目名称		Char	40		
13	图幅编号		Char	20		
14	地类名称		Char	10		
15	零星编号		Char	10		
16	图例名称		Char	20		

附表 12 面线点状旅游资源（MZLY、XZLY、DZLY）

序号	字段名称	字段代码	字段类型	字段长度	小数位	说明
1	目标标识码	MBBSM	Int	10		
2	要素类型代码	YSLXDM	Char	5		
3	编号	BH	Char	3		
4	行政区划代码	XZQHDM	Char	9		
5	名称	MC	Char	30		
6	类型	LX	Char	20		
7	面积	MJ	Float	15	6	
8	描述	MS	Char	90		

附表 13 面线点状基础设施（MZJC、XZJC、DZJC）

序号	字段名称	字段代码	字段类型	字段长度	小数位	说明
1	目标标识码	MBBSM	Int	10		
2	要素类型代码	YSLXDM	Char	5		
3	编号	BH	Char	3		
4	行政区划代码	XZQHDM	Char	9		
5	名称	MC	Char	30		
6	类型	LX	Char	20		
7	面积	MJ	Float	15	6	
8	长度	CD	Float	7	1	线状基础设施
9	描述	MS	Char	90		

附表 14　主要矿产储藏区（ZYKCCC）

序号	字段名称	字段代码	字段类型	字段长度	小数位	说明
1	目标标识码	MBBSM	Int	10		
2	要素类型代码	YSLXDM	Char	5		
3	编号	BH	Char	3		
4	行政区划代码	XZQHDM	Char	9		
5	名称	MC	Char	30		
6	类型	LX	Char	20		
7	面积	MJ	Float	15	6	
8	描述	MS	Char	90		

附表 15　蓄洪滞洪区（ZHZH）

序号	字段名称	字段代码	字段类型	字段长度	小数位	说明
1	目标标识码	MBBSM	Int	10		
2	要素类型代码	YSLXDM	Char	5		
3	编号	BH	Char	3		
4	行政区划代码	XZQHDM	Char	9		
5	名称	MC	Char	30		
6	类型	LX	Char	20		
7	面积	MJ	Float	15	6	
8	描述	MS	Char	90		

附表 16　地质灾害易发区（DZZH）

序号	字段名称	字段代码	字段类型	字段长度	小数位	说明
1	目标标识码	MBBSM	Int	10		
2	要素类型代码	YSLXDM	Char	5		
3	编号	BH	Char	3		
4	行政区划代码	XZQHDM	Char	9		
5	名称	MC	Char	30		
6	类型	LX	Char	20		
7	面积	MJ	Float	15	6	
8	描述	MS	Char	90		

附表 17　用途分区（YTFQ）

序号	字段名称	字段代码	字段类型	字段长度	小数位	说明
1	目标标识码	MBBSM	Int	10		
2	要素类型代码	YSLXDM	Char	5		
3	土地用途分区分类代码	YTFQDM	Char	7		
4	土地用途分区编号	YTFQBH	Char	2		
5	面积	MJ	Float	20	2	
6	描述	MS	Char	90		

附表 18　基本农田保护（JBNT）

序号	字段名称	字段代码	字段类型	字段长度	小数位	说　明
1	目标标识码	MBBSM	Int	10		
2	要素类型代码	YSLXDM	Char	5		
3	编号	BH	Char	3		
4	面积	MJ	Float	20	2	
5	权属性质	QSXZ	Char	20		
6	土地质量	TDZL	Char	40		
7	保护期限	BHQX	Int	4		
8	责任人	ZRR	Char	30		
9	四至	SZ	Char	30		
10	单产	DC	Float	15	2	

附表 19　土地整理（TDZL）

序号	字段名称	字段代码	字段类型	字段长度	小数位	说　明
1	目标标识码	MBBSM	Int	10		
2	要素类型代码	YSLXDM	Char	5		
3	编号	BH	Char	6		
4	行政区划代码	XZQHDM	Char	9		
5	毛面积	MJ	Float	20	2	
6	权属	QS	Char	30		
7	整理用途	ZLYT	Char	40		
8	建设年限	JSNX	Int	4		7
9	投资规模	TZGM	Float	7	2	8
10	描述	MS	Char	90		

附表 20　土地复垦（TDFK）

序号	字段名称	字段代码	字段类型	字段长度	小数位	说　明
1	目标标识码	MBBSM	Int	10		
2	要素类型代码	YSLXDM	Char	5		
3	面积	MJ	Float	20	2	
4	权属	QS	Char	30		
5	复垦用途	FKYT	Char	40		
6	建设年限	JSNX	Int	4		
7	投资规模	TZGM	Float	7	2	
8	描述	MS	Char	90	6	

附表 21　土地开发（TDKF）

序号	字段名称	字段代码	字段类型	字段长度	小数位	说明
1	目标标识码	MBBSM	Int	10		
2	要素类型代码	YSLXDM	Char	5		
3	面积	MJ	Float	20	2	
4	权属	QS	Char	30		
5	开发用途	KFYT	Char	40		
7	建设年限	JSNX	Int	4		
8	投资规模	TZGM	Float	7	2	
9	描述	MS	Char	90	6	

附表 22　生态环境建设（STHJ）

序号	字段名称	字段代码	字段类型	字段长度	小数位	说明
1	目标标识码	MBBSM	Int	10		由系统自动产生目标 ID 号
2	要素类型代码	YSLXDM	Char	5		
3	名称	MC	Char	30		
4	面积	MJ	Float	20	2	
5	类型	LX	Char	20		
6	等级	DJ	Char	10		
7	描述	MS	Char	90		

附表 23　面线点状重点建设项目（MZXM、XZXM、DZXM）

序号	字段名称	字段代码	字段类型	字段长度	小数位	说明
1	目标标识码	MBBSM	Int	10		由系统自动产生目标 ID 号
2	要素类型代码	YSLXDM	Char	5		
3	行业	HY	Char	14		
4	项目名称	XMMC	Char	40		
5	建设性质	JSXZ	Char	4		新建、改建、扩建
6	建设年限	JSNX	Int	4		
7	投资规模	TZGM	Float	7	2	
8	生产规模	SCGM	varChar	50		
9	用地面积	YDMJ	Float	20	2	
10	占用耕地面积	ZYGDMJ	Float	20	2	

附表 24　注记属性表结构 FHZJ

序号	字段名称	字段代码	字段类型	字段长度	小数位	说明
1	目标标识码	MBBSM	Int	10		
2	要素类型代码	YSLXDM	Char	5		
3	注记点 X 坐标	ZJDX	Float	13	4	
4	注记点 Y 坐标	ZJDY	Float	13	4	

附表 25　面状规划 （MZGH）

序号	字段名称	字段代码	字段类型	字段长度	小数位	说明
1	图斑号		Char	10		
2	现状地类		Char	10		
3	权属性质		Char	4		
4	权属代码		Char	16		
5	权属名称		Char	40		
6	毛面积		Double	8	3	
7	净面积		Double	8	3	
8	线状地物面积		Double	8	3	
9	零星地类面积		Double	8	3	
10	飞地代码		Char	60		
11	座落代码		Char	40	1	
12	座落名称		Char	40	1	
13	图幅号		Char	20		
14	地类名称		Char	20		
15	要素代码		Char	8		
16	混合地类		Char	20		
17	争议代码		Char	20		
18	坡度		Char	10		
19	田坎系数		Double	8	3	
20	田坎面积		Double	8	3	
21	图例名称		Char	20		
22	是否标准地块		Char	8		
23	规划阶段		Char	2		
24	地类码		Char	10		
25	分区编号		Char	8		
26	分区代码		Char	8		
27	分区名称		Char	20		
28	分区描述		Char	40		
29	保护级别		Char	2		
30	土地质量		Char	10		
31	保护期限		Char	10		
32	责任人		Char	20		
33	四至		Char	20		
34	单产		Double	8	3	
35	开发整理用途		Char	20		
36	整理系数		Char	10		

序号	字段名称	字段代码	字段类型	字段长度	小数位	说明
37	复垦类型		Char	1		
38	生态环境等级		Char	8		
39	项目分类		Char	24		
40	项目号		Char	8		
41	项目名		Char	20		
42	用地部门		Char	20		
43	建设性质		Char	10		
44	建设年限		Char	2		
45	建设规模		Char	10		
46	是否执行		Char	2		

附表26 线状规划 (XZGH)

序号	字段名称	字段代码	字段类型	字段长度	小数位	说明
1	线地类码		Char	10		
2	宽度		Double	10		
3	线面积		Double	4		
4	线权属性质		Char	2		
5	线权属代码		Char	16		
6	线权属名称		Char	40		
7	线段号		Char	8		
8	座落代码		Char	16		
9	座落名称		Char	40		
10	扣除方式		Char	2		
11	所属图斑		Char	10	1	
12	图幅编号		Char	20	1	
13	要素代码		Char	20		
14	地类名称		Char	20		
15	线状编号		Char	10		
16	线状长度		Double	8	3	
17	线状类型		Char	4		
18	偏移参数		Double	8	3	
19	图例名称		Char	20		
20	规划地类		Char	10		

序号	字段名称	字段代码	字段类型	字段长度	小数位	说明
1	点编号		Char	10		
2	点地类码		Char	10		
3	点面积		Double	8	3	
4	点所属图斑		Char	10		
5	点权属性质		Char	2		
6	点权属代码		Char	16		
7	线权属名称		Char	40		
8	座落代码		Char	16		
9	座落名称		Char	40		
10	要素代码		Char	8		
11	零星面积		Double	8	3	
12	项目名称		Char	40		
13	图幅编号		Char	20		
14	地类名称		Char	10		
15	零星编号		Char	10		
16	图例名称		Char	20		
17	要素代码		Char	10		

附表 28　面状信息（MZXX）

序号	字段名称	字段代码	字段类型	字段长度	小数位	说明
1	图斑号		Char	10		
2	地类码		Char	10		
3	权属性质		Char	4		
4	权属代码		Char	16		
5	权属名称		Char	40		
6	毛面积		Double	8	3	
7	净面积		Double	8	3	
8	线状地物面积		Double	8	3	
9	零星地类面积		Double	8	3	
10	飞地代码		Char	60		
11	座落代码		Char	40	1	
12	座落名称		Char	40	1	
13	图幅号		Char	20		
14	地类名称		Char	20		
15	要素代码		Char	8		
16	混合地类		Char	20		

序号	字段名称	字段代码	字段类型	字段长度	小数位	说明
17	争议代码		Char	20		
18	坡度		Char	10		
19	田坎系数		Double	8	3	
20	田坎面积		Double	8	3	
21	图例名称		Char	20		
22	分区代码		Char	8		
23	是否标准地块		Char	2		

附表 29　线状信息（XZXX）

序号	字段名称	字段代码	字段类型	字段长度	小数位	说明
1	线地类码		Char	10		
2	宽度		Double	10		
3	线面积		Double	4		
4	线权属性质		Char	2		
5	线权属代码		Char	16		
6	线权属名称		Char	40		
7	线段号		Char	8		
8	座落代码		Char	16		
9	座落名称		Char	40		
10	扣除方式		Char	2		
11	所属图斑		Char	10	1	
12	图幅编号		Char	20	1	
13	要素代码		Char	20		
14	地类名称		Char	20		
15	线状编号		Char	10		
16	线状长度		Double	8	3	
17	线状类型		Char	4		
18	偏移参数		Double	8	3	
19	图例名称		Char	20		

附表 30　点状信息（DZXX）

序号	字段名称	字段代码	字段类型	字段长度	小数位	说明
1	点编号		Char	10		
2	点地类码		Char	10		
3	点面积		Double	8	3	
4	点所属图斑		Char	10		

序号	字段名称	字段代码	字段类型	字段长度	小数位	说明
5	点权属性质		Char	2		
6	点权属代码		Char	16		
7	线权属名称		Char	40		
8	座落代码		Char	16		
9	座落名称		Char	40		
10	要素代码		Char	8		
11	零星面积		Double	8	3	
12	项目名称		Char	40		
13	图幅编号		Char	20		
14	地类名称		Char	10		
15	零星编号		Char	10		
16	图例名称		Char	20		
17	要素代码		Char	10		

注：以上面积字段以为平方米计量单位，其他面积字段以为亩（1亩＝1/15公顷）单位，长度以米为单位。

3. 土地利用规划指标数据结构定义

附表 31　土地利用结构调整指标数据结构

序号	字段名称	字段代码	字段类型	字段长度	小数位	说明
1	行政区划代码	XZQHDM	Char	9		
2	土地用途分类代码	YTDM	Char	7		
3	基期年_面积	JDN_MJ	Float	14	2	
4	近期年_面积	JQN_MJ	Float	14	2	
5	规划目标年_面积	GHMBN_MJ	Float	14	2	

附表 32　耕地保有量规划指标数据结构

序号	字段名称		字段代码	字段类型	字段长度	小数位	说明
1	行政区划代码		XZQHDM	Char	9		
2	耕地增加	土地整理	BCGD_TDZL	Float	14	2	
3		土地复垦	BCGD_TDFK	Float	14	2	
4		土地开发	BCGD_TDKF	Float	14	2	
5		其他	BCGD_QT	Float	14	2	
6	耕地减少	建设占用	JSGD_ZSZY	Float	14	2	
7		生态退耕	JSGD_STTG	Float	14	2	
8		灾毁	JSGD_ZH	Float	14	2	
9		其他	JSGD_QT	Float	14	2	
10	期限		QX	Char	10		

期限类型	数据库中标示码
近期规划	1
远期规划	2

附表 34　用地控制指标数据结构

序号	字段名称	字段代码	字段类型	字段长度	小数位	说明
1	行政区划代码	XZQHDM	Char	9		
2	X 年_Y 年耕地	x_yGD	Float	14	2	X：规划基年
3	X 年_Y 年非耕地	x_yFGD	Float	14	2	Y：规划中间年
4	Y 年_Z 年耕地	y_zGD	Float	14	2	Z：规划末年
5	Y 年_Z 年非耕地	y_zFGD	Float	14	2	
6	规划期间耕地	GD	Float	14	2	
7	规划期间非耕地	FGD	Float	14	2	
8	类型	XMLX	Char	20		

附表 35　建设用地类型说明

类型	数据库中标示码
一、居民点用地	10
1. 城镇	11
2. 农村居民点	12
二、独立工矿用地	20
三、交通用地	30
1. 铁路	31
2. 公路	32
3. 管道运输用地	33
4. 民用机场	34
5. 港口码头	35
四、水利设施	40
1. 水库水面	41
2. 水工建筑用地	42

附表 36　土地整理、复垦、开发面积指标数据结构

序号	字段名称	字段代码	字段类型	字段长度	小数位	说明
1	行政区划代码	XZQHDM	Char	9		
2	项目类型	XMLX	Char	10		
3	调整至地类代码	YTDM	Char	14		
4	调整至地类面积	TZMJ	Float	14	2	

附表 37　土地整理、复垦、开发面积统计表项目类型说明

项目类型	数据库中标示码
土地开发	1
土地整理	2
土地复垦	3

附表 38　重点建设项目用地规划指标数据结构

序号	字段名称	字段代码	字段类型	字段长度	小数位	说明
1	行政区划代码	XZQHDM	Char	9		
2	项目名称	XMMC	Char	10		
3	项目类型	XMLX	Char	10		
4	建设性质	JSXZ	Char	20		
5	建设年限	JSNX	Char	10		年
6	占耕地	ZGD	Float	14	2	项目用地面积
7	占非耕地	ZFGD	Float	14	2	
8	所在村（镇）	SZC	Char	20		
9	备注	BZ	Char	90		

附表 39　重点建设项目用地规划项目类型说明

项目类型	数据库中标示码
能源	1
交通	2
水利	3
环保	4

附表 40　土地用途分区面积指标数据结构

序号	字段名称	字段代码	字段类型	字段长度	小数位	说明
1	行政区划代码	XZQHDM	Char	9		
2	行政单位	XZDW	Char	20		乡级规划为村名称，县级规划为乡（镇）名称
3	基本农田保护区面积	NTBHQ_MJ	Float	14	2	
4	一般农地区面积	YBNYQ_MJ	Float	14	2	
5	林业用地区面积	LYYDQ_MJ	Float	14	2	
6	牧业用地区面积	MYYDQ_MJ	Float	14	2	
7	城镇建设用地区面积	CJYDQ_MJ	Float	14	2	
8	村镇建设用地区面积	CJYDQ_MJ	Float	14	2	

序号	字段名称	字段代码	字段类型	字段长度	小数位	说明
9	村镇建设控制区面积	CJKZQ_MJ	Float	14	2	
10	工矿用地区面积	GKYDQ_MJ	Float	14	2	
11	风景旅游用地区面积	LYYDQ_MJ	Float	14	2	
12	其他用地区面积	QTYDQ_MJ	Float	14	2	

附表 41 用地平衡指标数据结构

序号	字段名称			字段代码	字段类型	字段长度	小数位	说明
1	行政区划代码			XZQHDM	Char	9		
2	土地用途分类代码			YTDM	Char	20		
3	规划基期面积			GHJQMJ	Float	14	2	
5	规划期间调整至其他地类	农用地	耕地	G_N_GD	Float	14	2	
6			园地	G_N_YD	Float	14	2	
7			林地	G_N_LD	Float	14	2	
8			牧草地	G_N_MC	Float	14	2	
9			其他农用地	G_N_QT	Float	14	2	
11		建设用地	城镇	G_J_CZ	Float	14	2	
12			农村居民点	G_J_NJ	Float	14	2	
13			独立工矿	G_J_GK	Float	14	2	
14			特殊用地	G_J_TS	Float	14	2	
15			风景旅游设施	G_J_LY	Float	14	2	
16			交通用地	G_J_JT	Float	14	2	
17			水利设施	G_J_SL	Float	14	2	
18		未利用地	未利用土地	G_W_WY	Float	14	2	
19			其他土地	G_W_QT	Float	14	2	
23	规划目标年面积			GHMBMJ	Float	14	2	

注：以上面积以公顷为计量单位。